高职高专土建类专业规划教材

GAOZHI GAOZHUAN TUJIANLEI ZHUANYE GUIHUA JIAOCAI

U0393817

建筑识图与构造

第2版

主　编　崔丽萍　杨青山

副主编　郑朝灿　黄小涛　黄富勇

参　编　伊丽娜　郭志峰　贺培源

　　　　何晓宇　祝冰清　包松琴

　　　　刘鹰岚

中国电力出版社

CHINA ELECTRIC POWER PRESS

内 容 提 要

本书共分投影原理、建筑制图基本知识、建筑概论、建筑构造和建筑工程施工图识读五大模块 23 个课题，是高职高专土建类专业规划教材之一。着重介绍建筑制图与识图的基本内容，阐述民用建筑构造原理和构造方法。每章后有小结和习题，便于巩固所学知识。

本书主要作为建筑工程技术、建筑装饰工程技术、建筑工程管理类、建筑工程安装等相关专业的教材，也可以作为自学考试、岗位技术培训的教材，还可以作为土建管理人员、建筑设计人员和建筑施工技术管理人员的阅读参考用书。

图书在版编目（CIP）数据

建筑识图与构造/崔丽萍，杨青山主编．—2 版．—北京：中国电力出版社，2015.1
（2022.7重印）

高职高专土建类专业规划教材

ISBN 978 - 7 - 5123 - 6534 - 6

Ⅰ.①建… Ⅱ.①崔…②杨… Ⅲ.①建筑制图－识别－高等职业教育－教材
②建筑构造－高等职业教育－教材 Ⅳ.①TU2

中国版本图书馆 CIP 数据核字（2014）第 230291 号

中国电力出版社出版发行

北京市东城区北京站西街 19 号 100005 http：//www.cepp.sgcc.com.cn

责任编辑：王晓蕾 责任印制：杨晓东 责任校对：常燕昆

望都天宇星书刊印刷有限公司印刷·各地新华书店经销

2010 年 1 月第 1 版·2015 年 1 月第 2 版·2022 年 7 月第 17 次印刷

787mm×1092mm 1/16·25.625 印张·624 千字·1 插页

定价：49.80 元

高职高专土建类专业规划教材

编 写 委 员 会

主　任　胡兴福

委　员　（按姓氏笔画排序）

王延该	卢　扬	刘　宇	安淑兰
杨晓平	李　伟	李　志	何　俊
陈松才	周无极	周连起	周道君
郑惠虹	孟小鸣	赵育红	胡玉玲
钟汉华	晏孝才	徐秀维	高军林
郭超英	崔丽萍	谢延友	樊文广

前　言

　　本教材自 2010 年出版以来，经有关院校使用，反映良好。根据各院校教材使用情况，以及高职教育改革和建筑工程技术发展需要，为了体现新的国家标准和技术规范，融建筑新材料、新技术、新工艺、新规范、新标准、新成果于一体，使教材更具内容翔实、案例典型、可操作性强、指导性强，根据职业能力要求及教学特点，我们对本教材进行修订。

　　本次修订对原有模块、课题不做变动，分为投影原理、建筑制图基本知识、建筑概论、建筑构造和建筑工程施工图识读五大模块。修订主要依据教材在使用过程中发现错误和问题，在内容和插图上进行修改、充实和完善；另外依据 2012 年修订的建筑规范，对建筑制图标准内容做了调整和修改，增加了计算机绘图有关规定的内容；依据现行《混凝土结构设计规范》和 11G101-1《混凝土结构施工图平面整体表示方法制图规则和构造详图（现浇混凝土框架、剪力墙、梁、板）》，对结构施工图识读部分内容进行更新，使修订后的教材的内容更能反映新技术、新工艺。

　　本教材由内蒙古建筑职业技术学院崔丽萍教授和杨青山教授任主编，郑朝灿、黄小涛、黄富勇任副主编，负责全书的统稿、定稿；福建水利电力职业技术学院吴伟民任主审。具体分工为内蒙古建筑职业技术学院崔丽萍（模块二课题 2、模块三课题 2、模块四课题 4 和课题 6）；内蒙古建筑职业技术学院杨青山（模块三课题 1、模块四课题 5、模块五课题 4 文字部分）；金华职业技术学院郑朝灿（模块一课题 1、课题 2 中 1.2.4、课题 3）；沈阳建筑大学职业技术学院黄富勇（模块一课题 2 中 1.2.2 和 1.2.3 模块一课题 4）；甘肃工业职业技术学院黄小涛（模块四课题 2 和课题 7，模块五课题 1 中 5.1.4 和 5.1.5）；内蒙古工业大学土木工程学院贺培源（模块一课题 2 中 1.2.1，模块四课题 1）；内蒙古建筑职业技术学院郭志峰（模块五课题 1 中 5.1.1～5.1.3 和模块四课题 3）；内蒙古建筑职业技术学院伊丽娜（模块五课题 1 中 5.1.6～5.1.8 和模块四课题 8）；安徽水利水电职业技术学院祝冰清（模块五课题 2）；内蒙古建筑职业技术学院包松琴（模块五课题 3）；内蒙古建筑职业技术学院何晓宇（模块五课题 4 绘图部分）；内蒙古建校设计院刘鹰岚（模块三课题 3 和课题 4）；荣盛房地产发展股份有限公司张艳华（模块二课题 1、模块三课题 5）。

　　建筑装饰施工图部分构造和施工图内容在编写过程中得到了内蒙古建校设计院刘鹰岚总工和中房新雅建设股份有限公司王晓恩指导与审阅，在此表示感谢。

编　者

第1版前言

　　建筑识图与构造是建筑工程技术专业的职业技能课程,是研究建筑识图基本知识和建筑各组成构件基本构造要求、方法的一门课程,具有实践性强、知识面广、综合性强等特点,必须结合实际工程中新材料、新技术和新工艺,运用基本知识,解决生产实际问题。该课程是"建筑施工"、"建筑结构"、"建筑预算工程"等课程的前导课。

　　本教材是根据高职高专建筑工程技术专业人才培养目标、人才培养规格和相关国家现行规范规定编写而成。本教材以建筑制图与识图及建筑构造的基本原理为主要内容,以掌握基本原理与实际动手能力和专业的基本技能训练相结合为目标。教材内容的设计是根据职业能力要求及教学特点,与建筑行业的岗位相对应,体现新的国家标准和技术规范;注重实用为主,内容精选详实,文字叙述简练,图示直观,充分体现了项目教学与训练的改革思路。

　　本书共分投影原理、建筑制图基本知识、建筑概论、建筑构造和建筑工程施工图识读五大模块23个课题,是高职高专土建类专业规划教材之一。着重介绍建筑制图与识图的基本内容,阐述民用建筑构造原理和构造方法。每章后有小结和习题,便于巩固所学知识。

　　本教材主要作为建筑工程技术、建筑装饰工程技术、建筑工程管理类、建筑工程安装等相关专业的教材,也可以作为自学考试、岗位技术培训的教材,还可以作为土建管理人员、建筑设计人员和建筑施工技术管理人员的参考用书。

　　本教材由崔丽萍和杨青山主编,郑朝灿、黄小涛、黄富勇副主编,负责全书的统稿、定稿;福建水利电力职业技术学院吴伟民主审。具体分工为内蒙古建筑职业技术学院崔丽萍(模块一课题2中1.2.1;模块三课题2;模块四课题4和课题6);内蒙古建筑职业技术学院杨青山(模块二课题1;模块三课题1;模块四课题5;模块五课题4的文字部分);金华职业技术学院郑朝灿(模块一课题1、课题2中1.2.4;课题3);沈阳建筑大学职业技术学院黄富勇(模块一课题2中1.2.2和1.2.3;课题4);甘肃工业职业技术学院黄小涛(模块四课题2和课题7;模块五课题1中5.1.4和5.1.5);内蒙古工业大学土木工程学院贺培源(模块二课题2;模块四课题1);内蒙古建筑职业技术学院郭志峰(模块五课题1中5.1.1～5.1.3;模块四课题3);内蒙古建筑职业技术学院伊丽娜(模块五课题1中5.1.6～5.1.8和模块四课题8);安徽水利水电职业技术学院祝冰清(模块五课题2);内蒙古建筑职业技术学院包松琴(模块五课题3);内蒙古建筑职业技术学院何晓宇(模块五课题4的绘图部分);内蒙古建校设计院刘鹰岚(模块三课题3、课题4和课题5)。

　　建筑装饰施工图部分构造和施工图内容在编写过程中得到了内蒙古建校设计院李清和中房新雅建设股份有限公司王晓恩指导与审阅,在此表示感谢。

编　者

目　　录

绪　　论

1. 课程的性质和基本内容

"建筑识图与构造"课程是建筑工程技术、建筑设计技术、工程造价、工程项目管理等高职建筑类专业的职业技能课程，具有很强的实践性和综合性。是在建筑材料、建筑测量等课程基础上开出的一门职业技能课程，是高职建筑类专业课程的前导课。

"建筑识图与构造"主要由投影基本知识、建筑制图基本知识、建筑概论、建筑构造和建筑施工图识读等内容构成，主要培养学生识读和绘制建筑工程施工图能力，培养学生施工技术能力和施工管理能力。课程内容围绕建筑行业的设计员、施工员、预算员、安全员、材料员、资料员等职业岗位的职业标准和岗位需求，以职业能力培养为核心，以职业技能训练为重点，突出建筑工程技术应用能力培养，满足岗位能力培养要求。

2. 基本内容和学习方法建议

该课程主要包括投影原理、建筑制图的基本知识、一般民用建筑基本概念、一般民用建筑构造原理和做法、建筑设计的规范一般规定和建筑施工图识读等内容。

在学习过程中，要熟练掌握建筑制图原理和建筑构造要求，理论联系实际，经常深入生产一线，多看、多练。

模块一 投影原理

课题1 投影的基本知识

1.1.1 投影的形成和分类

1. 投影的形成

我们生活在一个三维空间里，一切形体（只考虑物体所占空间的形状和大小，而不涉及物体的材料、重量及其他物理性质）都有长度、宽度和高度（或厚度）。在日常生活中，我们经常可以看到经阳光或灯光照射的形体，会在地面或墙面上产生影子的现象，这就是投影现象。

如图1-1-1所示，三角形ABC在点光源S照射下，在平面P上投下的影子为三角形abc，该影子称为投影。

如图1-1-2（a）所示，设有一形体，其前有一光源（S），在其后方有一平面（P）。在光线的照射下，形体在平面上投出一个多边形的影子，只能反映出物体的外围轮廓，不能反映出物体的局部特征，表达不出形体上棱线和棱面的形状。

假设光线能透过形体，并将形体上的棱线清楚的投到平面上，组成一个能反映出三棱体形状的图形[图1-1-2（b）]，这个图形的投影即为形体的投影，这种投影方法称为投影法。

上述光源称为投影中心，光线称为投影线，体称为空间形体，平面称为投影面。

在投影的形成中必须具备三个要素：形体（即只考虑形状和大小的物体）、投影线和投影面；这三者缺一不可。

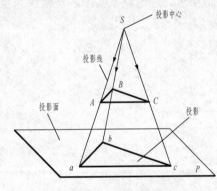

图1-1-1 中心投影法

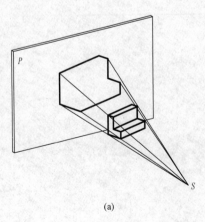

(a)

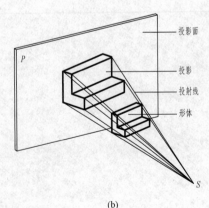

(b)

图1-1-2 形体的投影

2. 投影法的分类

根据投影线的情况不同,投影法分为中心投影法和平行投影法两类。

（1）中心投影法。假设投影中心在有限的距离内,投影线是从投影中心一点发射成放射状的,形成锥形的投影线,所做的空间形体的投影,称为中心投影 ［图1-1-2 (b)］。工程上应用中心投影法绘制能体现近大远小、形象逼真的透视图,但由于作图麻烦,且度量性差,常用于建筑工程和机械工程的效果图。

（2）平行投影法。假设将投射中心 S 移至无限远处时,投影线按一定方向平行投射,形成柱状的投影线,所做的空间形体的投影,称为平行投影法。平行投影法所得投影的大小与详图离投影中心的距离远近无关（图1-1-3）。图中的三角形 abc 称为平行投影。在平行投影法中,S 表示投射方向。平行投影法根据投影线与投影面的关系不同,分为正投影和斜投影两种。

1）斜投影法。当投影线采用平行光线,而且投影方向倾斜于投影面时,所做的空间形体的平行投影,称为斜投影,根据斜投影法所得到的图形称为斜投影图 ［图1-1-3 (a)］。工程上应用斜投影法绘制直观性很强的轴测图,在工程图样中作为辅助图样而得到广泛的应用。

2）正投影法。当投射线采用平行光线,而且投影方向垂直于投影面时,投射线垂直于投影面时,所做的空间形体的平行投影,称为正投影 ［图1-1-3 (b)］。作出正投影的方法称为正投影法。根据正投影法所得到的图形称为正投影图。正投影图直观性不强,但能准确反映形体的真实形状和大小,图形度量性好,便于尺寸标注,而且投影方向垂直于投影面,作图方便,因此,绝大多数工程图纸都是用正投影法画出的。

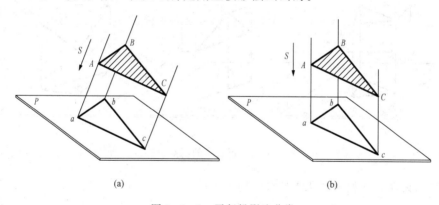

(a)   (b)

图1-1-3 平行投影法分类

3. 建筑工程中常用投影

（1）透视图。

（2）轴测图。

（3）三面投影图。

1.1.2 正投影的基本特征

在建筑工程图中,最常使用的投影法是正投影法。正投影有如下基本特征:

1. 真实性

当直线段或平面图形平行于投影面时,直线段的正投影反映真长,平面图形的正投影反映真形,这种特性称为度量性或显实性。反映线段或平面图形的真长或真形的投影,称为真形投影 [图1-1-4 (a)、(d)]。

2. 积聚性

当直线段或平面图形垂直于投影面时,直线段的正投影积聚成为一点,平面图形的正投影积聚成一条直线,这种投影特性称为积聚性。具有积聚性的投影称为积聚投影 [图1-1-4 (b)、(e)]。

3. 类似性

当直线段或平面图形倾斜于投影面时,直线段的投影仍为直线,但小于真长。平面图形的投影小于真实形状,但类似于空间平面图形,图形的基本特征不变,如多边形的投影仍为多边形,其边数、平行关系、凹凸、曲直等保持不变,这种投影特性称为类似性 [图1-1-4 (c)、(f)]。

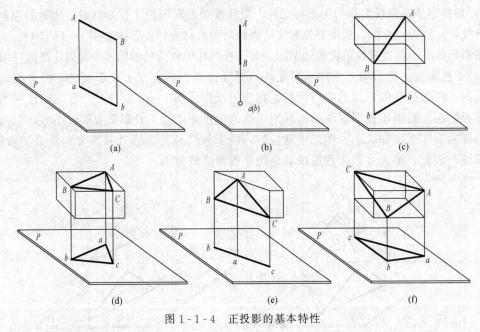

图1-1-4 正投影的基本特性

若无特殊说明,本教材中所指的投影均为正投影。

理 论 知 识 训 练

1. 工程上常用的投影法分为哪几类?每种投影法的特点是什么?
2. 为什么大多数工程图纸都是采用正投影法画出的?
3. 投影形成的三要素是什么?
4. 投影法分为哪些种类?正投影的基本特性有哪些?

课 题 小 结

建筑投影假设光线能透过形体,并将形体上的棱线清楚的投到平面上,组成一个能反映出三棱体形状的图形，这个图形的投影即为形体的投影，这种投影方法称为投影法。

在投影的形成中必须具备三个要素：形体（即只考虑形状和大小的物体）、投影线和投影面；这三者缺一不可。

根据投影线的情况不同，投影法分为中心投影法和平行投影法两类。平行投影法根据投影线与投影面的关系不同，分为正投影和斜投影两种。

在建筑工程图中，最常使用的投影法是正投影法，正投影的基本特征是有真实性、积聚性和类似性。

依据正投影法得到的空间形体的图形称为空间形体的正投影，简称投影。

课题2 三 面 投 影

1.2.1 三面投影体系

1. 三面投影体系的建立

在投影面和投射中心或投射方向确定之后，形体上每一点必有其唯一的一个投影，建立起一一对应的关系。但是形体的一个投影却不能确定形体的形状。

两个完全不同形状的形体，在同一投影面上的投影却相同（图1-2-1）。这说明仅仅根据一个投影是不能完整地表达形体的形状和大小的。要确切地反映形体的完整形状和大小，必须增加由不同的投射方向、在不同的投影面上所得到的几个投影，互相补充，才能将形体表达清楚。

用三个相互垂直的平面作投影面（图1-2-2），即水平设置的投影面 H 面；正立设置的投影面 V 面；侧立设置的投影面 W 面。三个投影面的交线称作投影轴，H 面和 V 面的交线称作 OX 轴，H 面和 W 面的交线称作 OY 轴，V 面和 W 面的交线称作 OZ 轴。三个投影轴的交点 O，称作原点。

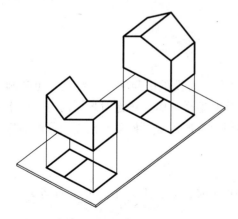

图1-2-1 不同形状形体的投影相同

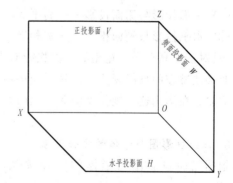

图1-2-2 三投影面体系的建立

2. 三面投影的投影规律

将形体放置于三个相互垂直投影面体系中，按照正投影法分别向 V（正立投影面）、H（水平投影面）、W（侧投影面）三个投影面进行投影，即可得到该形体的三面投影。由形体的前方向后投射，在正投影面 V 上所得到的投影称为正面投影或 V 投影；由形体的上方向下投射，在水平投影面 H 上所得到的投影称为水平投影或 H 投影；由形体的左方向右投射，在侧投影面 W 上所得到的投影称为侧面投影或 W 投影。

基本房屋形体［图 1-2-3（a）］，由前向后投射在正面上得到房屋的正面投影，由上向下投射在水平面上得到房屋的水平投影，由左向右投射在侧面上得到房屋的侧面投影。在工程图纸上，形体的三个投影是画在同一平面上的。绘图时必须将相互垂直的三个投影面展开在一个平面上。其展开的方法是：V 面保持不动，将水平面绕 OX 轴向下旋转 90°，将侧面绕 OZ 轴向右旋转 90°，将三投影面展开在一个平面上了［图 1-2-3（b）］，得到在同一图纸平面上的形体的三面投影［图 1-2-3（c）］。这时，水平投影必定在正面投影的下方，侧面投影必定在正面投影的右方。

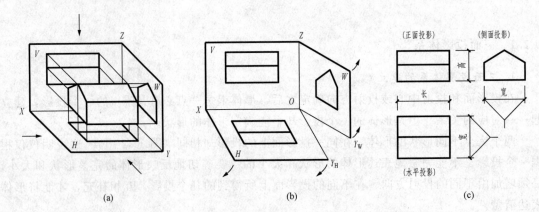

图 1-2-3 三面投影图的形成及其投影规律

投影面展开后，由于正面投影和水平投影左右对齐，都反映了形体的长度；正面投影和侧面投影上下对齐，都反映了形体的高度；水平投影和侧面投影都反映了形体的宽度，因此，三个投影图之间存在下述投影关系：

（1）正面投影与水平投影——长对正。

（2）正面投影与侧面投影——高平齐。

（3）水平投影与侧面投影——宽相等。

"长对正、高平齐、宽相等"的投影对应关系是三面投影之间的重要特性，也是画图和识图时必须遵守的投影规律。这种对应关系无论是对整个形体，还是对形体的每一个组成部分都成立。在运用这一规律画图和识图时，要特别注意形体水平投影与侧面投影的前后对应关系。

3. 三面投影图与形体的方位关系

根据三面投影图与形体的方位关系，形体有前、后、上、下、左、右等六个方向（图 1-2-4）。

【例 1-2-1】 根据图 1-2-5（a）所示形体的立体图，绘制其三面投影图。

作图：

（1）量取弯板的长和高画出反映特征轮廓的正面投影，再量取弯板的宽度，按长对正、高平齐、宽相等的投影关系画出水平投影和侧面投影［图 1-2-5（b）］。

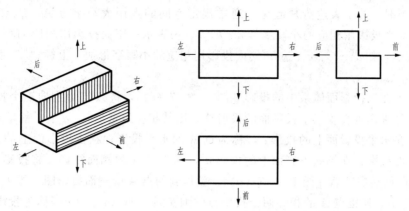

图 1-2-4 三面投影图与形体的方位关系

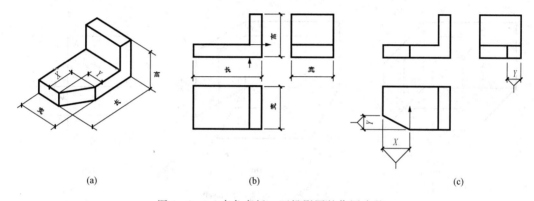

|(a)|(b)|(c)|

图 1-2-5 直角弯板三面投影图的作图步骤

（2）量取底板切角的长（X）和宽（Y）在水平投影上画出底板左前方切去的一角，再按长对正的投影关系在正面投影上画出切角的图线。再按宽相等的投影关系在侧面投影上画出切角的图线 [图 1-2-5（c）]。必须注意：在水平投影和侧面投影上"Y"的前、后对应关系。

（3）检查无误后，擦去多余作图线，描深完成三面投影图 [图 1-2-5（c）]。

1.2.2 点、直线、平面的投影

任何形体的构成都是点、直线和平面等基本几何元素。如图 1-2-6 所示的房屋建筑形体是由 7 个侧面所围成的，各个侧面相交形成 15 条侧棱线，各侧棱线又相交于 A、B、C、D、…、J 等 10 个顶点。从分析的观点看，只要把这些顶点的投影画出来，再用直线将各点的投影一一连接起来，便可以作出一个形体的投影。所以，掌握点的投影规律是研究直线、平面、形体投影的基础。

1. 点的投影

（1）点的三面投影。点的投影仍然是一个点。在

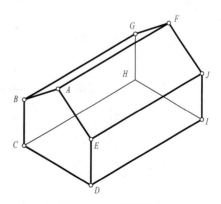

图 1-2-6 房屋形体

画形体投影图时，为了表达清楚起见，通常规定空间的点用大写字母 A、B、C、…表示；相应的点的水平投影用相应的小写字母 a、b、c、…表示；正面投影用相应的小写字母加上上标"′"表示，如 a'、b'、c'、…；侧面投影用相应的小写字母加上上标"″"表示，如 a''、b''、c''、…

空间点 A 在三投影面体系中的投影〔图 1-2-7（a）〕，将 A 点分别向三个投影面投射，就是过点 A 分别作垂直于三个投影面的投射线，则其相应的垂足 a、a'、a'' 就是点 A 的三面投影。点 A 在水平投影面上的投影 a，称为点 A 的水平投影；在正投影面上的投影 a'，称为点 A 的正面投影；在侧面投影面上的投影 a''，称为点 A 的侧面投影。将投影面按图中箭头所指的方向旋转展开后〔图 1-2-7（b）〕，就得到的点 A 的三面投影图〔图 1-2-7（c）〕。在图 1-2-7 中，连接点 A 的相邻两个投影点的细实线，如 Aa'、Aa 等称为投影连线，a_X、a_Y（a_{YH}、a_{YW}）、a_Z 则分别称为点 A 的投影连线与投影轴 OX、OY、OZ 的交点。

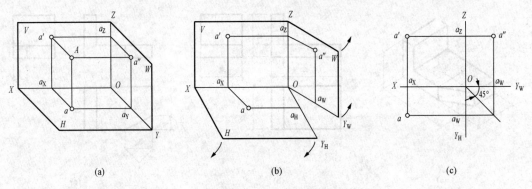

图 1-2-7　点的投影规律

应用上述投影规律，可根据一点的任意两个已知投影，求得它的第三个投影。

【例 1-2-2】 已知点 A 的正面投影 a' 和侧面投影 a''，求作水平投影 a〔图 1-2-8（a）〕。

分析：

根据点的投影规律可知，$a'a \perp OX$，过 a' 点作 OX 轴的垂线 $a'a_X$，所求 a 点必在 $a'a_X$ 的延长线上。由 $aa_X = a''a_Z$ 可确定 a 点在 $a'a_X$ 延长线上的位置。

作图：

①过 a' 点按箭头方向作 $a'a_X \perp OX$ 轴，并适当延长〔图 1-2-8（b）〕。

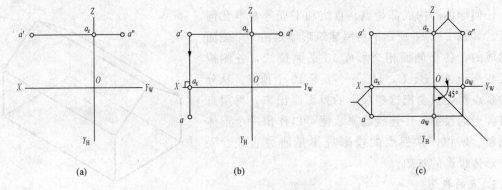

图 1-2-8　已知点的两面投影求第三投影

②在 $a'a_X$ 的延长线上量取 $aa_X = a''a_Z$，可求得 a 点。

也可如图1-2-8（c）所示方法作图，通过 O 点向右下方作出45°辅助斜线，由 a'' 点作 Y_W 轴的垂线并延长与45°斜线相交，然后再由此交点作 Y_H 轴的垂线并延长，与过 a' 点且与 OX 轴垂直的投影连线 $a'a_X$ 相交，交点 a 即为所求点。

（2）点的投影与直角坐标。在三投影面体系中，空间任意点的位置可由该点到三个投影面的距离来确定，有时也可以用它的坐标来确定（图1-2-9）。如果将三投影面体系看作是空间直角坐标系，即把三个投影面看作三个坐标面，三个投影轴看作坐标轴，投影原点 O 相当于坐标面的原点 O，则空间点 A 的空间位置可用其直角坐标表示为 A（X_A，Y_A，Z_A），A 点三投影的坐标分别为 a（X_A，Y_A），a'（X_A，Z_A），a''（Y_A，Z_A）。点 A 的直角坐标与点 A 的投影及点 A 到投影面的距离有如下关系：

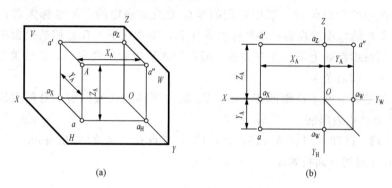

图1-2-9 点的投影与直角坐标的关系

1）点 A 的 X 坐标（X_A）＝点 A 到 W 面的距离 $Aa'' = a'a_Z = aa_Y = a_X O$；

2）点 A 的 Y 坐标（Y_A）＝点 A 到 V 面的距离 $Aa' = a''a_Z = aa_X = a_Y O$；

3）点 A 的 Z 坐标（Z_A）＝点 A 到 H 面的距离 $Aa = a''a_Y = a'a_X = a_Z O$。

由于空间点的任一投影都包含了两个坐标，所以一点的任意两个投影的坐标值，就包含了确定该点空间位置的三个坐标，即确定了点的空间位置。可见，若已知空间点的坐标，则可求其三面投影；反之也可。

【例1-2-3】 已知空间点 A 的坐标为：$X = 12\text{mm}$，$Y = 12\text{mm}$，$Z = 15\text{mm}$，也可写成点 A（12，12，15）。求作 A 点的三面投影图（图1-2-10）。

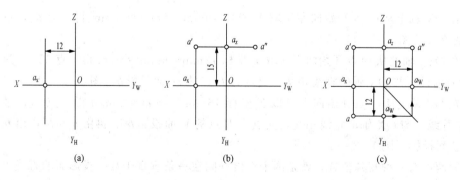

图1-2-10 已知点的坐标作点的三面投影

作图：

①先画出投影轴（即坐标轴），在 OX 轴上从 O 点开始向左量取 X 坐标 12mm，定出 a_X，过 a_X 作 OX 轴的铅垂线 [图 1-2-10 (a)]。

②在 OZ 轴上从 O 点开始向上量取 Z 坐标 15mm，定出 a_Z，过点 a_Z 作 OZ 轴的垂线，两条垂线的交点即为 a' [图 1-2-10 (b)]。

③在 $a'a_X$ 的延长线上，从 a_X 向下量取 Y 坐标 12mm 得 a；在 $a'a_Z$ 的延长线上，从 a_Z 向右量取 Y 坐标 12mm 得 a''。

或者由投影 a' 和 a 借助 45°辅助斜线的作图方法也可作出投影点 a''，A 点的三投影为 a'、a、a'' [图 1-2-10 (c)]。

（3）两点的相对位置。两点的相对位置是指空间两个点的上下、左右、前后关系。在投影图中，空间两点的相对位置是根据它们的坐标关系来确定的。X 坐标大者在左，小者在右；Y 坐标大者在前，小者在后；Z 坐标大者在上，小者在下。在它们的投影中反映出来就是：两点的正面投影反映上下、左右关系；两点的水平投影反映左右、前后关系；两点的侧面投影反映上下、前后关系。

需要注意的是，对水平投影而言，沿 OY_H 轴向下移动代表向前，对侧面投影而言，沿 OY_W 轴向右移动也代表向前。

【例 1-2-4】已知空间点 A (15，12，16)，B 点在 A 点的左方 5mm，后方 6mm，上方 4mm。求作 B 点的三面投影图。

作图：

①根据 A 点的三个坐标可作出 A 点的三面投影 a、a'、a'' [图 1-2-11 (a)]。

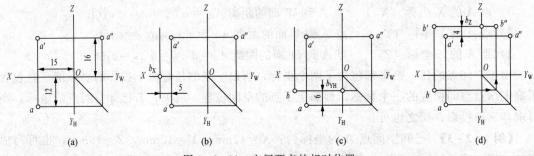

图 1-2-11 空间两点的相对位置

②在 OX 轴上从 O 点开始向左量取 X 坐标 15mm＋5mm＝20mm 得一点 b_X，过该点作 OX 轴的垂线 [图 1-2-11 (b)]。

③在 OY_H 轴上从 O 点开始向下量取 Y 坐标 12mm－6mm＝6mm 得一点 bY_H，过该点作 YO_H 轴的垂线，与 OX 轴的垂线相交，交点为 B 点的 H 面投影 b [图 1-2-11 (c)]。

④在 OZ 轴上从 O 点开始向上量取 Z 坐标 16mm＋4mm＝20mm 得一点 b_Z，过该点作 OZ 轴的垂线，与 OX 轴的垂线相交，交点为 B 点的 V 面投影 b'。再由 b 和 b' 作出 b''，完成 B 点的三面投影 [图 1-2-11 (d)]。

空间两点有一种特殊位置，就是两个点恰好同在一条垂直于某一投影面的直线上，其三个坐标中有两个相同。如图 1-2-12 所示，如果 A 点和 B 点的 X、Y 坐标相同，只是 A 点的 Z 坐标大于 B 点的 Z 坐标，则 A、B 两点的 H 面投影 a 和 b 将重合在一起，V 面投影 a'

在 b' 之上，且在同一条 OX 轴的垂线上，W 面投影 a'' 在 b'' 之上，且在同一条 OYW 轴的垂线上。这种投影在某一投影面上重合的两个点，称为该投影面的重影点，它们在该投影面上的投影 a（b）称为重影。

对 V 面、H 面、W 面的重影点的投影的可见性判别，分别应是前遮后、上遮下、左遮右。如图 1-2-12 所示，由于点 A 在上，点 B 在下，向 H 面投影时，投影线先遇到点 A，后遇到点 B，点 A 视为可见，点 B 为不可见。重影点在标注时，将不可见的点的投影加上括号，如图 1-2-12（b）所示。

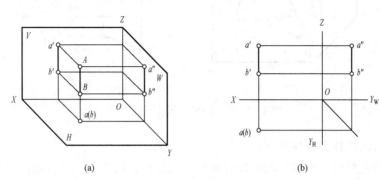

图 1-2-12　重影点的投影

2. 直线的投影

直线在一投影面上的投影，通过该直线的投影平面与该投影面的交线。由于两平面的交线必然是一条直线，所以直线的投影一般仍为直线。直线段 AB 的水平投影 ab、正面投影 $a'b'$、侧面投影 $a''b''$ 均为直线，如图 1-2-13（a）所示。

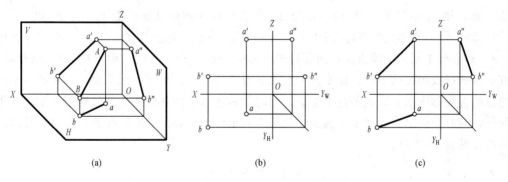

图 1-2-13　直线的三面投影

因为空间两点决定一条直线，所以只要分别作出线段两端点的三面投影，再连接该两点的同面投影（同一投影面上的投影），即可得到空间直线的三面投影。欲作直线段 AB 的三面投影，只要分别作出该线段的两个端点 A 和 B 的三面投影 a、a'、a'' 和 b、b'、b''，然后连接该两点的同面投影，即可得到空间直线段 AB 的三面投影，如图 1-2-13（b）、（c）所示。

（1）直线的投影特性。根据空间直线相对于投影面的位置不同，直线可分为一般位置直线、投影面平行线和投影面垂直线。

1）既不平行也不垂直于任何一个投影面，即与三个投影面都处于倾斜位置的直线，称为一般位置直线，直线 AB 即为一般位置直线（图 1-2-14）。

一般位置直线与投影面之间的夹角，就是该直线和它在该投影面上的投影所夹的角，称为直线对投影面的倾角。直线对 H 面的倾角用 α 表示，对 V 面的倾角用 β 表示、对 W 面的倾角用 γ 表示，如图 1-2-14（a）所示。

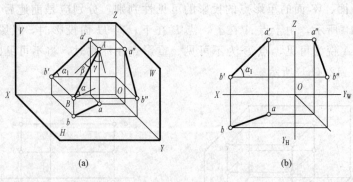

图 1-2-14　一般位置直线的投影

一般位置直线的投影特性如下：

①一般位置直线的三个投影均不反映真长，其投影长度均小于该直线段的真长。

线段 AB 的 H 面投影 ab，其长度等于 $AB\cos\alpha$。同理，$a'b' = AB\cos\beta$，$a''b'' = AB\cos\gamma$。由于一般位置直线的各个倾角都小于 $90°$，其余弦必小于 1，所以，一般位置直线的三个投影的长度都小于直线段的真长，如图 1-2-14（a）所示。

②一般位置直线上各点到同一个投影面的距离都不相等，所以一般位置直线在各投影面上的投影都倾斜于投影轴，且直线的投影与投影轴的夹角，不反映空间直线对投影面的倾角。AB 的 V 面投影 $a'b'$ 与 OX 轴所夹的角 α_1 是倾角 α 在 V 面上的投影，由于直线 AB 不平行于 V 面，则 α_1 不等于 α。同理，直线与其他投影面的倾角也是如此（图 1-2-14）。

在读图时，一条直线只要有两个投影是倾斜于投影轴的，则这条直线一定是一般位置直线。

2）只平行于某一个投影面，而倾斜于另外两个投影面的直线，称为投影面平行线。根据直线所平行投影面的不同，投影面平行线又有三种位置：平行于水平面，同时倾斜于正面和侧面的直线称为水平线；平行于正面，同时倾斜于水平面和侧面的直线称为正平线；平行于侧面，同时倾斜于正面和水平面的直线称为侧平线。投影面的平行线的直观图、投影图和投影特性见表 1-2-1。

表 1-2-1　　　　　　　　　投 影 面 平 行 线

	立体图	投影图	投影特性
正平线	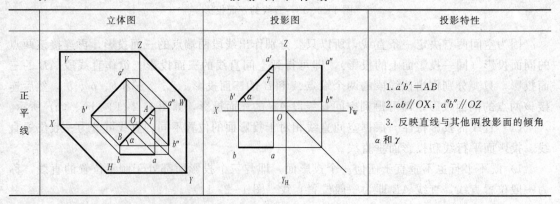		1. $a'b' = AB$ 2. $ab \parallel OX$；$a''b'' \parallel OZ$ 3. 反映直线与其他两投影面的倾角 α 和 γ

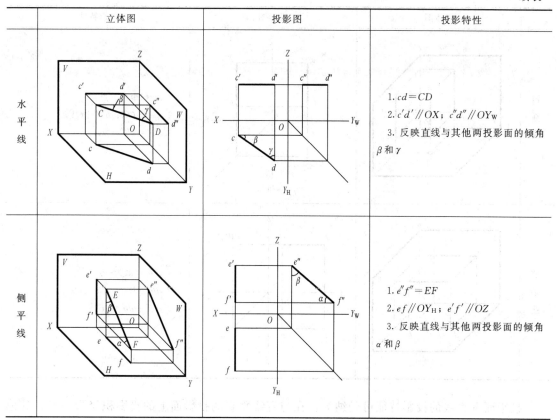

	立体图	投影图	投影特性
水平线			1. $cd = CD$ 2. $c'd' \parallel OX$；$c''d'' \parallel OY_W$ 3. 反映直线与其他两投影面的倾角 β 和 γ
侧平线			1. $e''f'' = EF$ 2. $ef \parallel OY_H$；$e'f' \parallel OZ$ 3. 反映直线与其他两投影面的倾角 α 和 β

投影面平行线的投影特征可归纳为：在与直线平行的投影面上的投影为一反映实长的斜线，并反映与其他两投影面的倾角。其余两投影小于实长，且平行相应两投影轴。

3）直线垂直于某一个投影面，而与另外两个投影面平行的直线称为投影面垂直线。投影面垂直线有三种位置：垂直于水平面的称为铅垂线；垂直于正面的称为正垂线；垂直于侧面的称为侧垂线。投影面垂直线的直观图、投影图和投影特性见表 1-2-2。

表 1-2-2　　　　　　　　　　**投 影 面 垂 直 线**

	立体图	投影图	投影特性
正垂线			1. $c'b'$ 积聚为一点 2. $cb \perp OX$；$c''b'' \perp OZ$ 3. $cb = c''b'' = CB$

续表

	立体图	投影图	投影特性
铅垂线			1. ab 积聚为一点 2. $a'b' \perp OX$；$a''b'' \perp OY_W$ 3. $a'b' = a''b'' = AB$
侧垂线			1. $d''b''$ 积聚为一点 2. $db \perp OY_H$；$d'b' \perp OZ$ 3. $d'b' = db = DB$

投影面垂直线的投影特征可归纳为：在与直线垂直的投影面上的投影积聚为一点。其他两投影反映实长，且垂直于相应两投影轴。

【**例 1-2-5**】 根据正三棱锥的投影图（图 1-2-15），试分析各棱线与投影面的相对位置关系。

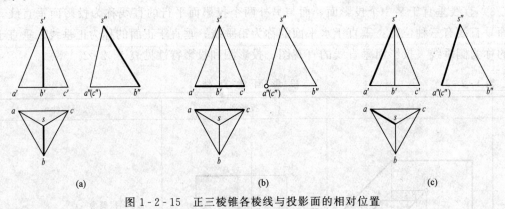

图 1-2-15 正三棱锥各棱线与投影面的相对位置

解：

①棱线 SB。sb 与 $s'b'$ 分别平行于 OY_H 轴和 OZ 轴，可确定棱线 SB 为侧平线，侧面投影 $s''b''$ 反映棱线 SB 的真长 [图 1-2-15 (a)]。

②棱线 AC。侧面投影 a'' (c'') 为重影点，可判断棱线 AC 为侧垂线，其正面投影与水平投影均反映棱线 AC 的真长，即 $a'c' = ac = AC$ [图 1-2-15 (b)]。

③棱线 SA。棱线 SA 的三个投影 sa、$s'a'$、$s''a''$ 对各投影轴均倾斜 [图 1 - 2 - 15 (c)]，由此可判断出棱线 SA 必定是一般位置直线。其他各棱线与投影面的相对位置关系请读者自行分析。

（2）求一般位置直线段的真长及对投影面的倾角。由上述可知，一般位置直线与三个投影面都处于倾斜位置，它的三面投影均不反映直线段的真长及其与投影面的倾角大小。求一般位置作直线段的真长和对投影面的倾角的方法有很多种，下面介绍常用的直角三角形法求作一般位置直线段的真长及其对投影面的倾角（图 1 - 2 - 16）。

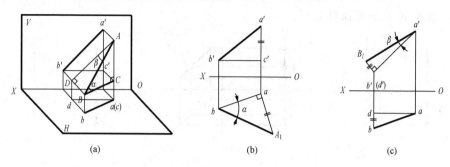

(a)　　　　　　(b)　　　　　　(c)

图 1 - 2 - 16　求一般位置直线段的真长及倾角（直角三角形法）

如果过线段 AB 的端点 B 作辅助线 $BC \parallel ab$，则 $\triangle ACB$ 为一直角三角形。其中 $CB = ab$；$AC = Aa - Bb = ZA - ZB = \Delta z = a'c'$，即 A、B 两端点到 H 面的距离差；斜边 AB 为实长，AB 与 BC 的夹角，就是 AB 对 H 面的倾角 α。只要作出这个直角三角形，就能求得 AB 的实长和倾角。这种图解方法称为直角三角形法 [图 1 - 2 - 16 (a)]。用直角三角形法求直线实长和与倾角的作图步骤如下：

1）过 b' 做 $b'c' \parallel OX$，与 $a'a$ 交与 c'；

2）过 a 做 ab 的垂线，取 $aA_1 = a'c'$；

3）连接 bA_1，则 bA_1 为直线实长，ab 与 bA_1 的夹角为直线与 H 面倾角 α [图 1 - 2 - 16 (b)]。同理，求直线实长和与 V 面倾角 β [图 1 - 2 - 16 (c)]。

（3）直线上的点。

1）直线上任意一点的投影，一定落在该直线的同面投影上，且符合点的投影规律。这一特性称为从属性。因为 C 点在直线 AB 上，过 C 点作一投影线垂直于 V 面，则这一投影线必然落在与 V 面垂直的投影平面 $ABb'a'$ 上，投影线 Cc' 与 V 面的交点，即点 C 的 V 面投影 c'，必然落在平面 $ABb'a'$ 与 V 面的交线（即直线段 AB 的 V 面投影）$a'b'$ 上 [图 1 - 2 - 17 (a)]。在投影图中 [图 1 - 2 - 17 (b)]，C 点的正面投影 c' 点必定落在直线段 AB 的正面投影 $a'b'$ 上；C 点的水平投影 c 点必定落在直线段 AB 的水平投影 ab 上。同时，c、c' 的连线必定垂直于 OX 轴。反之，点的投影中只要有一个不在直线的同面投影上，则该点一定不在该直线上。图中 D 点就不在直线段

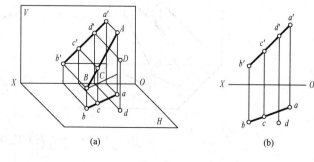

(a)　　　　　　(b)

图 1 - 2 - 17　直线上点的投影

AB 上。

2）若直线段上的点将直线段分成定比，则该点的投影也必将该直线段的同面投影分成相同的定比，这种关系称为点分直线段成定比。

如图 1-2-17 所示，若 *C* 点将直线段 *AB* 分成 *AC* 和 *CB* 两段，则 *C* 点的投影 *c* 也分 *ab* 为 *ac* 和 *cb* 两段，由于 *Cc* 平行于 *Aa* 和 *Bb*，所以线段及其投影之间有如下定比关系：$AC : CB = ac : cb = a'c' : c'b' = a''c'' : c''b''$。

【例 1-2-6】 已知侧平线 *AB* 的 *V*、*H* 面投影以及线上一点 *K* 的 *H* 面投影 *k* [图 1-2-18（a）]，求作 *K* 点的正面投影 *k'*。

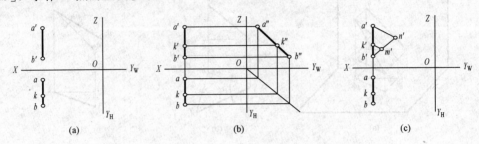

图 1-2-18 求作直线段上点的投影

作图：

作图过程省略 [图 1-2-18（b）]。

求侧平线上点 *K* 的正面投影，也可以应用 $bk : ka = b'k' : k'a'$ 的定比关系。过 *b'* 点作一任意直线，在该线上截取 $b'm' = bk$，$m'n' = ka$，然后连接 *a'n'*，并过 *m'* 点作直线平行于 *a'n'*，交 *a'b'* 于所求的点 *k'* [图 1-2-18（c）]。

（4）两直线的相对位置。空间两直线的相对位置有平行、相交、交叉三种情况。从几何学中可知，相交的两条直线或平行的两条直线都在同一平面上，称为共面直线；而交叉的两条直线不在同一平面上，称为异面直线。

1）若空间两直线互相平行，则它们的各同面投影必定互相平行。反之，若两直线的各同面投影都分别互相平行，则此两直线在空间也一定互相平行。当 *AB*∥*CD* 时，它们的同面投影 *ab*∥*cd*、*a'b'*∥*c'd'*、*a''b''*∥*c''d''*（图 1-2-19）。*ab*∥*cd*、*a'b'*∥*c'd'*，但 *a''b''* 与 *c''d''* 交叉，因此 *AB* 与 *CD* 不平行 [图 1-2-20（a）]；*ef*∥*gh*、*e'f'*∥*g'h'*、*e''f''*∥*g''h''*，因此 *EF*∥*GH* [图 1-2-20（b）]。

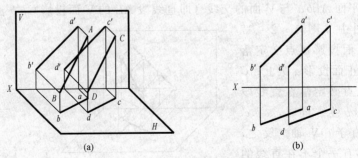

图 1-2-19 平行两直线的投影

2) 若空间两直线相交，则这两直线的各同面投影也必定相交，并且各同面投影交点之间的关系应符合点的投影规律。反之，若两直线的同面投影都相交，且交点的投影符合空间点的投影规律，则该两空间直线也一定相交：直线 AB 与 CD 相交，交点为 K [图 1-2-21 (a)]。根据交点为两直线共有点的几何性质，K 的 H 面投影 k 一定在直线 AB 的 H 面投影 ab 上，同时也一定在直线 CD 的 H 面投影 cd 上，即 k 是 ab 与 cd 的交点。同样 k' 是 $a'b'$ 与 $c'd'$ 的交点，k'' 是 $a''b''$ 与 $c''d''$ 的交点，并且 $k'k$ 垂直于 OX 轴、$k'k''$ 垂直于 OZ 轴 [图 1-2-21 (b)]。

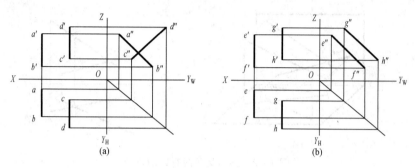

图 1-2-20 两条直线是否平行的判断

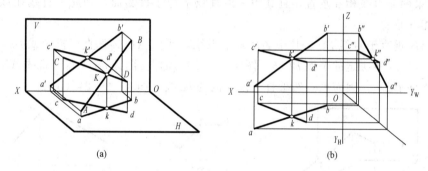

图 1-2-21 相交两直线的投影

若两直线之一为投影面平行线，则在判断它们是否相交时应特别注意。直线 CD 为一般位置直线，AB 为侧平线，尽管其正面投影和水平投影均相交，且正面投影交点和水平投影交点的投影连线也垂直于 OX 轴，但侧面投影交点和正面投影交点的连线不垂直于 OZ 轴，故两直线并不相交（图 1-2-22）。

上述问题也可以利用定比关系进行判断（图 1-2-22）。$a'k' : k'b' \neq ak : kb$，可以判定 K 点不在直线 AB 上，即 K 点不是直线 AB 和 CD 的交点，所以 AB 与 CD 不相交。

3) 既不平行也不相交的空间两直线，称为交叉两直线。交叉两直线的投影既不符合平行两直线的投影特性，也不符合相交两直线的投影特性。交叉两直线的同面投影可能都相交，但各同面投影交点之间的关系不符合空间点的投影规律。在特殊情况下，交叉两直线的同面投影可能互相平行，但它们在三个投影面上的同面投影不会全都互相平行。

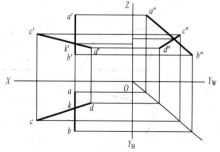

图 1-2-22 两条直线是否相交的判断

　　AB 与 CD 为交叉两直线，其 H 面投影 ab 与 cd 的交点 g（j）实际上是 AB 上的 G 点与 CD 上的 J 点在 H 面上的重影点，G 点在上，J 点在下（图 1 - 2 - 23）。也就是说，向 H 面投影时，直线 AB 在点 G 处挡住了直线 CD 上的点 J。因此，点 G 可见，点 J 不可见。同样，其正面投影 a'b' 与 c'd' 的交点 e'（f'）实际上是直线 CD 上的 E 点与直线 AB 上的 F 点在正面上的重影点，E 点在前，F 点在后。直线 CD 在 E 点处挡住了直线 AB 上的点 F，因此，点 E 可见，点 F 不可见。

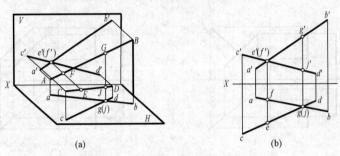

图 1 - 2 - 23　交叉两直线的投影

　　4）如果两条直线相互垂直，且其中一条直线平行于投影面，则此两直线在该投影面上的投影也相互垂直。

　　直线 AB 垂直于直线 BC，其中 AB 是水平线，所以 AB 必垂直于投影线 Bb，并且 AB 垂直于 BC 和 Bb 所决定的平面 BCcb［图 1 - 2 - 24（a）］。因为 ab 平行于直线 AB，所以 ab 也垂直于平面 BCcb，因而也必然垂直于该面内的 bc 线［图 1 - 2 - 24（b）］。

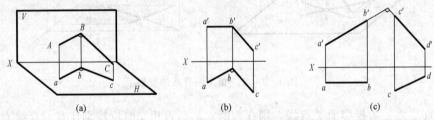

图 1 - 2 - 24　相互垂直两直线的投影

　　正平线 AB 与一般直线 CD 是交叉两直线，延长 a'b' 和 c'd'，如果它们的夹角是直角，即 a'b' 垂直于 c'd'，则直线 AB 与直线 CD 交叉垂直［图 1 - 2 - 24（c）］。

　　【例 1 - 2 - 7】已知平面四边形 ABCD 的正面投影及两条边的水平投影［图 1 - 2 - 25（a）］，请完成该平面四边形的水平面投影。

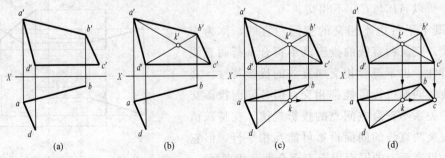

图 1 - 2 - 25　求作平面四边形的水平面投影

作图：

①连接 $a'c'$ 和 $b'd'$，得到两条对角线交点 K 的正面投影 k' [图 1-2-25（b）]。

②过 k' 点向下作出铅垂线与对角线 BD 的水平面投影 bd 交于 k 点。连接 ak 并延长，顶点 C 的水平面投影必定在 ak 的延长线上 [图 1-2-25（c）]。

③过 c' 点向下作出铅垂线并与 ak 的延长线交于 c 点。连接 cb、cd，完成平面四边形 $ABCD$ 的水平面投影 [图 1-2-25（d）]。

【例 1-2-8】 已知直线 AB 和点 C 的投影 [图 1-2-26（a）]，请作出经过点 C 并与直线 AB 平行的直线 CD 的投影。

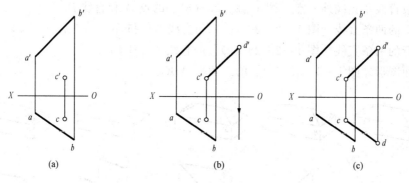

图 1-2-26 过已知点作已知直线的平行线

分析：

对于一般位置两直线，如果它们的两组同面投影互相平行，则此两直线在空间也一定互相平行。所求直线 CD 的投影应该在各个投影面上经过点 C 的投影并与直线 AB 的投影相平行。

作图：

①过点 c' 作 $a'b'$ 的平行线 $c'd'$，并从 d' 点向下作 OX 轴的铅垂线 [图 1-2-26（b）]。

②过点 c 作 ab 的平行线 cd，与过点 d' 所作的 OX 轴的铅垂线的延长线交于点 d，则 cd 和 $c'd'$ 即为所求 [图 1-2-26（c）]。

【例 1-2-9】 已知点 A 和水平线 BC 的投影 [图 1-2-27（a）]，求点 A 至直线 BC 的距离。

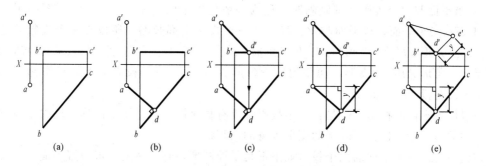

图 1-2-27 求已知点到水平线的距离

作图：

①过点 a 作直线 BC 的垂线 AD 的水平投影，使 $ad \perp bc$ [图 1-2-27（b）]。

②作垂线 AD 的正面投影 $a'd'$ [图1-2-27 (c)]。

③作 A、D 两点的 Y 坐标差 y [图1-2-27 (d)]。

④以 $a'd'$ 为一直角边，$d'e'$（长度为 A、D 两点的 Y 坐标差 y）为另一直角边，作三角形 $a'd'e'$，斜边 $a'e'$ 的长度即为点 A 到直线 BC 的距离的真长 [图1-2-27 (e)]。

3. 平面的投影

（1）平面的表示方法。平面的范围是无限的，它在空间的位置可用下列的几何元素来表示：

1）不在同一条直线上的三个点 [图1-2-28 (a)] 的点 A、B、C。

2）一条直线及直线外一点 [图1-2-28 (b)] 的点 A 和直线 BC。

3）相交的两条直线 [图1-2-28 (c)] 的直线 AB 和 AC。

4）平行的两条直线 [图1-2-28 (d)] 的直线 AB 和 CD。

5）平面图形 [图1-2-28 (e)] 的三角形 ABC。

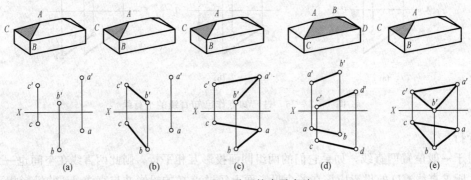

图1-2-28 平面的表示方法

在上述用各种几何元素表示平面的方法中，较多的是采用平面图形来表示一个平面。需要注意，这种平面图形可能仅表示其本身，也有可能表示包括该图形在内的一个无限广阔的平面。例如，说"平面图形 ABC"，是指在三角形 ABC 范围内的那一部分平面；说"平面ABC"则是指通过三角形 ABC 的一个广阔无边的平面。

（2）各种位置平面的投影特性。

1）当平面与三个投影面都倾斜时，称为一般位置平面（图1-2-29）。图中用三角形ABC 来表示一个平面，该平面与 V、H、W 三个投影面都倾斜，所以在三个投影面上得到三个投影三角形 $a'b'c'$、三角形 abc 和三角形 $a''b''c''$，均为封闭的线框，与三角形 ABC 类似，但不反映三角形 ABC 的真形，面积均比三角形 ABC 小。三个投影面上的投影都不能直接反映该平面对投影面的倾角。

一般位置平面的投影特性是：三个投影都没有积聚性，仍是平面图形，反映了原空间平面图形的类似形状，但比空间平面图形本身的面积缩小。

在读图时，一个平面的三个投影如果都是平面图形，它必然是一般位置平面。

2）平行于一个投影面，而垂直于另外两个投影面的平面，称为投影面平行面。根据其所平行的投影面的不同，投影面平行面可分为以下三种：①平行于水平面的平面称为水平面平行面（简称为水平面）；②平行于正面的平面称为正面平行面（简称为正平面）；③平行于侧面的平面称为侧面平行面（简称为侧平面）。

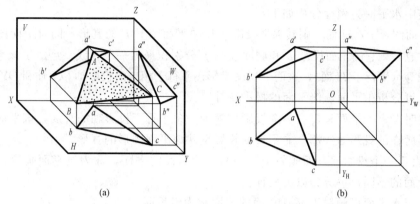

图 1-2-29 一般位置平面

表 1-2-3 列出了三种投影面平行面的直观图、投影图和投影特性。

表 1-2-3 投影面的平行面

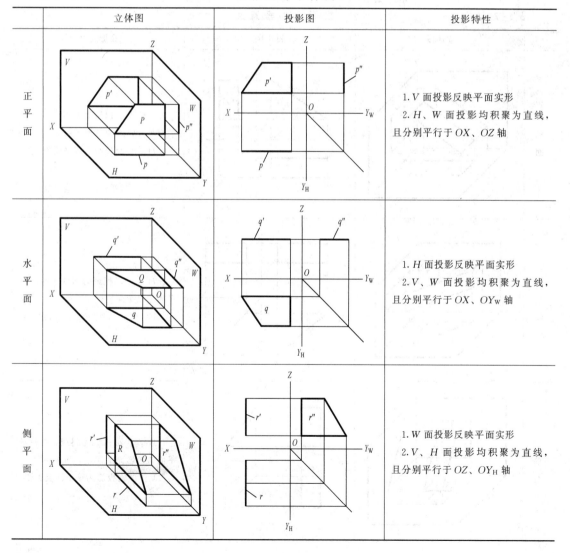

	立体图	投影图	投影特性
正平面			1.V 面投影反映平面实形 2.H、W 面投影均积聚为直线，且分别平行于 OX、OZ 轴
水平面			1.H 面投影反映平面实形 2.V、W 面投影均积聚为直线，且分别平行于 OX、OYw 轴
侧平面			1.W 面投影反映平面实形 2.V、H 面投影均积聚为直线，且分别平行于 OZ、OYH 轴

现以表中水平面为例，分析如下：

因为平面图形 $P /\!/ H$ 面，则其水平投影 p 反映平面图形 P 的真形；同时平面图形 P 与 V 面、W 面垂直，则它的正面投影 p' 和侧面投影 p'' 分别积聚为一条直线，且由于该平面上各点的 Z 坐标相等（平行于 H 面），这两个积聚投影还平行于相应的投影轴 OX 轴和 OY 轴。

同理，可分析正平面、侧平面的投影特性。

在读图时，一个平面只要有一个投影积聚为一条平行于投影轴的直线，该平面就平行于非积聚投影所在的投影面。那个非积聚的投影反映该平面图形的真形。

3）垂直于一个投影面，而倾斜于另外两个投影面的平面，称为投影面垂直面。根据其所垂直投影面的不同，可分为以下三种：

①垂直于水平面而倾斜于 V、W 面的平面称为铅垂面。

②垂直于正面而倾斜于 H、W 面的平面称为正垂面。

③垂直于侧面而倾斜于 H、V 面的平面称为侧垂面。

表 1-2-4 列出了三种投影面垂直面的直观图、投影图和投影特性。

表 1-2-4　　　　　　　　　　　投影面的垂直面

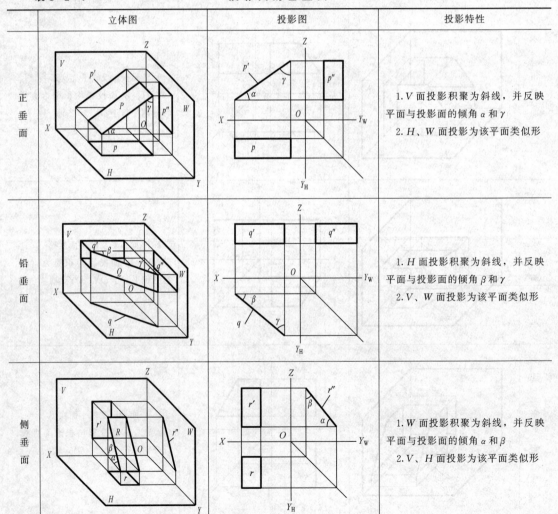

	立体图	投影图	投影特性
正垂面			1. V 面投影积聚为斜线，并反映平面与投影面的倾角 α 和 γ 2. H、W 面投影为该平面类似形
铅垂面			1. H 面投影积聚为斜线，并反映平面与投影面的倾角 β 和 γ 2. V、W 面投影为该平面类似形
侧垂面			1. W 面投影积聚为斜线，并反映平面与投影面的倾角 α 和 β 2. V、H 面投影为该平面类似形

现以表中铅垂面为例，分析如下：

因为平面图形 $P \perp H$ 面，则其水平投影 p 积聚成一条直线，且平面图形 P 与 V 面、W 面的夹角可在此投影上直接反映出来；同时因为平面图形 P 倾斜于 V 面、W 面，则它的正面投影 p' 和侧面投影 p'' 仍是平面图形 P 的类似形，且比空间平面图形 P 本身的面积缩小。

同理，可分析正垂面、侧垂面的投影特性。

在读图时，一个平面只要有一个投影积聚为一条倾斜直线，它必然垂直于积聚投影所在的投影面。

【例 1 - 2 - 10】 分析正三棱锥各棱面与投影面的相对位置（图 1 - 2 - 30）。

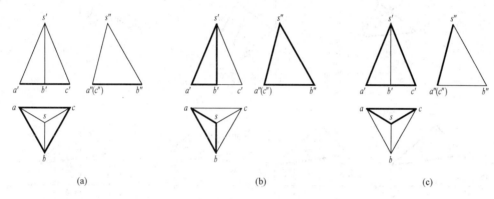

图 1 - 2 - 30 正三棱锥各棱面与投影面的相对位置

①底面三角形 ABC。正面和侧面投影积聚为水平线，分别平行于 OX 轴和 OYW 轴，可确定底面三角形 ABC 是水平面，其水平投影反映三角形 ABC 的真形 [图 1 - 2 - 30（a）]。

②棱面三角形 SAB。三个投影 sab、$s'a'b'$、$s''a''b''$ 都没有积聚性，均为棱面三角形 SAB 的类似形，可判断棱面三角形 SAB 是一般位置平面 [图 1 - 2 - 30（b）]。

③棱面三角形 SAC。从侧面投影中的重影点 a''（c''）可知，棱面三角形 SAC 的一边 AC 是侧垂线。根据几何定理，一个平面上的任一直线垂直于另一个平面，则两平面互相垂直。因此，可确定棱面三角形 SAC 是侧垂面，侧面投影积聚成一条直线 [图 1 - 2 - 30（c）]。

（3）平面上的直线和点。

1）直线在平面上的几何条件是：一条直线若通过平面上的两个点，则此直线必定在该平面上 [图 1 - 2 - 31（a）]，三角形 ABC 决定一平面 P，由于 M、N 两点分别在直线 AB 和 AC 上，所以 MN 连线在 P 平面上。一条直线若通过平面上的一个点，又平行于该平面上的另一条直线，则此直线必在该平面上 [图 1 - 2 - 31（b）]，由相交两直线 ED、EF 决定一平面 Q，M 是直线 ED 上的一个点，若过 M 作直线 $MN \parallel EF$，则 MN 必定在 Q 平面上。

2）点在平面上的几何条件是：若点在平面内的任一条直线上，则此点一定在该平面上。由于 M 点在平面 Q 中的 EF 直线上，因此 M 点在平面 Q 上 [图 1 - 2 - 31（c）]。

【例 1 - 2 - 11】 已知平面三角形 ABC 及其上一点 K 的正面投影 k'，求作点 K 的水平投影 k [图 1 - 2 - 32（a）]。

作图：

①过投影点 a'、k' 在三角形 $a'b'c'$ 上作辅助线交 $b'c'$ 于 d' 点，再按点的投影规律，由 d' 向下作铅垂线，与 bc 相交得 d 点 [图 1 - 2 - 32（b）]。

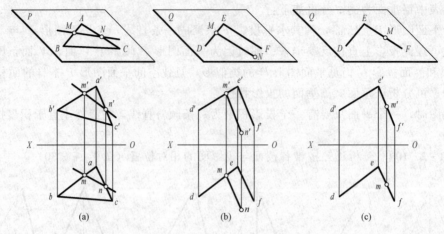

图 1 - 2 - 31　平面上的直线和点

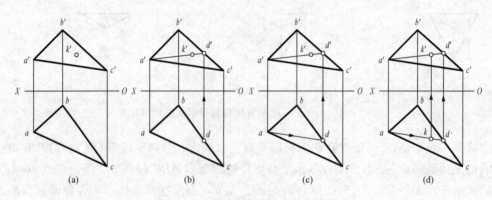

图 1 - 2 - 32　求作平面上点的投影

②连接 ad [图 1 - 2 - 32（c）]。

③由 k' 向下作铅垂线，与 ad 相交得 k 点，k 点即为所求 [图 1 - 2 - 32（d）]。

（4）特殊位置平面上点的投影。投影面平行面或投影面垂直面称为特殊位置平面，在它们所垂直的投影面上的投影积聚成直线，所以在该投影面上的点和直线的投影必在其有积聚性的同面投影上。由此可根据图 1 - 2 - 33 中的点 f' 落在三角形投影 $a'b'c'$ 上可知，空间点 F 必定在三角形 ABC 所决定的平面内。

同理，若已知特殊位置平面上点的一个投影也可直接求得其余投影。若已知三角形 ABC 上点 F 的水平投影 f，可利用有积聚性的正面投影 $a'b'c'$ 求得 f'，再由 f 和 f' 求得 f''（图 1 - 2 - 33）。该三角形内直线 DE 的各个投影及其特点，请大家自行分析。

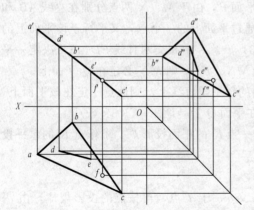

图 1 - 2 - 33　特殊位置平面上点的投影

1.2.3　基本形体的投影

任何复杂的立体都是由简单的基本几何体所组成。基本几何体可分为平面立体和曲面立体两大类。单纯由平面包围而成的基本体称为平面立体，如棱柱、棱锥等；而表面由曲面或曲面与平面围成的基本体称为曲面立体，如圆柱、圆锥、球体等。

1. 平面立体的投影图及尺寸标注

（1）棱柱体的投影。棱柱是由两个底面和几个侧棱面构成的。六棱柱的顶面和底面为两个水平面［图 1 - 2 - 34 （a）］，它们的水平投影重合且反映六边形实形，正面投影和侧面投影分别积聚成直线；前后两个侧棱面是正平面，它们的正面投影重合且反映实形，水平投影和侧面投影积聚为直线；其余四个侧棱面是铅垂面，水平投影积聚为四条线，正面投影和侧面投影均反映类似形。由以上分析可得三视图［图 1 - 2 - 34 （b）］。

由此可见，作棱柱的投影图时，可先作反映实形和有积聚性的投影，然后再按照"长对正、宽相等、高平齐"的投影规律作其他投影。

（2）棱锥体的投影。棱锥只有一个底面，且全部侧棱线交于有限远的一点（即锥顶）。所示的三棱锥，其底面 ABC 是水平面，它的水平投影反映三角形实形，正面投影和侧面投影积聚成水平的直线［图 1 - 2 - 35 （a）］；后棱面 SAC 为侧垂面，其侧面投影积聚成直线，正面投影和水平投影均反映类似形；而另两个侧棱面 SBC 和 SAB 为一般位置平面，其投影全部为类似形。由以上分析可得三视图［图 1 - 2 - 35 （b）］。

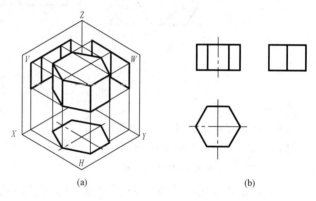

图 1 - 2 - 34　六棱柱的投影

（a）轴测图；（b）投影图

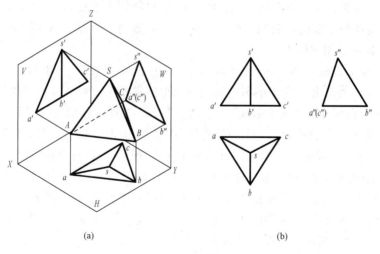

图 1 - 2 - 35　三棱锥的投影

（a）轴测图；（b）投影图

由此可见，作棱锥的投影图时，可先作底面的各个投影，再作锥顶的各面投影，最后将锥顶的投影与同名的底面各点投影连接，即为棱锥的三面投影。

（3）平面立体投影图的尺寸标注。对于平面立体的尺寸标注，主要是要注出长、宽、高三个方向的尺寸，一个尺寸只需注写一次，不要重复。一般底面尺寸应注写在反映实形的投影图上，高度尺寸注写在正面或侧面投影图上（图1-2-36）。

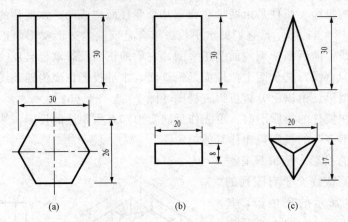

图1-2-36 平面立体投影图的尺寸标注
(a) 六棱柱；(b) 四棱柱；(c) 三棱柱

（4）平面立体表面上求点和线。

1）已知六棱柱表面上的点 A 的正面投影 a' 和直线 MN 的正面投影 $m'n'$（图1-2-37），求作它们的水平投影和侧面投影。

由于 a' 是可见的，所以点 A 在六棱柱的左前侧棱面上，这个侧棱面在水平面上投影呈积聚性，其投影是六边形的一边，所以点 A 的水平投影 a 也在此边上，再由点的两个投影 a' 和 a，作出其第三投影 a''。而 $m'n'$ 也是可见的，所以直线 MN 在六棱柱的右前侧棱面上，同样此侧棱面的投影也为六边形的一边，所以直线 MN 的水平投影 mn 也在此边上，在侧面投影中由于六棱柱的左前侧棱面和右前侧棱面的投影重合，直线 MN 所在的侧棱面为不可见，所以其投影 $m''n''$ 用虚线表示。

2）已知三棱锥表面上 N 点的水平投影 n、G 点的正面投影 g' 和 M 点的正面投影 m'（图1-2-38），现在要作出它们的另两面投影，也即得出了直线 NG 的三面投影。

由于 N 和 G 点所在的平面 SAB 为一般位置平面，三面投影都没有积聚性，所以可连接点 N 的水平投影 n 与锥顶投影 s，交 ab 于点1，1点在 ab 上，故 $1'$ 点在 $a'b'$ 上，所以求得的 n' 也在 $s'1'$ 上，再由 n' 和 n 求得其第三面投影 n''；同理 G 点的另两面投影也通过作辅助线 $S2$ 求得，需注意的是平面 SAB 在三个投影面上的投影均是可见的，所以求得的 N、G 各投影也均为可见；而由 M 点的正面投影 m' 不可见，可知 M 点在 SAC 面上，SAC 面的侧面投影积聚为一直线，所以 M 点的侧面投影 m'' 必在此直线上，由 m' 和 m'' 求出 m。最后，将所求得的 N 和 G 的三面同名投影连接即为直线 NG 的三面投影。

2. 曲面立体的投影图及尺寸标注

（1）圆柱体的投影。圆柱是由圆柱面和顶、底面围成的。圆柱面可看成是由一条直线绕与之平行的轴线旋转而成的。这条直线称为母线，圆柱面上任意一条平行于轴线的直线称为素线。圆柱轴线垂直于水平面，此时圆柱面在水平面上投影积聚为一圆，且反映顶、底面的实形，同时圆柱面上的点和素线的水平投影也都积聚在这个圆周上 [图1-2-39 (a)]；在

V 面和 W 面上，圆柱的投影均为矩形，矩形的上、下边是圆柱的顶、底面的积聚性投影，矩形的左右边是圆柱面上最左、最右、最前、最后素线的投影，这四条素线是四条特殊素线，是可见的左半圆柱面和不可见的右半圆柱面、可见的前半圆柱面和不可见的后半圆柱面的分界线，也可称它们为转向轮廓线，其中在正面投影上，圆柱的最前素线 CD 和最后素线 GH 的投影与圆柱轴线的正面投影重合，所以不画出，同理在侧面投影上，最左素线 AB 和最右素线 EF 也不画出。由以上分析可得三视图 [图 1-2-39 (b)]。

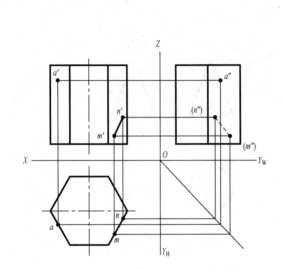

图 1-2-37　六棱柱表面上点的投影
和直线的投影

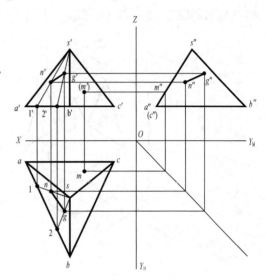

图 1-2-38　三棱锥表面上点的投影
和直线的投影

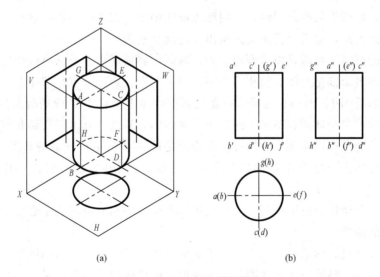

(a)　　　　　　　　　　　(b)

图 1-2-39　圆柱体的投影
(a) 轴测图；(b) 投影图

由此可见，作圆柱的投影图时，先用细点画线画出三视图的中心线和轴线位置，然后画投影为圆的视图，最后按投影关系画其他两个视图。

（2）圆锥体的投影。圆锥是由圆锥面和底面组成。圆锥面可看成是由一条直线绕与之相交的轴线旋转而成的。这条直线称为母线，圆锥面上通过顶点的任一直线称为素线。圆锥轴线垂直于水平面，此时圆锥的底面为水平面，它的水平投影为一圆反映实形，同时圆锥面的水平投影与底面的水平投影重合且全为可见 [图 1-2-40（a）]；在 V 面和 W 面上，圆锥的投影均为三角形，三角形的底边是圆锥底面的积聚性投影，三角形的左、右边是圆锥面上最左、最右、最前、最后素线的投影，这四条特殊素线的分析方法和圆柱一样。由以上分析可得三视图 [图 1-2-40（b）]。

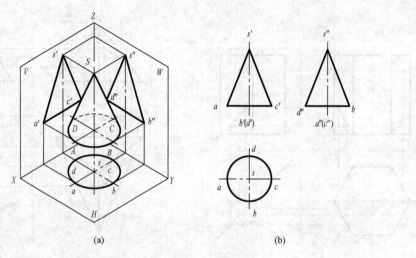

图 1-2-40 圆锥体的投影
（a）轴测图；（b）投影图

由此可见，作圆锥的投影图时，先用细点画线画出三视图的中心线和轴线位置，然后画底面圆和锥顶的投影，最后按投影关系画出其他两个视图。

（3）球体的投影。圆球是由球面围成的。球面可看成是由一条圆母线绕它的直径旋转而成的。球体三面投影都是与球直径相等的圆，但这三个投影圆分别是球体上三个不同方向转向轮廓线的投影 [图 1-2-41（a）]。正面投影是球体上平行于 V 面的最大的圆 A 的投影，这个圆是可见的前半个球面和不可见的后半个球面的分界线，其水平投影和侧面投影分别与相应的中心线重合，所以不画出，同理水平投影是球体上平行于 H 面的最大的圆 B 的投影，而侧面投影是球体上平行于 W 面的最大的圆 C 的投影，分析方法同圆 A 一样。由以上分析可得三视图 [图 1-2-41（b）]。

由此可见，作球体的投影图时，只需先用细点画线画出三视图的中心线位置，然后分别画三个等直径的圆即可。

（4）曲面立体投影图的尺寸标注。对于曲面立体的尺寸标注，其原则与平面立体基本相同。一般对于圆柱、圆锥应注出底圆直径和高度，而球体只需注其直径，但在直径数字前面应加注"$S\phi$"（图 1-2-42）。

（5）曲面立体表面上求点和线。

1）在圆柱体表面上求点，可利用圆柱面的积聚性投影来作图。已知圆柱面上有一点 A 的正面投影 a′，现在要作出它的另两面投影（图 1-2-43）。由于 a′ 是可见的，所以点 A 在左前半个圆柱面上，而圆柱面在 H 面上的投影积聚为圆，则 A 点的水平投影也在此圆上，所以可由 a' 直接作出 a，再由 a' 和 a 求得 a''，由于 A 点在左前半个圆柱面上，所以它的侧面投影也是可见的。

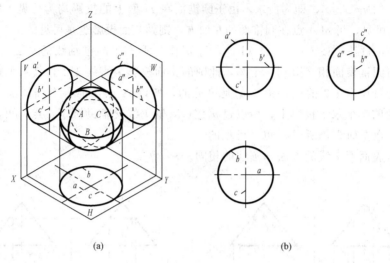

图 1-2-41　球的投影

（a）轴测图；（b）投影图

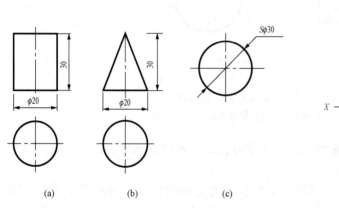

图 1-2-42　曲面立体投影图的尺寸标注

（a）圆柱；（b）圆锥；（c）球体

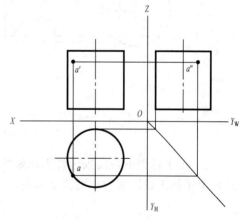

图 1-2-43　圆柱体表面上点的投影

　　求圆柱体表面上线的投影，可先在线的已知投影上定出若干点，再用求点的方法求出线上这若干点的投影，然后依次光滑连接其同名投影，并判别可见性即为圆柱体表面上求线的作法。

　　2）由于圆锥面的三个投影都没有积聚性，所以求圆锥面上点的投影时必须在锥面上作辅助线，辅助线包括辅助素线或辅助圆。

　　已知圆锥面上的点 A、B、C 的正面投影 a'、b'、c'，现在要作出它们的另两面投影（图 1-2-44）。

　　①利用辅助素线法 ［图 1-2-44（a）］，点 B 和点 C 的正面投影一个在最右素线上，一个

在底面圆周上，均为特殊点且可见，所以直接过 b'、c' 作 OX 轴的垂线即可得 b、c，进而可求得 b''、c''，且 B、C 都在右半个锥面上，所以 b''、c'' 均为不可见。A 点在圆锥面上，所以过 a' 作素线 $S1$ 的正面投影 $s'1'$，求出素线的水平投影 $s1$ 和侧面投影 $s''1''$，过 a' 分别作 OX 轴与 OZ 轴的垂线交 $s1$、$s''1''$ 于 a、a''，即为所求，由于圆锥面在 H 面上的投影均为可见，所以 a 也为可见，而由于 a' 可见，可知 A 点在圆锥面的左前方，则其侧面投影也是可见的。

　　②利用辅助圆法［图 1 - 2 - 44（b）］，过 a' 作一垂直于圆锥轴线的平面（水平面），这个辅助平面与圆锥表面相交得到一个圆，此圆的正面投影为直线 $1'2'$，其水平投影是与底面投影圆同心的直径为 $1'2'$ 的圆，由于 a' 是可见的，所以 A 点在前半个辅助圆上，那么 a 也必在辅助圆的前半个水平投影上，所以过 a' 作 OX 轴垂线交辅助圆于 a 点，再由 a' 和 a 求得 a''，也由于 a' 在左前方，所以 a'' 也是可见的。

　　而圆锥体表面上求线的方法和圆柱的相同。

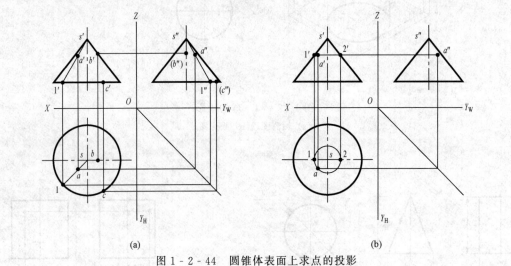

图 1 - 2 - 44　圆锥体表面上求点的投影
(a) 辅助素线法；(b) 辅助圆法

　　3）由于球面的各面投影都无积聚性且球面上没有直线，所以在球体表面上求点可利用球面上平行于投影面的辅助圆来解决。

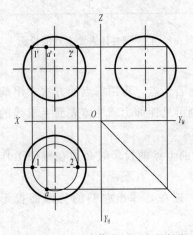

图 1 - 2 - 45　球体表面上点的投影

　　已知球面上点 A 的正面投影 a'，现在要作出其另两面投影（图 1 - 2 - 45）。过 A 点作一个平行于水平面的辅助圆，即在正面投影上过 a' 作平行于 OX 轴的直线，交圆周于 $1'$、$2'$，此 $1'2'$ 即为辅助圆的正面投影，其长度等于辅助圆的直径，再作此辅助圆的水平投影，为一与球体水平投影同心的圆，由于 a' 可见，所以可知 A 点在球体的左前上方，那么 A 点在水平面上的投影也可通过 a' 作 OX 轴的垂线，交辅助圆的水平投影于 a 得到，且 a 为可见，再由 a' 和 a 求出 a''，同理 A 点在左侧，所以 a'' 也可见。当然也可通过 A 点作平行于正面或侧面的辅助圆，方法同上。

　　球体表面上求线的方法和圆柱相同。

1.2.4　组合体的投影

1. 组合体的组成形式

由基本几何体组合而成的立体称为组合体。组合体常见的组合方式有三种：

（1）叠加。即组合体是由基本几何体叠加组合而成 [图 1 - 2 - 46（a）]。

（2）切割。即组合体是由基本几何体切割组合而成。如图 1 - 2 - 46（b）所示，物体是由一个四棱柱中间切一个槽，前面切去一个三棱柱而成。

（3）复合。即组合体是由基本几何体叠加和切割组合而成 [图 1 - 2 - 46（c）]。物体是

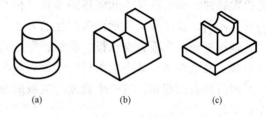

图 1 - 2 - 46　组合体的组成形式
(a) 叠加；(b) 切割；(c) 复合

由两个四棱柱体叠加而成，其中靠上的四棱柱又在中间切割了一个半圆形的槽。

2. 组合体各形体之间的表面连接关系

构成组合体的各基本形体之间的表面连接关系一般可分为四种：

（1）共面。即两相邻形体的表面共面时表面平齐，视图上平齐的表面之间不存在分界线 [图 1 - 2 - 47（a）]。

（2）不共面。即两相邻形体的表面不共面时表面不平齐，也就是不平齐的表面之间相交，视图上存在分界线 [图 1 - 2 - 47（b）]。

（3）相切。即两相邻形体的表面相切时相切处光滑过渡，视图上没有分界线 [图 1 - 2 - 47（c）]。

（4）相交。即两相邻形体的表面相交时，视图上相交处应画出交线 [图 1 - 2 - 47（d）]。

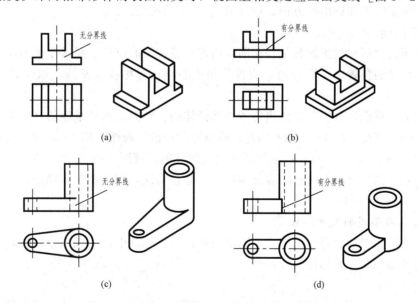

图 1 - 2 - 47　组合体各形体之间的连接关系
（a）共面；（b）不共面；（c）相切；（d）相交

3. 组合体的画法

画组合体的投影图时，由于形体较为复杂，所以应采用形体分析法。现以轴承座（图1-2-48）为例，说明组合体视图的画法步骤。

（1）形体分析。形体分析法就是将组合体看作是由若干基本几何体所组成，根据各部分的投影特性，弄清各基本几何体的形状、相对位置、组合方式及连接关系，从而解决组合体的整体画图、读图及尺寸标注等问题的方法。

轴承座是由底板、支承板、肋板、空心圆筒四部分组成（图1-2-48）。该组合体的组合形式主要是叠加。其中支承板、肋板叠加在底板之上，且左右居中，支承板有两个斜面与空心圆筒外表面相切，有一个表面与底板后面平齐，肋板上部与圆筒表面相交。整个轴承座左右对称。

图1-2-48 轴承座

（2）视图布置。视图布置就是确定组合体放置情况，视图在布置时应合理、排列匀称，应把组合体的主要面朝前放，并使其他各面尽量与投影面平行或垂直，并且尽量减少图中出现虚线。

确定主视方向，应以最能显示组合体各基本形状及其相对位置的方向作为正面投影，以便使较多表面的投影反映实形，同时还应注意使各视图尽量少的出现虚线。主视图选定后，左视图和俯视图也就随之确定了。如图示，箭头指向即为主视方向，形状特征较明显，且虚线较少。

（3）画组合体的视图。在形体分析及视图布置后，就可按以下顺序画组合体的各视图了。

1）选比例、定图幅。画图之前，根据组合体的形状特点，选择恰当的比例和图幅。一般情况下，为了画图和读图的方便，最好采用1∶1的比例。

2）布置图面。

①根据所选比例和视图的数量，在图幅内定好各视图的位置。要求布图匀称，各视图间应留有标注尺寸的位置。在画图时，应首先用中心线、对称线或基线，以便确定各视图的位置。

②画底稿。据形体分析分别画出各基本几何体的投影图。画轴承座的具体步骤如下：

画底板的三视图［图1-2-49（a）］；画空心圆筒的三视图［图1-2-49（b）］；画支承板的三视图［图1-2-49（c）］；画肋板及底板圆柱的三视图［图1-2-49（d）］。

③检查、加深。底稿完成后，应仔细检查，修正错误，擦去多余的线条，按规定的线型加深［图1-2-49（e）］。

4. 组合体投影图的尺寸标注

视图只能用来表达组合体的形状，而组合体的大小和其中各构成部分的相对位置，还应在组合体的各视图画好后标注尺寸。

（1）尺寸种类。

1）定形尺寸。确定构成组合体的各基本几何体的形状大小的尺寸。例如圆筒的长28，外径φ28（图1-2-50）。

2）定位尺寸。确定构成组合体的各基本几何体间相互位置关系的尺寸。如圆筒的中心与底板的距离（图 1 - 2 - 50）为 38。

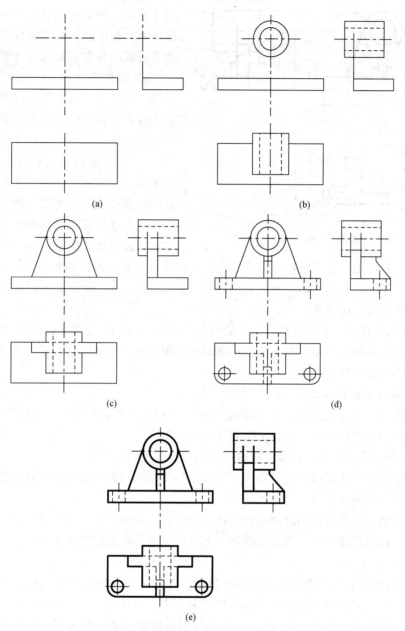

图 1 - 2 - 49 轴承座三视图的作图步骤

（a）画底板三视图；（b）画空心圆筒的三视图；（c）画支承板的三视图

（d）画肋板及底板圆柱的三视图；（e）检查、加深

3）总体尺寸。确定整个组合体的总长、总宽、总高的尺寸。轴承座的长 70、宽 28、高 52（图 1 - 2 - 50），要注意有时总长、总宽、总高尺寸不一定会全部标出，而是通过各组成基本几何体的尺寸相互叠加而出。

（2）尺寸注法。

1）定尺寸基准。所谓尺寸基准，就是标注尺寸的起点。通常以组合体的对称中心线、

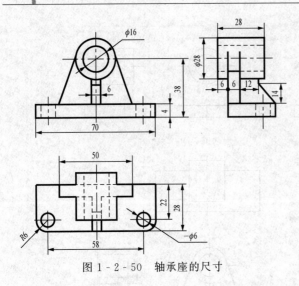

图 1-2-50 轴承座的尺寸

端面、底面以及回转体的回转轴线等作为尺寸基准。轴承座的宽度方向基准为底板的后面，高度方向基准为底板的底面，长度方向基准为左右对称面（图 1-2-50）。

2）标注定形尺寸。以前述的轴承座为例，标注尺寸的投影图（图 1-2-50），水平投影中的 28 和正面投影中的 70、4 是底板的长、宽和高的尺寸。

3）标注定位尺寸。标注定位尺寸时应选择一个或几个标注尺寸的起点，长度方向一般可选择左侧或右侧作为起点，宽度方向可选择前侧或后侧作为起点，高度方向一般可选择底面或顶面作为起点。如果物体自身是对称的，也可选择对称中心线作为尺寸的起点，正面投影、侧面投影中的 38、6 即是圆筒的定位尺寸（图 1-2-50），分别是以底面作为起点的高度方向定位和以底板后侧作为起点的宽度方向定位。

4）标注总体尺寸。在上述标注后，还应标注物体的总长、总宽和总高尺寸，需要注意的是：有时组合体的总体尺寸会与部分构成形体的定位尺寸重合，这时只需将没注出的尺寸注出即可，不要重复标注尺寸。

5. 组合体投影图的识读

（1）读图前应熟练的内容。组合体的读图就是运用前面各章讲述的正投影原理和特性，根据所给投影图，进行分析，想象出组合体的空间形状。

1）充分熟练投影特性，仔细分析视图中的线框和图线的含义。

①视图中的每一条线都可能时物体上面与面的交线或曲面的转向轮廓线的投影，或是物体上的一些面的积聚性投影。

②视图中的每一个线框都可能是物体的某个平面、曲面或孔、槽的投影。

③各个视图对照读图时，要注意抓住一般位置平面及垂直面的非积聚性投影都有类似性这个特点（图 1-2-51）。

2）掌握形体的相邻各表面之间的相对位置。经过分析我们知道了构成组合体的各基本形体的形状特征，但如果不分析各基本形体相邻各表之间的相对位置关系，整个组合体的形状还是不能准确得出 [图 1-2-52 (a)]，如果只看物体的主、俯视图，物体上的 1 和 2 两部分的位置关系也就无法确定，那么整个物体也无法准确读出，至少可以是两种情况，而如果结合物体的左视图看，我们就会看到物体上 1 和 2 两部分的相对位置关系，整体形状也就确定了 [图 1-2-52 (b)]。

（2）读图的基本方法。组合体读图常用的方法是形体分析法和线面分析法。

1）形体分析法。形体分析法就是根据视图的投影特性在视图上分析组合体的图形特征，分析组合体各组成部分的形状和相对位置，将组合体分线框、对投影、辨形体、定位置，然后综合起来想象出整个组合体的形状。读图时一般以主视图为主，同时联系左、俯视图进行形体分析。

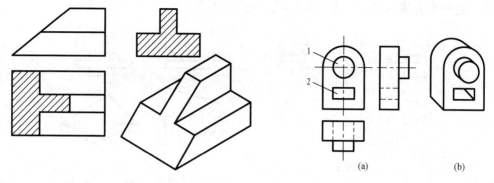

图 1 - 2 - 51　正垂面的非积聚性投影　　　　图 1 - 2 - 52　形体间的相互位置

2）线面分析法。线面分析法就是根据线、面的投影特性，按照组合体上的线及线框来分析各形体的表面形状、分析形体的表面交线的方法。用这种方法是分析组合体各局部的空间形状，然后想象出整体的形状。

那么，一般在组合体读图时以形体分析法为主，在视图中有些不易看懂的部分或有些切割组合方式的形体，还应辅之以线面分析法。

（3）读图步骤。读图时，首先应粗读所给出的各个视图，从整体上了解整个组合体的大致形状和组成方式，然后再从最能反映组合体形状特征的投影（一般是主视图）入手进行形体分析。根据投影中的各封闭线框，把组合体分成几部分，按投影关系结合各个视图逐步看懂各个组成部分的形状特征，最后综合各部分的相对位置和组合方式，想象出组合体的整体形状。下面结合实例，介绍组合体的读图步骤。

【例 1 - 2 - 12】　已知组合体的三视图，通过读图想象出该组合体的空间形状（图1 - 2 - 53）。

解：①看视图，分解形体（分线框）。先粗读所给的各个视图，一般以主视图为主，配合其他视图，经过投影分析可大致了解组合体的形状及组成方式，在此基础上，应用形体分析法，将组合体分解为几个基本部分。在此例中，我们将组合体分成 1、2、3、4 四部分 [图 1 - 2 - 53 （a）]。

②对照投影，确定形状。根据投影的"三等"对应关系，借助三角板、分规等制图工具从主视图着手，将每部分的各投影划分出来，仔细的分析、想象，确定每个基本部分的形状。在此例中，矩形 1 和俯视图的梯形线框、左视图的矩形线框相对应，这就可以确定该组合体的底部是一个带缺口的梯形板 1 [图 1 - 2 - 53 （b）]；矩形线框 2 在俯视图与左视图中对应的也分别为矩形线框和带缺口的矩形线框，由此可知其空间形状是凹字形形体 2 [图1 - 2 - 53 （c）]；同样可以分析出主视图中矩形内有虚线的 3 所对应的另两投影是两个同心圆及矩形内加虚线，所以可知其空间形状是圆筒 [图 1 - 2 - 53 （d）]；再看主视中的三角形4，在俯视图与左视图中与之对应的都是矩形，所以它的空间形状是三棱柱 [图 1 - 2 - 53（e）]。

③分析相对位置和表面连接关系。由俯视和左视图可以看到，该组合体前后对称，水平梯形板的前后两个铅垂面均与圆筒表面相切，三棱柱前后对称的放在形体 1 上，形体 1 和形体 2 的下表面齐平。

④合起来想整体。在看懂每部分形体和它们之间的相对位置及连接关系的基础上，最后

综合起来想出组合体的整体形状［图1-2-53（f）］。

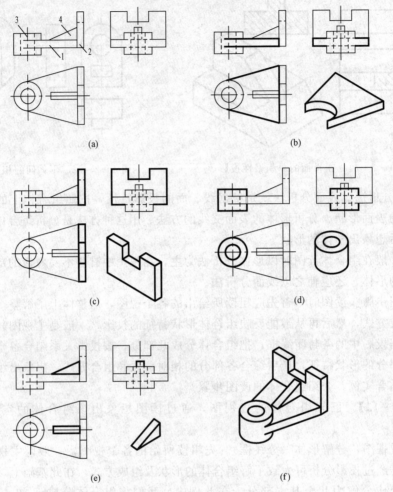

图1-2-53　组合体的读图步骤

（a）分线框；（b）形体1；（c）形体2；（d）形体3；（e）形体4；（f）整体形状

【例1-2-13】 已知组合体的三视图，通过读图想象出该组合体的整体形状［图1-2-54（a）］。

解：①将投影分解为各个部分，并分析各自的形状。在主视图中有三个封闭线框 a'、b'、c'，按"高平齐"的投影关系，a' 对应在 W 投影面上是一条竖线 a''，根据平面的投影规律可知 A 是一个正平面，它的 H 面投影应为与之长对正的水平线 a；同理主视图中的 b' 在 W 投影面上是一条竖线 b''，那么它也是一个正平面，且水平投影应为与之长对正的水平线 b；而主视图中的 c' 在 W 投影面上是一条斜线 c''，因此 C 平面应为侧垂面，它的水平投影不仅与它的正面投影长对正且应为正面投影的类似形，也即为水平投影中的 c；同样的分析方法，在俯视图中给剩余的封闭线框也编号 d，左视图中的封闭线框也编号 e''、f''，并找出这几个线框对应的其他各面投影，确定各自空间形状，和主视图中线框的分析方法一样，可以得出 D 是水平面，E 和 F 是侧平面。

②根据投影，分析相对位置。由主视图可知形体的上下、左右位置，俯视图可知形体的

前后、左右位置，左视图可知形体的上下、前后位置。例如从主视图上可以看出 B 平面在 C 平面的下方、A 平面的上方。其他位置可以自行分析。

③综合起来想整体。根据以上两步的分析，可以综合想出此物体的整体形状为在长方体的上方切去一个三棱柱体，再在剩余形体的左上前方切去一个小的三棱柱体 ［图 1 - 2 - 54 (b)］。

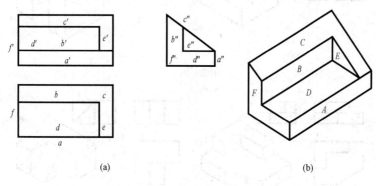

图 1 - 2 - 54　组合体的读图方法
（a）线面分析；（b）整体形状

理 论 知 识 训 练

1. 形体的三面正投影规律是什么？
2. 简述点、直线、平面的投影特性。
3. 判断空间两点相对位置关系的依据是什么？
4. 一般位置直线的投影特性是什么？
5. 投影面平行线和垂直线的投影特性各是什么？
6. 简述用直角三角形法求直线段真长和对投影面倾角的方法。
7. 直线上的点有哪些特点？
8. 平行两直线的投影有什么特点？
9. 相交两直线的投影有什么特点？
10. 平面立体与曲面立体的区别？基本形体分别有什么投影特性？
11. 立体表面上的点的求法？什么是素线？
12. 组合体的组成形式有几种？简述组合体投影图的识读方法。
13. 什么是形体分析法？什么是线面分析法？
14. 组合体的尺寸有几类？
15. 试述组合体的读图方法及步骤。

实 践 课 题 训 练

1. 试把形体上 A、B、C、D 各点的投影标柱在投影图上 ［图 1 - 2 - 55 (a)、(b)］。
2. 在投影图中，注明 P、Q、R 三个平面的投影 ［图 1 - 2 - 56 (a)、(b)］。

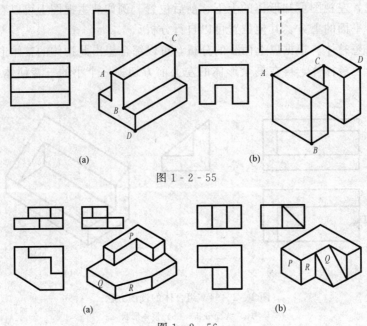

图 1 - 2 - 55

图 1 - 2 - 56

3. 直线 *AB*、*CD*、*EF* 及平面 *P*、*Q*、*R* 的空间位置，并标出其投影（图 1 - 2 - 57）。

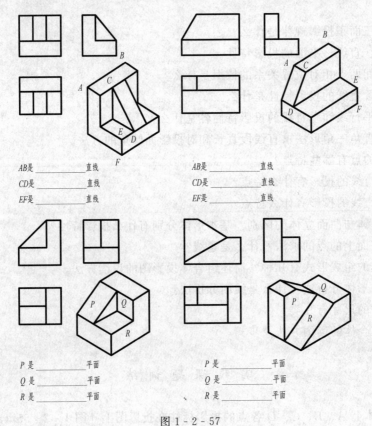

AB 是 ＿＿＿＿＿＿ 直线　　　　　　*AB* 是 ＿＿＿＿＿＿ 直线
CD 是 ＿＿＿＿＿＿ 直线　　　　　　*CD* 是 ＿＿＿＿＿＿ 直线
EF 是 ＿＿＿＿＿＿ 直线　　　　　　*EF* 是 ＿＿＿＿＿＿ 直线

P 是 ＿＿＿＿＿＿ 平面　　　　　　*P* 是 ＿＿＿＿＿＿ 平面
Q 是 ＿＿＿＿＿＿ 平面　　　　　　*Q* 是 ＿＿＿＿＿＿ 平面
R 是 ＿＿＿＿＿＿ 平面　　　　　　*R* 是 ＿＿＿＿＿＿ 平面

图 1 - 2 - 57

4.已知五棱柱体的 H 面投影和圆锥体的 V 面投影，且知五棱柱体的高度为 20mm，试分别完成五棱柱体和圆锥体的三投影（图 1-2-58）。

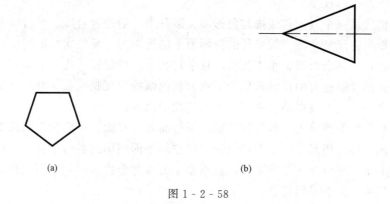

(a)   (b)

图 1-2-58

5.根据直观图画出组合体的三面投影图（尺寸从直观图中量取）（图 1-2-59）。

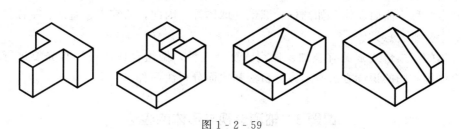

图 1-2-59

6.根据直观图补全投影图中所缺的线（图 1-2-60）。

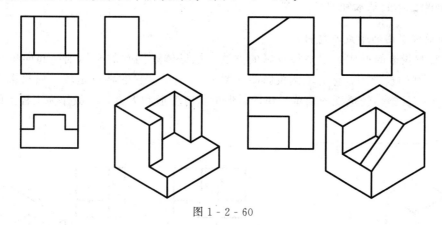

图 1-2-60

课 题 小 结

将形体放置于三个相互垂直投影面体系中，按照正投影法分别向 V（正立投影面）、H（水平投影面）、W（侧投影面）三个投影面进行投影，即可得到该形体的三面投影。由形体的前方向后投射，在正投影面 V 上所得到的投影称为正面投影或 V 投影；由形体的上方向下投射，在水平投影面 H 上所得到的投影称为水平投影或 H 投影；由形体的左方向右投射，在侧投影面 W 上所得到的投影称为侧面投影或 W 投影。

"长对正、高平齐、宽相等"的投影对应关系是三面投影之间的重要特性，也是画图和读图时必须遵守的投影规律。

点的投影仍然是一个点。直线按与投影面关系分为一般位置直线、平行线和垂直线。投影面平行线的投影特征是在与直线平行的投影面上的投影为一反映实长的斜线，并反映与其他两投影面的倾角。其余两投影小于实长，且平行相应两投影轴。投影面垂直线的投影特征是在与直线垂直的投影面上的投影积聚为一点。其他两投影反映实长，且垂直于相应两投影轴。一般位置直线的三个投影的长度都小于直线段的真长。

平面按与投影面关系分为一般位置平面、平行面和垂直面。一般位置的投影特性是：三个投影都没有积聚性，仍是平面图形，反映了原空间平面图形的类似形状，但比空间平面图形本身的面积缩小。平行于一个投影面，而垂直于另外两个投影面的平面，称为投影面平行面。要熟悉这三种平面的投影特性。

形体都是由简单的基本几何体所组成。基本几何体可分为平面立体和曲面立体两大类。单纯由平面包围而成的基本体称为平面立体，如棱柱、棱锥等；而表面由曲面或曲面与平面围成的基本体称为曲面立体，如圆柱、圆锥、球体等。因此，研究点、直线、平面投影对形体投影有十分重要意义。

组合体的组成形式常见有叠加、切割、复合三种，做组合体的投影首先要进行形体分析。组合体投影图的识读方法有形体分析法和线面分析法两种。

课题3　轴测透视与形体的表达

1.3.1　轴测投影的基本知识

1. 轴测投影图的形成与特性

（1）轴测投影的形成。用平行投影的方法，把形体连同它的坐标轴一起向单一投影面（P）投影得到的投影图，称为轴测投影图（图1-3-1）。它的特点是较三面投影立体直观性强（图1-3-2），较透视图简单、快捷，但形状有变形和失真，一般作为工程上的辅助图样。

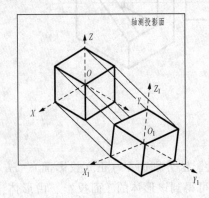

图1-3-1　轴测图的形成

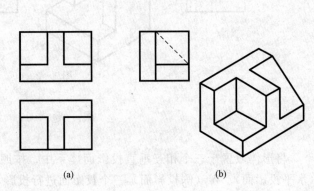

图1-3-2　正投影图与轴测投影图比较

（a）三面正投影图；（b）轴测投影图

（2）轴测投影的基本术语

1）轴测投影面：用于画轴测图的投影面。

2）轴测轴：空间三根坐标轴（投影轴）O_1X_1、O_1Y_1、O_1Z_1、在轴测投影面上的投影 OX、OY、OZ。

3）轴间角：两根轴测轴之间的夹角。

4）轴向伸缩系数：在轴测投影中轴测轴与相应的坐标轴长度之比即为轴向伸缩系数，OX 轴、OY 轴、OZ 轴的轴向伸缩系数分别用 p、q、r 来表示。其中 $p=O_1X_1/OX$，$q=O_1Y_1/OY$，$r=O_1Z_1/OZ$。

（3）轴测投影的基本特性

1）直线的轴测投影仍然是直线。

2）空间平行直线的轴测投影仍然平行。

3）与坐标轴平行的直线，其轴测投影平行于相应的轴测轴，且伸缩系数与相平行的轴的伸缩系数相同。

2. 轴测投影的分类

轴测投影分为正轴测投影和斜轴测投影两大类（图 1-3-3）。当形体的三个坐标轴均与轴测投影面倾斜，而投影线与轴测投影面垂直时所形成的轴测投影即为正轴测投影。正轴测投影又分为正等测投影和正二测投影。当形体只有两个坐标轴与轴测投影面平行，而投影线与轴测投影面倾斜时所形成的轴测投影即为斜轴测投影。斜轴测投影又分为正面斜轴测投影和水平面斜轴测投影；当确定形体正面的 OX 和 OZ 两坐标轴与轴测投影面平行时所形成的斜轴测投影即为正面斜轴测投影，当确定形体水平面的 OX 和 OY 两坐标轴与轴测投影面平行时所形成的斜轴测投影即为水平斜轴测投影。

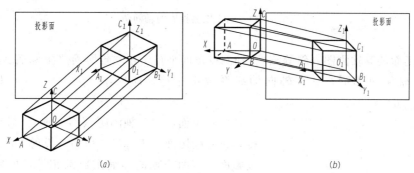

图 1-3-3　正轴测与斜轴测

（a）正轴测；（b）斜轴测

在建筑工程制图中常用的轴测图有四种，各种轴测投影的轴间角及轴向伸缩系数分别如下：

（1）正等轴测图（正等测）。投射方向垂直于投影面，轴间角均等于 120°，三个轴向伸缩系数都相等，即 $p_1=q_1=\gamma_1=0.82$，作图时取 $p_1=q_1=r_1=1$ 得到的轴测图（图 1-3-4）。

（2）正二等轴测图（正二测）。投射方向垂直于投影面，有两个轴向伸缩系数相等，即取 $p_1=r_1=1$；$q_1=1/2$ 得到的轴测图（图 1-3-5）。

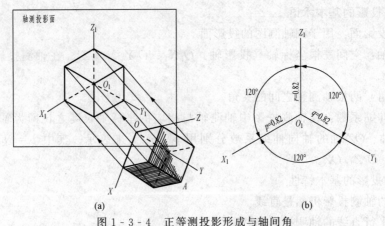

图 1-3-4　正等测投影形成与轴间角

（a）正等测轴测投影的形成；（b）轴间角和轴向伸缩系数

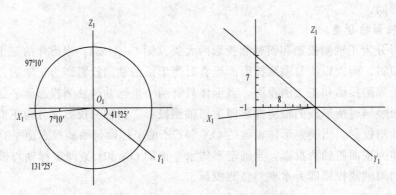

图 1-3-5　正二测投影的轴间角

（3）正面斜等轴测图（斜等测）。轴测投影面平行于正立投影面（坐标面 XOZ），投射方向倾斜于轴测投影面，三个轴向伸缩系数都相等，即取 $p_1=q_1=r_1=1$ 得到的轴测图（图 1-3-6）。

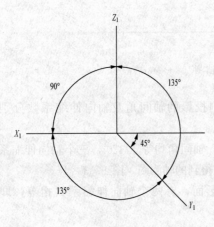

图 1-3-6　正面斜轴测投影的轴间角

（4）正面斜二等轴测图（斜二测）。轴测投影面平行于正立投影面（坐标轴 XOZ），投射方向倾斜于轴测投影面，有两个轴向伸缩系数都相等，即取 $p_1=r_1=1$；$q_1=1/2$ 得到的轴测图。

3. 轴测图的画法

各种轴测图的画法基本上相同，所不同的只是不同轴测图的轴间角和轴向伸缩系数不同而已。根据形体的组成方式，一般基本形体常采用坐标定点的方法来作图；而叠加型组合体常采用叠加法来作图；对于切割型组合体常采用切割法来作图。下面仅以比较常用的正等测图和正面斜轴测图为例介绍一下轴测图的画法。

（1）正等测图。常用的基本作图方法是坐标法。

1）正六棱柱。已知正六棱柱正投影图和水平投影图（图 1 - 3 - 7），求作它的正等测图。

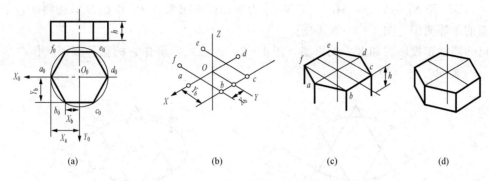

图 1 - 3 - 7　正六棱柱的正等测画法

本题为一基本形体，可采用坐标法作图，具体作图步骤如下：

①定原点及坐标轴。在原投影图中确定出原点和坐标轴的投影 ［图 1 - 3 - 7 (a)]。

②建轴。根据要求画出正等测投影的轴测轴 ［图 1 - 3 - 7 (b)]。

③定点。在 OX 轴上 O 点左右分别截取 a 和 d 两点，使其距离 O 点均为 X_a。在 OY 轴上 O 点的两边分别取点，使其距离 O 点均为 Y_b；然后过这两点分别作 OX 轴的平行线，并在这两平行线上分别截取 b、c、e、f 四点，使这四点距离相应的 OY 轴上所取点的距离分别为 X_b ［图 1 - 3 - 7 (b)]。

④连线。将 a、b、c、d、e、f 六点依此连线，并过这些点做 OZ 轴平行线，截取高度尺寸 ［图 1 - 3 - 7 (c)]。

⑤擦线并加深。将下端点连线，轴线及多余的线或有些不可见的线擦去，并将图中应该有的棱线加深 ［图 1 - 3 - 7 (d)]。

2）圆与圆柱。已知圆水平投影图 ［图 1 - 3 - 8 (a)]，求作它的正等测图。作图步骤如图 1 - 3 - 8 (b) ～ (d) 所示。

①定原点及坐标轴。在原投影图中确定出原点和坐标轴的位置，并作圆的外切正方形 $EFGH$ ［图 1 - 3 - 8 (a)]。

②建轴。根据要求画出轴测轴及圆的外切正方形 $EFGH$ 正等测投影图 $E_1F_1G_1H_1$ ［图 1 - 3 - 8 (b)]。

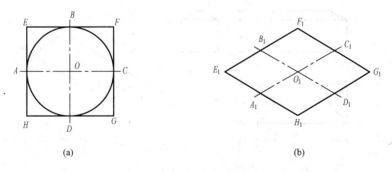

图 1 - 3 - 8　圆的正等测（一）

③连接 F_1A_1、F_1D_1、H_1B_1、H_1C_1，分别交于 M_1、N_1，以 F_1 和 H_1 为圆心，F_1A_1

或 H_1C_1 为半径作大圆弧 B_1C_1 和 A_1D_1 [图 1-3-8 (c)]。

④以 M_1 和 N_1 为圆心，M_1A_1 或 N_1C_1 为半径作小圆弧 A_1B_1 和 C_1D_1，即得平行于水平面的圆的正等测图 [图 1-3-8 (d)]。

已知圆柱正投影图和水平投影图 [图 1-3-9 (a)]，求作它的正等测图。作图步骤如图 1-3-9 (b) ～ (d) 所示。

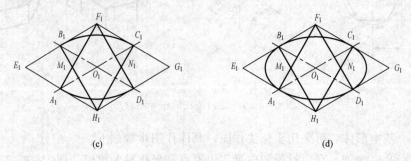

(c)　　　　　　　　(d)

图 1-3-8　圆的正等测（二）

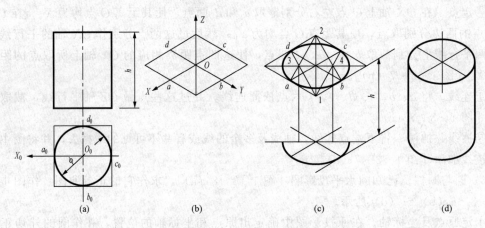

(a)　　　　(b)　　　　(c)　　　　(d)

图 1-3-9　圆柱的正等测

【例 1-3-1】 已知具有四坡顶的房屋模型的三视图，画出它的正等测（图 1-3-10）。

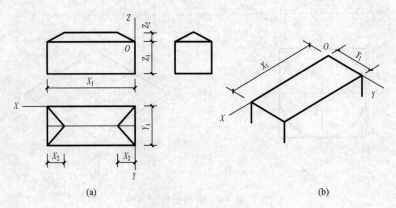

(a)　　　　　　　　　　(b)

图 1-3-10　作房屋模型的正等测（一）

(a) 已知条件；(b) 作屋檐和四棱柱

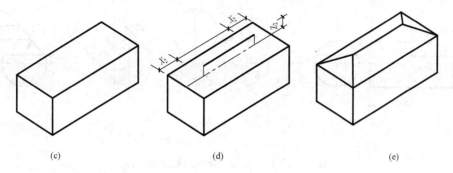

图 1 - 3 - 10　作房屋模型的正等测（二）

（c）作四棱柱；（d）作屋脊线 *H* 面次

投影及屋脊线；（e）连斜脊，校核，清理图面，加深

解：①看懂三视图，想象房屋模型形状。

②选定坐标轴，画出房屋的屋檐。

③作下部的长方体。

④作四坡屋面的屋脊线。

⑤过屋脊线上的左、右端点分别向屋檐的左、右角点连线，即得四坡屋顶的四条斜脊的正等测，便完成这个房屋模型正等测的全部可见轮廓线的作图。

⑥校核，清理图面，加深图线。

（2）斜二轴测投影图。因为在正面斜轴测图中，确定正面的 *OX* 轴和 *OZ* 轴方向不发生变化，而且轴向伸缩系数为 1，所以形体上凡是与正面平行的面，其正面斜轴测图的形状不发生变化。因而正面斜轴测图经常用来表达正面形状比较复杂的形体。在水暖通风等工程图中，常用正面斜等测图来表达管道空间布置的系统图。

1）台阶（图 1 - 3 - 11）。

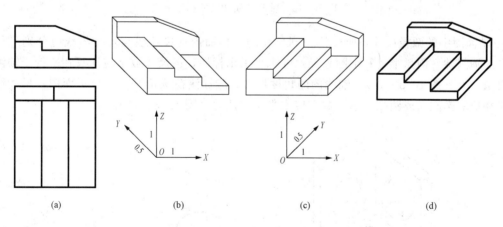

图 1 - 3 - 11　台阶的正面斜二测图

2）带切口圆柱（图 1 - 3 - 12）。

4．轴测图线性尺寸标注

轴测图线性尺寸，应标注在各自所在的坐标面内，尺寸线应与被标注长度平行，尺寸界线应

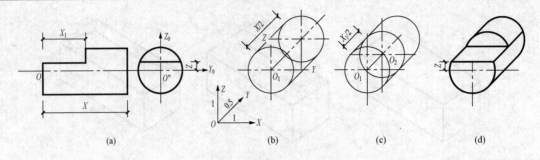

图1-3-12 带切口圆柱的侧面斜二测

平行于相应的轴测轴，尺寸数字的方向应平行于尺寸线，如出现字头向下倾斜时，应将尺寸线断开，在尺寸线断开处水平方向注写尺寸数字。轴测图的尺寸起止符号宜用小圆点（图1-3-13）。

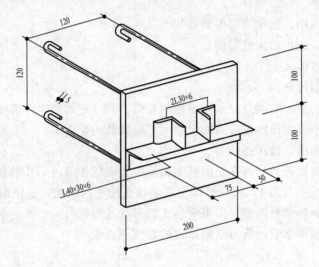

图1-3-13 轴测图线性尺寸标注方法

　　轴测图中的圆径尺寸，应标注在圆所在的坐标面内；尺寸线与尺寸界线应分别平行于各自的轴测轴。圆弧半径和小圆直径尺寸也可引出标注，但尺寸数字应注写在平行于轴测轴的引出线上（图1-3-14），轴测图的角度尺寸，应标注在该角所在的坐标面内，尺寸线应画成相应的椭圆弧或圆弧。尺寸数字应水平方向注写（图1-3-15）。

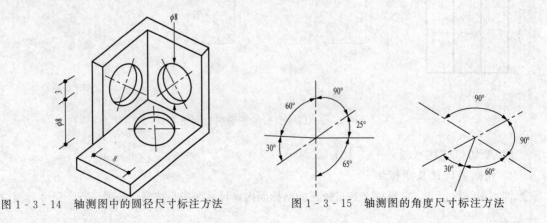

图1-3-14 轴测图中的圆径尺寸标注方法　　　　图1-3-15 轴测图的角度尺寸标注方法

1.3.2 透视图与鸟瞰图

1. 一点透视图

当画面垂直于基面，且建筑物有两个主向轮廓线平行于画面时，所作透视图中，这两组轮廓线不会有灭点，第三个主向轮廓线必与画面垂直，其灭点是主点 s' ［图1-3-16（a）］，这样产生的透视图称一点透视。由于这一透视位置中，建筑物有一主要立面平行于画面，故又称平行透视。一点透视的图像平衡、稳定，适合表现一些气氛庄严，横向场面宽广，能显示纵向深度的建筑群，如政府大楼、图书馆、纪念堂等［图1-3-16（b）］；此外，一些小空间的室内透视，多灭点易造成透视变形过大，为了显示室内家具或庭院的正确比例关系，一般也适合用一点透视。

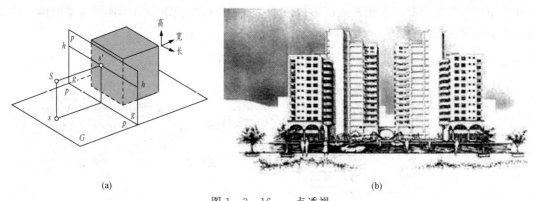

(a) (b)

图1-3-16 一点透视

（a）一点透视形成；（b）一点透视实例

2. 两点透视

当画面垂直于基面，建筑物只有一主向轮廓线与画面平行（一般是建筑物高度方向），其余两主向轮廓线均与画面相交，则有两个灭点 F_1 和 F_2 ［图1-3-17（a）］，这样产生的透视图称两点透视，由于建筑物的各主立面均与画面成一倾角，故又称成角透视。两点透视的效果真实自然，易于变化［图1-3-17（b）］，适合表达各种环境和气氛的建筑物，是运用最普遍的一种透视图形式。

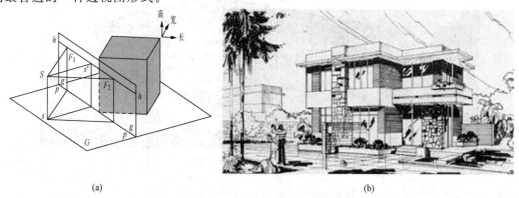

(a) (b)

图1-3-17 两点透视

（a）两点透视的形成；（b）两点透视实例

3. 鸟瞰图

上述各类透视图，将其视点提高到建筑物之上，就会出现俯视效果，好像空中飞翔的鸟儿在俯视大地，故形象地称之为"鸟瞰图"[图1-3-18（a）]。鸟瞰图一般用于表现一些规模较大的建筑群体，以充分显示其建筑与周围道路和环境之间，以及建筑与建筑之间的关系[图1-3-18（b）]。

1.3.3　建筑形体投影图的画法

1. 建筑形体投影图的一般画法

某中学食堂的透视图（图1-3-19）。这座建筑物的形体虽然复杂，但仔细分析，不难看出，整个建筑形体是有许多棱柱、圆柱等基本形体，按一定的方式组合而成的。因此，在画建筑形体的投影图时，首先要进行形体分析，然后根据组成该建筑形体的各平面体、曲面体和它们相对位置画投影图。

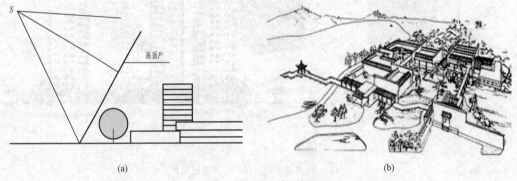

图1-3-18　鸟瞰图

（a）鸟瞰图的形成；（b）鸟瞰图实例

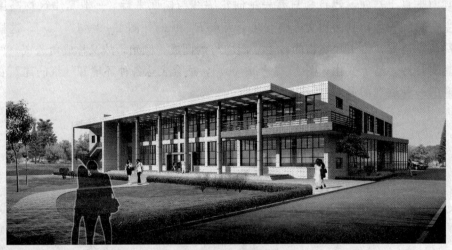

图1-3-19　某中学食堂

现以肋式杯形基础为例，说明画建筑形体投影图的步骤（图1-3-20）：

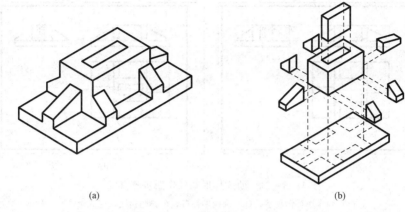

(a)　　　　　　　　　　　　　　(b)

图 1 - 3 - 20　肋式杯形基础

（a）立体图；（b）形体分析

（1）形体分析。肋式杯形基础，可以看成由四棱柱底板、中间四棱柱（其中挖去一楔形块）和六块梯形肋板组成。四棱柱在底板中央。前后各肋板的左、右外侧面与中间四棱柱左、右侧面共面。左右两块肋板在四棱柱左右侧面的中央。

（2）确定安放位置。根据基础在房屋中的位置，形体应放平，将 H 面平行于底板底面，V 面平行于形体的正面。

（3）确定投影数量。确定的原则是用最少数量的投影将形体表达完整、清楚。基础形体由于前后肋板的侧面形状，要在 W 投影中反应，因此需要画出 V、H、W 三个投影。

（4）画投影图

1）根据形体大小的注写尺寸所占的位置，选择适宜的图幅和比例。

2）布置投影图。先画出图框和标题栏线框，明确图纸上可以画图的范围，然后大致安排三个投影的位置，使每个投影在注完尺寸后，与画框的距离大致相等。

3）画投影图底稿。按形体分析的结果，使用绘图仪器的工具，顺次画出四棱柱底板［图 1 - 3 - 21（a）］、中间四棱柱［图 1 - 3 - 21（b）］、六块梯形肋板［图 1 - 3 - 21（c）］和楔形杯口［图 1 - 3 - 21（d）］。画每一基础形体时，先画其最具有特征的投影，然后画其他投影。在 V、W 投影中杯口是看不见的，应画成虚线。

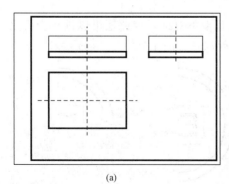
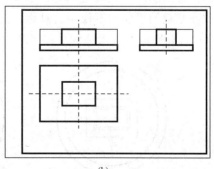

(a)　　　　　　　　　　　　　　(b)

图 1 - 3 - 21　肋式杯形基础作图步骤（一）

（a）布图、画底稿；（b）画中间四棱柱

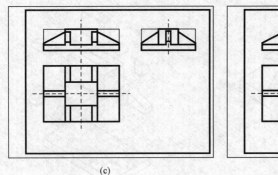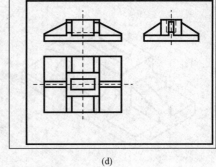

(c)　　　　　　　　　　　　(d)

图1-3-21　肋式杯形基础作图步骤（二）

（c）画六块梯形肋板；（d）画楔形杯口，擦去底稿线，完成全图

必须注意，构筑物和构配件的形体，实际上是一个不可分割的整体，形体分析仅仅是一种假想的分析方法。如果建筑形体中两基本形体的侧面处于同一平面上，就不应该在它们之间四棱柱的左侧面，都处在同一个平面上，它们之间都不应该画交线。

4）加深图线。经检查无误之后，按各类线型要求，用较软的铅笔进行加深。

（5）标注尺寸。

（6）读图复核。复核有无错漏和多余的线条，并借以提高读图能力。因此，首先形体分析法逐个检查每一基础形体的投影是否完整。然后根据所画的投影图想象建筑形体的空间形态，看看与原给出的形体是否相符。坚持读图与画图结合，有利于读图能力的不断提高。

（7）最后填写标题栏内各项内容，完成全图。所画的仪器图，要求投影关系正确，尺寸标注齐全，布置均匀合理，图面清洁整齐，线型粗细分明，字体端正无误。

2. 建筑形体简化画法

为了节省绘图时间，或由于绘图位置不够，建筑制图国家标准允许在必要时可以采用下列的简化画法：

（1）对称的图形可以只画一半，但要加上对称符号。某锥壳基础平面图［图1-3-22（a）］，因为它左右对称，可以只画左半部，并在对称线的两端加上对称符号［图1-3-22（b）］。对称线用细点画线表示。对称符号用一对平行的短细实线表示，其长度为6～10mm。两端的对称符号到图形的距离应相等。

由于锥壳基础的平面图不仅左右对称，而且上下对称，因此还可以进一步简化，之画出其1/4，但同时要增加一条水平的对称线和对称符号［图1-3-22（c）］。

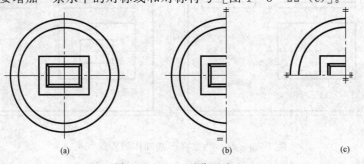

(a)　　　　　　　(b)　　　　　　(c)

图1-3-22　对称画法1

对称的图形画一半时，可以稍稍超出对称线之外，然后加上用细实线画出的折断线或波浪线，木屋架图 [图 1 - 3 - 23（a）] 和杯形基础图 [图 1 - 3 - 23（b）]。但有时也可以不加，屋架图 [图 1 - 3 - 23（a）]。值得注意的是此时无须加上对称符号。

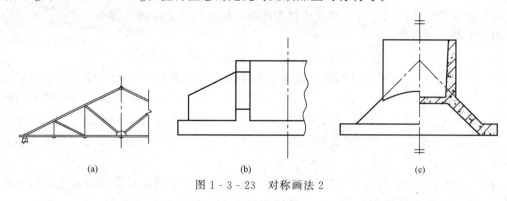

图 1 - 3 - 23 对称画法 2

对称的构件需要画剖面图时，也可以用对称线为界，一边画外形图，一边画剖面图，这时需要加对称符号，如锥壳基础 [图 1 - 3 - 23（c）]。

（2）建筑物或构配件的图形，如果图上有多个完全相同而连续排列的构造要素，可以仅在排列的两端或适当位置画出其中一两个要素的完整形状，然后画出其余要素的中心线或中心线交点，以确定它们的位置，混凝土空心砖 [图 1 - 3 - 24（a）] 和预应力空心板 [图 1 - 3 - 24（b）]。如一段砌上 8 件琉璃花格的围墙，图上只需画出其中一个花格的形状就可以了（图 1 - 3 - 25）。

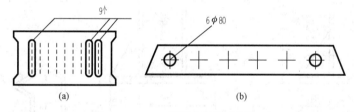

图 1 - 3 - 24 相同要素省略画法 1

（3）较长的等断面的构件，或构件上有一段较长的等断面，可以假想将该构件折断其中间一部分，然后在断开处两侧加上折断线，如柱子 [图 1 - 3 - 26（a）]。

（4）一个构件如果与另一构件仅部分不相同，该构件可以只画不同的部分，但要在两个构件的相同部分与不同部分的分界线上，分别画上连接符号。两个连接符号应对准在同一线上 [图 1 - 3 - 26（b）]。

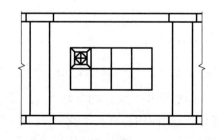

图 1 - 3 - 25 相同要素省略画法 2

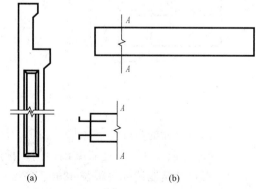

图 1 - 3 - 26 折断省略画法

3. 建筑形体的尺寸标注

建筑形体的投影图，虽然已经清楚的表达形体的形状和各部分的相互关系，但还必须注上足够的尺寸，才能明确形体的实际大小和各部分的相对位置。

在标注建筑形体的尺寸时，要考虑两个问题：即投影图上应标注哪些尺寸和尺寸应标注在投影图上的什么位置。

（1）尺寸的种类。在建筑形体的投影图中，应标注如下三种尺寸：

1）定形尺寸。定形尺寸是明确组成建筑形体的各基础形体大小的尺寸。工字形钢柱脚底板长 500、宽 500、高 25，螺栓孔 2φ40，加劲肋板高 200、宽 150、厚 10（即图上所标注 10×150×200），均属于定形尺寸（图 1-3-27）。又如图中工字形钢柱断面，由三块钢板组成，翼缘板厚 10、长 200，中间腹板厚 16、长 180 也是定形尺寸。柱子高度尺寸在注脚详图上可以不标注。

2）定位尺寸。定位尺寸是确定各基础形体在建筑形体中的相对位置的尺寸。以底板的边缘为起点，两个螺栓孔的定位尺寸是长度方向的 250 和宽度方向的 75、350；肋板的定位尺寸是长度方向的 150、200；宽度方向的 150、200 和高度方向的 25（图 1-3-27）。肋板的定位尺寸同时也是工字形钢柱的定位尺寸。

3）总尺寸。总尺寸是确定形体总长、总宽、总高的尺寸。工字形钢柱脚的总长为 500，总宽为 500，总高未标，因没有画出整根柱子（图 1-3-27）。

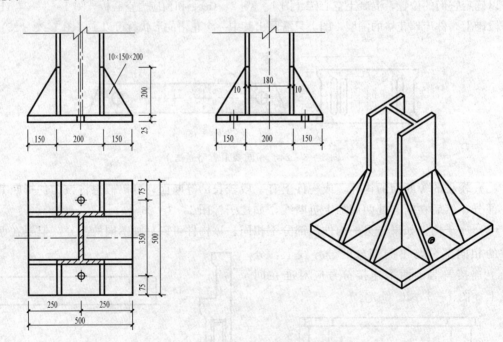

图 1-3-27 工字钢柱脚的三种尺寸标注

（2）标注尺寸的步骤

1）标注定形尺寸。以肋式基础为例，标注尺寸后的投影图如图 1-3-28 所示。各基本形体的定形尺寸是四棱柱底板长 3000、宽 2000 和高 250；中间四棱柱长 1500、宽 1000 和高 750；前后肋板长 250、宽 500、高 600 和 100；左右肋板长 750、宽 250、高 600 和 100；楔形杯口上底 1000×500、下底 950×450、高 650 和杯口厚度 250 等。

2）标注定位尺寸。先要选择一个或几个标注尺寸的起点。长度方向一般可选择左侧面或右侧面为起点，宽度方向可选择前侧面或后侧面为起点，高度方向一般以底面或顶面为起点。若物体是对称形，还可选择对称中心线作为标注长度和宽度尺寸的起点。

基础的中间四棱柱的长、宽、高定位尺寸是 750、500、250；杯口距离四棱柱左右侧面 250，距离四棱柱的前后侧面 250，杯口底面距离四棱柱顶面 650，左右肋板的定位尺寸是宽度方向的 875，高度方向的 250，长度方向因肋板的左右端面与底板的左右端面对齐，不用标注。同理，前后肋板的定位尺寸是 750、250（见图 1 - 3 - 28）。

对于基础，还应该注杯口中线的定位尺寸，以便施工。如图 1 - 3 - 28 所示的 H 投影中所标注的 1500 和 1000。

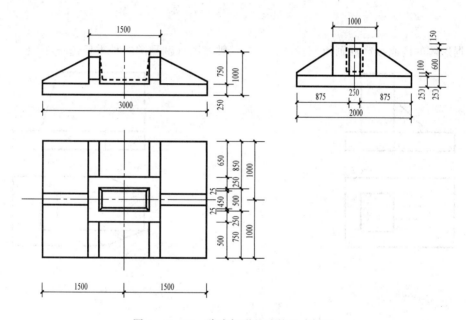

图 1 - 3 - 28　肋式杯形基础的尺寸标注

3）标注总尺寸。基础的总长和总宽即底板的长度 3000 和宽度 2000，不用另加标注，总高尺寸为 1000。

（3）尺寸配置。确定了应标注哪些尺寸后，还应考虑尺寸如何配置，才能达到明显、清晰、整齐等要求。除遵照"国际"的有关规定外，还要注意如下几点：

1）尺寸标注要齐全，不得遗漏，不要到施工时还得计算和度量。

2）一般应把尺寸布置在图形轮廓线之外（见图 1 - 3 - 28），但又要靠近被标注的基本形体。对某些细部尺寸，允许注在图形内，工字钢柱的断面尺寸 10、180 等（图 1 - 3 - 27）。

3）同一基础形体的定形、定位尺寸，应尽量注在反映该形体特征的投影图中，并把长、宽、高三个方向的定形、定位尺寸组合起来，排成几行。标注定位尺寸时，通常对圆形要求定圆心的位置，多边形要求定边的位置。

4）检查复核，应注意下面的三个方面：

①标注尺寸是要求极其严格的工作，尺寸数字必须正确无误和端正。

②每一方向细部尺寸的总和应等于该方向的总尺寸。

③检查有无尺寸被遗漏。

理 论 知 识 训 练

1. 轴测投影是如何形成的？它分为哪几种？

2. 什么是轴测轴、轴间角和轴向伸缩系数？各种轴测投影的轴间角和轴向伸缩系数分别是多少？

3. 怎样绘制形体的轴测图？

实 践 课 题 训 练

根据形体的两面投影补画第三投影，并画其轴测图（轴测图的种类任选）（图 1 - 3 - 29）。

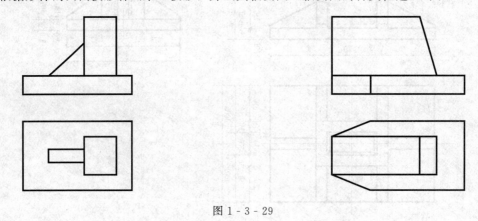

图 1 - 3 - 29

课 题 小 结

用平行投影的方法，把形体连同它的坐标轴一起向单一投影面（P）投影得到的投影图，称为轴测投影图。其特点是所做图较三面投影立体直观性强，较透视图简单、快捷，但形状有变形和失真，一般作为工程上的辅助图样。

轴测投影的基本特性是直线的轴测投影仍然是直线；空间平行直线的轴测投影仍然平行；与坐标轴平行的直线，其轴测投影平行于相应的轴测轴，且伸缩系数与相平行的轴的伸缩系数相同。

轴测投影分为正轴测投影和斜轴测投影两大类。当形体的三个坐标轴均与轴测投影面倾斜，而投影线与轴测投影面垂直时所形成的轴测投影即为正轴测投影。正轴测投影又分为正等测投影和正二测投影。当形体只有两个坐标轴与轴测投影面平行，而投影线与轴测投影面倾斜时所形成的轴测投影即为斜轴测投影。斜轴测投影又分为正面斜轴测投影和水平面斜轴测投影；当确定形体正面的 OX 和 OZ 两坐标轴与轴测投影面平行时所形成的斜轴测投影即为正面斜轴测投影，当确定形体水平面的 OX 和 OY 两坐标轴与轴测投影面平行时所形成的斜轴测投影即为水平斜轴测投影。

在建筑工程制图中常用的轴测图有正等轴测图、正二等轴测图（正二测）、正面斜等轴测图（斜等测）和正面斜二测图（斜二测）四种。

当画面垂直于基面，且建筑物有两个主向轮廓线平行于画面时，所作透视图中，这两组轮廓线不会有灭点，第三个主向轮廓线必与画面垂直，其灭点是主点 s'，这样产生的透视图称一点透视。一点透视的图像平衡、稳定，适合表现一些气氛庄严，横向场面宽广，能显示纵向深度的建筑群，如政府大楼、图书馆、纪念堂等。

当画面垂直于基面，建筑物只有一主向轮廓线与画面平行（一般是建筑物高度方向），其余两主向轮廓线均与画面相交，则有两个灭点 $F1$ 和 $F2$，这样产生的透视图称两点透视，由于建筑物的各主立面均与画面成一倾角，故又称成角透视。点透视的效果真实自然，易于变化，适合表达各种环境和气氛的建筑物，是运用最普遍的一种透视图形式。

上述各类透视图，将其视点提高到建筑物之上，就会出现俯视效果，好像空中飞翔的鸟儿在俯视大地，故形象地称之为"鸟瞰图"。鸟瞰图一般用于表现一些规模较大的建筑群体，以充分显示其建筑与周围道路和环境之间，以及建筑与建筑之间的关系。

课题 4 剖 面 与 断 面

在工程图中，物体可见的轮廓线一般用实线绘制，不可见的轮廓用虚线绘制。如杯形基础（图 1-4-1），以及其他内部构造复杂的物体，投影图中就会出现很多虚线，这样就会形成图形中的实线虚线交错重叠、层次不清，不便于绘图、识图和标注尺寸。所以对于内部有孔、槽等构造的物体，一般采用剖面图表达。

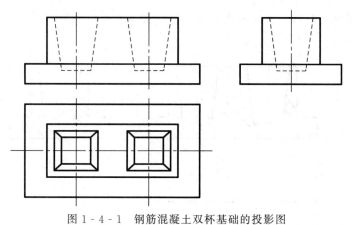

图 1-4-1 钢筋混凝土双杯基础的投影图

1.4.1 剖面图基本概念

1. 剖面图的形成

假想用剖切平面剖开物体，将处在观察者和剖切平面之间的部分移去，将剩余的部分向投影面进行投影，所得图形称为剖面图（图 1-4-2）。

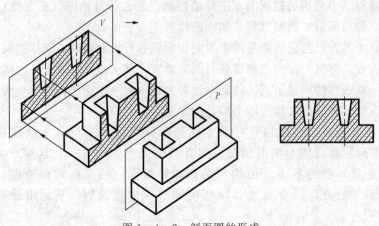

图1-4-2 剖面图的形成

2. 剖面图的画法

（1）确定剖切平面位置。画剖面图时，首先应选择最合适的剖切位置。剖切平面一般选择投影面平行面，并且一般应通过物体的对称面，或通过孔的轴线。

（2）画剖面图。

1）剖切平面与物体接触部分的轮廓线用粗实线绘制；剖切平面后面的可见轮廓线在建筑施工图中用细实线绘制，在其他一些土建工程图中用中实线画出。

2）剖切平面与物体接触的部分，一般要绘出材料图例。在不指明材料时，用45°细斜线绘出图例线，间隔要均匀。在同一物体的各剖面图中，图例线的方向、间隔要一致。

3）剖面图中一般不绘出虚线。

4）因为剖切是假想的，所以除剖面图外，画物体的其他投影图时，仍应完整的画出不受剖切影响（图1-4-3）。

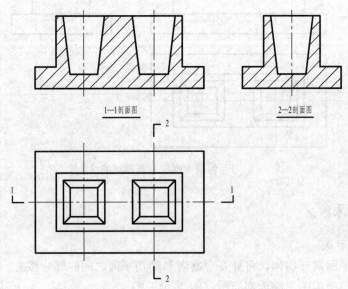

1—1剖面图　　　　　　　　　　　　2—2剖面图

图1-4-3 杯形基础的剖面图

3. 剖面图的正确画法

剖面图在绘图时要特别注意形体上曲面的投影线。下列形体 1 和形体 2，剖面图正确画法如图 1 - 4 - 4（a）和（c）所示，错误画法如图 1 - 4 - 4（b）和（d）所示。

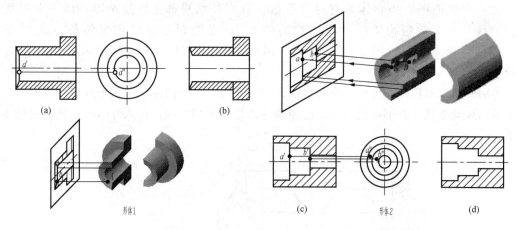

图 1 - 4 - 4　形体的剖面图正确画法举例

4. 剖面图的标注

剖面图本身不能反映剖切平面的位置，必须在其他投影图上标注出剖切平面的位置及剖切形式。在工程图中用剖切符号表示剖切平面的位置及投影方向。剖切符号由剖切位置线及剖视方向线组成，均应以粗实线绘制。剖切位置线的长度一般为 6～10mm，剖视方向线应垂直于剖切位置线，长度应短于剖切位置线，长度一般为 4～6mm[图 1 - 4 - 5（a）]，也可采用国际统一和常用的剖视方法 [图 1 - 4 - 5（b）]。绘制时剖切符号不应与其他图线相接触。

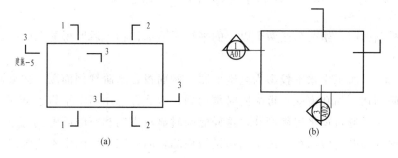

图 1 - 4 - 5　剖面剖切符号

剖切符号的编号宜采用阿拉伯数字，需要转折的剖切位置线在转折处加注相同的编号；建（构）筑物剖面图的剖切符号应注在 ±0.000 标高的平面图或首层平面图上；局部剖面图（不含首层）的剖切符号应注在包含剖切部位的最下面一层的平面图上。在剖面图的下方应注出相应的编号，如 "X - X 剖面图"。

5. 剖面图的分类

剖面图的剖切平面的位置、数量、方向、范围应根据物体的内部结构和外形来选择，根据具体情况，剖面图宜选用下列几种。

（1）全剖面图。用一个剖切平面完全地剖开物体后所画出的剖面图称为全剖面图，全剖面图适用于外形结构简单而内部结构复杂的物体。1—1 剖面图和 2—2 剖面图，均为全剖面图（图 1 - 4 - 3）。

（2）半剖面图。当物体具有对称平面、且内外结构都比较复杂时，以图形对称线为分界线，一半绘制物体的外形（投影图），一半绘制物体的内部结构（剖面图），这种图称为半剖面图（图 1 - 4 - 6），半剖面图可同时表达出物体的内部结构和外部结构。

半剖面图以对称线作为外形图与剖面图的分界线，一般剖面图画在垂直对称线的右侧和水平对称线的下侧。在剖面图的一侧已经表达清楚的内部结构，在画外形的一侧其虚线不再画出。

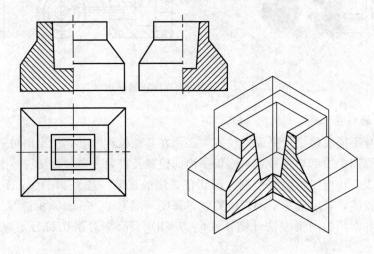

图 1 - 4 - 6　杯形基础的半剖面图

（3）阶梯剖面图。用两个或两个以上的平行平面剖切物体后所得的剖面图，称为阶梯剖面图。

如图 1 - 4 - 7 所示中水平投影为全剖面图，侧面投影为阶梯剖面图。如果侧面投影只用一个剖切平面剖切，门和窗就不可能同时剖切到，因此假想用两个平行于 W 面的剖切平面，一个通过门，一个通过窗将房屋剖开，这样能同时显示出门和窗的高度。

在画阶梯剖面图时应注意，由于剖切是假想的，因此在剖面图中不应画出两个剖切平面的分界交线。剖切位置线需要转折时，在转角处如有混淆，须在转角处外侧加注与该剖面相同的编号。

（4）展开剖面图。用两个或两个以上的相交平面剖切物体后，将倾斜于基本投影面的剖面旋转到平行基本投影面后再投影，所得到的剖面图称为展开剖面图。

某过滤池（图 1 - 4 - 8），由于池壁上两个孔不在同一平面上，仅用一个剖切平面不能都剖到，但池体具有回转轴线，可以采用两个相交的剖切平面，并让其交线与回转轴重合，使两个剖切平面通过所要表达的孔，然后将与投影面倾斜的部分绕回转轴旋转到与投影面平行，再进行投影，这样池体上的孔就表达清楚了。

（5）局部剖面图。用一个剖切平面将物体的局部剖开后所得到的剖面图称为局部剖面

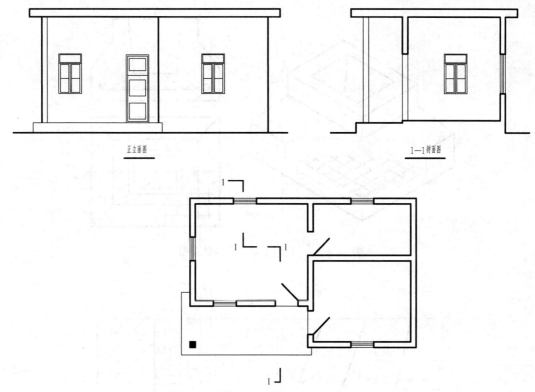

图 1-4-7　房屋的阶梯剖面图

图。局部剖适用于外形结构复杂且不对称的物体（图 1-4-9）。

　　局部剖切在投影图上的边界用波浪线表示，波浪线可以看作是物体断裂面的投影，因此绘制波浪线时，不能超出图形轮廓线，在孔洞处要断开，也不允许波浪线与图样上其他图线重合。

　　分层剖切是局部剖切的一种形式，用以表达物体内部的构造（图 1-4-10）。用这种剖切方法所得到的剖面图，称为分层剖切剖面图。分层剖切剖面图用波浪线按层次将各层隔开。

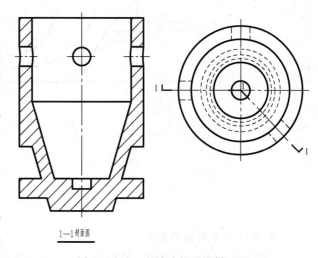

图 1-4-8　过滤池的展开剖面图

1.4.2　断面图

1. 断面图的形成

　　假想用一个剖切平面将物体剖开，只绘出剖切平面剖到部分的图形称为断面图。1—1 断面和 2—2 断面 [图 1-4-11（d）]。断面图适用于表达实心物体，如柱、梁、型钢的断面形状，在结构施工图中，也用断面图表达构配件的钢筋配置情况。

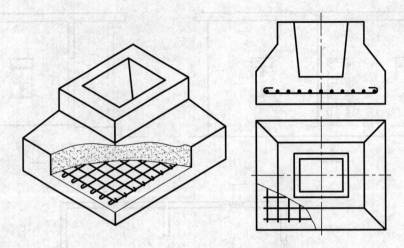

图1-4-9 杯形基础的局部剖面图

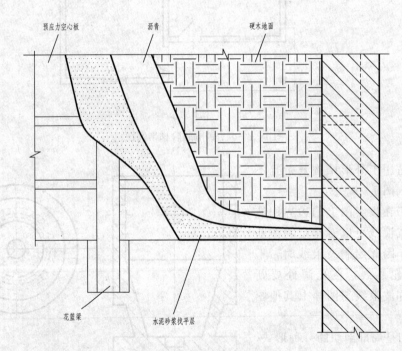

图1-4-10 分层剖切剖面图

2. 断面图与剖面图的区别

(1) 绘制内容不同。剖面图除应画出剖切面切到部分的图形外，还应画出投影方向看到的部分，被剖切面切到部分的轮廓线用粗实线绘制，剖切面没有切到，但沿投影方向可以看到的部分用中实线绘制 [图1-4-11 (c)]。断面图则只要用粗实线画出剖切于切到部分的图形 [图1-4-11 (d)]。

(2) 标注方式不同。断面图与剖面图的剖切符号也不同。断面图的剖切符号，只有剖切位置线没有剖视方向线 [图1-4-11 (d)]。剖切位置线为6～10mm的粗实线。在断面图下方注出与剖切符号相应的编号1—1、2—2等，但也可不写"断面图"字样。用编号所在的位置表示剖视的方向，编号写在剖视方向一侧。

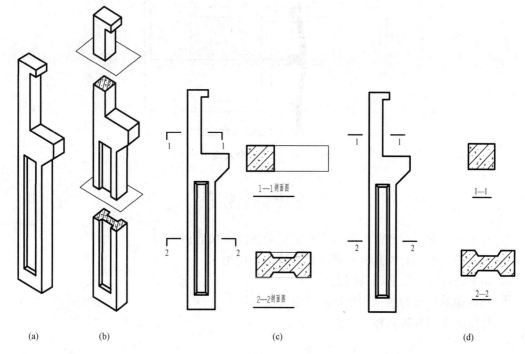

(a)　　　　　　(b)　　　　　　　　　(c)　　　　　　　　　(d)

图 1 - 4 - 11　剖面图与断面图的区别

3. 断面图的分类和画法

断面图按其配置的位置不同，分为移出断面图、中断断面图和重合断面图。

(1) 移出断面图。画在投影图之外的断面图，称移出断面图。移出断面图的轮廓线用粗实线绘制，断面图上要画出材料图例。1—1 断面和 2—2 断面均为移出断面图〔图 1 - 4 - 11 (d)〕。

(2) 中断断面图。画在投影图的中断处的断面图称为中断断面图。中断断面图只适用于杆件较长、断面形状单一且对称的物体。中断断面图的轮廓线用粗实线绘制，投影图的中断处用波浪线或折断线绘制。中断断面图不必标注剖切符号（图 1 - 4 - 12）。

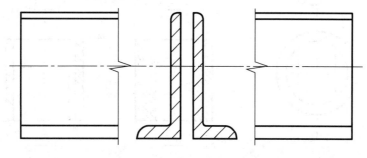

图 1 - 4 - 12　中断断面图

(3) 重合断面图。断面图绘制在投影图之内，称为重合断面图。重合断面图的轮廓线用细实线绘制。重合断面图也不必标注剖切符号。截面尺寸较小，可以涂黑（图 1 - 4 - 13）。

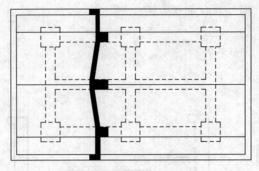

图 1 - 4 - 13　重合断面图

理 论 知 识 训 练

1. 什么是剖面图？什么是断面图？它们的标注方法有何不同？
2. 常用的剖面图有哪几种？各在什么情况下使用？
3. 画半剖面图应注意哪些问题？
4. 画阶梯剖面图和展开剖面图应注意哪些问题？
5. 常用断面图有哪几种？

实 践 课 题 训 练

1. 已知正立面图和平面图，选择一个正确的 1—1 剖面图（图 1 - 4 - 14）。

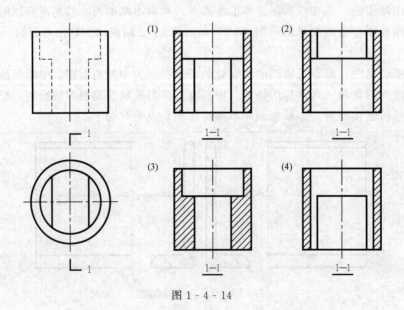

图 1 - 4 - 14

2. 补全图中应画的图线（图 1 - 4 - 15）。

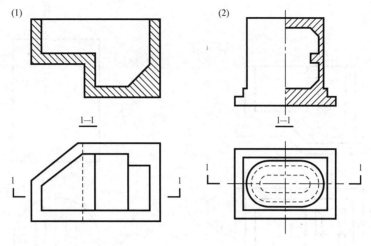

图 1 - 4 - 15

3. 读图并画出下列形体的 2—2 剖面图（图 1 - 4 - 16）。

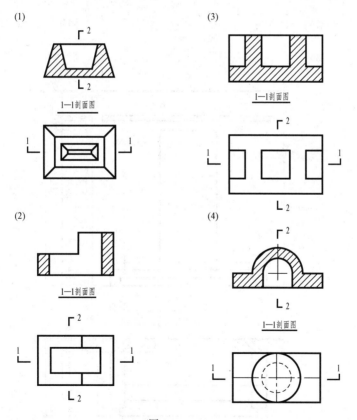

图 1 - 4 - 16

4. 作出下列形体的 1—1、2—2 剖面图（材料为砖砌体）（图 1 - 4 - 17）。

5. 画出形体的 1—1、2—2 半平面图（图 1 - 4 - 18）。

6. 补绘建筑形体的1—1平面图（图1-4-19）。

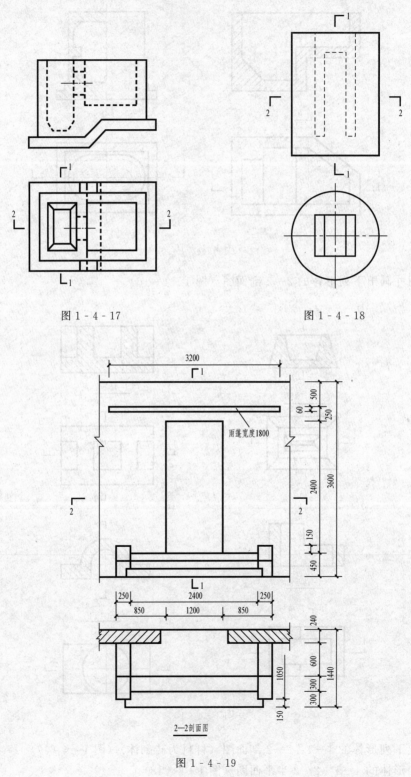

图1-4-17

图1-4-18

2—2剖面图

图1-4-19

7. 读图并作出 B—B、C—C 断面图（图 1-4-20）。

8. 题目：建筑构件的表达方法（图 1-4-21）

（1）作业内容：

①抄绘平面图和 1—1 剖面图。

②补绘 2—2 剖面图和 3—3、4—4、5—5 断面图。

（2）作业要求：用 1∶50 的比例、A3 幅面的图纸完成。

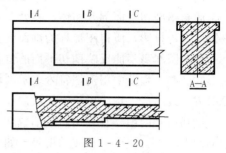

图 1-4-20

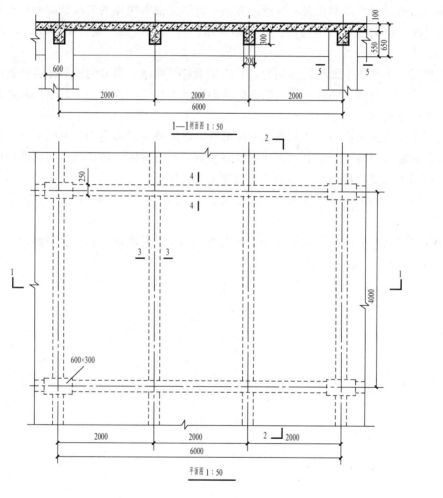

图 1-4-21

课 题 小 结

在工程图中，物体可见的轮廓线一般用实线绘制，不可见的轮廓用虚线绘制。内部构造复杂的物体，投影图中就会出现很多虚线，这样就会形成图形中的实线虚线交错重叠、层次不清，不便于绘图、识图和标注尺寸。所以对于内部有孔、槽等构造的物体，一般采用剖面图表达。

假想用剖切平面剖开物体，将处在观察者和剖切平面之间的部分移去，将剩余的部分向投影面进行投影，所得图形称为剖面图。

剖面图本身不能反映剖切平面的位置，必须在其他投影图上标注出剖切平面的位置及剖切形式。在工程图中用剖切符号表示剖切平面的位置及投影方向。剖切符号由剖切位置线及投射方向线组成，均应以粗实线绘制。

剖切符号的编号宜采用阿拉伯数字，需要转折的剖切位置线在转折处加注相同的编号；在剖面图的下方应注写相应的编号，如"$X-X$ 剖面图"。

剖面图的剖切平面的位置、数量、方向、范围应根据物体的内部结构和外形来选择，根据具体情况，剖面图有、全剖面图、半剖面图、阶梯剖面图、展开剖面图、局部剖面图等几种。

假想用一个剖切平面将物体剖开，只绘出剖切平面剖到部分的图形称为断面图。断面图适用于表达实心物体，如柱、梁、型钢的断面形状，在结构施工图中，也用断面图表达构配件的钢筋配置情况。

剖面图除应画出剖切面切到部分的图形外，还应画出投影方向看到的部分，被剖切面切到部分的轮廓线用粗实线绘制，剖切面没有切到，但沿投影方向可以看到的部分用中实线绘制。断面图则只要用粗实线画出剖切于切到部分的图形。

断面图与剖面图的剖切符号也不同。断面图的剖切符号，只有剖切位置线没有投射方向线。

断面图按其配置的位置不同，分为移出断面图、中断断面图和重合断面图。

模块二 建筑制图基本知识

课题 1 绘图的基本知识

为了提高绘图速度、保证绘图质量，必须熟悉绘图工具和仪器的正确使用方法。常用的绘图工具和仪器有铅笔、针管笔、图板、丁字尺、三角板、比例尺、曲线板、圆规、分规、制图模板、擦图片等。

2.1.1 绘图工具和仪器

1. 图板

图板是用来铺放固定图纸（图 2-1-1）。常用图板有 0 号（900mm×1200mm）、1 号（600mm×900mm）和 2 号（450mm×600mm），可根据需要选定。选平整面为工作面，以保证画图质量；其左端为工作边，工作边一定要平直，以保证与丁字尺配合使用时画线水平，提高绘图效率和精确度。

2. 丁字尺

丁字尺是由尺头和尺身组成，其材质多为有机玻璃。丁字尺与图板配合上下移动，用于画水平线（图 2-1-2）。

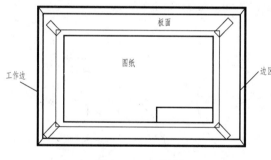

图 2-1-1 图板

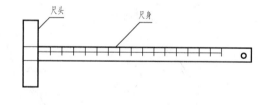

图 2-1-2 丁字尺

3. 三角板

三角板有 30°和 45°两种，一般用有机玻璃或透明塑料制成，根据不同需要来选择不同规格的三角板，两块三角板配合使用，可以画出已知直线的平行线和垂直线（图 2-1-3）等线形。三角板与丁字尺配合使用，画铅垂线（图 2-1-4）。绘制与水平线成 30°、45°、60°、90°等方向线及倾斜平行线。

4. 曲线板

曲线板是绘制非圆曲线的工具。绘图时，先定出曲线上若干点，用铅笔徒手将各点依次轻轻连成曲线，然后在曲线板上找出相应的线段，从起点到终点按顺序分段描绘。描绘时每段至少要通过曲线上的三个点，而且画后一段时，曲线板必须与前一段中的两个点或一定的长度相吻合（图 2-1-5）。

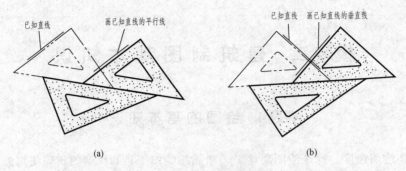

图 2-1-3　用两块三角板画已知直线的平行线和垂直线

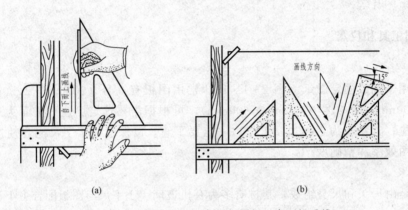

图 2-1-4　丁字尺、三角板与图板配合画铅垂线

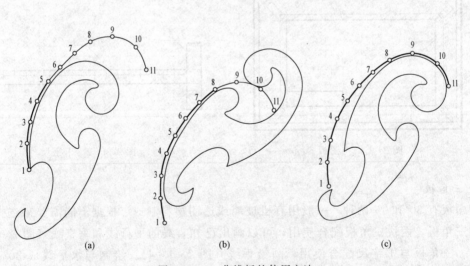

图 2-1-5　曲线板的使用方法

5. 模板

许多专业绘图用模板，如建筑模板，主要用于画各种建筑图例和建筑图的常用符号（图 2-1-6）。结构模板、装饰模板、机械模板、剖面线板、虚线板、轴测轴模板等。

6. 比例尺

建筑物的实际大小比图样大得多，建筑图都是选用适当的比例绘制而成。比例尺就是直

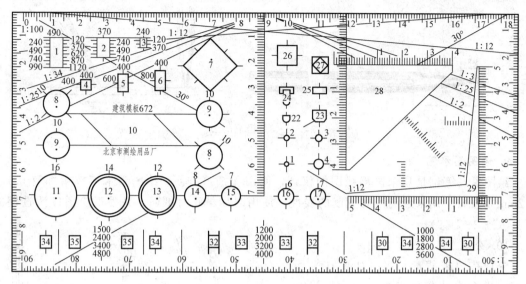

图 2-1-6　建筑模板

接用来缩小（或放大）图形的，绘图时可以直接用它在图样上量取物体的实际尺寸。目前常用的比例尺有两种，一种是在三个棱面上刻有六种百分或千分比例的三棱尺 [图 2-1-7（a）]；另一种是有机玻璃直尺，上面有三种不同比例的刻度 [图 2-1-7（b）]。

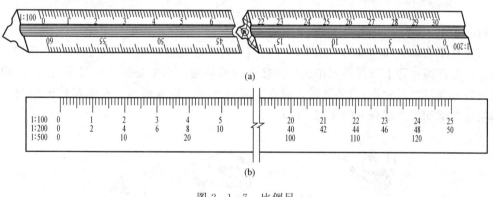

图 2-1-7　比例尺
（a）三棱尺；（b）比例直尺

7. 图纸

图纸有绘图纸和描图纸两种。绘图纸要求质地坚实、纸面洁白，橡皮擦拭不易起毛，画墨线不洇；描图纸是描绘图样用的，描绘的图样即为复制蓝图的底图。图纸应根据需要，按国家标准规定的规格裁切成一定图号的图纸。

8. 绘图铅笔

绘图铅笔是专门用于画底稿、描深图线用的。绘图铅笔的铅芯有各种不同的硬度，标有"B"表示软铅芯，标有"H"表示硬铅芯，标有"HB"表示中等硬度的铅芯。一般绘图时选用较硬 H、2H 打底稿，加深图线时用 H、HB 等铅笔。铅笔笔尖切削法有锥形和楔形两种，切削笔端不宜过长或过短，楔形笔尖铅笔一般用于加深图线（图 2-1-8）。

图 2-1-8 铅笔削法

9. 绘图墨水笔

绘图墨水笔也是用来画墨线图的仪器，使用和携带方便。绘图墨水笔按粗细有 0.1～1.2mm 等规格，用来绘制不同宽度的线性，使用时尽量垂直纸面，是手工绘图广泛选用的工具（图 2-1-9）。

10. 分规

分规是用来截量长度（如要在平面图上定出多个相等的墙厚、窗宽、门宽等）和等分线段的（图 2-1-10）。

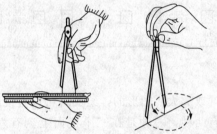

图 2-1-9 绘图墨水笔

图 2-1-10 分规的用法

11. 圆规

圆规是用来画圆和圆弧的专用工具，它与分规形状相似，其中一腿上的钢针插脚用作固定圆心，而在另一腿上根据不同用途分别接上两种插腿：铅笔插腿（画铅笔线用）；钢针插腿（代替分规量取尺寸用）。画圆时，圆规应向画线方向略有倾斜。在绘制较大的圆时，两插脚均应与纸面保持垂直（图 2-1-11）。

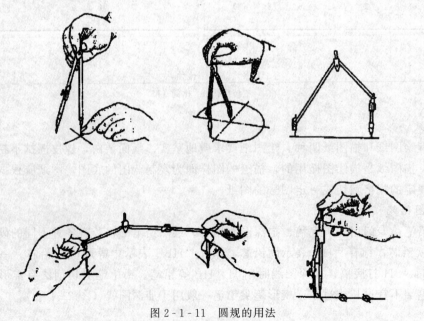

图 2-1-11 圆规的用法

除了以上介绍的几种绘图工具及仪器外，还有铅笔刀、橡皮、刷子、胶带纸、量角器以及绘图机和自动绘图仪等专门的绘图工具及仪器，尤其自动绘图仪可以与计算机结合快速绘出清晰、线条均匀、精确的图样，目前在设计院应用较普遍。

2.1.2　绘图方法与步骤

绘图应正确使用绘图工具及仪器、掌握几何作图方法和严格遵守国家制图标准，还应遵循下述绘图方法和步骤。

1. 制图前准备工作

对所绘图样进行阅读了解，准备好必要的制图工具、仪器和用品，并把图板、丁字尺、三角板、比例尺等擦拭干净。确定绘图比例，选定图幅；结合丁字尺摆正纸面，用胶带纸固定在图板上。

2. 画底稿

画好图框，标题栏；根据选定比例估计图形及注写尺寸所占面积，布置图面，要求图面适中、匀称，以获得良好的图面效果。依从左至右、从上至下的方向画图形的对称轴线、中心线或主要轮廓线，逐步画出细部；画尺寸界线和尺寸线以及其他符号等；最后进行仔细的检查，校对所画底稿，并擦去多余的底稿线。

3. 图线加深

依标准规定选定合适的图线和铅笔。注意未加深处图面保持清洁，深顺序为加深细实线、尺寸线、尺寸界线等细线型的图线、加深中粗线型的图线；加深粗线型的图线；选择合适字高注写尺寸数字、说明、填写标题栏等；最后再次校对无误后，用橡皮轻轻擦去纸面上的污迹。

理 论 知 识 训 练

1. 常见的绘图工具和仪器有哪些？
2. 画水平线和垂直线使用哪种工具？使用时应注意哪些事项？
3. 比例尺有哪两种类型？其用法如何？
4. 试述绘制建筑图的一般方法与步骤有哪些？

实 践 课 题 训 练

1. 三角板与丁字尺配合使用画出铅垂线及 15°、75°的倾斜线，用两块三角板画出已知直线的平行线。
2. 用分规三等分一段 100mm 的线段。
3. 选用不同绘图工具及仪器，画出直径分别为 8mm 及 30mm 的圆。
4. 用铅笔连接一条直线与圆弧相切，两个同心圆相切。

课 题 小 结

为了提高绘图速度、保证绘图质量，必须熟悉绘图工具和仪器的正确使用方法。常用的绘图工具和仪器有铅笔、针管笔、图板、丁字尺、三角板、比例尺、曲线板、圆规、分规、制图模板、擦图片等。

为了保证绘图的质量，提高绘图的速度，除正确使用绘图工具及仪器、熟练掌握几何作图方法和严格遵守国家制图标准外，还应遵循绘图方法和绘图步骤。

课题 2　建 筑 制 图 标 准

2.2.1　建筑制图标准基本规定

建筑图纸是建筑设计和建筑施工中的重要技术资料，是技术交流的工程语言。为了统一房屋建筑制图规则，保证制图质量，提高制图效率，做到图面清晰、简明，符合设计、施工、审查、存档的要求，适应工程建设的需要，原国家计划委员会颁布了有关建筑制图的六种国家现行标准，简称国标，有《房屋建筑制图统一标准》及《总图制图标准》、《建筑制图标准》、《建筑结构制图标准》、《暖通空调制图标准》、《建筑给水排水制图标准》等。这些国家标准要求所有工程人员在设计、施工及管理中必须严格执行。

现行《房屋建筑制图统一标准》于 2010 年修订，主要技术内容包括：总则、术语、图纸幅面规格与图纸编排顺序、图线、字体、比例、符号、定位轴线、常用建筑材料图例、图样画法、尺寸标注、计算机制图文件、计算机制图文件图层、计算机制图规则。

本标准修订的主要技术内容是：①增加了计算机制图文件、计算机制图图层和计算机制图规则等内容；②调整了图纸标题栏和字体高度等内容；③增加了图线等内容。

1. 图纸幅面

所有设计图纸的幅面及图框尺寸，均应符合国标中的规定（表 2-2-1），表中尺寸是裁边之后的尺寸。选用图幅，应以一种规格为主。从表 2-2-1 中可知，1 号图是 0 号图幅的对裁，2 号图是 1 号图幅的对裁，余者类推（图 2-2-1 和图 2-2-2）。

表 2-2-1　　　　　　　　　　　　图 幅 及 图 框 尺 寸　　　　　　　　　　　　（单位：mm）

尺寸代号	幅面代号				
	A0	A1	A2	A3	A4
$b \times 1$	841×1189	594×841	420×594	297×420	210×297
c	10			5	
a	25				

图纸幅面格式通常有横式和立式两种形式。图纸以短边作为垂直边应为横式（图 2-2-1），以短边作为水平边应为立式（图 2-2-2）。图纸中应有标题栏、图框线、幅面线、装订边线和对中标志。对中标志是位于四边幅面线中点处的一段实线，线宽为 0.35mm，伸入图框内为 5mm。

在特殊情况下，依实际需要可将图纸沿长边方向加长，并符合现行《房屋建筑制图统一标准》中的规定。一个工程设计中，每个专业所使用的图纸，一般不宜多于两种幅面（不含目录及表格所采用的 A4 幅面、A0～A3 幅面长边尺寸可加长，其规定见表 2-2-2。

表 2 - 2 - 2 　　　　　　　　　　　　　图纸长边加长尺寸　　　　　　　　　　　　　（单位：mm）

幅面代号	长边尺寸	长边加长后尺寸			
A0	1189	1486（A0+l/4）	1635（A0+3l/8）	1783（A0+l/2）	1932（A0+5l/8）
		2080（A0+3l/4）	2230（A0+7l/8）	2378（A0+l）	
A1	841	1051（A1+l/4）	1261（A1+l/2）	1471（A1+3l/4）	1682（A1+5l/4）
		2102（A1+l）			
A2	594	743（A2+l/4）	891（A2+l/2）	1041（A2+3l/4）	1189（A2+l）
		1338（A2+5l/4）	1486（A2+3l/2）	1635（A2+7l/4）	1738（A2+2l）
		2080（A2+5l/2）	1932（A2+9l/4）		
A3	420	630（A1+l/2）	841（A3+l）	1051（A3+3l/2）	1261（A3+2l）
		1471（A3+5l/2）	1682（A3+3l）	1892（A3+7l/2）	

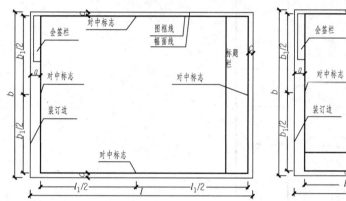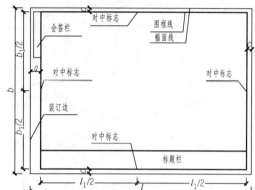

图 2 - 2 - 1　横式图纸布置

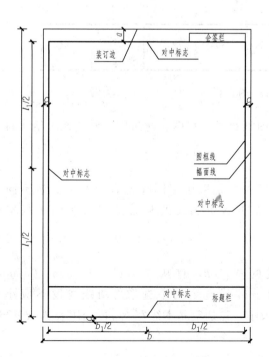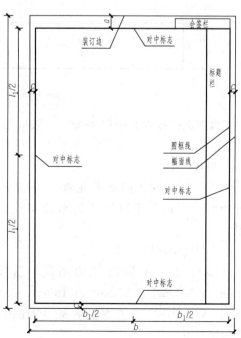

图 2 - 2 - 2　竖式图纸布置

2. 标题栏和会签栏

图纸的标题栏及装订边的位置，应符合下列规定，图纸的标题栏用于填写工程图样的图名、图号、比例、设计单位、注册师、设计人、审核人的签名及日期等内容（图2-2-3）。涉外工程的标题栏内，各项主要内容的中文下方应附有译文，设计单位的上方或左方，应加"中华人民共和国"字样。在计算机制图文件中当使用电子签名与认证时，应符合国家有关电子签名法的规定。

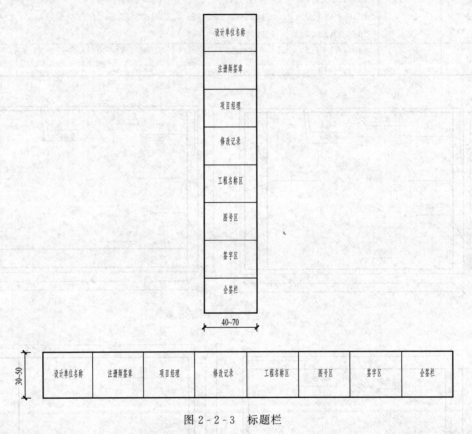

图2-2-3 标题栏

工程图纸应按专业顺序编排，一般应为图纸目录、总图、建筑图、结构图、给水排水图、暖通空调图、电气图等。

3. 图线

图线是构成图样的基本元素，工程图样主要是采用不同线型和线宽来表达不同的设计内容。因此熟悉图线的类型及用途，掌握各类图线的画法是建筑制图最基本的技术。

（1）图线的画法要求。

1）对于表示不同内容的图线，图线的宽度 b，宜从 1.4mm、1.0mm、0.7mm、0.5mm、0.35mm、0.25mm、0.18mm、0.13mm 线宽系列中选取。图线宽度不应小于0.1mm。每个图样，应根据复杂程度与比例大小，先选定基本线宽 b，再选用表2-2-3中相应的线宽组。

表 2-2-3	线 宽 组			（单位：mm）
线宽比	线宽组			
b	1.4	1.0	0.7	0.35
$0.7b$	1.0	0.7	0.35	0.25
$0.5b$	0.7	0.35	0.25	0.18
$0.25b$	0.35	0.25	0.18	0.13

注：1. 需要微缩的图纸，不宜采用 0.18mm 及更细线宽。

　　2. 同一张图纸内，各不同线宽中的细线，可统一采用较细的线宽组的细线。

2）同一张图纸内，相同比例的各图样，应选用相同的线宽组。

3）相互平行的图例线，其净间隙或线中间隙不宜小于 0.2mm。

4）虚线、单点长画线或双点长画线的线段长度和间隔，宜各自相等。

5）单点长画线或双点长画线，当在较小图形中绘制有困难时，可用实线代替。

6）单点画线或双点画线的两端，不应是点。点画线与点画线交接或点画线与其他图线交接时，应是线段交接［图 2-2-4（a）］。

7）虚线与虚线交接或虚线与其他图线交接时，应是线段交接。虚线为实线的延长线时，不得与实线相接［图 2-2-4（b）］。

8）图线不得与文字、数字或符号重叠、混淆，不可避免时，应首先保证文字的清晰。各种图线相交正误表如图 2-2-5 所示。

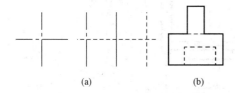
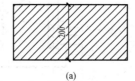
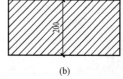

　　图 2-2-4　图线交接的正常画法　　　　图 2-2-5　尺寸数字处的图线应断开图

9）图纸的图框线、标题栏和会签栏可采用图 2-2-3 所示。图纸的图框和标题栏线，可采用表 2-2-4 的线宽。

表 2-2-4	图框线、标题栏线的宽度		（单位：mm）
幅面代号	图框线	标题栏外框线	标题栏分格线
A0、A1	b	$0.5b$	$0.25b$
A2、A3、A4	b	$0.7b$	$0.35b$

（2）线型的种类和用途。为了使图样主次分明、形象清晰，建筑制图采用的图线分为实线、虚线、点画线、折断线、波浪线几种；按线宽不同又分为粗、中粗、中、细三种。工程建设制图应选用表 2-2-5 所示的图线。

表 2-2-5   图线的线型、宽度及用途

名称		线型	线宽	用途
实线	粗		b	主要可见轮廓线
	中粗		$0.7b$	可见轮廓线
	中		$0.5b$	可见轮廓线、尺寸线、变更云线
	细		$0.25b$	图例填充线、家具线
虚线	粗		b	见各有关专业制图标准
	中粗		$0.7b$	不可见轮廓线
	中		$0.5b$	不可见轮廓线、图例线
	细		$0.25b$	图例填充线、家具线
点画线	粗		b	见各有关专业制图标准
	中		$0.5b$	见各有关专业制图标准
	细		$0.25b$	中心线、定位轴线、对称线
双点画线	粗		b	预应力钢筋线
	中		$0.5b$	见各有关专业制图标准
	细		$0.25b$	假想轮廓线、成型前原始轮廓线
	折断线		$0.25b$	用以表示假想折断的边缘
	波浪线		$0.25b$	构造层次断开界线

各种线型在房屋平面图中的用法如图 2-2-6 所示。

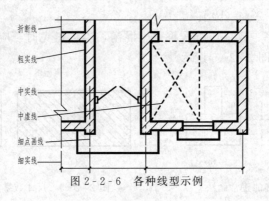

图 2-2-6 各种线型示例

4. 字体

为保证图样的规范性和通用性，避免发生错误而造成工程损失，图纸上所需书写的文字、数字或符号等，均应笔画清晰、字体端正、排列整齐，标点符号应清楚正确，用以表示图中尺寸、有关材料、构造做法、施工要点及标题。

（1）文字要求。国标中规定，图样及说明中的汉字，宜采用长仿宋体（矢量字体）或黑体，同一图纸字体种类不应超过两种。长仿宋体的宽度与高度的关系应符合表 2-2-6 的规定，黑体字的宽度与高度应相同。大标题、图册封面、地形图等的汉字，也可书写成其他字体，但应易于辨认。

表 2-2-6   长仿宋字宽高关系   （单位：mm）

字高	20	14	10	7	5	3.5
字宽	14	10	7	5	3.5	2.5

1）汉字的简化字书写应符合国家有关汉字简化方案的规定。

2）图样中文字的字高，应从表 2-2-7 中选用。字高大于 10mm 的文字宜采用 TRUE-

TYPE 字体，如需书写更大的字，其高度应按 $\sqrt{2}$ 的倍数递增。

表 2-2-7   文 字 的 字 高   （单位：mm）

字体种类	中文矢量字体	TRUETYPE 及非中文矢量字体
字高	3.5、5、7、10、14、20	3、4、6、8、10、14、20

（2）数字及字母要求。国标中规定，图样及说明中的拉丁字母、阿拉伯数字与罗马数字，宜采用单线简体或 ROMAN 字体。拉丁字母、阿拉伯数字与罗马数字的书写规则，应符合表 2-2-8 的规定。

表 2-2-8   字母、数字的书写规则   （单位：mm）

书写格式	字体	窄字体
大写字母高度	h	h
小写字母高度（上下均无延伸）	$7/10\,h$	$10/14\,h$
小写字母伸出头部或尾部	$3/10\,h$	$4/14\,h$
笔画宽度	$1/10\,h$	$1/14\,h$
字母间距	$2/10\,h$	$2/14\,h$
上下行基准线的最小间距	$15/10\,h$	$21/14\,h$
词间距	$6/10\,h$	$6/14\,h$

1）拉丁字母、阿拉伯数字与罗马数字，如需写成斜体字，其斜度应是从字的底线逆时针向上倾斜 75°。斜体字的高度和宽度应与相应的直体字相等。

2）拉丁字母、阿拉伯数字与罗马数字的字高，不应小于 2.5mm。

3）数量的数值注写，应采用正体阿拉伯数字。各种计量单位凡前面有量值的，均应采用国家颁布的单位符号注写。单位符号应采用正体字母。

4）分数、百分数和比例数的注写，应采用阿拉伯数字和数学符号。

5）当注写的数字小于 1 时，应写出各位的"0"，小数点应采用圆点，齐基准线书写。

6）长仿宋汉字、拉丁字母、阿拉伯数字与罗马数字示例应符合国家现行标准《技术制图—字体》GB/T 14691 的有关规定。

5. 比例

图样的比例，应为图形与实物相对应的线性尺寸之比。比例宜注写在图名的右侧，字的基准线应取平；比例的字高宜比图名的字高小一号或二号。绘图所用的比例应根据图样的用途与被绘对象的复杂程度，从表 2-2-9 中选用，并应优先采用表中常用比例。

表 2-2-9   建筑工程图选用的比例

常用比例	1：1 1：2 1：5 1：10 1：20 1：30 1：50 1：100 1：150 1：200 1：500 1：1000 1：2000
可用比例	1：3 1：4 1：6 1：15 1：25 1：40 1：60 1：80 1：250 1：300 1：400 1：600 1：5000 1：10000 1：20000 1：50000 1：100000 1：200000

图 2-2-7 所示为采用不同比例绘制的图形，但图样上标注的尺寸必须为实际尺寸。

当整张图纸只用一种比例时，可注写在标题栏比例一项中；如一张图纸中有几个图样并各自选用不同的比例时，可注写在图名的右侧，与文字的基准应取平，字高比图名小一号或二号（图 2-2-8）。

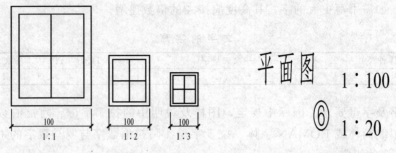

图 2-2-7 三种不同比例的图形   图 2-2-8 比例的注写

2.2.2 常用建筑材料图例和尺寸标注

1. 常用建筑材料图例

在工程图样中，建筑材料的名称除了要用文字说明外，还需画出建筑材料图例，表 2-2-10 是从标准中摘出的常用的建筑材料图例画法，其余的可查阅《房屋建筑制图统一标准》。

表 2-2-10   常用建筑材料图例

序号	名称	图例	备注
1	自然土壤		包括各种自然土
2	夯实土壤		
3	砂、灰土		靠近轮廓线绘较密的点
4	砂砾石、碎砖三合土		
5	石材		
6	毛石		
7	普通砖		包括空心砖、多孔砖、砌块等砌体，断面较窄不易绘出图例线时，可涂红
8	耐火砖		包括耐酸砖等砌体
9	空心砖		指非承重砖砌体
10	饰面砖		包括铺地砖、陶瓷锦砖、人造大理石等
11	焦渣、矿渣		包括与水泥、石灰等混合而成的材料

续表

序号	名称	图例	备注
12	混凝土	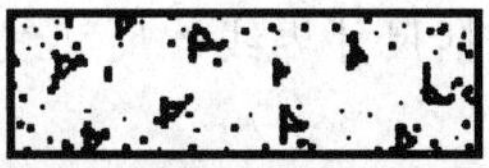	1. 本图例指能承重的混凝土及钢筋混凝土
13	钢筋混凝土	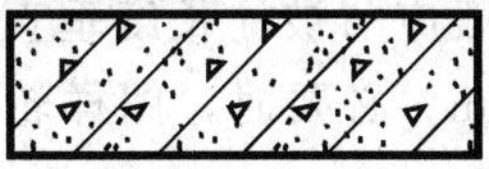	2. 包括各种强度等级、骨料、外加剂的混凝土 3. 在剖面图上画出钢筋时，不画图例线 4. 断面图形小，不易画出图例线时，可涂黑
14	多孔材料		包括水泥珍珠岩、沥青珍珠岩、泡沫混凝土、非承重加气混凝土、软土、蛭石制品等
15	纤维材料		包括矿棉、岩棉、玻璃棉、麻丝、木丝板、纤维板等
16	泡沫塑料材料	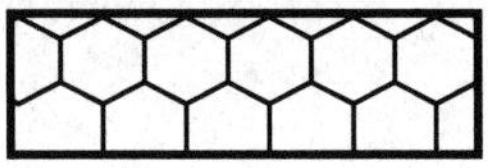	包括聚苯乙烯、聚乙烯、聚氨酯等多孔聚合物类材料
17	木材	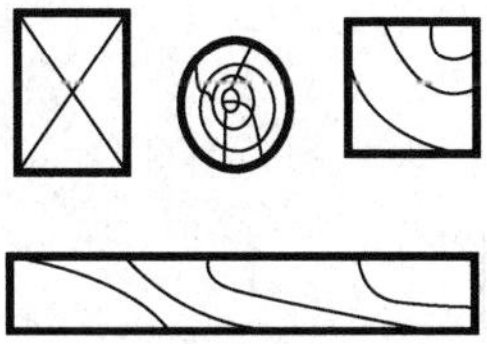	1. 上图为横断面，上左图为垫木、木砖或木龙骨 2. 下图为纵断面
18	胶合板	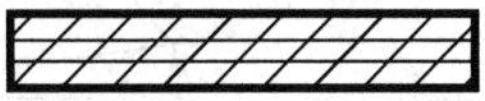	应注明为×层胶合板
19	石膏板	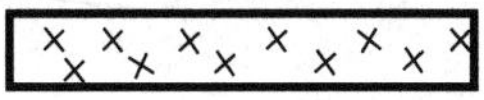	包括圆孔、方孔石膏板、防水石膏板等
20	金属		1. 包括各种金属 2. 图形小时，可涂黑
21	网状材料		1. 包括金属、塑料网状材料 2. 应注明具体材料名称
22	液体	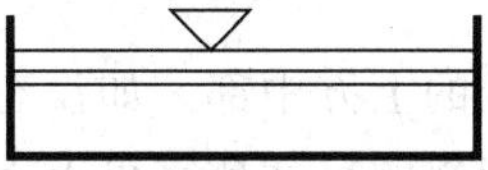	应注明液体名称
23	玻璃	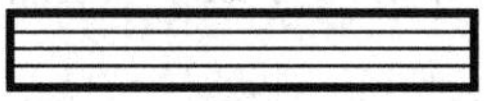	包括平板玻璃、磨砂玻璃、夹丝玻璃、钢化玻璃、中空玻璃、夹层玻璃、镀膜玻璃等
24	橡胶	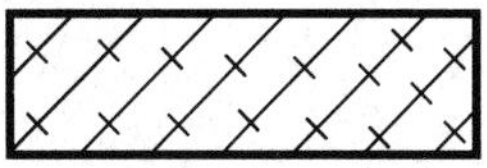	—
25	塑料	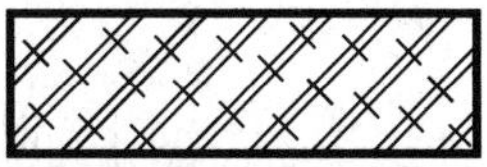	包括各种软、硬塑料有机玻璃等
26	防水材料	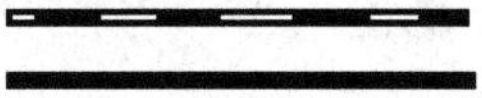	构造层次多或比例大时，采用上面图例
27	粉刷	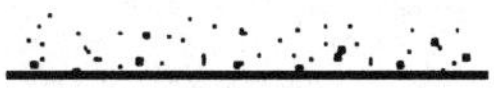	本图例采用较稀的点

注：序号1、2、5、7、8、13、14、16、17、18、22、23图例中的斜线、短斜线、交叉线等一律为45°。

2. 尺寸标注

图样中除了要画出建筑物的形状外，应准确无误地标注尺寸，以作为施工的依据。

(1) 标注尺寸的四要素。图样上的尺寸，应包括尺寸界线、尺寸线、尺寸起止符号和尺寸数字四个要素（图2-2-9）。

1) 尺寸界线。尺寸界线要用细实线绘制，一般应与被注长度垂直，其一端应离开图线轮廓线不小于2mm，另一端宜超出尺寸线2～3mm。必要时，图样轮廓线可以用作尺寸界线（图2-2-9）。

2) 尺寸线。尺寸线应用细实线绘制，应与被注长度平行。图样本身的任何图线均不得用作尺寸线。

3) 尺寸起止符号。尺寸起止符号一般用中粗斜短线绘制，其倾斜方向应与尺寸界线成顺时针45°角，长度宜为2～3mm。半径、直径、角度与弧长的尺寸起止符号，宜用箭头表示（图2-2-10）。

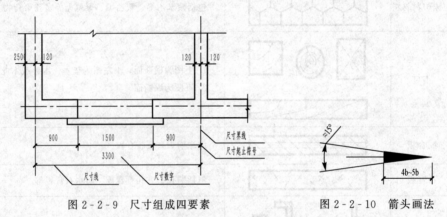

图2-2-9　尺寸组成四要素　　　　图2-2-10　箭头画法

4) 尺寸数字。图样上的尺寸，应以尺寸数字为准，不得从图上直接量取。图样上的尺寸单位，除标高及总平面以米（m）为单位外，其他必须以毫米（mm）为单位。图中尺寸后面可以不写单位。

尺寸数字的方向，应按图2-2-11（a）的规定注写。若尺寸数字在30°斜线区内，也可按图2-2-11（b）的形式注写。

尺寸数字一般应依据其方向注写在靠近尺寸线的上方中部。如没有足够的注写位置，最外边的尺寸数字可注写在尺寸界线的外侧，中间相邻的尺寸数字可上下错开注写，引出线端部用圆点表示标注尺寸的位置（图2-2-12）。

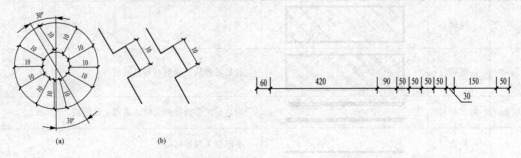

图2-2-11　尺寸数字的注写方向　　　　图2-2-12　尺寸数字的注写位置

（2）尺寸的排列和布置。尺寸的排列和布置应注意以下几点（图2-2-13）：

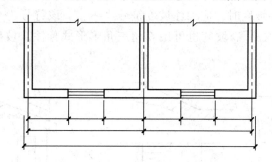

图2-2-13 尺寸的排列与布置

1）尺寸标准位置。尺寸宜标注在图样轮廓以外，不宜与图线、文字及符号等相交。

2）平行尺寸。互相平行的尺寸线，应从被注写的图样轮廓线由近向远整齐排列，较小尺寸应离轮廓线较近，较大尺寸应离轮廓线较远。

3）轮廓线以外尺寸。图样轮廓线以外的尺寸界线，距图样最外轮廓之间的距离，不宜小于10mm。平行排列的尺寸线的间距，宜为7～10mm，并应保持一致。

4）总尺寸标注。总尺寸的尺寸界线应靠近所指部位，中间的分尺寸的尺寸界线可稍短，但其长度应相等。

（3）半径、直径的尺寸标注。

1）半径尺寸。半径的尺寸线应一端从圆心开始，另一端画箭头指向圆弧。半径数字前应加注半径符号"R"（图2-2-14）。

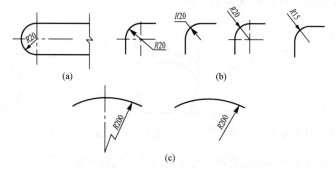

图2-2-14 半径的标注方法

2）直径尺寸。圆及大于半圆的圆弧，应标注直径尺寸。标注圆的直径尺寸时，直径数字前应加直径符号"Φ"。在圆内标注的尺寸线应通过圆心，两端画箭头指至圆弧［图2-2-15（a）］；较小圆的直径尺寸，可标注在圆外［图2-2-15（b）］。

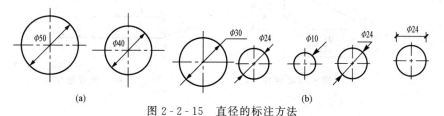

图2-2-15 直径的标注方法

（4）坡度、角度的尺寸标注。

1）坡度尺寸。标注坡度时，应加注坡度符号"◢—"，该符号为单面箭头，箭头应指向下坡方向［图1-2-16（a）］。坡度也可用直角三角形形式标注。坡度也可用直角三角形形式标注［图1-2-16（b）］。

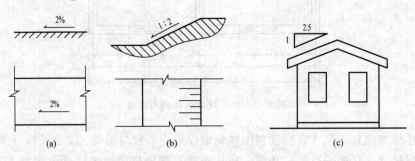

图2-2-16　坡度的标注方法

2）角度尺寸。角度的尺寸线应以圆弧表示。该圆弧的圆心应是该角的顶点，角的两条边为尺寸界线。起止符号应以箭头表示，如没有足够位置画箭头，可用圆点代替，角度数字应沿尺寸线方向注写（图2-2-17）。

（5）弧长、弦长的尺寸标注。

1）弧长尺寸。标注圆弧的弧长时，尺寸线应以与该圆弧同心的圆弧线表示，尺寸界线应指向圆心，起止符号用箭头表示，弧长数字上方应加注圆弧符号"⌒"（图2-2-18）。

2）弦长尺寸。标注圆弧的弦长时，尺寸线应以平行于该弦的直线表示，尺寸界线应垂直于该弦，起止符号用中粗斜短线表示（图2-2-19）。

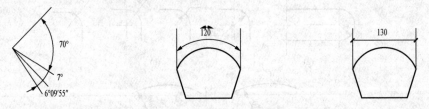

图2-2-17　角度的标注方法　　图2-2-18　弧长的标注方法　　图2-2-19　弦长的标注方法

3）薄板厚度。在薄板板面标注板厚尺寸时，应在厚度数字前加厚度符号"t"（图2-2-20）。

4）正方形尺寸。标注正方形的尺寸，可用"边长×边长"的形式，也可在边长数字前加正方形符号"□"（图2-2-21）。

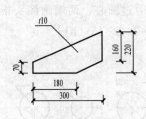
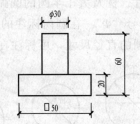

图2-2-20　薄板厚度标注方法　　　图2-2-21　标注正方形尺寸

（6）尺寸的简化标注。

1）单线图尺寸。杆件或管线的长度，在单线图（桁架简图、钢筋简图、管线简图）上，可直接将尺寸数字沿杆件或管线的一侧注写（图2-2-22）。

2）连续排列等长尺寸。连续排列的等长尺寸，可用"等长尺寸×个数＝总长"的形式标注（图2-2-23）。

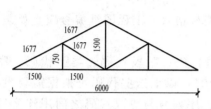

图2-2-22　单线图尺寸标注的方法

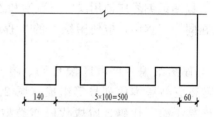

图2-2-23　等长尺寸的简化标注方法

3）对称构件尺寸。对称构配件采用对称省略画法时，该对称构配件的尺寸线应略超过对称符号，仅在尺寸线的一端画尺寸起止符号，尺寸数字应按整体全尺寸注写，其注写位置宜与对称符号对齐（图2-2-24）。两个构配件，如个别尺寸数字不同，可在同一图样中将其中一个构配件的不同尺寸数字注写在括号内，该构配件的名称也应注写在相应的括号内（图2-2-25）。

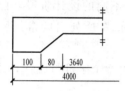

图2-2-24　对称构件尺寸的标注方法

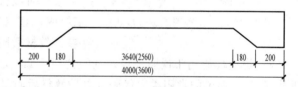

图2-2-25　相似构件尺寸标注方法

4）相同要素尺寸。构配件内的构造因素（如孔、槽等）如相同，可仅标注其中一个要素的尺寸，并注出个数（图2-2-26）。数个构配件，如仅某些尺寸不同，这些有变化的尺寸数字，可用拉丁字母注写在同一图样中，另列表格写明其具体尺寸（图2-2-27）。

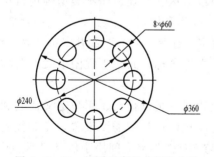

图2-2-26　相同要素尺寸标注方法

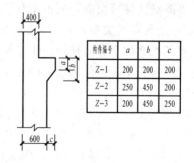

图2-2-27　列表尺寸标注方法

2.2.3　计算机制图的有关规定

1. 计算机制图文件

计算机制图文件可分为工程图库文件和工程图纸文件，工程图库文件可在一个以上的工程中重复使用；工程图纸文件只能在一个工程中使用。建立合理的文件目录结构，可对计算机制图文件进行有效的管理和利用。

（1）工程图纸编号。

1）工程图纸根据不同的子项（区段）、专业、阶段等进行编排，宜按照设计总说明、平面图、立面图、剖面图、大样图（大比例视图）、详图、清单、简图的顺序编号。

2）工程图纸编号应使用汉字、数字和连字符"—"的组合。

3）在同一工程中，应使用统一的工程图纸编号格式，工程图纸编号应自始至终保持不变。

4）工程图纸编号可由区段代码、专业缩写代码、阶段代码、类型代码、序列号、更改代码和更新版本序列号等组成（图2-2-28），以上这些代码可根据需要设置。区段代码与专业缩写代码、阶段代码与类型代码、序列号与更改代码之间用连字符"—"分隔开。

5）区段代码用于工程规模较大、需要划分子项或分区段时，区别不同的子项或分区，由2～4个汉字和数字组成。

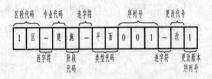

图2-2-28　工程图纸编号格式

6）专业缩写代码用于说明专业类别（如建筑等），由1个汉字组成；宜选用本标准附录A所列出的常用专业缩写代码（参见教材后附录）。

7）阶段代码用于区别不同的设计阶段，由1个汉字组成；宜选用本标准附录A所列出的常用阶段代码（参见教材后附录）。

8）类型代码用于说明工程图纸的类型（如楼层平面图），由2个字符组成；宜选用本标准附录A所列出的常用类型代码（参见教材后附录）。

9）序列号用于标识同一类图纸的顺序，由001～999之间的任意3位数字组成。

10）更改代码用于标识某张图纸的变更图，用汉字"改"表示。

11）更改版本序列号用于标识变更图的版次，由1～9之间的任意1位数字组成。

（2）计算机制图文件的命名。

1）工程图纸文件可根据不同的工程、子项或分区、专业、图纸类型等进行组织，命名规则应具有一定的逻辑关系，便于识别、记忆、操作和检索。

2）工程图纸文件名称应使用拉丁字母、数字、连字符"—"和井字符"＃"组合。

3）在同一工程中，应使用统一的工程图纸文件名称格式，工程图纸文件名称应自始至终保持不变。

4）工程图纸文件名称可由工程代码、专业代码、类型代码、用户定义代码和文件扩展名组成（图2-2-29），其中工程代码和用户定义代码可根据需要设置，专业代码与类型代码之间用连字符"—"分隔开；用户定义代码与文件扩展名之间用小数点"."分隔开。

5）工程代码用于说明工程、子项或区段，可由2～5个字符和数字组成。

6）专业代码用于说明专业类别，由1个字符组成；宜选用本标准附录A所列出的常用专业代码（参见教材后附录）。

图2-2-29　工程图纸文件命名格式

7）类型代码用于说明工程图纸文件的类型，由2个字符组成；宜选用本标准附录A所列出的常用类型代码。

8）用户定义代码用于进一步说明工程图纸文件的类型，宜由2～5个字符和数字组成，其中前两个字符为标识同一类图纸文件的序列号，后两位字符表示工程图纸文件变更的范围与版次（图2-2-30）。

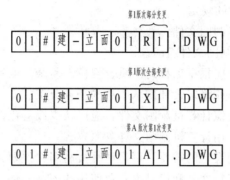

图2-2-30 工程图纸文件变更表示方式

9）小数点后的文件扩展名由创建工程图纸文件的计算机制图软件定义，由3个字符组成。

10）工程图库文件应根据建筑体系、组装需要或用法等进行分类，便于识别、记忆、操作和检索。

11）工程图库文件名称应使用拉丁字母和数字的组合。

12）在特定工程中使用工程图库文件，应将该工程图库文件复制到特定工程的文件夹中，并应更名为与特定工程相适合的工程图纸文件名。

（3）计算机制图文件夹。

1）计算机制图文件夹可根据工程、设计阶段、专业、使用人和文件类型等进行组织。计算机制图文件夹的名称可以由用户或计算机制图软件定义，并应在工程上具有明确的逻辑关系，便于识别、记忆、管理和检索。

2）计算机制图文件夹名称可使用汉字、拉丁字母、数字和连字符"－"的组合，但汉字与拉丁字母不得混用。

3）在同一工程中，应使用统一的计算机制图文件夹命名格式，计算机制图文件夹名称应自始至终保持不变，且不得同时使用中文和英文的命名格式。

4）为了满足协同设计的需要，可分别创建工程、专业内部的共享与交换文件夹。

（4）计算机制图文件的使用与管理。

1）工程图纸文件应与工程图纸一一对应，以保证存档时工程图纸与计算机制图文件的一致性。

2）计算机制图文件宜使用标准化的工程图库文件。

3）文件备份应符合下列规定：

①计算机制图文件应及时备份，避免文件及数据的意外损坏、丢失等。

②计算机制图文件备份的时间和份数可根据具体情况自行确定，宜每日或每周备份一次。

4）应采取定期备份、预防计算机病毒、在安全的设备中保存文件的副本、设置相应的文件访问与操作权限、文件加密，以及使用不间断电源（UPS）等保护措施，对计算机制图文件进行有效保护。

5）计算机制图文件应及时归档。

6）不同系统间图形文件交换应符合现行国家标准《工业自动化系统与集成产品数据表达与交换》（GB/T 16656）的规定。

（5）协同设计的计算机制图文件。

1）协同设计的计算机制图文件组织。

①采用协同设计方式，应根据工程的性质、规模、复杂程度和专业需要，合理、有序地组织计算机制图文件，并据此确定设计团队成员的任务分工。

②采用协同设计方式组织计算机制图文件，应以减少或避免设计内容的重复创建和编辑为原则，条件许可时，宜使用计算机制图文件参照方式。

③为满足专业之间协同设计的需要，可将计算机制图文件划分为各专业共用的公共图纸文件、向其他专业提供的资料文件和仅供本专业使用的图纸文件。

④为满足专业内部协同设计的需要，可将本专业的一个计算机制图文件分解为若干零件图文件，并建立零件图文件与组装图文件之间的联系。

2）协同设计的计算机制图文件。

①在主体计算机制图文件中，可引用具有多级引用关系的参照文件，并允许对引用的参照文件进行编辑、剪裁、拆离、覆盖、更新、永久合并的操作。

②为避免参照文件的修改引起主体计算机制图文件的变动，主体计算机制图文件归档时，应将被引用的参照文件与主体计算机制图文件永久合并（绑定）。

2. 计算机制图文件的图层

（1）图层可根据不同的用途、设计阶段、属性和使用对象等进行组织，但在工程上应具有明确的逻辑关系，便于识别、记忆、软件操作和检索。

（2）图层名称可使用汉字、拉丁字母、数字和连字符"－"的组合，但汉字与拉丁字母不得混用。

（3）在同一工程中，应使用统一的图层命名格式，图层名称应自始至终保持不变，且不得同时使用中文和英文的命名格式。

（4）图层命名应采用分级形式，每个图层名称由 2～5 个数据字段（代码）组成，第一级为专业代码，第二级为主代码，第三、四级分别为次代码 1 和次代码 2，第五级为状态代码；其中专业代码和主代码为必选项，其他数据字段为可选项；每个相邻的数据字段用连字符（－）分隔开。

（5）专业代码用于说明专业类别，宜选用本标准附录 A 所列出的常用专业代码（参见教材后附录）。

（6）主代码用于详细说明专业特征，主代码可以和任意的专业代码组合。

（7）次代码 1 和次代码 2 用于进一步区分主代码的数据特征，次代码可以和任意的主代码组合。

（8）状态代码用于区分图层中所包含的工程性质或阶段，但状态代码不能同时表示工程状态和阶段，宜选用本标准附录 B 所列出的常用状态代码（参见教材后附录）。

（9）中文图层名称宜采用图 2-2-31 的格式，每个图层名称由 2～5 个数据字段组成，每个数据字段为 1～3 个汉字，每个相邻的数据字段用连字符"－"分隔开。

（10）英文图层名称宜采用图 2-2-32 的格式，每个图层名称由 2～5 个数据字段组成，每个数据字段为 1～4 个字符，每个相邻的数据字段用连字符（"－"）分隔开；其中专业代码为 1 个字符，主代码、次代码 1 和次代码 2 为 4 个字符，状态代码为 1 个字符。

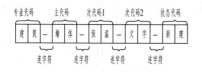

图 2-2-31　中文图层命名格式

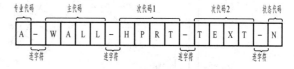

图 2-2-32　英文图层命名格式

（11）图层名宜选用本标准附录 A 和附录 B 所列出的常用图层名称（参见教材后附录）。

3. 计算机制图规则

（1）计算机制图的方向与指北针。

1）平面图与总平面图的方向宜保持一致。

2）绘制正交平面图时，宜使定位轴线与图框边线平行（图 2-2-33）。

3）绘制由几个局部正交区域组成且各区域相互斜交的平面图时，可选择其中任意一个正交区域的定位轴线与图框边线平行（图 2-2-34）。

4）指北针应指向绘图区的顶部（图 2-2-33），在整套图纸中保持一致。

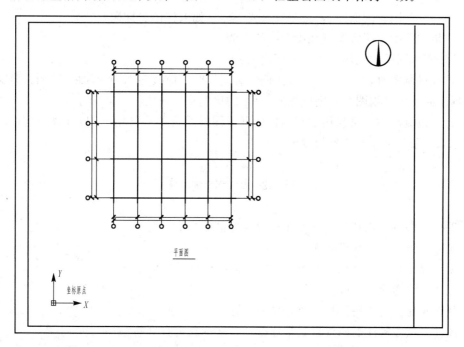

图 2-2-33　正交平面图方向与指北针方向示意

（2）计算机制图的坐标系与原点。

1）计算机制图时，可以选择世界坐标系或用户定义坐标系。

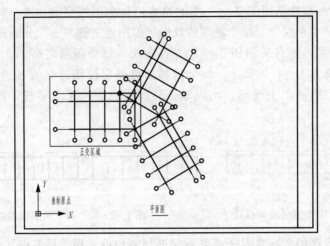

图2-2-34　正交区域相互斜交的平面图方向与指北针方向示意

2）绘制总平面图工程中有特殊要求的图样时，也可使用大地坐标系。

3）坐标原点的选择，应使绘制的图样位于横向坐标轴的上方和纵向坐标轴的右侧并紧邻坐标原点（图2-2-33和图2-2-34）。

4）在同一工程中，各专业宜采用相同的坐标系与坐标原点。

（3）计算机制图的布局。

1）计算机制图时，宜按照自下而上、自左至右的顺序排列图样；宜优先布置主要图样（如平面图、立面图、剖面图），再布置次要图样（如大样图、详图）。

2）表格、图纸说明宜布置在绘图区的右侧。

（4）计算机制图的比例应符合下列规定：

1）计算机制图时，采用1∶1的比例绘制图样时，应按照图中标注的比例打印成图；采用图中标注的比例绘制图样，则应按照1∶1的比例打印成图。

2）计算机制图时，可采用适当的比例书写图样及说明中文字，但打印成图时应符合本标准第5.0.2条～第5.0.7条的规定。

理 论 知 识 训 练

1. 现行《房屋建筑制图统一标准》的内容包括哪些方面？

2. 说明标题栏与会签栏的作用。

3. 图纸幅面有哪几种规格？每一种幅面的图框尺寸如何确定？

4. 试述图线的种类、画法及用途。

5. 什么叫比例？比例注写应注意哪些问题？

6. 图样上尺寸标注的四要素是指什么？其基本规定有哪些？

实 践 课 题 训 练

1. 按制图标准的基本规定，画一张立式图幅，幅面大小为A3，并附上图标及会签栏。

2. 请画出 2 号详图与总图画在同一张图上、2 号详图在第 3 号图纸上的索引符号；4 号详图被索引在本张图纸上、4 号详图被索引在第 2 号图纸上的详图符号。

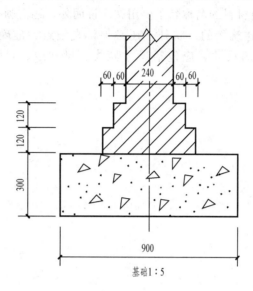

图 2 - 2 - 35　综合能力训练图

3. 请画出自然土壤、砂、砂砾石、石材、普通砖、耐火砖、空心砖、饰面砖、混凝土、钢筋混凝土、木材、玻璃、塑料等常用建筑材料图例。

4. 综合能力训练：

实训题目：基础

（1）目的：

1）了解并遵守制图标准的有关规定（图幅、图线、字体、比例、尺寸标注、材料图例等）；

2）学习正确使用绘图工具及仪器的方法。

（2）图纸：A3 幅面绘图纸，铅笔加深。

（3）内容：按图 2 - 2 - 35 中指定的比例和尺寸，抄绘基础图案。要标注尺寸，在基础图案的右侧画出材料图例。

（4）要求：严格遵守制图标准，正确使用绘图工具和仪器，图面布置适当，图线分明，字体美观。

课 题 小 结

建筑图纸是建筑设计和建筑施工中的重要技术资料，是交流技术思想的工程语言。为了使建筑图纸规格统一，图面清晰简明，有利于提高绘图效率，保证图面质量，满足设计、施工、管理、存档的要求，以适应工程建设的需要，原国家计划委员会颁布了有关建筑制图的六种国家标准，简称国标，即《房屋建筑制图统一标准》及《总图制图标准》、《建筑制图标准》、《建筑结构制图标准》、《暖通空调制图标准》、《给水排水制图标准》，这些国家标准是所有工程人员在设计、施工、管理中必须严格执行的。

　　在《房屋建筑制图统一标准》中有关图幅、图线、字体及比例和尺寸标注等均作了规定。

　　在工程图样中，建筑材料的名称除了要用文字说明外，还需画出建筑材料图例。

　　图样中除了要画出建筑物的形状外，还必须认真细致、准确无误地标注尺寸，以作为施工的依据。图样上的尺寸，应包括尺寸界线、尺寸线、尺寸起止符号和尺寸数字四个要素。

模块三 建 筑 概 论

课题1 建 筑 概 述

3.1.1 建筑及建筑的构成要素

1. 建筑的概念

建筑物是人们利用物质技术条件，运用科学规律和美学法则而创造的能从事生活、工作、学习、娱乐及生产等各种社会活动的场所，如住宅、办公楼、学校、剧院、厂房等。

2. 建筑物的构成要素

建筑物的构成要素是建筑功能、建筑技术和建筑形象等。

（1）建筑功能。建筑功能是指建筑在物质和精神方面的具体表现，也是人们建造房屋的目的。如：住宅为了满足人们生活起居的需要；学校是为了满足教学活动的需要；商店是为了满足商品买卖交易的需要。随着科学技术的不断发展和人们物质文化生活水平的不断提高，对建筑使用功能的要求也日益复杂化、多样化，新的建筑类型也不断应运而生。

（2）建筑技术。建筑技术是实现建筑功能的技术手段和物质基础，包括建筑材料、建筑结构、建筑设备和建筑施工技术等要素。建筑材料是构成建筑物的物质基础；建筑结构是运用建筑材料，通过一定的技术手段构成建筑的空间骨架，形成建筑的空间实体；建筑设备是保证建筑能够正常使用的技术条件，如建筑的给水排水、暖通、空调、电气等；建筑施工技术则是实现建筑生产的方法和手段。

（3）建筑形象。建筑物是一种具有实用性和艺术性的物质产品。它以不同的空间组合、建筑造型、立面效果、细部处理等，构成一定的建筑形象，如雄伟壮观、生动活泼、简洁明快、朴素大方，从而反映出建筑物的时代风采、地方特色、民族风格等。建筑物被艺术家形容为无声的诗、立体的画、凝固的音乐。

建筑的使用功能、技术和物质条件、建筑的艺术形象三者是辩证统一的。建筑的使用功能是建筑的目的，是主导因素。技术和物质条件是实现建筑使用功能的手段，而建筑的艺术形象则是建筑功能、技术和艺术内容的综合体现。

3.1.2 建筑的分类

1. 按建筑的使用功能分类

建筑按照使用性质分为民用建筑、工业建筑、农业建筑。

（1）民用建筑。民用建筑指的是供人们工作、学习、生活、居住等类型的建筑，一般分为以下两种：

1）居住建筑。主要是指供家庭和集体生活起居用的建筑物，如住宅、宿舍、别墅、公寓等。

2）公共建筑。主要是指供人们进行各种社会活动的建筑物。又分为如下几类：

行政办公建筑：机关、学校、厂矿单位的行政办公楼等；

托幼建筑：托儿所、幼儿园；

文教建筑：少年宫、科技馆、学校的教学楼、图书馆、实验室等；

集会及观演建筑：会堂、影剧院、音乐厅、体育场馆、杂技场等；

广播、通信、邮电建筑：电信局、电话局、广播电视台、卫星地面转播站等；

医疗卫生建筑：卫生站、门诊所、专科医院、综合医院、疗养院等；

展览建筑：展览馆、美术馆、博物馆、陈列馆、民俗馆等；

旅馆建筑：酒店、宾馆、旅馆、招待所等；

交通建筑：汽车站、火车站、地下铁道站、轻轨站、航空港、船码头、收费站等；

商业建筑：商场、购物中心、菜市场、浴室等；

餐饮建筑：餐馆、茶馆、快餐店、咖啡厅等；

园林建筑：公园游廊、植物园、动物园、亭台楼榭等；

纪念建筑：纪念碑、纪念堂、陵园等。

随着社会和科学技术的发展，建筑类型正发生着转化，呈现出功能综合化、规模大型化趋势，如深圳火车站是一个集车站、购物、餐饮、办公等于一体的大型综合体，又如一些城市的购物中心是集商场、餐饮、娱乐、办公等于一体的大型商业中心。

（2）工业建筑。工业建筑指的是各类工业生产用房和为生产服务的附属用房，按层数可分为以下三种：

1）单层工业厂房。主要用于重工业类的生产企业；

2）多层工业厂房。主要用于轻工业类、IT 业类的生产企业；

3）单、多层混合的工业厂房。主要用于化工、食品类的生产企业。

（3）农业建筑。农业建筑指的是各类供农业生产使用的房屋，如：温室、种植大棚等。

2. 按照建筑结构所用的材料分类

建筑物按照结构所使用的材料分为：木结构、混合结构、钢筋混凝土结构、钢结构等。

（1）木结构。木结构是用木材作为主要承重构件的建筑。由于木材的强度低、防火性能差，浪费资源、不利于环保，在现代建筑中很少采用。只有在盛产木材的地区还在使用。

（2）混合结构。混合结构是用两种或两种以上材料作为主要承重构件的建筑。如砖砌墙体，钢筋混凝土楼板和屋顶的砖混结构建筑。由于这种结构形式较好，造价又相对较低，在大量性多层住宅中被广泛应用。

（3）钢筋混凝土结构。钢筋混凝土结构是用钢筋混凝土柱、梁、板作为承重构件的建筑。由于它具有坚固耐久，防火性和可塑性强等优点，在当今建筑领域中应用最为广泛的一种结构形式。

（4）钢结构。钢结构以型钢作为主要承重构件的建筑。钢结构便于制作和安装，结构自重轻、弹性好，多用在超高层和大跨度建筑中。

（5）其他结构建筑。如生土建筑、充气建筑、塑料建筑、覆膜建筑等。

3. 按照建筑的层数或总高度分类

（1）住宅建筑 1～3 层为低层，4～6 层为多层，7～9 层为中高层，10 层及 10 层以上为高层。

（2）公共建筑及综合性建筑总高度大于 24m 为高层（不包括高度超过 24m 的单层建筑）。

（3）建筑物层数超过 40 层或高度超过 100m 时为超高层。

建筑物层数的划分主要是依据我国现行建筑设计规范、防火设计规范、结构形式、建筑使用性质来确定的。各国对高层建筑的界限和界定不尽相同。

4. 按照施工方法分类

建筑物按照方法分为现浇整体式、预制装配式和装配整体式。

（1）现浇整体式。现浇整体式是指主要承重构件均在施工现场浇筑。其优点是整体性好、抗震性能好。缺点是现场施工的工作量大，需要大量的模板。

（2）预制装配式。预制装配式是指主要承重构件均在预制厂制作，在现场通过焊接等方法拼装成整体。其优点是施工速度快、效率高，但整体性差、抗震能力差。

（3）装配整体式。装配整体式是指一部分构件在现场浇筑（大多为竖向构件），一部分构件在预制厂制作（大多为水平构件）。它兼有现浇整体式和预制装配式的优点，但节点区现场浇筑混凝土施工复杂。

3.1.3　建筑的等级

民用建筑的等级划分应符合有关标准或行业主管部门的规定，包括设计使用年限、耐火等级、建筑等级三个方面。

1. 建筑的设计使用年限

建筑设计使用年限主要根据建筑物的重要性和建筑物的质量标准确定，它是建筑投资、建筑设计和结构构件选材的重要依据。在现行《民用建筑设计通则》中对建筑物的设计使用年限作了如下规定：

一类：设计使用年限为 5 年，适用于临时性建筑。

二类：设计使用年限为 25 年，适用于易于替换结构构件的建筑。

三类：设计使用年限为 50 年，适用于普通建筑和构筑物。

四类：设计使用年限为 100 年，适用于纪念性建筑和特别重要的建筑。

2. 建筑的耐火等级

耐火等级取决于房屋的主要构件的耐火极限和燃烧性能。耐火极限是指对任一建筑构件按时间—温度标准曲线进行耐火试验，构件从受到火的作用时起，到失去支持能力或完整性破坏或失去隔火作用（即背火一面的温度升到 220°）时止的这段时间，以小时（h）为单位。现行《高层民用建筑设计防火规范》规定，高层建筑的耐火等级等级分为一、二两级，其建筑构件的燃烧性能和耐火极限不应低于表 3-1-1 中规定。现行《建筑设计防火规范》规定，建筑物的耐火等级等级分为一、二、三、四级，见表 3-1-2。现行《汽车库、修车库、停车场设计防火规范》（GB 50067—1997）规定，汽车库、修车库的耐火等级应分为三级。各级耐火等级建筑物构件的燃烧性能和耐火极限均不应低于表 3-1-3 的规定。

构件在空气中受到火烧或高温作用时，不起火、不碳化、不燃烧称为不燃烧体，如砖、石、混凝土等；构件在空气中受到火烧或高温作用时难燃烧、难碳化，火源移开后微燃立即停止称为难燃烧体，如沥青混凝土、石膏板、钢丝网抹灰等；构件在空气中受火烧或高温作用同时立即起火或燃烧，火源移开后继续燃烧或微燃称为燃烧体，如木材、纤维板、胶合板等。

表 3 - 1 - 1　　　　　　　　　**高层民用建筑构件的燃烧性能和耐火等级**

构件名称	燃烧性能和耐火极限/h	耐火等级 一级	耐火等级 二级
墙	防火墙	不燃烧体　3.00	不燃烧体　3.00
	承重墙、楼梯间、电梯井、住宅单元之间的墙和住宅分户墙	不燃烧体　2.00	不燃烧体　2.00
	非承重墙、外墙、疏散走道两侧的隔墙	不燃烧体　1.00	不燃烧体　1.00
	房间隔墙	不燃烧体　0.75	不燃烧体　0.50
柱		不燃烧体　3.00	不燃烧体　2.50
梁		不燃烧体　2.00	不燃烧体　1.50
楼板、疏散楼梯、屋顶承重构件		不燃烧体　1.50	不燃烧体　1.00
吊顶		不燃烧体　0.25	难燃烧体　0.25

表 3 - 1 - 2　　　　　　　　　**建筑构件的燃烧性能和耐火极限**

构件名称	燃烧性能和耐火极限/h	一级	二级	三级	四级
墙	防火墙	不燃烧体 3.00	不燃烧体 3.00	不燃烧体 3.00	不燃烧体 3.00
	承重墙、楼梯间、电梯井的墙	不燃烧体 3.00	不燃烧体 2.50	不燃烧体 2.00	难燃烧体 0.50
	非承重墙、外墙、疏散走道两侧的隔墙	不燃烧体 1.00	不燃烧体 1.00	不燃烧体 0.50	
	楼梯间的墙、电梯井的墙、住宅单元之间的墙、住宅分户墙	不燃烧体 2.00	不燃烧体 2.00	不燃烧体 1.50	难燃烧体 0.50
	疏散走道两侧的隔墙	不燃烧体 1.00	不燃烧体 1.00	不燃烧体 0.50	难燃烧体 0.25
	房间隔墙	不燃烧体 0.75	不燃烧体 0.50	难燃烧体 0.50	难燃烧体 0.25
柱		不燃烧体 3.00	不燃烧体 2.50	不燃烧体 2.00	难燃烧体 0.50
梁		不燃烧体 2.00	不燃烧体 1.50	不燃烧体 1.00	难燃烧体 0.50
楼板		不燃烧体 1.50	不燃烧体 1.00	不燃烧体 0.50	燃烧体
屋顶承重构件		不燃烧体 1.50	不燃烧体 1.00	燃烧体	燃烧体
疏散楼梯		不燃烧体 1.50	不燃烧体 1.00	不燃烧体 0.50	燃烧体
吊顶（包括吊顶搁栅）		不燃烧体 0.25	难燃烧体 0.25	难燃烧体 0.15	燃烧体

注：1. 除本规范另有规定者外，以木柱承重且以不燃烧材料作为墙体的建筑物，其耐火等级应按四级确定。

　　2. 二级耐火等级建筑的吊顶采用不燃烧体时，其耐火极限不限。

　　3. 在二级耐火等级的建筑中，面积不超过 100m²。

表 3-1-3   建筑物构件的燃烧性能和耐火极限

构件名称	燃烧性能和耐火极限/h	耐火等级		
		一级	二级	三级
墙	防火墙	不燃烧体 3.00	不燃烧体 3.00	不燃烧体 3.00
	承重墙、楼梯间、电梯井的墙	不燃烧体 2.00	不燃烧体 2.00	不燃烧体 2.00
	隔墙、框架填充墙	不燃烧体 0.75	不燃烧体 0.50	不燃烧体 0.50
柱	支承多层的柱	不燃烧体 3.00	不燃烧体 2.50	不燃烧体 2.50
	支承单层的柱	不燃烧体 2.50	不燃烧体 2.00	不燃烧体 2.00
梁		不燃烧体 2.00	不燃烧体 1.50	不燃烧体 1.00
楼板		不燃烧体 1.50	不燃烧体 1.00	不燃烧体 0.50
屋顶承重构件		不燃烧体 1.50	不燃烧体 0.50	燃烧体
疏散楼梯、坡道		不燃烧体 1.50	不燃烧体 1.00	不燃烧体 1.00
吊顶（包括吊顶格栅）		不燃烧体 0.25	难燃烧体 0.25	难燃烧体 0.15

注：预制钢筋混凝土构件的节点缝隙或金属承重的外露部位应加设防火保护层，其耐火极限不应低于本表相应构件
的规定。

3. 工程等级

建筑物的工程等级以其复杂程度为依据，分特级、一级、二级、三级、四级、五级共六
个级别见表 3-1-4。

表 3-1-4   建 筑 物 的 工 程 等 级

工程等级	工程主要特征	工程范围举例
特级	1. 国家重点项目或以国际活动为主的特高级大型公共建筑 2. 有国家历史意义或技术要求高的中小型公共建筑 3. 30 层以上建筑 4. 高大空间有声、光等特殊要求的建筑物	国宾馆、国家大会堂、国际会议中心、国际体育中心、国际贸易中心、国际大型航空港、国际综合俱乐部、重要历史纪念建筑、国家级图书馆、博物馆、美术馆、剧院、音乐厅、三级以上人防建筑等
一级	1. 高级大型公共建筑 2. 有地区性历史意义或技术要求特别复杂的中小型公共建筑 3. 16 层以上、29 层以下或超过 50m 高的公共建筑	高级宾馆、旅游宾馆、高级招待所、别墅、省级展览馆、博物馆、图书馆、科学试验研究楼（包括高等院校）、高级会堂、高级俱乐部、300 床位以上的医院、疗养院、医疗技术楼、大型门诊楼、大中型体育馆、室内游泳馆、大城市火车站、航运站、邮电通讯楼、综合商业大楼、高级餐厅、四级人防等
二级	1. 中高级、大型公共建筑 2. 技术要求较高的中小型建筑 3. 16 层以上、29 层以下住宅	学校教学楼、档案楼、礼堂、电影院、部、省级机关办公楼、300 床位以下的医院、疗养院、地、市级图书馆、文化馆、少年宫、中等城市火车站、邮电局、多层综合商场、高级小住宅等

续表

工程等级	工程主要特征	工程范围举例
三级	1. 中级、中型公共建筑 2. 7层以上（含7层）、15层以下有电梯的住宅或框架结构的建筑	中、小学教学楼、试验楼、电教楼、邮电所、门诊所、百货楼、托儿所、1～2层商场、多层食堂、小型车站等
四级	1. 一般中小型公共建筑 2. 7层以下无电梯的住宅、宿舍及砌体建筑	一般办公楼、单层食堂、单层汽车库、消防站、杂货店、理发室、蔬菜门市部等
五级	1～2层单功能，一般小跨度结构建筑	同特征

理 论 知 识 训 练

1. 建筑物的构成要素有哪些？
2. 建筑的使用功能、技术和物质条件、建筑的艺术形象三者的关系如何？
3. 建筑物类型是如何划分的？
4. 建筑是根据什么进行等级划分的？如何划分？

实 践 课 题 训 练

1. 观察你身边的建筑物，说出其使用功能、技术和物质条件及建筑的艺术形象。
2. 你所在的城市中哪些建筑物能反映出民族特色和地方特征？

课 题 小 结

本课程是高职建筑类专业的专业基础课程。主要包括建筑制图与识图方法；建筑设计的规范一般规定；建筑通用构造的原理和做法；建筑施工图识读等内容。学习以上内容必须首先了解建筑的概念，了解使用功能、技术和物质条件、建筑的艺术形象是建筑物构成的基本要素。

建筑物按照使用性质分为民用建筑、工业建筑、农业建筑；按照材料类型分为木结构、混合结构、钢筋混凝土结构、钢结构等建筑；建筑物按照方法分为现浇整体式、预制装配式、装配整体式。

建筑的等级包括设计使用年限、耐火等级、工程等级三个方面。设计使用年限主要根据建筑物的重要性和建筑物的质量标准确定，它是建筑投资、建筑设计和结构构件选材的重要依据。耐火等级取决于房屋的主要构件的耐火极限和燃烧性能。建筑物的工程等级以其复杂程度为依据，共分六级。

课题2 民用建筑构造概述

建筑物是由基础、墙或柱、楼地层、楼梯、门窗、屋顶等构件组成的。建筑构造就是研究组成建筑物的构、配件的组合原理及构造方法的科学。建筑构造原理就是以选型、选材、工艺、安装为依据，研究各种构、配件及其细部构造的合理性，以便能更有效地满足建筑的使用功能；而构造方法则是研究如何运用各种材料，有机地组合各种构、配件以及使构、配件之间牢固组合的具体方法。

3.2.1 建筑的组成构件与作用

学习建筑构造，首先应该了解建筑物的构件所处的位置及其各自的作用（图3-2-1）。

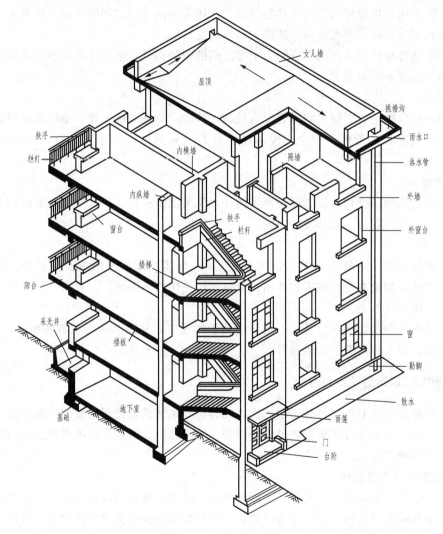

图3-2-1 建筑的构件

1. 基础

基础是墙或柱下面的承重构件，埋在地面以下。承受建筑物的全部荷载，并将这些荷载传给地基。基础必须有足够的强度和稳定性，并能抵御地下水、冰冻等各种有害因素的影响。

2. 墙（柱）

墙（柱）承受楼板和屋顶传给它的荷载。在墙承重的房屋中，墙既是承重构件，又是围护构件；在框架结构的建筑中，柱是承重构件，而墙只是围护构件或分隔构件。作为承重构件，墙（柱）必须具有足够的强度和稳定性；作为围护构件，外墙需具有保温、隔热的能力，内墙则需具有隔声、防火和防水等能力。

3. 楼板和楼地面

楼板是水平承重构件，它将所承受的荷载传给墙或柱。同时楼板搭在墙上或梁上，也起着水平支撑作用，增强建筑的刚度和整体性，并用来分隔楼层之间的空间。楼板除需具有足够的强度和刚度，还需具有隔声及防潮、防水性能。

地面，又称地坪，它是底层空间与土壤之间的分隔构件，承受底层房间的使用荷载，需具有防潮、防水和保温能力。

4. 楼梯

楼梯是建筑物上、下层之间垂直交通设施，楼梯应有适当的坡度、足够的通行宽度和疏散能力。除此之外，为保证安全，楼梯还应具有足够的强度和刚度，以及良好的防滑性能等。

5. 屋顶

屋顶是建筑物顶部构件，它既是承重构件，又是围护构件。屋顶应具有足够的强度和刚度，并要有防水、保温、隔热等能力。

6. 门窗

门主要是供联系内外交通用，兼有采光、通风作用。窗的作用主要是采光、通风及眺望。门窗对建筑物也有一定的围护作用。根据建筑使用要求不同，门和窗还应具有一定的保温、隔声、防火等能力。

除上述六大基本组成部分外，不同使用功能的建筑，还有其他的构件和配件，如阳台、雨篷、台阶、散水、垃圾道、烟道等。

3.2.2 影响建筑构造设计的因素

为了提高建筑物对外界各种影响的抵御能力，满足建筑物使用功能的要求，在进行建筑物构造设计时，必须充分考虑到各种影响因素。影响建筑构造设计的因素很多，归纳起来大致分为以下几个方面。

1. 外界作用力的影响

外力包括人、家具和设备的重量、结构自重、风力、地震力以及雪重等，这些通称为荷载，分为静荷载和动荷载。无论是静荷载还是动荷载对选择结构类型和构造方案以及进行细部构造设计都是非常重要的。在荷载中，风力往往是高层建筑水平荷载的主要因素，地震力是目前自然界中对建筑物影响最大、破坏最严重的一种因素，因此必须引起重视，采取合理的构造措施，予以设防。

2. 人为因素的影响

人们在使用建筑物时，往往会产生诸如火灾、噪声、机械振动、化学腐蚀等破坏因素，因此在建筑构造上需采取相应的防火、隔声、防振、防腐等措施，以避免对建筑物使用功能产生的影响和损害。

3. 气候条件的影响

自然界中的日晒雨淋、风雪冰冻、地下水等均对建筑物使用功能和建筑构件使用质量有影响。对于这些影响，在构造上必须考虑相应的防护措施，如防水防潮、保温隔热、防冻胀、防蒸汽渗透等。

4. 建筑标准的影响

建筑标准所包含的内容较多，与建筑构造关系密切的主要有建筑的造价标准、建筑等级标准、建筑装修标准和建筑设备标准等。对于大量性民用建筑，构造方法往往是常规做法；而对大型性公共建筑，建筑标准较高，构造做法上对美观的考虑也更多。

5. 建筑技术条件的影响

建筑技术条件指建筑材料技术、结构技术和施工技术等。随着这些技术的不断发展和变化，建筑构造技术也在改变着。

3.2.3　建筑构造设计的原则

建筑构造设计要考虑使用功能、材料性能、荷载情况、施工工艺及建筑艺术等因素；设计者应本着坚固适用、技术先进、经济合理、美观大方的基本原则，合理选择构造方案，才能保证建筑的使用合理性、安全性及建筑的整体性。

1. 坚固适用

除根据荷载大小、结构的要求确定构件的必须尺度外，对构、配件的连接等也必须在构造上采取必要的措施，来确保房屋的整体刚度、安全可靠、经久耐用。

2. 技术先进

建筑构造设计应该从材料、结构、施工三方面引入先进技术，选用新型建筑材料，采用标准设计和定型构件，以提高建设速度，改善劳动条件，保证施工质量。

3. 经济合理

构造设计中，既要注意降低建筑造价，减少材料、能源消耗，又要有利于降低日常运行、维修和管理的费用，考虑其综合的经济效益。即在保证质量前提下，降低建筑造价。

4. 美观大方

建筑要做到美观大方，构造设计是非常重要的一环。构造设计在现有经济条件下要充分考虑其造型、尺度、质感、色彩等艺术和美观问题。

3.2.4　建筑模数与定位线

为了实现建筑制品、建筑构配件定型化、工厂化，尽量减少构配件的类型，简化其规格尺寸，提高通用性和互换性，使建筑物及其各部分的尺寸统一协调，同时加快建设速度，提高施工质量和效率，降低建筑造价，现行《建筑模数协调统一标准》中规定了模数数列和几种几何尺寸间的关系及定位轴线。

1. 模数数列

（1）基本模数。为了使建筑物及其各部分的尺寸统一协调，首先要选定一个标准尺度单位，作为建筑制品、建筑构配件以及有关设备尺寸相互协调的基础，这个标准尺度单位就称为基本模数，其数值为100mm，用符号 M 表示，即 1M＝100mm。

（2）模数数列。

1）扩大模数：是指基本模数的倍数，其基数为 3M、6M、12M、15M、30M、60M 共 6 个，相应的尺寸分别为 300mm、600mm、1200mm、1500mm、3000mm、6000mm 作为建筑参数。

扩大模数主要用于建筑物中的较大尺寸，如跨度、柱距、开间、进深、层高等。

2）分模数：是指整数除基本模数的数值，其基数为 M/10、M/5、M/2，相应尺寸为 10mm、20mm、50mm。分模数主要用于缝隙、构造节点和构配件断面尺寸等。

3）模数数列：是以基本模数、扩大模数、分模数为基础扩展成的一个数值系统，见表 3-2-1。

表 3-2-1　　　　　　　　　　　　　　　　模 数 数 列

基本模数	扩大模数						分模数		
1M	3M	6M	12M	15M	30M	60M	M/10	M/5	M/2
100	300	600	1200	1500	3000	6000	10	20	50
100	300						10		
200	600	600					20	20	
300	900						30		
400	1200	1200	1200				40	40	
500	1500			1500			50		50
600	1800	1800					60	60	
700	2100						70		
800	2400	2400	2400				80	80	
900	2700						90		
1000	3000	3000		3000	3000		100	100	100
1100	3300						110		
1200	3600	3600	3600				120	120	
1300	3900						130		
1400	4200	4200					140	140	
1500	4500			4500			150		150
1600	4800	4800	4800				160	160	
1700	5100						170		
1800	5400	5400					180	180	
1900	5700						190		
2000	6000	6000	6000	6000	6000	6000	200	200	200
2100	6300						220		
2200	6600	6600					240		
2300	6900								250
2400	7200	7200	7200				260		
2500	7500			7500			280		

续表

基本模数	扩　大　模　数						分　模　数		
1M	3M	6M	12M	15M	30M	60M	M/10	M/5	M/2
2600		7800						300	300
2700		8400	8400					320	
2800		9000		9000				340	
2900		9600	9600						350
3000				10500					
3100			10800						
3200								380	
3300			12000	12000	12000	12000		400	400
3400					15000				450
3500					18000	18000			500
3600					21000				550
					24000	24000			600
					27000				650
					30000	30000			700
					33000				750
					36000	36000			800
									850
									900
									950
									1000

2．定位线

　　定位线是确定主要结构构件和设备的位置及标志尺寸的基线，用于平面时，称平面定位轴线；水平定位线是施工中定位、放线的重要依据。凡承重墙、柱子、大梁或屋架等主要承重构件，均应有定位轴线以确定其位置。对于非承重的隔断墙、次要承重构件或建筑配件的位置，则由定位轴线与附近轴线间的尺寸确定。用于竖向时称竖向定位线。

　　定位线之间的距离（如跨度、柱距、层高等）应符合模数数列的规定。规定定位轴线的布置以及结构构件与定位线关系的原则，是为了统一与简化结构或构件尺寸和节点构造，减少规格类型，提高互换性、通用性和标准化，满足建筑构件工业化生产要求。

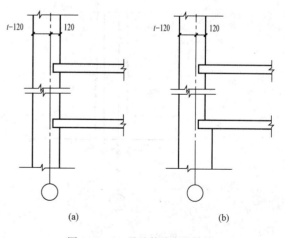

图 3 - 2 - 2　承重外墙定位轴线
（a）墙厚沿高度不变；（b）墙厚沿高度改变

（1）墙体的平面定位轴线定位。

1）承重外墙的定位轴线。墙体平面定位轴线与顶层外墙内缘距离为120mm。当墙体厚度沿高度不变时如图3-2-2（a）所示，当墙体厚度沿高度改变时如图3-2-2（b）所示。

2）承重内墙的定位轴线。墙体平面定位轴线与顶层内墙中线重合。如果墙体沿高度对称内缩时如图3-2-3（a）所示，如果墙体沿高度非对称内缩时如图3-2-3（b）所示。但有时由于空间布置要求，也可将轴线设在内墙某一缘为120mm处，如图3-2-3（c）所示。为了便于圈梁或墙内竖向管道布置，往往采用双轴线，如图3-2-3（d）所示。

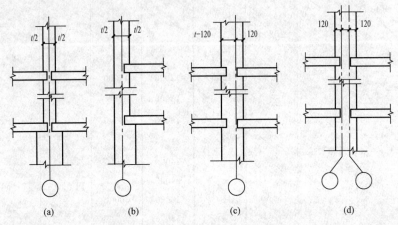

图3-2-3 承重内墙定位轴线

（a）墙体沿高度对称内缩；（b）墙体沿高度非对称内缩；（c）设在内墙一侧；（d）双轴线

3）非承重墙的定位轴线。非承重墙墙体由于不承受上部构件传来荷载，平面定位轴线比较灵活。一般定在墙体中线，也可定在墙体某一边缘。

4）变形缝处的定位轴线。

①当变形缝处一侧为墙体，另一侧为墙垛时，墙垛的外缘与平面定位轴线重合。墙体一侧依据墙体承重情况确定，如图3-2-4所示。

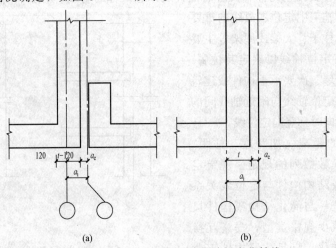

图3-2-4 变形缝两侧为墙和墙垛定位轴线

（a）按承重外墙处理；（b）按非承重墙处理

a_i—插入距；a_e—变形缝宽度

②当变形缝处两侧均为墙体时，依据墙体承重情况确定，如图 3-2-5 所示。

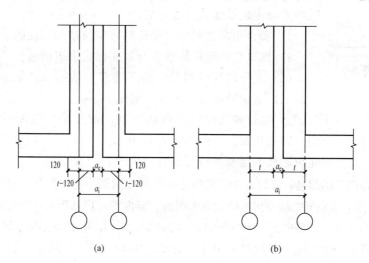

图 3-2-5 变形缝两侧均为墙体定位轴线

（a）按外承重墙处理；（b）按非承重墙处理

a_i—插入距

此外还有变形缝处带连系尺寸时定位轴线，带壁柱的外墙定位轴线等情况。

5）建筑高低层分界处的墙体定位轴线。

①建筑高低层分界处不设变形缝时，按高层一侧墙体承重外墙定位如图 3-2-6 所示。

②建筑高低层分界处设变形缝时，应按变形缝处的定位轴线处理。

6）建筑底层为框架结构时墙体的定位轴线。建筑底层为框架结构时，框架结构的构件定位轴线应与上部砖混结构平面定位轴线一致。

（2）墙体的竖向定位轴线定位。

1）楼地面竖向定位轴线应与楼地层面层上表面重合，如图 3-2-7 所示。

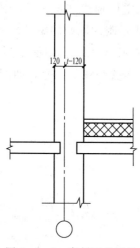

图 3-2-6 高低层分界处
不设变形缝定位轴线

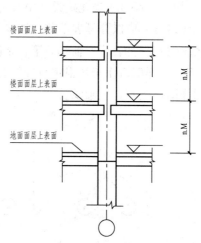

图 3-2-7 楼地面竖向定位

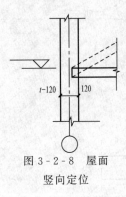

图3-2-8 屋面
竖向定位

2）屋面竖向定位轴线应为屋面结构层上表面与距墙内缘120mm处的外墙定位轴线相交处，如图3-2-8所示。

3）窗台和窗过梁竖向定位轴线应与结构层表面重合。

4）檐口竖向定位轴线应与屋面面层上表面重合。

（3）定位轴线的编号。由于建筑中墙体或柱数量很多，为了便于施工，定位轴线需要编号。规定如下：

1）定位轴线应用点划线绘制，轴线编号应注写在轴线端部圆内。圆应用细实线绘制，直径为8～10mm。定位轴线圆的圆心应在定位轴线的延长线或延长线的折线上。

2）平面定位轴线的编号，除较复杂需采用分区编号或圆形、折线形外，宜标在图样的下方和左侧。横向编号应从左至右顺序用阿拉伯数字编写，竖向编号应从下至上顺序用大写拉丁字母编写，如图3-2-9所示。其中为避免与数字0、1、2混淆，O、I、Z不得用于轴线编号。

3）当建筑规模较大，定位轴线可采用分区编号，如图3-2-10所示。编号的注写形式应为"分区号—该分区编号"。"分区号—该分区编号"采用阿拉伯数字或大写拉丁字母表示。

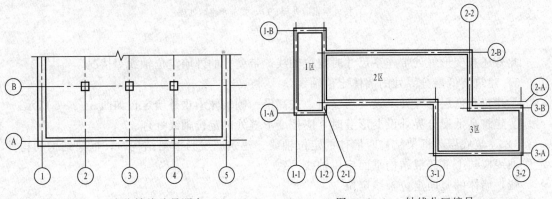

图3-2-9 定位轴线编号顺序   图3-2-10 轴线分区编号

4）附加轴线编号，当建筑设计中常将主要构件平面定位轴线规定编号，其他次要构件用辅助轴线编号。应以分母表示前一轴线的编号，分子表示附加轴线的编号。编号宜用阿拉伯数字顺序编写。⑤⁄₁表示5轴线后第一条附加轴线，②⁄₀B表示B轴线之前第二条附加轴线。

5）当一个详图适用于几根定位轴线时，应同时注明有关轴线的编号，如图3-2-11所示。通用详图不注写定位轴线。

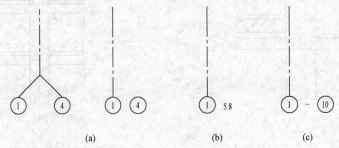

(a)   (b)   (c)

图3-2-11 详图轴线编号

(a) 用于两根轴线；(b) 用于三根及以上轴线；(c) 用于三根以上连续轴线

6）圆形与弧形平面图中的定位轴线，其径向轴线应以角度进行定位，其编号宜用阿拉伯数字表示，从左下角或−90°（若径向轴线很密，角度间隔很小）开始，按逆时针顺序编写；其环向轴线宜用大写拉丁字母表示，从外向内顺序编写（图3-2-12）。

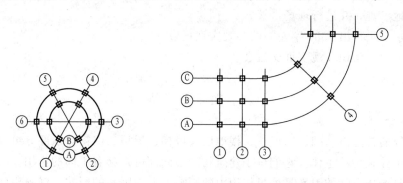

图3-2-12　圆形、弧形平面定位轴线的编号

7）折线形平面图中定位轴线的编号可按图3-2-13的形式编写。

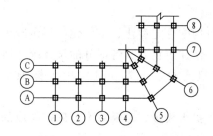

图3-2-13　折线形平面定位轴线的编号

理 论 知 识 训 练

1. 民用建筑主要是由哪几部分组成的？各部分的作用是什么？
2. 民用建筑各组成构件的设计要求是什么？
3. 建筑构造设计的影响因素有哪些？
4. 建筑构造设计应遵循哪些原则？
5. 制定建筑模数意义是什么？其内容包括哪些？
6. 什么是定位轴线？其作用是什么？
7. 标志尺寸、构造尺寸、实际尺寸之间的关系如何？

实 践 课 题 训 练

题目：建筑构造认识参观

1. 实训目的

通过实地参观，使学生认识建筑基本组成构件的部位，理解建筑构造的具体内容及相互关系。

2. 实训条件

参观本地区有代表性的砖混结构和框架结构的建筑，给出认识参观大纲及要求。

3. 实训内容及深度

（1）实地参观，并进行现场讲解。

（2）要求学生写出 1500 字左右的参观实训报告。

（3）组织一次认识参观实训交流会。

课　题　小　结

民用建筑通常是由基础、墙或柱、楼地层、楼梯、屋顶、门窗等六部分组成的。这些组成部分构成了建筑物的主体，它们位于建筑物的不同部位，起着不同的作用。

影响建筑构造设计的因素是外界作用力的影响、人为因素的影响、气候条件的影响、建筑标准的影响、建筑技术条件的影响等。建筑构造设计是建筑初步设计的继续和深入，应遵循坚固适用、技术先进、经济合理、美观大方的基本原则，合理选择构造方案，才能保证建筑的使用安全性及建筑的整体性。

为了实现建筑制品、建筑构配件定型化、工厂化，尽量减少构配件的类型，简化其规格尺寸，提高通用性和互换性，使建筑物及其各部分的尺寸统一协调，同时加快建设速度，提高施工质量和效率，降低建筑造价，首先要选定一个标准尺度单位基本模数，其数值为 100mm。

模数数列是以基本模数、扩大模数、分模数为基础扩展成的一个数值系统。扩大模数主要用于建筑物中的较大尺寸，如跨度、柱距、开间、进深、层高等处。分模数主要用于缝隙、构造节点和构配件断面尺寸等。

定位轴线是确定主要结构或构件的位置及标志尺寸的基准线，是施工中定位、放线的重要依据。凡承重墙、柱子、大梁或屋架等主要承重构件，均应有定位轴线以确定其位置。对于非承重的隔断墙、次要承重构件或建筑配件的位置，则由定位轴线与附近轴线间的尺寸确定。掌握定位轴线对指导建筑工程施工具有现实意义。

课题 3　建筑设计的程序与依据

3.3.1　工程建设基本程序

工程建设程序是指建设项目在整个建设过程中的各项工作必须遵循的先后次序，包括建筑工程项目的立项、选择评估、决策、设计、施工、竣工验收、投入使用等的先后顺序。目前我国基本建设程序的主要阶段是：项目建议书阶段、可行性研究阶段、设计文件阶段、建设准备阶段、建设实施阶段和竣工验收阶段。

3.3.2　建筑工程设计的内容

建造房屋前，通常有编制和审批计划任务书，选勘和征用基地、设计、施工，以及交付使用后的回访总结等几个阶段。建筑工程设计是建筑工程建设过程中关键的环节，通过建筑工程设计，把计划任务书中的文字资料编制成或表达成一套完整的施工图设计文件，作为施工的依据。

建筑工程设计是指设计一个建筑物或一个建筑群体所有做的全部工作过程，它一般包括建筑设计、结构设计、设备设计等几个部分，它们之间既有分工，又相互密切配合。

1. 建筑设计

主要是根据建设单位提供的设计任务书，综合考虑建筑、结构、设备等工种的要求以及这些工种之间的相互联系和制约，在此基础上提出建筑设计方案，通过方案进一步深化后进行施工图设计。建筑设计还应和城市规划、施工技术、材料供应及环境保护等部门密切配合。建筑设计由建筑师来完成。

2. 结构设计

是在建筑设计的基础上选择结构方案，确定结构类型，进行结构计算与构件设计，完成建筑工程的"骨架"设计，绘制结构施工图。结构设计由结构工程师来完成。

3. 设备设计

包括给排水、采暖通风、消防、电气照明、通信、燃气、动力等专业的设计，确定其方案类型，设备选型，并完成相应的设备施工图设计。设备设计由设备工程师来完成。

3.3.3　建筑设计的程序

1. 设计前的准备阶段

（1）熟悉设计任务书。设计前，需要熟悉设计任务书，以明确建设项目设计目的与要求。设计任务书的内容有：

1）建设项目总的要求和建造目的的说明。

2）建筑物的具体使用要求、建筑面积以及各类用途房间的面积分配。

3）建筑项目的总投资、单方造价，土建、设备、室外设施等费用情况。

4）建筑基地范围、基地及周围原有建筑物、道路、环境、地形等。

5）供电、供水、供气、采暖、空调等设备方面的要求。

6）设计期限和建设进度要求。

（2）收集必要的原始设计数据。

1）气象资料：包括建筑项目所在地区的温度、湿度、日照、雨雪、风向、风速、冻土深度等。

2）基地地形及地质水文资料：包括基地地形标高、土壤种类及承载力、地下水位、地震烈度等。

3）设备管线资料：包括地下给水、排水、电缆、煤气等管线布置，地上的架空线的供电线路情况。

4）设计项目的有关定额指标。

（3）设计前的调查研究。

1）建筑物的使用要求。在了解建设单位对建筑物使用要求的基础上，走访、参观、查阅同类优秀建筑实例的实际使用情况，通过分析、研究、总结，使设计更加合理完善。

2）建筑材料供应和施工等技术条件。了解当地建筑材料的特性、价格、品种、规格和施工单位技术力量等情况。

3）基地踏勘。根据城建部门划定的设计项目所在地的位置，进行现场踏勘，深入了解基地和周围环境的现状和历史沿革，核对已有资料与基地现状是否符合。通过建设基地的形状、方位、面积、周围建筑的道路、绿化等方面的因素，考虑与确定建筑的位置和总平面布局。

4）当地传统风俗习惯。了解当地传统的建筑形式、文化传统、生活习惯、风土人情，作为建筑设计的参考和借鉴，创造出符合基地环境和当地传统风格的建筑形式。

2. 初步设计阶段

初步设计是建筑设计的最初阶段，内容包括设计图纸资料和文字资料两部分，作用是用来征求建设单位意见、报建设主管部门审查批准等。

（1）设计图纸部分。包括：

1）建筑总平面图。确定建筑物或建筑群总体布局与基地的关系，基地范围的绿地及道路，标出层数及设计标高，绘出指北针和风向频率玫瑰图（图3-3-1）。常用比例为1∶500、1∶1000等。

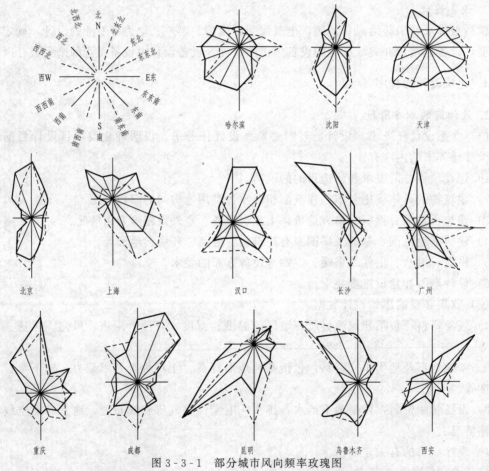

图3-3-1 部分城市风向频率玫瑰图

2）建筑各层平面图。确定房间的大小和形状、平面布局以及各空间之间的分隔与联系，标注建筑物各主要控制尺寸，注明房间的名称。常用比例为1∶100。

3）建筑立面图。综合考虑建筑物使用功能、内部空间组合、外部形体组合以及材料质感、色彩的处理等。常用比例为1∶100。

4）建筑剖面图。确定房间各部分竖向高度和空间比例，考虑在空间竖向的组合，选择适当的剖面形式，满足使用和采光通风等方面的设计。常用比例为 1:100。

5）效果图。大型民用建筑及重要工程，应制作效果图或模型。

（2）文字部分。包括：

1）设计说明。设计说明的内容为工程设计的依据与要求、方案构思与特点，各项指标（占地面积、总建筑面积、总用地面积、使用面积、使用系数等），建筑装修、建筑防火、建筑节能内容等。

2）主要材料及设备说明。

3）根据设计方案编制工程概算书。

3. 施工图设计阶段

施工图设计是建筑设计的最后阶段，它是在建设主管部门审查批准后的初步设计基础上进行的。施工图设计原则是满足施工要求，解决施工中的技术措施、使用的材料及具体工程做法。要求施工图设计图样全面具体、准确无误。施工图设计包括：

（1）设计说明、图纸目录。内容包括建设地点、建筑面积、建筑用地、主要结构选型、抗震设防烈度、相对标高、绝对标高、室内外装饰做法、建筑材料选用等；工程施工图应按专业顺序编排，一般为建筑施工图、结构施工图、给排水施工图、暖通施工图、电气施工图等，并根据各专业图纸顺序编制目录。

（2）总平面图。标明测量坐标网、坐标值、详细标明建筑物、建筑物的定位坐标和相互关系尺寸，室内设计标高及层数、道路、绿化等位置与尺寸，绘出指北针和风向频率玫瑰图。常用比例为 1:500。

（3）建筑各层平面图。详细标注各部位的详细尺寸，固定设备的位置与尺寸，标注房间名称、门窗位置及编号、门的开启方向、室内外地面标高、楼层标高、剖切线及编号、指北针（一般只注在底层平面图上），节点详图索引号等。常用比例为 1:100。

（4）建筑剖面图。选择层高不同或层数不同或建筑内部空间相对比较复杂的部位进行剖切，要求注明墙柱轴线及编号，画出剖视方向可见的所有建筑配件的内容，标明建筑物配件的高度尺寸及相应标高、室内外设计标高。常用比例为 1:100。

（5）建筑立面图。各个方向的立面图。标出建筑物两端轴线的编号，建筑物各部位材料做法与色彩或节点详图索引，标注竖向各部位的标高并与剖面对应。常用比例为 1:100。

（6）详图。一些局部构造、建筑装饰做法应专门绘制详图，标注该构件细部尺寸以及详细做法。常用比例为 1:1、1:5、1:10、1:20。

（7）各专业工种配套的施工图及相关设计的说明及计算书。

（8）根据施工图编制工程预算书。

3.3.4 建筑设计的依据

1. 使用功能要求

建筑使用性质虽然不同，但设计时必须满足以下基本功能要求。

（1）人体尺度及人体活动所需的空间尺度。为了满足人在使用活动中的需求，要了解人体尺度及人体活动所需空间尺度和人在各种活动中所需的心理空间尺度，如图 3-3-2 所示。

（2）人的生理需求。主要包括对建筑物的朝向、保温、防潮、隔热、隔声、通风、采光、照明等方面的要求，设计要满足人们在生产和生活中的生理需求。

（3）使用过程和特点的需求。各类不同使用功能建筑具有各不相同特点，设计要充分考虑这些特点，使建筑符合功能使用要求，如观演建筑设计必须要解决好视线及音质；火车站设计要处理好各种流线的关系等。

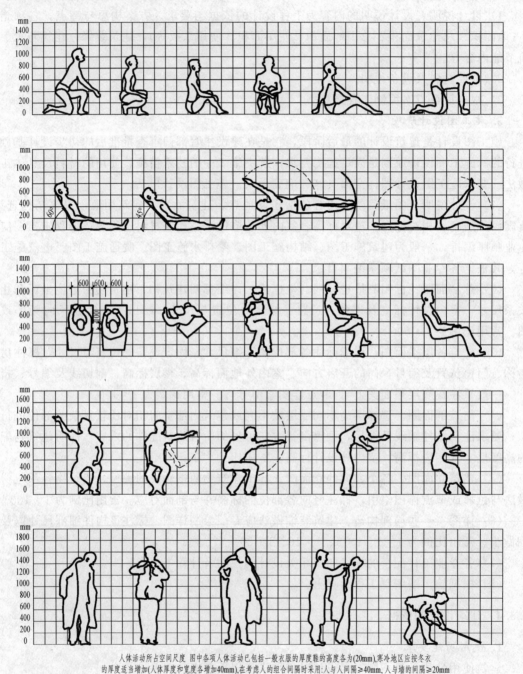

人体活动所占空间尺度 图中各项人体活动已包括一般衣服的厚度鞋的高度各为(20mm),寒冷地区应按冬衣的厚度适当增加(人体厚度和宽度各增加40mm),在考虑人的组合间隔时采用:人与人间隔≥40mm,人与墙的间隔≥20mm

图3-3-2 人体尺度及人体活动所需的空间

2. 自然条件的影响

建筑物处于自然界中，自然条件对建筑物有着很大影响，进行建筑设计时必须充分考虑自然条件。

（1）气候条件。气候条件包括建筑物所在地区的温度、湿度、日照、雨雪、风向、风速等内容。设计时，必须收集当地有关的气候资料作为设计依据。日照是确定建筑物间距的主要因素；降雨量的大小决定着屋面坡度和构造设计，风向是城市总体规划和总平面设计的重要依据。

（2）地形、地质及地震烈度。建筑平面、建筑体型、建筑造型与基地地形的起伏、周围环境及周边建筑特点都有一定影响。基地的地质构成、土壤特性和地耐力大小制约着建筑结构形式和基础类型与布置。地震烈度表示地面及建筑遭受地震破坏的程度。在基地的选择、建筑单体体形的确定时，均应考虑地震烈度的影响，采取合理的构造措施，以便减少地震对建筑造成的破坏。

（3）水文。水文指地下水的性质和地下水位的高低，它直接影响到建筑物的基础、地下室构造。决定基础埋深和防水的构造措施。

3. 建筑设计的规范要求

在建筑设计中必须遵守建筑设计规范、规程和通则等。

理 论 知 识 训 练

1. 目前我国基本建设程序的主要阶段有哪些？设计文件阶段包括哪些？
2. 设计前准备阶段需要做哪些工作？
3. 初步设计阶段需要做哪些工作？
4. 施工图设计阶段需要做哪些工作？

实 践 课 题 训 练

1. 深入建筑设计企业了解工程设计的程序。
2. 根据实际施工图案例了解建筑施工图的组成及内容。

课 题 小 结

建筑工程设计一般包括建筑设计、结构设计、设备设计等几个部分，它们之间既有分工，又相互密切配合。

建筑设计程序包括设计前的准备阶段、初步设计阶段、施工图设计阶段三个阶段。建筑设计的依据是使用功能要求、自然条件的影响和建筑规范与技术水平要求等。

课题 4　建筑防火与安全疏散

3.4.1　建筑防火分区设计

1. 防火分区的定义和作用

防火分区就是采用具有一定耐火性能的分隔构件划分的，能在一定时间内防止火灾向同一建筑物的其他部分蔓延的局部区域（空间单元）。在建筑物内采取划分防火分区措施，建筑物一旦发生火灾，可有效地把火势控制在一定的范围内，减少火灾损失，同时可以为人员安全疏散、消防扑救提供有利条件。

2. 防火分区的类型

(1) 水平防火分区。水平防火分区，就是采用具有一定耐火极限的墙体、门、窗等分隔构件，按规定的建筑面积标准，将建筑物各层在水平方向上分隔为若干个防火区域。

(2) 竖向防火分区。为了把火灾控制在一定的楼层范围内，防止火势从起火层向其他楼层垂直蔓延，应沿着建筑竖向划分防火分区。竖向防火分区（层间防火分区）是以每个楼层为基本防火单元。竖向防火分区主要是用具有一定耐火性能的钢筋混凝土楼板、上下楼层之间的窗间墙作分隔构件。

(3) 特殊部位和重要房间的防火分隔。用具有一定耐火性能的分隔物将建筑物内某些特殊部位和重要房间等加以分隔，可以防止火势迅速蔓延扩大。特殊部位和重要房间包括：各种竖向井道、消防控制室、固定灭火装置的设备室（如钢瓶间、泡沫间）、通风空调机房、设置贵重设备和贮存贵重物品的房间、火灾危险性大的房间，避难间等。

防火分区的分隔构件是防火分区的边缘构件，分为水平方向划分防火分区的分隔构件和垂直方向划分防火分区的防火分隔构件。水平方向划分防火分区的防火分隔构件包括：防火墙、防火卷帘和防火水幕带等；垂直方向划分防火分区的防火分隔构件包括：上下楼层之间的窗间墙、封闭和防烟楼梯间等。

3. 单层、多层建筑防火分区设计

防火分区面积的确定应考虑建筑物的使用性质、重要性、火灾危险性、建筑物高度、消防扑救能力以及火灾蔓延的速度等因素。

现行《建筑设计防火规范》，对建筑的防火分区面积限值作了规定，在设计时必须结合工程实际严格执行。每个防火分区的最大允许建筑面积应符合表3-4-1的要求。

表3-4-1　　民用建筑的耐火等级、最多允许层数和防火分区最大允许建筑面积

耐火等级	最多允许层数	防火分区的最大允许 建筑面积/m²	备　　注
一、二级	按本规范第1.0.2条规定	2500	1. 体育馆、剧院的观众厅，展览建筑的展厅，其防火分区最大允许建筑面积可适当放宽 2. 托儿所、幼儿园的儿童用房和儿童游乐厅等儿童活动场所不应超过3层或设置在四层及四层以上楼层或地下、半地下建筑（室）内
三级	5层	1200	1. 托儿所、幼儿园的儿童用房和儿童游乐厅等儿童活动场所、老年人建筑和医院、疗养院的住院部分不应超过2层或设置在三层及三层以上楼层或地下、半地下建筑（室）内 2. 商店、学校、电影院、剧院、礼堂、食堂、菜市场不应超过2层或设置在三层及三层以上楼层
四级	2层	600	学校、食堂、菜市场、托儿所、幼儿园、老年人建筑、医院等不应设置在二层
地下、半地下建筑（室）		500	—

注：建筑内设置自动灭火系统时，该防火分区的最大允许建筑面积可按本表的规定增加1.0倍。局部设置时，增加面积可按该局部面积的1.0倍计算。

4. 高层民用建筑防火分区设计

（1）防火分区面积。高层建筑内应采用防火墙等划分防火分区，现行《高层建筑防火规范》规定，每个防火分区允许最大建筑面积，不应超过表 3 - 4 - 2 的规定。

高层建筑内的商业营业厅、展览厅等，设有火灾自动报警系统和自动灭火系统，采用不燃烧或难燃烧材料装修时，地上部分防火分区的允许最大建筑面积为 4000m²；地下部分防火分区的允许最大建筑面积为 2000m²。

设置排烟设施的走道、净高不超过 6m 的房间，应采用挡烟垂壁、隔墙或从顶棚下突出不小于 0.50m 的梁划分防烟分区。每个防烟分区的建筑面积不宜超过 500m²，且防烟分区不应跨越防火分区。

表 3 - 4 - 2　　　每个防火分区的允许最大建筑面积

建筑类别	每个防火分区建筑面积/m²
一类建筑	1000
二类建筑	1500
地下室	500

注：1. 建筑内设置自动灭火系统时，该防火分区的最大允许建筑面积可按本表的规定增加 1.0 倍。局部设置时，增加面积可按该局部面积的 1.0 倍计算。

2. 一类建筑的电信楼，其防火分区允许最大建筑面积可按本表增加 50%。

（2）防火分区划分举例。划分防火分区，应根据规定的防火分区面积，建筑的平面形状、使用功能、疏散要求和层间联系情况等，综合确定其分隔的具体部位。

如某高层酒店，标准层面积为 2800m²，结合平面形状，用防火墙划分为两个面积不等的防火分区，如图 3 - 4 - 1 所示。

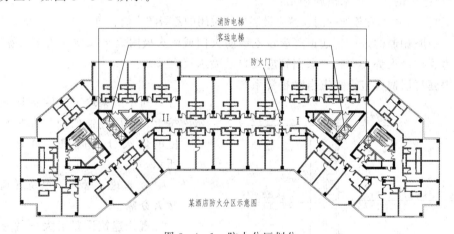

图 3 - 4 - 1　防火分区划分

公共建筑中某些大厅的防火分隔如商场营业厅、展览馆内的展厅等，不便设防火墙的地方，可利用防火卷帘，把大厅分隔成较小的防火分区，如图 3 - 4 - 2 所示。

5. 玻璃幕墙、中庭的防火分隔设计

（1）玻璃幕墙作为一种新型围护建筑构件，以其自重轻、装饰效果好及便于工业化生产和加工等优点。为了防止建筑发生火灾时通过玻璃幕墙造成大面积蔓延，在设置玻璃幕墙时应符合下列规定：

1）窗间墙、窗槛墙的填充材料应采用不燃烧材料。当外墙面采用耐火极限不低于 1.00h 的不燃烧体时，其墙内填充材料可采用难燃烧材料。

2）无窗间墙和窗槛墙的玻璃幕墙，应在每层楼板外沿设置耐火极限不低于 1.00h、高

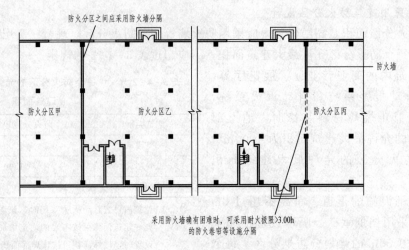

图3-4-2 商场防火分区示意图

度不低于0.80m的不燃烧实体裙墙。

3) 玻璃幕墙与每层楼板、隔墙处的缝隙，应采用不燃烧材料严密填实，如图3-4-3和图3-4-4所示。

(2) 中庭的防火分隔。中庭内部空间高大，采用防火卷帘和采用自动喷淋系统分隔等措施，现行规范中的防火技术措施包括：

1) 房间与中庭回廊相通的门、窗应设能自行关闭的乙级防火门、窗。

2) 与中庭相通的过厅、通道等应设乙级防火门或耐火极限大于3.00h的防火卷帘分隔。

3) 为了控制火势，中庭每层回廊应设自动喷水灭火系统。

4) 中庭每层回廊应设火灾自动报警系统。

对中庭采取上述防火措施后，不按上、下层连通的面积叠加计算，中庭的防火分区面积，如图3-4-5所示。

6. 风道、管线、电缆贯通部位的防火分隔

现代建筑设置了大量的竖井和管

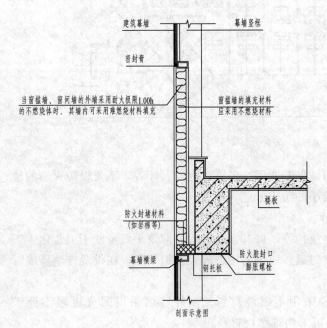

图3-4-3 玻璃幕墙与隔墙处防火构造

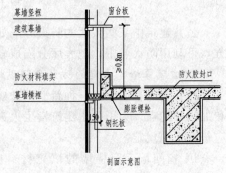

图3-4-4 玻璃幕墙与每层楼板防火构造

道，有些管道相互连通、交叉，火灾易形成蔓延的通道。为了防止火灾从贯通部位蔓延，风道、管线、电缆等要具有一定的耐火能力，并用不燃材料填塞管道与楼板、墙体之间的空隙，使烟火不得串过防火分区。

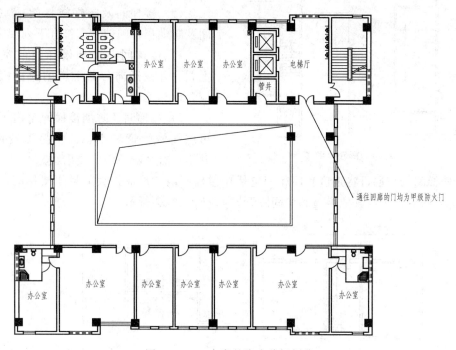

图 3-4-5 中庭的防火分区划分

3.4.2 安全疏散设计基本要求

建筑物发生火灾时，为避免建筑内人员因火烧、烟熏中毒和房屋倒塌而遭到伤害，为安全疏散创造良好的条件。建筑物的安全疏散设施包括：主要安全设施，如安全出口、疏散楼梯、走道和门等；辅助安全设施，如疏散阳台、缓降器、救生袋等；对超高层民用建筑还有避难层（间）和屋顶直升机停机坪等。

安全疏散设计是建筑防火设计的一项重要内容。在设计时应根据建筑物的规模、使用性质、重要性、耐火等级、生产和储存物品的火灾危险性、容纳的人数以及发生火灾时人的心理状态等情况，合理设置安全疏散设施。

1. 疏散楼梯

（1）疏散楼梯形式。疏散楼梯是在火灾紧急情况下安全疏散所用的楼梯，其形式按防烟火作用可分为防烟楼梯、封闭楼梯、室外疏散楼梯、开敞楼梯，其中防烟楼梯的防烟火作用、安全疏散效果最好，而开敞楼梯最差。

1）防烟楼梯间。在楼梯间入口前设有能阻止烟火进入的前室（或设专供排烟用的阳台、凹廊等），通向前室和楼梯间的门均为乙级防火门的楼梯间称为防烟楼梯间。

2）封闭楼梯间。设有能阻挡烟气的双向弹簧门（对单、多层建筑）或乙级防火门（对高层建筑）的楼梯间称为封闭楼梯间。

3）室外疏散楼梯。这种楼梯的特点是设置在建筑外墙上全部敞开，常布置在建筑端部。

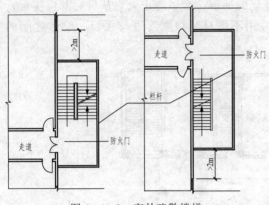

图 3-4-6 室外疏散楼梯

它不易受到烟火的威胁，既可供人员疏散使用，又可供消防人员登上高楼扑救使用，如图 3-4-6 所示。

（2）楼梯间及防烟楼梯间前室。楼梯间及防烟楼梯间前室应符合下列规定：

1）楼梯间及防烟楼梯间前室的内墙上，除开设通向公共走道的疏散门外，不应开设其他门、窗、洞口。

2）楼梯间及防烟楼梯间室内不应敷设可燃气体管道和甲、乙、丙类液体管道，并不应有影响疏散的突出物。

3）楼梯间的首层可将走道和门厅等包括在楼梯间内，形成扩大的封闭楼梯间，但应采用乙级防火门等措施与其他走道和房间隔开，如图 3-4-7 所示。

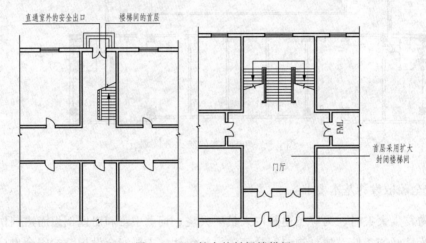

图 3-4-7 扩大的封闭楼梯间

4）楼梯间首层应设置直通室外的出口或在首层采用扩大的封闭楼梯间。当层数不超过 4 层时，可将直通室外的安全出口设置在离楼梯间小于或等于 15m 处，如图 3-4-8 所示。

2. 单、多层民用建筑防火安全疏散设计

安全出口和疏散出口既有区别又有联系，安全出口是指保证人员安全疏散的楼梯或直通室外地平面的门，疏散出口则指的是房间连通疏散走道或过厅的门和安全出口。

（1）民用建筑的安全出口应分散布置，每个防火分区、一个防火分区的每个楼层，其相邻 2 个安全出口最近边缘之间的水平距离不应小于 5000mm，且安全出口的数量应经计算确

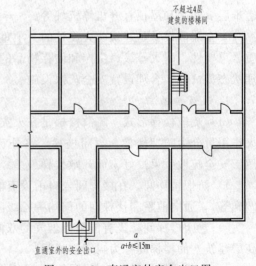

图 3-4-8 直通室外安全出口图

定，不应少于 2 个。

（2）当符合下列条件之一时，可设一个安全出口或疏散楼梯，除托儿所、幼儿园外，建筑面积小于或等于 200m² 且人数不超过 50 人的单层公共建筑；除医院、疗养院、老年人建筑及托儿所、幼儿园的儿童用房和儿童游乐厅等儿童活动场所等外，符合表 3-4-3 规定的 2、3 层公共建筑。

表 3-4-3　　　　　　　　公共建筑可设置 1 个安全出口的条件

耐火等级	最多层数	每层最大建筑面积/m²	人　数
一、二级	3 层	500	第二层和第三层的人数之和不超过 100 人
三级	3 层	200	第二层和第三层的人数之和不超过 50 人
四级	2 层	200	第二层人数不超过 30 人

注：一、二级耐火等级的公共建筑，当设置不少于 2 部疏散楼梯且顶层局部升高部位的层数不超过 2 层、人数之和不超过 50 人、每层建筑面积小于或等于 200m² 时，该局部高出部位可设置 1 部与下部主体建筑楼梯间直接连通的疏散楼梯，但至少应另外设置 1 个直通主体建筑上人平屋面的安全出口，该上人屋面应符合人员安全疏散要求。

3. 单、多层民用建筑的安全疏散距离

直接通向疏散走道的房间疏散门至最近安全出口的距离应符合表 3-4-4 的规定；一、二级耐火等级的建筑的安全疏散距离的限值如图 3-4-9 所示。

表 3-4-4　　　直接通向疏散走道的房间疏散门至最近安全出口的最大距离　　　（单位：m）

名　称	位于两个安全出口之间的疏散门			位于袋形走道两侧或尽端的疏散门		
	耐火等级			耐火等级		
	一、二级	三级	四级	一、二级	三级	四级
托儿所、幼儿园	25	20	—	20	15	—
医院、疗养院	35	30	—	20	15	—
学校	35	30	—	22	20	—
其他民用建筑	40	35	25	22	20	15

注：1. 一、二级耐火等级的建筑物内的观众厅、多功能厅、餐厅、营业厅和阅览室等，基室内任何一点至最近安全出口的直线距离不大于 30m。
2. 敞开式外廊建筑的房间疏散门至安全出口的最大距离可按本表增加 5m。
3. 建筑物内全部设置自动喷水灭火系统时，其安全疏散距离可按本表规定增加 25%。
4. 房间内任一点到该房间直接通向疏散走道的疏散门的距离计算如图 3-4-10 所示，住宅应为最远房间内任一点到户门的距离，跃层式住宅内的户内楼梯的距离可按其梯段总长度的水平投影尺寸计算如图 3-4-11 所示。

4. 高层民用建筑安全疏散设计

（1）安全出口、疏散出口的数目和布置。

1）高层建筑每个防火分区的安全出口数量、位置应符合现行《高层建筑防火设计规范》的规定。

2）高层建筑的安全疏散距离应符合表 3-4-5 的规定。

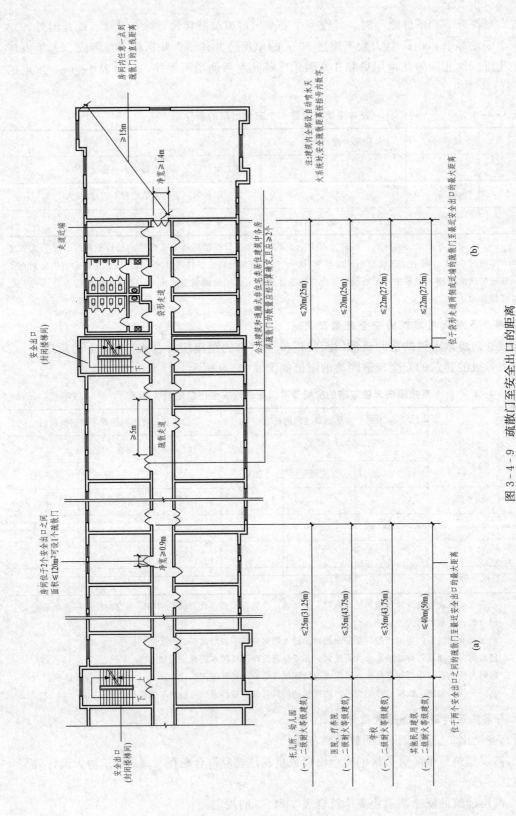

图 3-4-9　疏散门至安全出口的距离

(a) 疏散门至两个安全出口的距离；(b) 袋形走道两侧的疏散门或尽端的疏散门至安全出口的距离

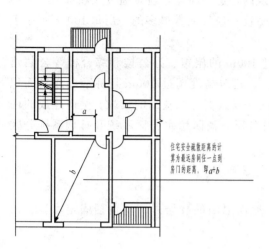

图 3-4-10 房间任意点至安全出口的距离

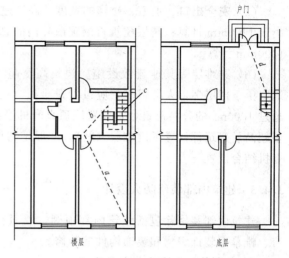

图 3-4-11 跃层式住宅至安全出口的距离

注：跃层式住宅安全距离计算时，户内楼梯的距离采用梯段总长度的水平投影尺寸，即 $a+b+c+d$，c 为梯段总长度的水平投影尺寸。

表 3-4-5　　　　　　　　　　　高层建筑安全疏散距离　　　　　　　　　　（单位：m）

高 层 建 筑		房间门或住宅房门至最近的外部出口或楼梯间的最大距离	
		位于两个安全出口之间的房间	位于袋形走道两侧或尽端的房间
医院	病房部分	24	12
	其他部分	30	15
旅馆、展览楼、教学楼		30	15
其 他		40	20

3）跃廊式住宅的安全疏散距离，应从户门算起，小楼梯的一段距离按其 1.5 倍水平投影计算。

4）高层建筑内的观众厅、展览厅、多功能厅、餐厅、营业厅和阅览室等，其室内任何一点至最近的疏散出口的直线距离，不宜超过 30m，如图 3-4-12 所示；其他房间内最远一点至房门的直线距离不宜超过 15m。

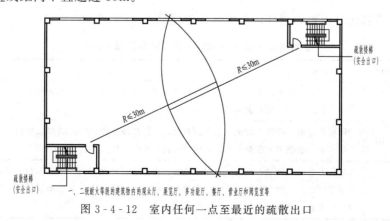

图 3-4-12 室内任何一点至最近的疏散出口

（2）安全出口、走道、楼梯的宽度。高层建筑内走道的净宽，应按通过人数每100人不小于1000mm计算；高层建筑首层疏散外门的总宽度，应按人数最多的一层每100人不小于1000mm计算。

（3）避难层等其他疏散设施。建筑高度超过100m的旅馆、办公楼和综合楼等公共建筑，由于楼层多，人员很多，应设置避难层（间）。建筑高度超过100m且标准层建筑面积超过1000m²的公共建筑，宜设置屋顶直升机停机坪或供直升机救助的设施。国内建成的许多超高层建筑都设置了避难层（间），一般是与设备层、消防给水分区系统和排烟系统分区有机结合设置。

3.4.3　建筑内部装修防火设计

建筑内部装修除包括建筑内部顶棚、墙面、地面隔断的装修外，还包括固定家具、窗帘、帷幕等装饰织物和装饰构件的装修。

1. 建筑内部装修的火灾危险性

国内外火灾统计分析表明，许多火灾都是由于装修材料的燃烧引起的，造成人员重大伤亡和财产损失严重也是由于装修材料采用了大量的可燃、易燃材料所致。

2. 建筑内部装修材料的分类与分级

（1）建筑内部装修材料的分类。根据建筑的规模、用途、场所、部位，合理选用内部装修材料是装饰设计的重要内容，按装修材料在内部装修中的使用部位和功能，将其划分为七类，即：顶棚装修材料、墙面装修材料、地面装修材料、隔断装修材料、固定家具、装饰织物（系指窗帘、帷幕、床罩、家具包布等）及其他构件装饰材料（系指楼梯扶手、挂镜线、踢脚板、窗帘盒、暖气罩等）。到顶的固定隔断装修应与墙面的规定相同。柱面的装修应与墙面的规定相同。

（2）建筑内部装修材料的分级。按照现行国家标准《建筑材料燃烧性能分级方法》的要求，根据装修材料的不同燃烧性能，将内部装修材料分为四级，见表3-4-6。

表3-4-6　　　　　　装修材料燃烧性能等级

等　级	装修材料燃烧性能	等　级	装修材料燃烧性能
A	不燃性	B2	可燃性
B1	难燃性	B3	易燃性

常用建筑内部装修材料燃烧性能等级划分举例见表3-4-7。

表3-4-7　　　　常用建筑内部装修材料燃烧性能等级划分举例

材料类别	级别	材　料　举　例
各部位材料	A	花岗石、大理石、水磨石、水泥制品、混凝土制品、石膏板、石灰制品、玻璃、瓷砖、陶瓷锦砖、钢铁、铝、铜合金等
顶棚材料	B1	纸面石膏板、纤维石膏板、水泥刨花板、矿棉装饰吸声板、玻璃棉装饰吸声板、珍珠岩、装饰吸声板、难燃中密度纤维板、岩棉装饰板、难燃木材、铝箔复合材料等
墙面材料	B1	纸面石膏板、纤维石膏板、水泥刨花板、矿棉板、玻璃棉板、珍珠岩板、难燃胶合板、难燃中密度纤维板、防火塑料装饰板、难燃双面刨花板、多彩涂料难燃墙纸、难燃墙布、难燃仿花岗岩装饰板、氯氧镁水泥装配式墙板等

材料类别	级别	材　料　举　例
墙面材料	B2	各类天然木材、木制人造板、竹材、纸制装饰板、装饰微薄木贴面板、印刷木纹人造板、塑料贴面装饰、聚酯装饰板、复塑装饰板、塑纤板、胶合板、塑料壁纸、复合壁纸等
地面材料	B1	硬 PVC 塑料地板、水泥刨花板、水泥木丝板、氯丁橡胶地板等
	B2	半硬质 PVC 塑料地板、PVC 卷材地板、木地板、氯纶地毯等
装饰织物	B1	经阻燃处理的各类难燃织物等
	B2	纯毛装饰布、纯麻装饰布、经阻燃处理的其他织物等
其他装饰材料	B1	聚氯乙烯塑料、酚醛塑料、聚碳酸酯塑料、聚四氟乙烯塑料，三聚氰胺、脲醛塑料、硅树脂塑料装饰型材、经阻燃处理的各类织物等。另见顶棚材料和墙面材料内的有关材料
	B2	经阻燃处理的聚乙烯、聚丙烯、聚氨酯、聚苯乙烯、玻璃钢：化纤织物、木制品等

为了保障建筑的消防安全，防止和减少建筑火灾的发生，减少火灾损失，建筑内部装修防火设计时，应妥善处理装修效果和使用安全的矛盾，积极采用不燃性材料和难燃性材料，尽量避免采用在燃烧时能产生大量浓烟和有毒气体的材料，做到安全适用、技术先进、经济美观。

（3）民用建筑内部装修防火设计一般规定。

1）当顶棚或墙面表面局部采用多孔或泡沫状塑料时，其厚度不应大于 15mm，且面积不得超过该房间顶棚或墙面面积的 10%。

2）除地下建筑外，对于无窗子房间，内部装修材料的燃烧性能等级，除采用 A 级外，应在本章规定的基础上提高一级。

3）图书室、资料室、档案室和存放文物的房间，其顶棚、墙面应采用 A 级装修材料，地面应采用不低于 B1 级的装修材料。

4）大中型电子计算机房、中央控制室、电话总机房等放置特殊贵重设备的房间，其顶棚和墙面应采用 A 级装修材料，地面及其他装修应采用不低于 B1 级的装修材料。

5）消防水泵房、排烟机房、固定灭火系统钢瓶间、配电室、变压器室、通风和空调机房等，其内部所有装修均应采用 A 级装修材料。

6）无自然采光楼梯间、封闭楼梯间、防烟楼梯间及其前室的顶棚、墙面和地面均应采用 A 级装修材料。

7）建筑物内设有上下层相连通的中庭、走马廊、开敞楼梯、自动扶梯时，其连通部位的顶棚、墙面应采用 A 级装修材料，其他部位应采用不低于 B1 级的装修材料。

8）防烟分区的挡烟垂壁，其装修材料应采用 A 级装修材料。

9）建筑内部的变形缝（包括沉降缝、伸缩缝、抗震缝等）两侧的基层应采用 A 级材料，表面装修应采用不低于 B1 级的装修材料。

10）建筑内部的配电箱不应直接安装在低于 B1 级的装修材料上。

11）照明灯具的高温部位，当靠近非 A 级装修材料时，应采取隔热、散热等防火保护措施，灯饰所用材料的燃烧性能等级不应低于 B1 级。

12）公共建筑内部不宜设置采用 B3 级装饰材料制成的壁挂、雕塑、模型、标本，当需要设置时，不应靠近火源或热源。

13）地上建筑的水平疏散走道和安全出口的门厅，其顶棚装饰材料应采用A级装修材料，其他部位应采用不低于B1级的装修材料。

14）建筑内部消火栓的门不应被装饰物遮掩，消火栓门四周的装修材料颜色应与消火栓门的颜色有明显区别。

15）建筑内部装修不应遮挡消防设施、疏散指示标志及安全出口，并不应妨碍消防设施和疏散走道的正常使用。因特殊要求做改动时，应符合国家有关消防规范和法规的规定。建筑内部装修不应减少安全出口、疏散出口和疏散走道的设计所需的净宽度和数量。

16）建筑物内的厨房，其顶棚、墙面、地面均应采用A级装修材料。

17）经常使用明火器具的餐厅、科研试验室，装修材料的燃烧性能等级，除采用A级外，应在本章规定的基础上提高一级。

18）当歌舞厅、卡拉OK厅（含具有卡拉OK功能的餐厅）、夜总会、录像厅、放映厅、桑拿浴室（除洗浴部分外）、游艺厅（含电子游艺厅）、网吧等歌舞娱乐放映游艺场所（以下简称歌舞娱乐放映游艺场所），设置在一、二级耐火等级建筑的四层及四层以上时，室内装修的顶棚材料应采用A级装修材料，其他部位应采用不低于B1级的装修材料；当设置在地下一层时，室内装修的顶棚、墙面材料应采用A级装修材料，其他部位应采用不低于B1级的装修材料。

3. 单、多层民用建筑内部装修防火设计

（1）单层、多层民用建筑内部各部位装修材料的燃烧性能等级，不应低于表3-4-8的规定。

（2）单层、多层民用建筑内面积小于100m²的房间，当采用防火墙和甲级防火门窗与其他部位分隔时，其装修材料的燃烧性能等级可在表3-4-8的基础上降低一级。

（3）除第3.1.18条规定外，当单层、多层民用建筑需做内部装修的空间内装有自动灭火系统时，除顶棚外，其内部装修材料的燃烧性能等级可在表3-4-8规定的基础上降低一级；当同时装有火灾自动报警装置和自动灭火系统时，其顶棚装修材料的燃烧性能等级可在表3-4-8规定的基础上降低一级，其他装修材料的燃烧性能等级可不限制。

表3-4-8　　　　单层、多层民用建筑内部各部位装修材料的燃烧性能等级

建筑物及场所	建筑规模、性质	装修材料燃烧性能等级							
		顶棚	墙面	地面	隔断	固定家具	装饰织物		其他装饰材料
							窗帘	帷幕	
候机楼的候机大厅、商店、餐厅、贵宾候机室、售票厅等	建筑面积＞10 000m²的候机楼	A	A	B1	B1	B1	B1		B1
	建筑面积≤10 000m²的候机楼	A	B1	B1	B1	B2	B2		B2
汽车站、火车站、轮船客运站的候车（船）室、餐厅、商场等	建筑面积＞10 000m²的车站、码头	A	A	B1	B1	B2	B2		B2
	建筑面积≤10 000m²的车站、码头	B1	B1	B1	B2	B2	B2		B2

续表

建筑物及场所	建筑规模、性质	装修材料燃烧性能等级							
		顶棚	墙面	地面	隔断	固定家具	窗帘	帷幕	其他装饰材料
影院、会堂、礼堂、剧院、音乐室	＞800 座位	A	A	B1	B1	B1	B1	B1	B1
	≤800 座位	A	B1	B1	B1	B2	B1	B1	B2
体育馆	＞3000 座位	A	A	B1	B1	B1	B1	B1	B2
	≤3000 座位	A	B1	B1	B1	B2	B2	B1	B2
商场营业厅	每层建筑面积＞3000m² 或总建筑面积为 9000m² 的营业厅	A	B1	A	A	B1	B1		B2
	每层建筑面积为 1000～3000m² 或总建筑面积为 3000～9000m² 的营业厅	A	B1	B1	B1	B2	B1		
	每层建筑面积＜1000m² 或总建筑面积＜3000m² 营业厅	B1	B1	B1	B2	B2	B2		
饭店、旅馆的客房及公共活动用房等	设有中央空调系统的饭店、旅馆	A	B1	B1	B1	B2	B2		B2
	其他饭店、旅馆	B1	B1	B2	B2	B2	B2		
歌舞厅、餐馆等娱乐、餐饮建筑	营业面积＞100m²	A	B1	B1	B1	B1	B1		B2
	营业面积≤100m²	B1	B1	B1	B2	B2	B2		B2
幼儿园、托儿所、中学、小学、医院病房楼、疗养院、养老院		A	B1	B1	B1	B1	B1		B2
纪念馆、展览馆、博物馆、图书馆、档案馆、资料馆等	国家级、省级	A	B1	B1	B1	B1	B1		B2
	省级以下	B1	B1	B2	B2	B2	B2		B2
办公楼、综合楼	设有中央空调系统的办公楼、综合楼	A	B1	B1	B1	B2	B2		B2
	其他办公楼、综合楼	B1	B1	B2	B2	B2			
住宅	高级住宅	B1	B1	B1	B1	B2	B2		B2
	普通住宅	B1	B2	B2	B2	B2			

4. 高层民用建筑内部装修防火设计

（1）高层民用建筑内部各部位装修材料的燃烧性能等级，不应低于表 3-4-9 的规定。

（2）除第 3.1.18 条所规定的场所和 100m 以上的高层民用建筑及大于 800 座位的观众厅、会议厅，顶层餐厅外，当设有火灾自动报警装置和自动灭火系统时，除顶棚外，其内部装修材料的燃烧性能等级可在表 3-4-9 规定的基础上降低一级。

表 3 - 4 - 9 　　　　　　高层民用建筑内部各部位装修材料的燃烧性能等级

建　筑　物	建筑规模、性质	装修材料燃烧性能等级									
		顶棚	墙面	地面	隔断	固定家具	装饰织物				其他装饰材料
							窗帘	帷幕	床罩	家具包布	
高级旅馆	＞800 座位的观众厅、会议厅、顶层餐厅	A	B1	B1	B1	B1	B1	B1		B1	B1
	≤800 座位的观众厅、会议厅	A	B1	B1	B1	B2	B1	B1		B2	B1
	其他部位	A	B1	B1	B2	B2	B1	B2	B1	B2	B1
商业楼、展览楼、综合楼、商住楼、医院病房楼	一类建筑	A	B1	B1	B1	B2	B1	B2		B2	B2
	二类建筑	B1	B1	B2	B2	B2	B2	B2		B2	B2
电信楼、财贸金融楼、邮政楼、广播电视楼、电力调度楼、防灾指挥调度楼	一类建筑	A	A	B1	B1	B1	B1	B1		B1	B1
	二类建筑	B1	B1	B2	B2	B2	B1	B2		B2	B2
教学楼、办公楼、科研楼、档案楼、图书馆	一类建筑	A	B1	B1	B1	B2	B1	B2		B1	B2
	二类建筑	B1	B1	B2	B2	B2	B2	B2		B2	B2
住宅、普通旅馆	一类普通旅馆高级住宅	A	B1	B1	B1	B2	B1		B1		B1
	二类普通旅馆普通住宅	B1	B1	B2	B2	B2	B2		B2	B2	B2

注：1. "顶层餐厅"包括建在高空的餐厅、观光厅等。

　　2. 建筑物的类别、规模、性质应符合国家现行标准《高层民用建筑设计防火规范》的有关规定。

（3）高层民用建筑的裙房内面积小于 $500m^2$ 的房间，当设有自动灭火系统，并且采用耐火等级不低于 2h 的隔墙、甲级防火门、窗与其他部位分隔时，顶棚、墙面、地面的装修材料的燃烧性能等级可在表 3 - 4 - 9 规定的基础上降低一级。

（4）电视塔等特殊高层建筑的内部装修，装饰织物应不低于 B1 级，其他均应采用 A 级装修材料。

理 论 知 识 训 练

1. 何谓防火分区？可分为几种类型？

2. 防火门分为哪几个级别？各主要用于哪些场合？

3. 民用建筑的防火分区是如何划分的？

4. 对玻璃幕墙应如何进行防火分隔设计？

5. 对中庭应如何进行防火分隔设计？

6. 管、线等贯通部位的防火分隔要求是什么？

7. 安全出口和疏散出口的宽度如何规定？

8. 室内装修材料按用途和功能分为哪几类？按燃烧性能分为哪几个级别？

9. 如何确定室内各种装修材料的燃烧性能？

10. 在进行内部装修设计时应注意遵循哪些原则？

实践课题训练

题目：**某中学实验楼**

条件：如图 3-4-13 和图 3-4-14 为某中学实验楼一层、二层平面图。

要求：在平面图中，按防火规范。

1. 确定楼梯的数量及位置的设计。

2. 进行防火分区划分的设计。

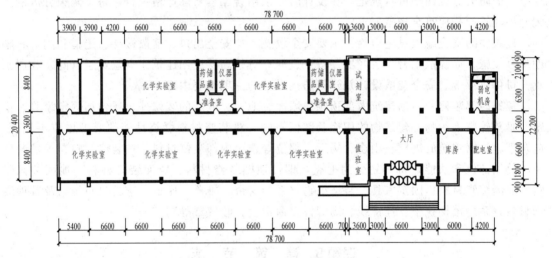

图 3-4-13 某中学实验楼一层平面图

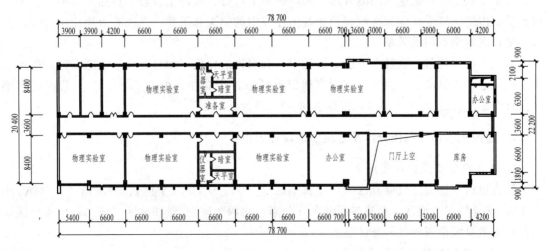

图 3-4-14 某中学实验楼二层平面图

课 题 小 结

防火分区就是采用具有一定耐火性能的分隔构件划分的，能在一定时间内防止火灾向同一建筑物的其他部分蔓延的局部区域（空间单元）。

防火分区的类型有水平防火分区、竖向防火分区、特殊部位和重要房间的防火分隔。

防火分区的分隔构件是防火分区的边缘构件，分为水平方向划分防火分区的分隔构件，包括：防火墙、防火卷帘和防火水幕带；垂直方向划分防火分区的防火分隔构件，包括：上下楼层之间的窗间墙、封闭和防烟楼梯间等。

防火分区面积的确定应考虑建筑物的使用性质、重要性、火灾危险性、建筑物高度、消防扑救能力以及火灾蔓延的速度等因素。现行《建筑设计防火规范》和《高层民用建筑防火规范》的防火分区面积进行规定，在设计时必须结合工程实际严格执行，每个防火分区的最大允许建筑面积应符合规范要求。

建筑物的安全疏散设施包括：主要安全设施，如安全出口、疏散楼梯、走道和门等；辅助安全设施，如疏散阳台、缓降器、救生袋等；对超高层民用建筑还有避难层（间）和屋顶直升机停机坪等。安全疏散设计是建筑防火设计的一项重要内容。

建筑内部装修除包括建筑内部顶棚、墙面、地面、隔断的装修外，还包括固定家具、窗帘、帷幕等装饰织物。建筑物的用途及部位不同，对装修材料燃烧性能的要求也应不相同，应合理地根据建筑的规模、用途、场所、部位等选用内部装修材料，按装修材料在内部装修中的使用部位和功能，将其划分为七类，即：顶棚装修材料、墙面装修材料、地面装修材料、隔断装修材料、固定家具、装饰织物（系指窗帘、帷幕、床罩、家具包布等）及其他装饰材料（系指楼梯扶手、挂镜线、踢脚板、窗帘盒、暖气罩等）。

课题5 建 筑 节 能

建筑节能是指加强建筑用能管理，采取技术上可行、经济上合理、自然环境和社会都可以承受的措施，减少从能源生产到消费各个环节中的损失和浪费，合理有效地使用能源，其核心是提高能源利用的效率。

建筑消耗的能量，在社会总能量消耗中占有很大的比例，而且社会经济越发达，生活水平越高，这个比例越大。西方发达国家建筑能耗占社会总能耗的30%～45%。我国建筑能耗占社会总能耗的20%～25%，正逐步向30%逼近。

3.5.1 建筑热工设计气候分区及建筑节能设计要点

1. 居住建筑节能设计气候分区

居住建筑节能设计气候分区为：严寒地区（分A、B、C三个区）、寒冷地区（分A、B两个区）、夏热冬冷地区、夏热冬暖地区（分南、北两个区）、温和地区（分A、B两个区）。居住建筑主要城市所处气候分区见表3-5-1。

2. 公共建筑节能设计气候分区

公共建筑节能设计气候分区为：严寒地区A区、严寒地区B区、寒冷地区、夏热冬冷地区、夏热冬暖地区。公共建筑主要城市所处的气候分区见表3-5-2。

表3-5-1   居住建筑部分主要城市所处城市气候分区

气 候 分 区		代 表 性 城 市
严寒地区（Ⅰ区）	严寒A区	博克图、满洲里、海拉尔、呼玛、海伦、伊春、富锦、大柴旦
	严寒B区	哈尔滨、安达、佳木斯、齐齐哈尔、牡丹江
	严寒C区	大同、呼和浩特、沈阳、本溪、阜新、长春、西宁、乌鲁木齐、哈密、张家界、银川、伊宁、吐鲁番、鞍山
寒冷地区（Ⅱ区）	寒冷A区	唐山、太原、大连、青岛、安阳、拉萨、兰州、平凉、天水、喀什
	寒冷B区	北京、天津、石家庄、徐州、济南、西安、宝鸡、郑州、洛阳、德州
夏热冬冷地区（Ⅲ区）		南京、蚌埠、南通、合肥、安庆、武汉、上海、杭州、宁波、宜昌、长沙、南昌、株洲、永州、桂林、重庆、成都、遵义
夏热冬暖地区（Ⅳ区）	北区	福州、莆田、龙岩、梅州、兴宁、龙川、新丰、英德、贺州、柳州、河池
	南区	泉州、厦门、漳州、汕头、广州、深圳、梧州、海口、南宁
温和地区（Ⅴ区）	温和地区A区	西昌、贵阳、安顺、遵义、昆明、大理、腾冲
	温和地区B区	攀枝花、临沧、蒙自、景洪、澜沧

表3-5-2   公共建筑部分主要城市所处气候分区

气候分区	代 表 性 城 市
严寒地区A区	海伦、博克图、伊春、满洲里、齐齐哈尔、哈尔滨、牡丹江、克拉玛依、佳木斯、安达
严寒地区B区	长春、乌鲁木齐、呼和浩特、沈阳、大同、哈密、张家口、伊宁、吐鲁番、西宁、银川
寒冷地区	兰州、太原、唐山、北京、天津、大连、石家庄、西安、拉萨、济南、青岛、郑州
夏热冬冷地区	南京、蚌埠、合肥、武汉、上海、杭州、宜昌、长沙、南昌、桂林、重庆、成都、贵阳
夏热冬暖地区	福州、兴宁、英德、河池、柳州、厦门、广州、深圳、湛江、汕头、海口、南宁

注：本表摘自《公共建筑节能设计标准》（GB 50189—2005）。2.1.3 建筑热工设计应与地区气候相适应。
 　1.严寒地区：必须充分满足冬季保温要求，一般不考虑夏季防热。
 　2.寒冷地区：应满足冬季保温要求，部分地区兼顾夏季防热。
 　3.夏热冬冷地区：必须满足夏季防热要求，适当兼顾冬季保温。
 　4.夏热冬暖地区（北区）：必须充分满足夏季防热要求，同时兼顾冬季保温；南区：必须充分满足夏季防热要求，可不考虑冬季保温。
 　5.温和地区：部分地区应考虑冬季保温，一般可不考虑夏季防热。

3.5.2 建筑节能总体布局要求

1.总体布局原则

建筑总平面的布置和设计，宜充分利用冬季日照并避开冬季主导风向，利用夏季凉爽时段的自然通风。建筑的主要朝向宜选择本地区最佳朝向，一般宜采用南北向或接近南北向，主要房间应避免夏季受东、西向日晒。

2.选址

建筑的选址要综合考虑整体的生态环境因素，充分利用现有城市资源，符合可持续发展的原则。

3. 外部环境设计

在建筑设计中，应对建筑自身所处的具体的环境加以充分利用和改善，以创造能充分满足人们舒适条件的室内外环境。如在建筑周围种植树木、植被，可有效阻挡风沙、净化空气，同时起到遮阳、降噪的效果。有条件的地区，可在建筑附近设置水面，利用水面来平衡环境温度、湿度、防风沙及收集雨水。也可通过垂直绿化、屋面绿化、渗水地面等，改善环境温湿度，提高建筑物的室内热舒适度。

4. 规划和体形设计

在建筑设计中，应对建筑的体形以及建筑群体组合进行合理地设计，以适应不同的气候环境。如在沿海湿热地区，为有效改善自然通风，规划布局上可利用建筑的向阳面和背阴面形成风压差，使建筑单体得到一定的穿堂风。

5. 日照环境设计

（1）建筑物的朝向、间距会对建筑物内部采光、得热产生很大的影响，所以应合理确定建筑物的日照间距及朝向。建筑的日照标准应满足相应规范的要求。

（2）居住建筑应充分利用外部环境提供的日照条件，其间距应以满足冬季日照标准为基础，综合考虑采光、通风、消防、视觉等要求。

住宅日照标准应符合表 3-5-3 的规定。旧区改造内新建住宅的日照标准可酌情降低，但不应低于大寒日日照 1h 的标准。

（3）根据现行《民用建筑设计通则》规定：

1）每套住宅至少应有一个居室空间能获得冬季日照。

2）宿舍半数以上的居室，应获得同住宅居住空间相等的日照标准。

3）托儿所、幼儿园的主要生活用房，应能获得冬至日不小于 3h 的日照标准。

4）老年人住宅、残疾人住宅的卧室、起居室，医院、疗养院半数以上的病房和疗养室，中小学半数以上的教室应能获得冬至日不小于 2h 的日照标准。

表 3-5-3　　　　　　　　　　住 宅 建 筑 日 照 标 准

建筑气候分区	Ⅰ、Ⅱ、Ⅲ、Ⅶ气候区		Ⅳ气候区		Ⅴ、Ⅵ气候区
	大城市	中小城市	大城市	中小城市	
日照标准	大寒日				冬至日
日照时数/h	≥2	≥3			≥1
有效日照时间带/h（当地真太阳时）	8～16				9～15
日照时间计算点	底层窗台面（距室内地坪 0.9m 高的外墙位置）				

注：1. 本表中的气候分区与全国建筑热工设计分区的关系见《民用建筑设计通则》（GB 50352—2005）表 3-3-1。
　　2. 本表摘自《城市居住区规划设计规范》（GB 50180—1993）（2002 年版）。

3.5.3　建筑单体节能设计要点

1. 建筑单体体形设计要求

（1）建筑单体的体形设计应适应不同地区的气候条件。严寒、寒冷气候区的建筑宜采用紧凑的体形，缩小体形系数，从而减少热损失。干热地区建筑的体形宜采用紧凑或有院落、天井的平面，易于封闭、减少通风，减少极端温度时热空气进入；湿热地区建筑的体形宜主面长、进深小，以利于通风与自然采光。

（2）居住建筑的体形系数不满足要求时，则应进行围护结构的综合判断。严寒、寒冷地区应调整外墙和屋顶等围护结构的传热系数，使建筑物的耗热量指标达到规定的要求；夏热冬冷地区，建筑的采暖年耗电量和空调年耗电量之和不应超过标准规定的限值；夏热冬暖地区，建筑的空调采暖年耗电指数（或耗电量）不应超过参照建筑的空调采暖年耗电指数（或耗电量）。

2. 建筑单体设计要求

建筑单体设计，在充分满足建筑功能要求的前提下，应对建筑空间进行合理分隔（包括平面分隔与竖向分隔），以改善室内通风、采光、热环境等。如在北方寒冷地区的住宅设计中，可将厨房、餐厅等辅助房间布置在北侧，形成北侧寒冷空气的缓冲区，以保证主要居室的舒适温度。

3. 外门窗（包括透明幕墙）、遮阳的基本要求

（1）建筑设计中应对外门窗（包括透明幕墙）、遮阳进行合理设计，以调节建筑室内的通风、采光等，改善建筑室内环境的舒适度。设计中应采用气密性良好的外门窗，气密性等级要符合规范要求。

（2）公共建筑外门窗、遮阳设计要符合规范要求。

（3）居住建筑外门窗（包括阳台门上部透明部分）、遮阳设计。

1）建筑外窗（包括阳台门上部透明部分）与天窗面积不宜过大。不同地区不同朝向的窗墙比不应超过规范规定。

2）不同气候区、建筑外窗不同的窗墙面积比，对建筑外窗（包括阳台门上部透明部分）、天窗的传热系数与遮阳系数有着不同的要求。

3）夏热冬暖地区、夏热冬冷地区以及寒冷地区空调负荷大的建筑的外窗宜设置外部遮阳，遮阳的设置除能够有效地遮挡太阳辐射外，还应避免对窗口通风产生不利影响。

4）生活、工作的房间的通风开口有效面积不应小于该房间地板面积的 1/20。

5）住宅卧室、起居室（厅）、厨房的外窗窗地比不应小于 1/7。离地面高度 0.50m 的窗洞口面积不计入采光面积内。窗洞口上沿距地面高度不宜低于 2m。

6）住宅应有自然通风。单朝向住宅应采取通风措施：

①卧室、起居室（厅）、明卫生间的通风开口有效面积不应小于该房间地面面积的 1/20。

②厨房的通风开口有效面积不应小于该房间地面面积的 1/10，并不小于 $0.60m^2$。

③严寒地区居住建筑的厨房、卫生间应设自然通风道或通风换气设施。自然通风道的位置应设于窗户或进风口相对的一面。

7）夏热冬暖地区居住建筑外窗的可开启面积不应小于外窗所在房间地面面积的 8% 或外窗面积的 45%。

理 论 知 识 训 练

1. 我国节能设计气候分区是如何划分的？

2. 不同气候分建筑设计时应注意哪些问题？

实 践 课 题 训 练

参观本地区民用建筑，熟悉本地区建筑节能构造措施。

课 题 小 结

建筑节能就是减少建筑中能量的散失。建筑节能是指加强建筑用能管理，采取技术可行、经济上合理、自然环境和社会都可以承受的措施，减少从能源生产到消费各个环节中的损失和浪费，有效、合理地使用能源。其核心是提高能源利用的效率。

居住建筑节能设计气候分区为：严寒地区（分 A、B、C 三个区）、寒冷地区（分 A、B 两个区）、夏热冬冷地区、夏热冬暖地区（分南、北两个区）、温和地区（分 A、B 两个区）。

公共建筑节能设计气候分区为：严寒地区 A 区、严寒地区 B 区、寒冷地区、夏热冬冷地区、夏热冬暖地区。

要求严寒地区必须充分满足冬季保温要求，一般不考虑夏季防热；寒冷地区应满足冬季保温要求，部分地区兼顾夏季防热；夏热冬冷地区必须满足夏季防热要求，适当兼顾冬季保温；夏热冬暖地区（北区）必须充分满足夏季防热要求，同时兼顾冬季保温；（南区）必须充分满足夏季防热要求，可不考虑冬季保温；温和地区部分地区应考虑冬季保温，一般可不考虑夏季防热。

建筑节能措施包括在建筑总平面的布置和设计时，充分利用冬季日照并避开冬季主导风向，利用夏季凉爽时段的自然通风；对建筑的体形以及建筑群体组合进行合理地设计，以适应不同的气候环境；对外门窗（包括透明幕墙）、遮阳进行合理设计，以调节建筑室内的通风、采光等，改善建筑室内环境的舒适度。设计中应采用气密性良好的外门窗。另外，合理确定建筑物的日照间距及朝向也很重要。严寒、寒冷气候区的建筑宜采用紧凑的体形，缩小体形系数，从而减少热损失。干热地区建筑的体形宜采用紧凑或有院落、天井的平面，易于封闭、减少通风，减少极端温度时热空气进入。湿热地区建筑的体形宜主面长、进深小，以利于通风与自然采光。

严寒、寒冷地区应调整外墙和屋顶等围护结构的传热系数，使建筑物的耗热量指标达到规定的要求；夏热冬冷地区，建筑的采暖年耗电量和空调年耗电量之和不应超过标准规定的限值；夏热冬暖地区，建筑的空调采暖年耗电指数（或耗电量）不应超过参照建筑的空调采暖年耗电指数（或耗电量）。因此，还应对采取墙体和屋顶保温隔热构造措施。

模块四 建 筑 构 造

课题 1 基 础 与 地 下 室 构 造

4.1.1 地基和基础的关系

基础是位于建筑物最下部的重要组成构件，它承受建筑物的全部荷载，并将它们传给地基。而地基则不是建筑物的组成部分，它只是承受建筑物荷载的土层，但它对保证建筑物的坚固耐久具有非常重要的作用。

建筑物的全部荷载是通过基础传给地基的，地基承受荷载的能力有一定的限度，地基每平方米所能承受的最大压力，称为地基允许承载力（也叫地耐力）。基础传给地基的荷载如果超过地基的承载能力，地基就会出现较大的沉降变形和失稳，甚至会出现土层的滑移，直接影响到建筑物的安全和正常使用。为了保证房屋的稳定和安全，基础底面的平均压力不超过地基承载力。地基承受的荷载，是由上部结构传至基础顶面的竖向荷载、基础自重及基础上部土层重量组成。当荷载一定时，加大基础底面积可以减少单位面积地基上所受到的压力。如以 f 表示地基承载力，N 代表建筑总荷载，A 代表基础的底面积，则可列出如下关系式：

$$A \geqslant \frac{N}{f}$$

从上式可以看出，当地基承载力一定，建筑总荷载越大，要求基础底面积越大。或者说，当建筑总荷载一定，地基承载力越小，基础底面积将越大。因此，地基与基础之间，有着相互影响、相互制约的关系。

4.1.2 地基的分类

地基可分为天然地基和人工地基两类。

凡具有足够的承载力和稳定性，不需要进行地基处理便能直接建造房屋的地基，称为天然地基。岩石、碎石土、沙土、黏性土等，一般可作为天然地基。

当土层的承载能力较低或虽然土层较好但上部荷载较大，土层不能满足承受建筑物荷载的要求，必须对土层进行地基处理，以提高其承载能力，改善其变形性质或渗透性质，这种经过人工方法进行处理的地基称为人工地基。人工地基较天然地基费工费料，造价较高。

人工地基的处理方法常有换填垫层法、预压法、强夯置换法、深层挤压法、化学加固法等。

（1）换填垫层法：挖去地表浅层弱土层或不均匀土层，回填坚硬、较粗粒径的材料，并夯压密实，形成垫层的地基处理方法。

（2）预压法：对地基进行堆载或真空预压，使地基土固结的地基处理方法。

（3）强夯法：反复将夯锤提到高处使其落下，给地基以冲击和震动能量，将地基土夯实的地基处理方法。

(4) 强夯置换法：将重锤提高到高处使其自由落下形成夯坑，并不断夯击坑内回填的沙石、钢渣等硬粒料，使其形成密实的墩体的地基处理方法。

(5) 深层挤密法：主要是靠桩管打入或振入地基后对软弱土产生横向挤密作用，从而使土的压缩性减少，抗剪强度提高。通常有灰土挤密桩法、砂石桩法、振冲桩法、石灰桩法、夯实水泥土桩法等。

(6) 化学加固法：将化学溶液或胶粘剂灌入土中，使土胶结以提高地基强度、减少沉降量或防渗的地基处理方法。其方法有高压喷射注浆法、深层搅拌法、水泥土搅拌法等。

4.1.3 对地基和基础的要求

为了保证建筑物的安全和正常使用，基础工程应做到安全可靠、经济合理、技术先进和便于施工，对地基和基础提出以下要求：

1. 对地基的要求

(1) 地基应具有一定的承载力和较小的压缩性。

(2) 地基的承载力应分布均匀。

(3) 在一定的承重条件下，地基应有一定的深度范围。

(4) 尽量使用天然地基，以达到经济效益。

2. 对基础的要求

(1) 基础要有足够的强度，能够起到传递荷载的作用。

(2) 基础的材料应具有耐久性，以保证建筑的持久使用。因为基础处于建筑物最下部并且埋在地下，维修或加固困难。

(3) 选材尽量就地取材，以降低造价。

4.1.4 基础的埋置深度

1. 基础的埋深

为确保建筑物坚固安全，基础要埋入土层中一定的深度。基础的埋置深度是指室外设计地面至基础底面的距离，简称埋深（图4-1-1）。

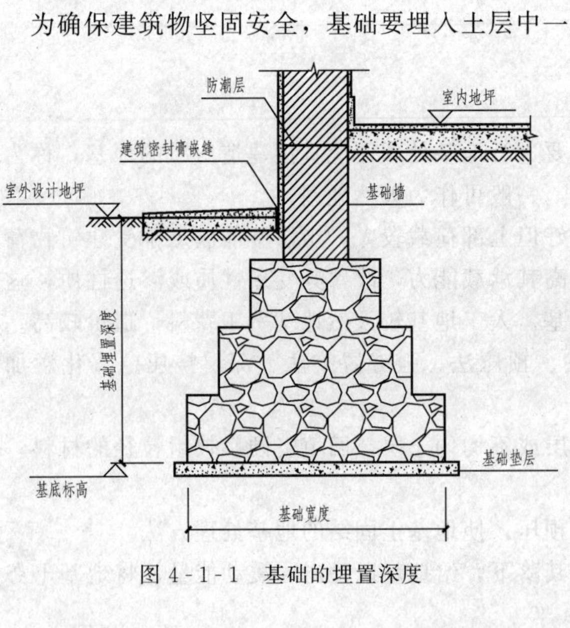

基础按埋置深度不同，分为浅基础和深基础。埋深超过5000mm称为深基础，埋深不超过5000mm称为浅基础。在满足地基稳定和变形要求的前提下，基础宜浅埋。但由于地表土层成分复杂，性能不稳定，因此基础埋深不宜小于500mm。当建筑场地的浅层土质不能满足建筑物对地基承载力和变形的要求，而又不适宜采用地基处理措施时，就要考虑采用深基础方案。深基础有桩基础、地下连续墙和沉井等几种类型。

图4-1-1 基础的埋置深度

2. 影响基础埋深的因素

影响基础埋置深度的因素很多，主要有以下方面：

（1）构造的影响。当建筑物设有地下室、地下管道或设备基础时，常须将基础局部或整体加深。为了保护基础不至于露出地面，构造要求基础顶面离室外设计地面不得小于 100mm。

（2）作用在地基上的荷载大小和性质的影响。荷载有恒载和活载之分。其中恒载引起的沉降量最大，因此当恒载较大时，基础埋深应大些。荷载按作用方向又有竖直方向和水平方向之分。当基础要承受较大水平荷载时，为了保证结构的稳定性，也常将埋深加大。

（3）工程地质和水文地质条件的影响。不同的建筑场地，土质情况不同，就是同一地点，当深度不同时土质也会有变化。因此，基础的埋置深度与场地的工程地质和水文地质条件有密切的关系。在一般情况下，基础应设置在坚实的土层上，而不要设置在淤泥或软弱土层上。当表面软弱土层较厚时，可采用深基础或人工地基。采用哪种方案，要综合考虑结构安全、施工难易程度和材料用量等。一般基础宜埋置在地下水位以上，以减少水对基础的侵蚀，有利于施工。当必须埋在地下水位以下时，宜将基础埋置在最低地下水位以下至少 200mm 处（图 4-1-2）。

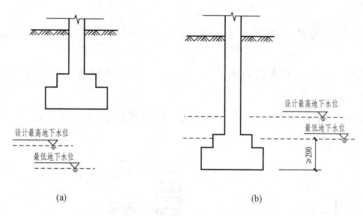

图 4-1-2 基础的埋置深度和地下水位的关系

（a）一般基础；（b）埋深必须在地下水位以下的基础

（4）地基土冻胀和融陷的影响。寒冷地区土层会因气温变化而产生冻融现象，土层冰冻的深度称为冰冻线。当基础埋置深度在土层冰冻线以上时，如果基础底面以下的土层冻胀，会对基础产生向上的顶力，严重的会使基础上抬起拱；如果基础底面以下的土层解冻，顶力消失，使基础下沉。这样的过程会使建筑产生裂缝和破坏，因此，寒冷地区基础埋深应在冰冻线以下 200mm 处（图 4-1-3）。采暖建筑的内墙基础埋深可以根据建筑的具体情况进行适当调整。对于不冻胀土（如碎石、卵石、粗砂、中砂等），其埋深可不考虑冰冻线的影响。

（5）相邻建筑基础埋深的影响。当新建建筑物附近有原有建筑时，为了保证原有建筑的安全和正常使用，新建筑物的基础埋深不宜大于原有建筑的基础埋深。当埋深大于原有建筑基础时，两基础间应保持一定净距，其数值应根据原有建筑荷载的大小、基础形式和土质情况确定，一般取等于或大于两基础的埋置深度差（图 4-1-4）。上述要求不能满足时，应采取分段施工，设临时加固支承、打板桩、地下连续墙等施工措施，使原有建筑地基不被扰动。

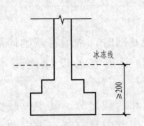

图4-1-3 基础埋置深度和
冰冻线的关系

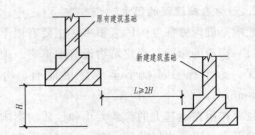

图4-1-4 基础埋置深度与
相邻基础的关系

4.1.5 基础的分类

基础的类型和构造取决于建筑物上部结构和地基土的性质。具有同样上部结构的建筑物建造在不同的地基上时，其基础的形式和构造可能是完全不同的。

1. 按所用材料分类

基础按所用材料分类，可分为砖基础、毛石基础、混凝土基础、钢筋混凝土基础、灰土基础等。

（1）砖基础：用于地基土质好、地下水位低、5层以下的多层混合结构民用建筑（图4-1-5）。

（2）毛石基础：用于地下水位较高、冻结深度较深、单层或6层以下多层民用建筑（图4-1-6）。

（3）灰土基础：用于地下水位低、冻结深度较浅的南方4层以下民用建筑（图4-1-7）。

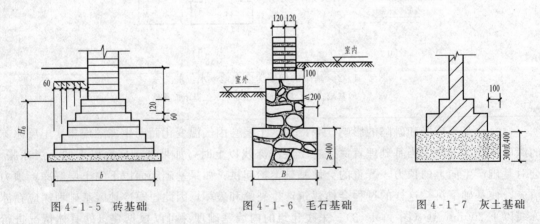

图4-1-5 砖基础   图4-1-6 毛石基础   图4-1-7 灰土基础

（4）混凝土基础：用于潮湿的地基或有水的基槽中（图4-1-8）。

（5）钢筋混凝土基础：用于上部荷载大，地下水位高的大、中型工业建筑和多层民用建筑（图4-1-9）。

2. 按构造形式分类

（1）独立基础。当建筑物上部采用框架结构时，基础常采用方形或矩形的单独基础，这种基础称独立基础。独立基础是柱承重建筑基础的基本形式，常用的断面形式有阶梯形、锥形、杯形等（图4-1-10），适用于多层框架结构或厂房排架柱下基础，地基承载力不低于80kPa。

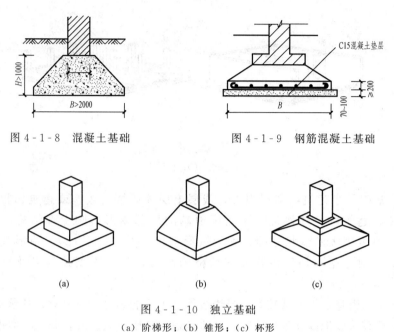

图4-1-8　混凝土基础　　　　　　　　图4-1-9　钢筋混凝土基础

图4-1-10　独立基础

（a）阶梯形；（b）锥形；（c）杯形

（2）条形基础。基础沿墙身设置成长条形，这样的基础称为条形基础。墙下条形基础：一般用于多层混合结构的墙下，低层或小型建筑常用砖、混凝土等刚性条形基础。如上部为钢筋混凝土墙，或地基较差、荷载较大时，采用钢筋混凝土条形基础；条形基础是墙承重建筑基础的基本形式。上部结构为框架结构或排架结构，荷载较大或荷载分布不均匀，地基承载力偏低时，也可用柱下条形基础（图4-1-11）。

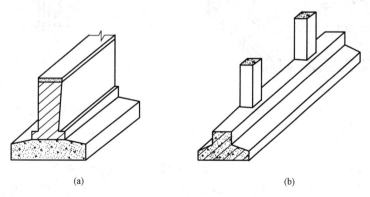

图4-1-11　条形基础

（a）墙下条形基础；（b）柱下条形基础

（3）筏形基础。当上部载荷较大，地基承载力较低，可选用整片的筏板承受建筑物传来的荷载并将其传给地基，这种基础形似筏子，称筏形基础。片筏基础常用于地基软弱的多层砌体结构、框架结构、剪力墙结构的建筑，以及上部结构荷载较大且不均匀或地基承载力低的情况。筏形基础按结构形式可分为板式结构与梁式结构两类。板式结构筏形基础的厚度较大，构造简单［图4-1-12（a）］。梁板式筏形基础板的厚度较小，但增加了双向梁，构造较复杂［图4-1-12（b）］。

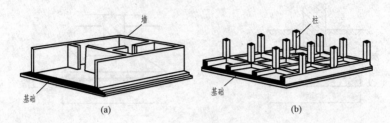

图4-1-12 筏形基础
（a）板式；（b）梁板式

（4）箱形基础。当建筑物荷载很大，浅层土层地质情况较差或建筑物很高，基础需深埋时，为增加建筑物整体刚度，不致因地基的局部变形影响上部结构，常采用钢筋混凝土整浇成刚度很大的盒状基础，称为箱形基础（图4-1-13）。箱形基础用于上部建筑物荷载大、对地基不均匀沉降要求严格的高层建筑、重型建筑以及软弱土地基上多层建筑。

（5）桩基础。当建筑物荷载较大，当浅层地基土不能满足建筑物对地基承载力和变形的要求，而又不适宜采取地基处理措施时，就要考虑桩基础形式。桩基础的种类很多，最常采用的是钢筋混凝土桩。根据施工方法不同，钢筋混凝土桩可分为打入桩、压入桩、振入桩及灌入桩等；根据受力性能不同，又可分为端承桩和摩擦桩等（图4-1-14）。

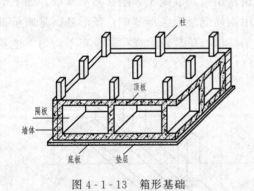

图4-1-13 箱形基础

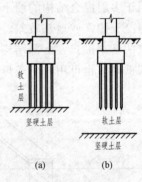

图4-1-14 桩基础
（a）端承桩；（b）摩擦桩

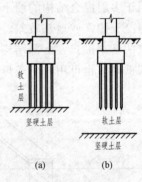

图4-1-15 刚性基础和柔性基础

3. 按使用材料的受力特点分类

基础按使用材料的受力特点可分为刚性基础和柔性基础（图4-1-15）。

（1）无筋扩展基础是用刚性材料建造，受刚性角限制的基础，如混凝土基础、砖基础、毛石基础、灰土基础等。

（2）扩展基础是指基础宽度的加大不受刚性角限制，抗压、抗拉强度都很高，如钢筋混凝土基础。

4.1.6　常用基础构造

1. 混凝土基础构造

这种基础多采用强度等级为 C15 的混凝土浇筑而成，一般有锥形和台阶形两种形式（图 4-1-16）。

混凝土的刚性角 α 为 45°，阶梯形断面台阶宽高比应小于 1:1 或 1:1.5，台阶高度为 300～400mm；锥形断面斜面与水平夹角 β 应大于 45°，基础最薄处一般不小于 200mm。混凝土基础底面应设置垫层，垫层的作用是找平和保护钢筋，常用 C15 混凝土，厚度 100mm。

2. 钢筋混凝土基础构造

钢筋混凝土基础有底板及基础墙（柱）组成，现浇底板是基础的主要受

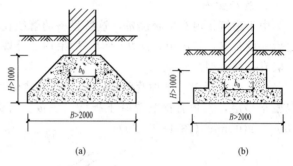

图 4-1-16　混凝土基础形式

（a）锥形；（b）台阶形

力结构，其厚度和配筋均由计算确定，受力筋直径不得小于 8mm，间距不大于 200mm，混凝土的强度等级不宜低于 C20，有锥形和阶梯形两种。为避免钢筋锈蚀，基础底板下常均匀浇筑一层素混凝土作为垫层。垫层一般采用 C15 混凝土，厚度为 100mm，垫层每边比底板宽 100mm。钢筋混凝土锥形基础底板边缘的厚度一般不小于 200mm，也不宜大于 500mm（图 4-1-17）。

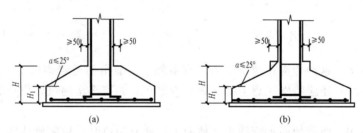

图 4-1-17　钢筋混凝土锥形基础

（a）形式一；（b）形式二

钢筋混凝土阶梯形基础每阶高度一般为 300～500mm。当基础高度在 500～900mm 时采用两阶，超过 900mm 时用三阶（图 4-1-18）。

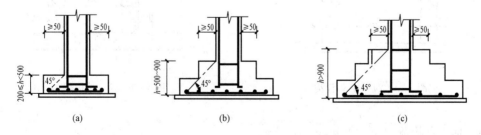

图 4-1-18　钢筋混凝土阶梯形基础

（a）单阶；（b）两阶；（c）三阶

4.1.7 基础特殊构造

1. 不同埋深的基础

当建筑物设计上要求基础局部需深埋时，应采用台阶式逐渐落深，为使基坑开挖时不致松动台阶土，台阶的坡度不应大于1:2（图4-1-19）。

2. 基础管沟

由于建筑物内有采暖设备，这些设备的管线在进入建筑物之前需埋在地下，进入建筑物之后一般布置在管沟中，这些管沟一般沿内、外墙布置，也有少量从建筑物中间通过。管沟一般有三种类型。

（1）沿墙管沟。这种管沟的一边是建筑物的基础墙，另一边是管沟墙，沟底设灰土或混凝土垫层，沟顶有钢筋混凝土板做沟盖板，管沟的宽度一般为1000～1600mm，深度为1000～1400mm（图4-1-20）。

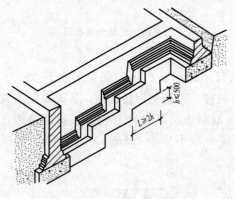

图4-1-19 不同埋深基础处理

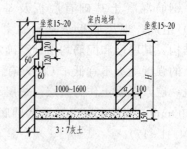

图4-1-20 沿墙管沟

（2）中间管沟。这种管沟在建筑物中部或室外，一般由两道管沟墙支承上部的沟盖板，这种管沟在室外时，还应特别注意上部地面是否过车，如有汽车通过，应选择强度较高的沟盖板（图4-1-21）。

（3）过门管沟。暖气的回水管线走在地面上，遇有门口时，应将管线转入地下通过，需做过门管沟，这种管沟的断面尺寸为400mm×400mm，上铺沟盖板（图4-1-22）。

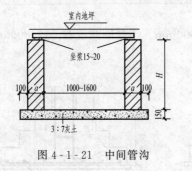

图4-1-21 中间管沟

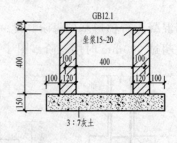

图4-1-22 过门管沟

4.1.8 地下室构造

建筑物底层以下的房间叫地下室，它是在限定的占地面积中争取到的使用空间。高层建筑的基础很深，利用这个深度建造一层或多层地下室，既可提高建设用地的利用率，又不需要增加太多投资。适用于设备用房、储藏库房、地下商场、餐厅、车库，以及战备防空等多种用途（图 4-1-22）。

1. 地下室类型

按使用功能分，有普通地下室和防空地下室；按顶板标高分，有全地下室和半地下室；按结构材料分，有砖墙地下室和混凝土墙地下室。

2. 地下室的构造

由于地下室的墙身、底板长期受到地潮或地下水的浸蚀，由于水的作用，轻则引起室内墙面灰皮脱落，墙面上生霉，影响人体健康；重则进水，使地下室不能使用或影响建筑物的耐久性。因此，如何保证地下室在使用时不受潮、不渗漏，是地下室构造设计的主要任务。

当地下水的常年水位和最高水位都在地下室地面标高以下时，地下室底板和墙体会受到土层中地潮的影响。当设计最高地下水位高于地下室地面时，地下室的底板和部分外墙将浸在水中。在水的作用下，地下室的外墙受到地下水的侧压力，底板则受到浮力作用，而且地下水位高出地下室地面越高，侧压力和浮力就越大，渗水也越严重。因此，地下室外墙与底板应做好防水处理。

地下室的所有墙体都必须设两道水平防潮层。一道设在地下室地坪附近；另一道设置在室外地面散水以上 150～200mm 的位置，以防地下潮气沿地下墙身或勒角处侵入室内。凡在外墙穿管、接缝等处，均应嵌入油膏防潮。

《地下工程防水技术规范》规定，地下工程的防水等级分为四级，各级的标准应符合规定，一般的地下设备用房按二级设防，而人经常活动的就必须按一级设防。地下室构造和施工必须满足《地下工程质量验收规范》和《地下工程防水技术规范》规定（表 4-1-1 和表 4-1-2）。

表 4-1-1　　　　　　　　　　　　　　地下工程防水等级标准

防水等级	标　准
一级	不允许渗水，结构表面无湿渍
二级	不允许漏水，结构表面可有少量湿渍 工业与民用建筑：总湿渍面积不应大于总防水面积（包括顶板、墙面、地面）的 1/100；任意 100m² 防水面积上的湿渍≤1 处，单个湿渍的最大面积≤0.1m² 其他地下工程：总湿渍面积不应大于总防水面积（包括顶板、墙面、地面）的 6/1000；任意 100m² 防水面积上的湿渍 4 处，单个湿渍的最大面积≤0.2m²
三级	有少量漏水点，不得有线流和漏泥沙 任意 100m² 防水面积上的漏水点数≤7 处，单个漏水点的最大漏水量≤2.5L/d，单个湿渍的最大面积≤0.3m²
四级	有漏水点，不得有线流和漏泥沙 整个工程平均漏水量≤2.0L/d，单个湿渍的最大面积≤0.3m²；任意 100m² 防水面积的平均漏水量≤4.0L/d

表 4-1-2　　　　　　　　　　不同防水等级适用范围

防水等级	适 用 范 围
一级	人员长期停留的场所；因有少量湿渍会使物品变质、失效的储物场所及严重影响设备正常运转和危机工程安全运营的部位；极重要的战备工程
二级	人员经常活动的场所；因有少量湿渍情况下不会使物品变质、失效的储物场所及基本不影响设备正常运转和危机工程安全运营的部位；重要的战备工程
三级	人员临时活动的场所；一般重要的战备工程
四级	对渗漏无严格要求的工程

目前我国地下室采用的防水方案，按防水材料性能分有刚性自防水和柔性外防水做法。按材料分有防水混凝土自防水、水泥砂浆防水、卷材防水、涂料防水、塑料防水、金属板防水等。多数工程建在城市，场地狭窄，施工困难，防水方案选择要结合地下室使用功能、结构形式、环境条件和施工条件等综合因素考虑。一般处于侵蚀性介质，应采用耐侵蚀防水混凝土、水泥砂浆防水、卷材防水、涂料防水、塑料防水等，结构刚度较差或受振动荷载作用时，应采用卷材防水、涂料防水等柔性防水方案。

(1) 防水混凝土防水。为满足结构和防水的需要，地下室的地坪与墙体材料一般多采用钢筋混凝土。这时，以采用防水混凝土材料为佳（如 S8 抗渗钢筋混凝土自防水）。即在混凝土内掺入一定量的外加剂，如氯化铝、氯化钙及氧化铁等，它掺入混凝土中能与水泥水化过程中的氢氧化钙反应，生成氢氧化铝、氢氧化铁等不溶于水的胶体，并与水泥中的硅酸二铝酸三钙化合成复盐晶体，这些胶体与晶体填充于混凝土的孔隙内，从而提高其密实性。也可采取不同粒径的骨料进行级配，同时提高混凝土砂浆的含量，使砂浆充满于骨料之间，从而堵塞因骨料间直接接触而出现的渗水通道，以达到防水目的。并在底板底侧、侧墙外侧的迎水面加设 1.5mm 厚合成高分子防水卷材防水。

外加剂防水混凝土外墙、底板均不宜太薄，一般为 250mm 以上，否则会影响抗渗效果。钢筋保护层厚度不应小于 50mm。底板下应设置厚度不小于 100mm，强度等级不小于 C20 混凝土垫层。如有阴阳角均做成 $r=20mm$ 的圆角。为防止地下水对混凝土的侵蚀，在墙外侧应抹水泥砂浆，然后涂刷沥青（图 4-1-23）。

(2) 水泥砂浆防水。目前水泥砂浆防水是采用聚合物水泥砂浆或掺入外加剂、拌和料的砂浆，通过严格多层次交替操作形成的多防线整体防水层。聚合物水泥砂浆厚度采用单层时为 6～8mm，采用双层时为 10～12mm，掺入外加剂、拌和料水泥砂浆厚度为 18～20mm，但是由于水泥砂浆防水砂浆干缩性大，仅适用于结构刚度大、建筑物变形小、面积小的工程，通常与混凝土防水结合使用（图 4-1-24）。

(3) 卷材防水。卷材防水能适应结构的微量变形和抵抗地下水的一般化学侵蚀，比较可靠，

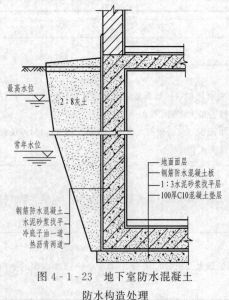

图 4-1-23　地下室防水混凝土防水构造处理

最高水位　2:8灰土
常年水位
钢筋防水混凝土
水泥砂浆找平
冷底子油一道
热沥青两道
地面面层
钢筋防水混凝土板
1:3水泥砂浆找平层
100厚C10混凝土垫层

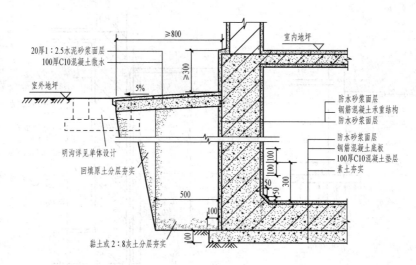

图 4-1-24　水泥砂浆防水与防水混凝土防水结合处理

是一种传统的防水做法。常用高聚物改性沥青卷材（如苯乙烯—丁二烯—苯乙烯）和高分子防水卷材（如三元乙丙—丁基橡胶防水卷材、氯化聚乙烯—橡塑共混防水卷材等），各自采用与卷材相适应的胶结材料胶合而成的防水层。高分子防水卷材具有重量轻、使用范围广、抗拉强度高、延伸率大、对基层伸缩或开裂的适用性强等特点，采用冷粘法，施工操作简捷，不污染环境。不宜用于地下水含矿物油或有机溶液的地方，一般为单层做法。高聚物改性沥青卷材采用热熔法，可设置一层或两层。具体做法是粘贴前于墙面抹 20mm 厚的 1:3 水泥砂浆找平层，涂刷冷底子油 1 道，然后粘贴。粘贴高度应高出水头 0.5～1.0m。对地下室地坪的防水处理，是在土层上先浇 100mm 厚混凝土垫层，将防水层铺满整个地下室，然后于防水层上抹上 20mm 厚水泥砂浆保护层，以便于浇筑钢筋混凝土。地下室底板卷材沿长边方向铺贴，卷材长边搭接宽度不应小于 80mm，短边搭接宽度不应小于 100mm。上下两层卷材接缝应错开，但不应相互垂直铺贴，搭接缝应距阴阳角不小于 150mm。底板面防水卷材与立面防水卷材的搭接，要在底板面防水层预留搭接长度不少于 300mm，混凝土施工时应采用软物予以保护。

按防水材料的粘贴位置不同，分外防水和内防水两类（图 4-1-25）。外防水是将防水卷材贴在迎水面，即外墙的外侧和底板的下面，防水效果好，采用较多，但维修困难，缺陷处难于查找。内防水是将防水材料贴于背水一面，其优点是施工简便，便于维修，但防水效果较差，多用于修缮工程。

（4）涂料防水。涂料防水系指在施工现场以刷涂、刮涂、滚涂等方法将无定型液态冷涂料在常温下涂敷于地下室结构表面的一种防水做法。常用地下涂料防水层为聚氨酯防水，聚氨酯按甲料、乙料和二甲苯以 1:1.5:0.3 的比例（重量比）配合，涂刷防水层的基层应按设计抹好找平层，要求抹平、压光、坚实平整，不起砂，含水率低于 9%，阴阳角处应抹成圆弧角。穿过墙、顶、地的管根部，地漏、排水口、阴阳角，变形缝并薄弱部位，应先做增强涂层（附加层）。即在涂膜附加层中铺设玻璃纤维布，阴阳角部位一般为条形，管根为块形，三面角，应裁成块形布铺设，可多次涂刷涂膜。涂料的防水质量、耐老化性能均较好，故目前在地下室防水工程中应用广泛（图 4-1-26）。

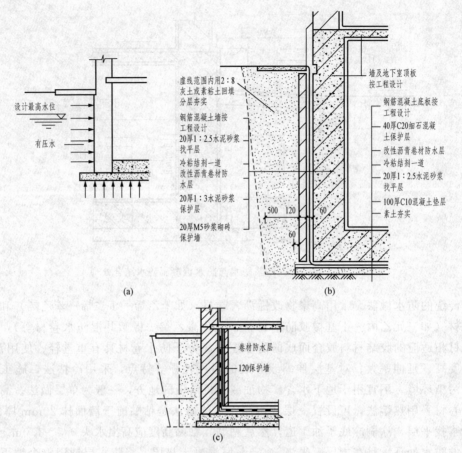

图 4-1-25 地下室卷材防水处理
（a）有压防水；（b）外防水；（c）内防水

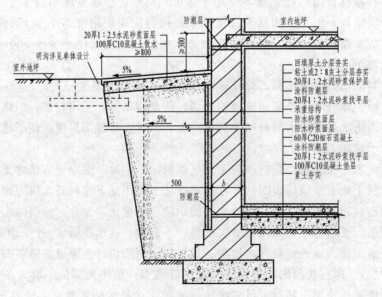

图 4-1-26 地下室涂料防水处理

（5）金属板防水。金属板防水适用于防水等级为Ⅰ～Ⅱ级的地下工程防水，包括钢板、铝板、铜板、合金板等常用4～6mm厚低碳钢板。

金属板与钢筋混凝土结构紧密结合，在结构层上用300×300钢板焊一根ϕ8钢筋与结构层锚固（图4-1-27）。

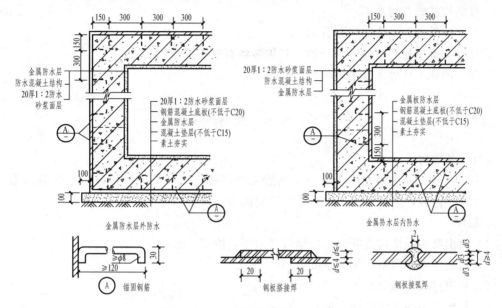

图4-1-27　地下室金属板防水处理

（6）塑料防水板防水。塑料防水板可选用乙烯—醋酸乙烯共聚物（EVA）、乙烯—共聚物沥青（ECB）、聚氯乙烯（PVC）、高密度聚乙烯（HDPE）、低密度聚乙烯（LDPE）类或其他性能相近的材料。铺设防水板前先用暗钉圈固定缓冲层，要求防水板搭接宽度为100mm，搭接缝应为双焊缝，单条焊缝有效搭接宽度不应小于10mm，焊接要严密，不得焊焦和焊穿（图4-1-28）。

除上述防水措施外，还可以采用人工降、排水的办法，消除地下水对地下室的影响。

降、排水法可分为外排法和内排法两种。所谓外排法系指当地下水位已高出地下室地面以上时，采取在建筑物的四周设置永久性降排水设施，通常是采用盲沟排水，即利用带孔的陶管埋设在建筑物四周地下室地坪标高以下，陶管的周围填充可以滤水的卵石及粗砂等材料，以便水透入管中然后积聚后排至城市排水总管，从而使地下水位降低至地下室底板以下，变有压水为无压水。以减少或消除地下水的影响。当城市总排水管高于盲沟时，则采用人工排水泵将积水排出。这种办法只是在采用防水设计有困难的情况以及经济条件较为有利的情况下采用。

内排水法是将渗入地下室内的水，通过永久性自流排水沟排至集水井再用水泵排除。但应充分考虑因动力中断引起水位回升的影响，在构造上常将地下室地坪架空，或设隔水间层，以保持室内墙面和地坪干燥。为了保险，有些重要的地下室，既做外部防水又设

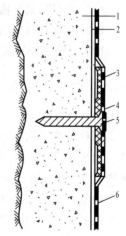

图4-1-28　暗钉圈
固定缓冲层

1—初期支护；2—缓冲层；
3—热塑性圆垫圈；
4—金属垫圈；5—射钉；
6—防水板

置内排水设施。

理 论 知 识 训 练

1. 地基与基础有何不同?

2. 基础按构造方式是如何划分的?

3. 基础按所用材料是如何划分的? 其构造各有哪些要求?

4. 常用的地下室防水方案有哪些?

实 践 课 题 训 练

题目:基础构造

1. 目的:通过本作业使学生进一步熟悉无筋扩展或扩展基础的构造,掌握基础施工图的绘制要求、内容,能够识读和绘制施工图的能力。

2. 条件:

(1) 给出某砖混结构或框架结构建筑平面图,给定层数。

(2) 给出外墙、内墙、隔墙厚度。

(3) 给出室内外地面高差。

(4) 给出外墙和内墙基础底宽。

(5) 给出基础底面标高。

(6) 地层及室外构造如图。

3. 要求:

(1) 绘制基础平面图 1:100。

(2) 绘制基础剖面详图 1:20。

(3) 2号图纸铅笔绘制。

课 题 小 结

基础是位于建筑物最下部的重要组成构件,它承受建筑物的全部荷载,并将它们传给地基。而地基则不是建筑物的组成部分,它只是承受建筑物荷载的土层,但它对保证建筑物的坚固耐久具有非常重要的作用。

地基可分为天然地基和人工地基两类。

凡具有足够的承载力和稳定性,不需要进行地基处理便能直接建造房屋的地基,称为天然地基。岩石,碎石土、沙土、黏性土等,一般可作为天然地基。

当土层的承载能力较低或虽然土层较好但上部荷载较大,土层不能满足承受建筑物荷载的要求,必须对土层进行地基处理,以提高其承载能力,改善其变形性质或渗透性质,这种经过人工方法进行处理的地基称为人工地基。人工地基较天然地基费工费料,造价较高。

人工地基的处理方法常有换填垫层法、预压法、强夯置换法、深层挤压法、化学加固法等。为确保建筑物坚固安全，基础要埋入土层中一定的深度。基础的埋置深度是指室外设计地面至基础底面的距离，简称埋深。

基础按埋置深度不同，分为浅基础和深基础。影响基础埋置深度的因素很多，主要有构造的影响、作用在地基上的荷载大小和性质的影响、工程地质和水文地质条件的影响、地基土冻胀和融陷的影响和相邻建筑基础埋深的影响等。

基础的类型和构造取决于建筑物上部结构和地基土的性质。具有同样上部结构的建筑物建造在不同的地基上时，其基础的形式和构造可能是完全不同的。

基础按所用材料可分为砖基础、毛石基础、混凝土基础、钢筋混凝土基础、灰土基础等。按构造形式分独立基础、条形基础、筏形基础、箱形基础和桩基础等。

基础按使用材料的受力特点可分为刚性基础和柔性基础。

混凝土基础多采用强度等级为 C15 的混凝土浇筑而成，一般有锥形和台阶形两种形式。

钢筋混凝土基础有底板及基础墙（柱）组成，现浇底板是基础的主要受力结构，其厚度和配筋均由计算确定，受力筋直径不得小于 8mm，间距不大于 200mm，混凝土的强度等级不宜低于 C20，有锥形和阶梯形两种。

当建筑物设计上要求基础局部需深埋时，应采用台阶式逐渐落深，为使基坑开挖时不致松动台阶土，台阶的坡度不应大于 1∶2。

由于建筑物内有采暖设备，这些设备的管线在进入建筑物之前需埋在地下，进入建筑物之后一般布置在管沟中，这些管沟一般沿内、外墙布置，也有少量从建筑物中间通过。管沟一般有沿墙管沟、中间管沟和过门管沟三种类型。

课题 2　墙　体　构　造

4.2.1　墙体的分类和作用

1. 墙体的类型

根据墙体在建筑物中的位置、受力情况、材料选用、构造施工方法的不同，可将墙体分为不同类型。

（1）按位置分类。墙体按所处的位置不同分为外墙和内墙，外墙又称外围护墙。墙体按布置方向又可以分为纵墙和横墙。沿建筑物长轴方向布置的墙称为纵墙，沿建筑物短轴方向布置的墙称为横墙，外横墙又称山墙。另外，窗与窗、窗与门之间的墙称为窗间墙，窗洞下部的墙称为窗下墙，屋顶上部的墙称为女儿墙等（图 4-2-1）。

（2）按受力情况分类。根据墙体的受力情况不同可分为承重墙和非承重墙。凡直接承受楼板（梁）、屋顶等传来荷载的墙称为承

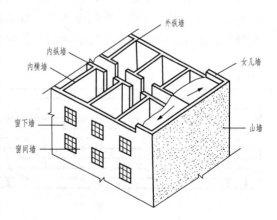

图 4-2-1　墙体各部分名称

重墙，不承受这些外来荷载的墙称为非承重墙。非承重墙包括隔墙、填充墙和幕墙。在非承重墙中，不承受外来荷载、仅承受自身重力并将其传至基础的墙称为自承重墙；仅起分隔空间的作用，自身重力由楼板或梁来承担的墙称为隔墙；在框架结构中，填充在柱子之间的墙称为填充墙，内填充墙是隔墙的一种；悬挂在建筑物外部的轻质墙称为幕墙，有金属幕墙和玻璃幕墙等。幕墙和外填充墙虽不能承受楼板和屋顶的荷载，但承受风荷载并将其传给骨架结构。

（3）按材料分类。按所用材料的不同，墙体有砖和砂浆砌筑的砖墙、利用工业废料制作的各种砌块砌筑的砌块墙、现浇或预制的钢筋混凝土墙、石块和砂浆砌筑的石墙等。

（4）按构造形式分类。按构造形式不同，墙体可分为实体墙、空体墙和复合墙三种。实体墙是由普通黏土砖及其他实体砌块砌筑而成的墙；空体墙内部的空腔可以靠组砌形成，如空斗墙，也可用本身带孔的材料组合而成，如空心砌块墙等；复合墙由两种以上材料组合而成，如加气混凝土复合板材墙，其中混凝土起承重作用，加气混凝土起保温隔热作用。

（5）按施工方法分类。根据施工方法不同，墙体可分为砌块墙、板筑墙和板材墙三种。砌块墙是用砂浆等胶结材料将砖、石、砌块等组砌而成的，如实砌砖墙。板筑墙是在施工现场立模板现浇而成的墙体，如现浇混凝土墙。板材墙是预先制墙板，在施工现场安装、拼接而成的墙体，如预制混凝土大板墙。

2．墙体的作用

墙体是房屋的重要组成部分。民用建筑中的墙体一般有三个作用：

（1）承重作用。墙体承受着自重以及屋顶、楼板（梁）传给它的荷载和风荷载。

（2）维护作用。墙体可遮挡风、雨、雪对建筑的侵袭，防止太阳辐射、噪声干扰及室内热量的散失，起保温、隔热、隔声、防水等作用。

（3）分隔作用。通过墙体将房屋内部划分为若干个房间和使用空间。

4.2.2 墙体砌筑方式与细部构造

1．墙体砌筑方式

（1）砖墙的组砌原则。组砌是指砌块在砌体中的排列，组砌的关键是错缝搭接，使上下皮砖的垂直缝交错，保证砖墙的整体性。砖墙组砌名称及错缝如图4-2-2所示。当墙面不抹灰时叫清水墙，组砌还应考虑墙面图案美观。在砖墙的组砌中，把砖的长方向垂直于墙面砌筑的砖叫丁砖，把砖长方向平行于墙面砌筑的砖叫顺砖。上下皮之间的水平灰缝称横缝，左右两块砖之间的垂直缝称竖缝。要求丁砖和顺砖交替砌筑，灰浆饱满，横平竖直。

（2）实心砖墙组砌方式。普通黏土砖墙常用的组砌方式如图4-2-3所示。

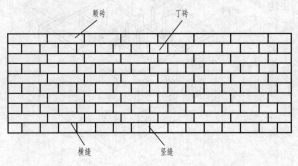

图4-2-2 砖墙组砌名称及错缝

1）墙厚。标准砖的规格为240mm×

115mm×53mm，用砖块的长、宽、高作为砖墙厚度的基数，在错缝或墙厚超过砖块尺寸时，均按灰缝10mm进行组砌。从尺寸上不难看出，它以砖厚加灰缝、砖宽加灰缝后与砖长形成1∶2∶4的比例为其基本特征，组砌灵活。墙厚与砖规格的关系如图4-2-4所示。

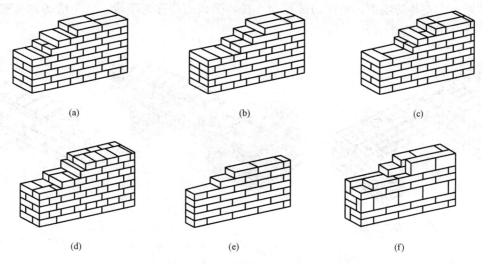

图 4-2-3 砖墙组砌方式

（a）一砖墙一顺一丁式；（b）一砖墙三顺一丁式；（c）一砖墙梅花丁；

（d）一砖半墙一顺一丁式；（e）半砖墙全顺式；（f）3/4墙两平一侧式

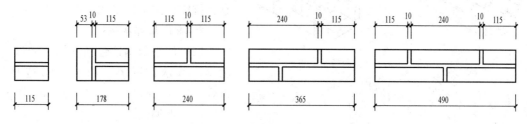

图 4-2-4 墙厚与砖规格的关系

2）砖墙洞口与墙段尺寸。

①洞口尺寸。砖墙洞口主要是指门窗洞口，其尺寸应按模数协调统一标准制定，这样可减少门窗规格，有利于工厂化生产。国家及各地区的门窗通用图集都是按照扩大模数3M的倍数，因此一般门窗洞口宽、高的尺寸采用300mm的倍数，例如600mm、900mm、1200mm、1500mm、1800mm等。

②墙段尺寸。墙段尺寸是指窗间墙、转角墙等部位墙体的长度。墙段由砖块和灰缝组成，普通黏土砖最小单位115mm砖宽＋10mm灰缝，共计125mm，并以此为砖的组合模数。按此砖模数的墙段尺寸有240mm、370mm、490mm、620mm、740mm、870mm、990mm、1120mm、1240mm等数列。

可通过灰缝的大小（8～12mm）调整墙段尺寸。墙段超过1.5m时，可不用考虑砖的模数，在施工图设计中应考虑此特征，以减少砌筑墙体时的砍砖。

（3）空心砖墙组砌。空心砖为横孔，用于非承重墙的砌筑。因为空心砖有孔洞，故其自重较普通砖小，保温、隔热性能好，造价低。

用空心砖砌墙时，多用整砖顺砌法，即上下皮错开半砖。在砌转角、内外墙交接壁柱和独立砖柱等部位时，都不需砍砖（图4-2-5）。

（4）空斗砖墙组砌。空斗砖墙是用普通砖侧砌或平砌与侧砌结合砌成，墙体内部形成较大的空心。在空斗砖墙中，侧砌的砖称为斗砖，平砌的砖称为眠砖，空斗墙的砌法有两种（图4-2-6和图4-2-7）。

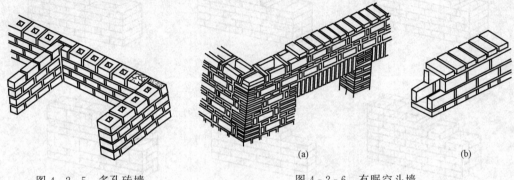

图4-2-5 多孔砖墙

图4-2-6 有眠空斗墙
（a）一斗一眠；（b）二斗一眠

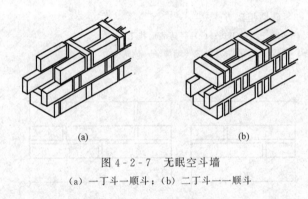

图4-2-7 无眠空斗墙
（a）一丁斗一顺斗；（b）二丁斗一一顺斗

空斗墙在靠近勒脚、墙角、洞口和直接承受梁板压力的部位，都应砌筑实心砖墙，以保证拉结和承压，空斗墙不宜在抗震设防地区采用。

2. 墙体细部构造

墙体的细部构造包括保温、防潮层、勒脚、散水、过梁、圈梁、构造柱等内容。

（1）保温。

1）保温要求。建筑物宜设在避风、向阳地段，尽量争取主要房间有较好日照。

建筑物的体型系数（外表面积与包围的体积之比）应尽可能地小。体型上不能出现过多的凹凸面。

严寒地区居民住建筑不应设冷外廊和开敞式楼梯间，公共建筑的主要出入口应设置转门、热风幕等避风设施。寒冷地区居住建筑和公共建筑应设门斗。

严寒和寒冷地区北向窗户的面积应予以控制，其他朝向的窗户面积也不宜过大。并尽量减少窗户的缝隙长度，以保证窗户的密封性。

严寒和寒冷地区的外墙和屋顶应进行保温验算，并保证不低于所在地区的要求的总热阻值。

对室温要求相近的房间宜集中布置。对热桥部分（主要传热渠道）应通过保温验算，并作适当的保温处理。

2）保温层的设置原则与方式。冬季，由于墙内外两侧存在温度差，室内高温一侧的水蒸气会向室外低温一侧渗透，这种现象称为蒸汽渗透。在蒸汽渗透过程中，遇到露点温度时蒸汽会凝结成水，又称结露。这种情况对墙体材料、结构极为不利，必须采取一定措施避免发生。

墙体的保温措施有：①增加墙体厚度；②选择导热系数小的墙体材料；③采取隔汽措施，为防止墙体产生内部凝结水，常在墙体的保温层靠高温的一侧，即蒸汽渗入的一侧设置隔汽层。隔汽层一般采用沥青、卷材、隔汽涂料等。

保温层设置原则是在节能住宅的外墙设计中，一般都是用高效保温材料与结构材料、饰面材料复合以形成复合的节能外墙，实现结构材料承重、轻质材料保温、饰面材料装饰。这样，不仅墙厚小，增加房屋的使用面积，而且保温性能好，有利于墙体节能。

目前工程上按照保温材料设置位置不同，分为有内保温、夹芯保温和外保温三种。内保温是将保温层设置在外墙室内一侧［图4-2-8（a）］；外保温是保温层设置在外墙的室外一侧［图4-2-8（b）］；夹芯保温设保温层设置在外墙的中间部位。为了满足墙体的保温要求，在寒冷地区外墙的厚度与做法应由热工计算来确定。采用单一材料的墙体，其厚度应由计算确定，并按模数统一尺寸。

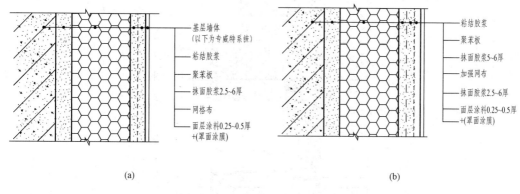

图4-2-8 墙体保温层设置方法
（a）内保温；（b）外保温

外墙外保温具有适用范围广，保温效果显著，减少自然界温度、湿度、紫外线对主体结构的影响，有利于改善室内环境，扩大室内使用空间，利于旧房改造，便于丰富美化外立面的特点，是目前工程中常用墙体保温方案。

3）外墙外保温构造。《外墙外保温工程技术规程》推荐的五种外墙保温系统是EPS板（聚苯板）薄抹灰外墙外保温系统、胶粉EPS颗粒保温浆料外墙外保温系统、EPS板现浇混凝土外墙外保温系统、EPS钢丝网架板现浇混凝土外墙外保温系统、机械固定EPS钢丝网架板外墙外保温系统等。

EPS板薄抹灰外墙外保温系统（图4-2-9）是由EPS板保温层、薄抹面层和饰面涂层构成，EPS板用胶粘剂固定在基层上，薄抹面层中满铺玻纤网。EPS板在基层墙体上固定采用粘结胶浆和机械固定等方法。锚栓锚固深度不小于25mm，塑料圆盘直径不小于50mm。可用于钢筋混凝土墙、混凝土空心砌块墙、黏土多孔砖墙和实心黏土砖墙墙体。这种做法具有构造简单、施工方便造价低，并具有较强的耐候性、良好防水性。

胶粉EPS颗粒保温浆料外墙外保温系统（图4-2-10）是由界面层、胶粉EPS颗粒保温浆料保温层、抗裂砂浆薄抹面层和饰面层组成。胶粉EPS颗粒保温浆料经现场拌和后喷

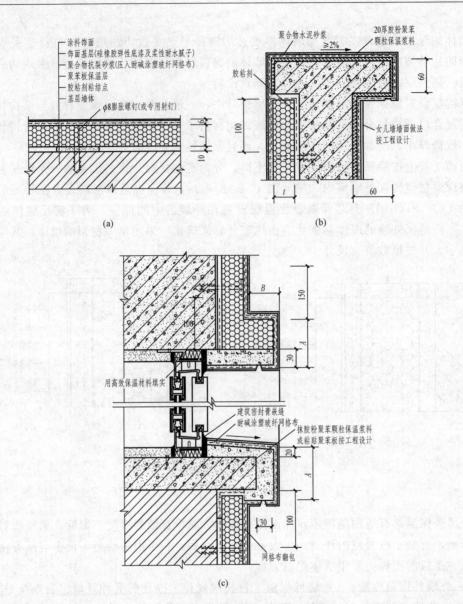

图4-2-9 EPS板薄抹灰外墙外保温
（a）基本构造做法；（b）女儿墙处构造；（c）窗洞口处构造

涂或抹在基层上形成保温层。薄抹面层中满铺玻纤网。饰面层可以采用弹性涂料，也可粘贴面砖或干挂石材。适用于不同气候区、不同基层墙体、不同高度建筑。

EPS板现浇混凝土外墙外保温系统（图4-2-11）以现浇混凝土作为基层，EPS板为保温层。EPS板内表面沿水平方向开有矩形齿槽，内、外表面满喷截面砂浆。在施工时将EPS板置于外模板内侧，并安装辅助锚栓作为辅助固定件。浇筑混凝土后，墙体与EPS板以及辅助锚栓结合为一体。EPS板表面抹抗裂砂浆抹面层，外表以涂料为饰面层。

EPS钢丝网架板现浇混凝土外墙外保温系统（图4-2-12）以现浇混凝土为基层，EPS单面钢丝网架板置于外墙外模板内侧，并安装φ6钢筋作为辅助固定件。这种做法具有工业

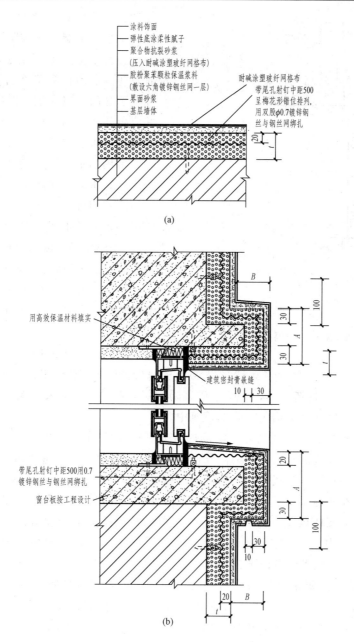

图 4 - 2 - 10　胶粉 EPS 颗粒保温浆料外墙外保温

（a）基本构造做法；（b）窗洞口处构造

化程度高、施工方便、保温效果好等特点。

机械固定 EPS 钢丝网架板外墙外保温系统由机械固定装置、腹丝非穿透型 EPS 钢丝网架板、掺外加剂的水泥砂浆厚抹面层和饰面层构成。以涂料做饰面层时，应加抹玻纤网抗裂砂浆薄抹面层。

（2）防潮。在墙身中设置防潮层的目的是防止土壤中的水分和潮气沿基础上升和防止勒脚部位的地面水影响墙身，从而提高建筑物的坚固性和耐久性，并保持室内干燥卫生。通常

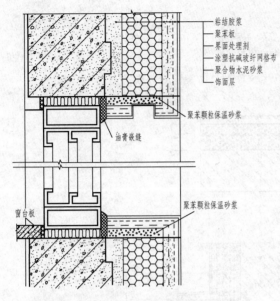

图4-2-11 EPS板现浇混凝土外墙
外保温窗口保温构造

在勒脚部位设置连续的水平隔水层，称为墙身水平防潮层，简称防潮层。

当首层室内地面垫层采用不透水材料时，防潮层的位置应在首层室内地面与室外地面之间，以在地面垫层中部为最理想，并应位于室外地面150mm以上，以防止地表水反溅。

常用的水平防潮有配筋细石混凝土防潮层、防水砂浆防潮层（图4-2-13）。

配筋细石混凝土防潮是采用60mm厚的C20配筋细石混凝土防潮带［图4-2-13（a）］，内配纵筋3ϕ6钢筋，分布筋ϕ4@250的钢筋网。这种做法防潮性能好，抗裂性能好，且能与砌体合为一体，多用于整体刚度要求较高或可能产生地基不均匀沉降的建筑中。

防水砂浆防潮层是设置20～25mm厚1:2加入3%～5%防水剂的水泥砂浆砌筑2～3皮砖或用防水砂浆的防潮层［图4-2-13（b）、（c）］。这种做法构造简单，但防水砂浆防潮层系脆性材料，易开裂，故不宜用于结构变形较大或可能产生地基不均匀沉降的建筑中。

当首层相邻室内地坪出现高差，防潮层应分别设在两侧地面以下60mm处，为了避免高地坪房间（或室外地面）填土中的潮气侵入墙身，两防潮层间在迎潮气一侧加设垂直防潮层。其作法是先用水泥砂浆找平，再涂防水涂料或采用防水砂浆抹灰防潮（图4-2-14）。

（3）勒脚。在外墙墙身下部靠近室外地面的部分，为保护外墙脚，防止机械碰伤，防止雨水侵蚀而造成的墙体风化，并有美观等作用所做加固构造称为勒脚。勒脚的高度不低于500mm，一般为室内地平与室外地面之差，可以根据立面的需要增加勒脚的高度尺寸（图4-2-15）。勒脚的常见做法有以下几种。

1）抹灰勒脚。为防止室外雨水对勒脚部位的侵蚀，常对勒脚的外表面采用20mm厚1:3水泥砂浆抹面或1:2水泥白石子浆水刷石或斩假石抹面处理［图4-2-15（a）］。这种做法造价经济，施工简单。为防止抹灰起壳脱落，除严格施工操作外，常用增加抹灰的"咬口"进行加强。

2）贴面勒脚。可用天然石材或人工石材贴于表面，如花岗石、水磨石板等。这种做法耐久性强，装饰效果好，用于高标准建筑［图4-2-15（b）］。

3）石砌勒脚。采用条石、毛石等坚固的材料进行砌筑，同时可以取得特殊的艺术效果，在天然石材丰富的地区应用较多［图4-2-15（c）］。

（4）散水和明沟。散水是室外地面靠近勒脚下部所做的排水坡，其作用是迅速排除从屋檐滴下的雨水，防止因积水渗入地基而造成建筑物的下沉。散水的宽度一般为600～1200mm，应比屋檐的挑出的尺寸大200mm，散水坡度为3%～5%，外缘高出室外地面30～50mm，沿长度每隔1～6m设伸缩缝一道，缝宽20mm，散水与外墙间设通

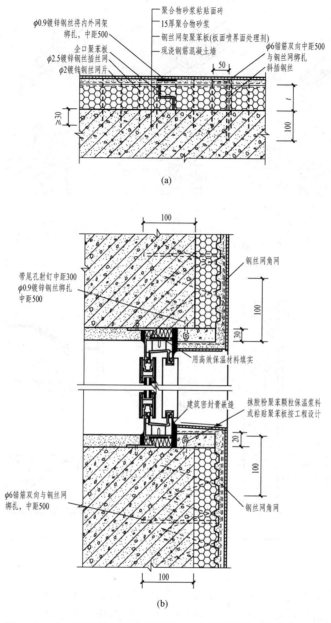

图 4-2-12　单面钢丝网架夹芯 EPS 板现浇混凝土外墙外保温
(a) 基本构造做法；(b) 窗洞口处构造

长缝，缝宽 10mm，缝内满贯嵌缝膏。明沟和散水的材料用现浇混凝土或用砖石等（图 4-2-16）。北方寒冷地区为防止土壤冻胀破坏，散水下应设厚度为 300～500mm 中粗砂防冻层。

明沟又称阴沟，位于建筑物外墙的四周，其作用在于将通过雨水管流下的屋面雨水有组织地导向地下排水集井而流入下水道，起到保护墙基的作用。明沟材料同散水，沟底应做 1‰～1.5‰的纵坡（图 4-2-17）。房屋四周的明沟或散水任做一种，一般雨水较多地区多做明沟，干燥地区多做散水。

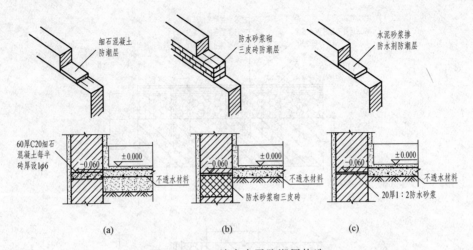

图 4-2-13 墙身水平防潮层构造
（a）配筋细石混凝土防潮；（b）防水砂浆砌三皮砖；（c）防水砂浆防潮层

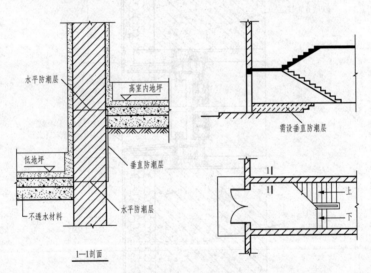

图 4-2-14 垂直防潮层

（5）过梁。为了承受门窗洞口上部墙体的重力和楼盖传来的荷载，在门窗洞口上沿设置的梁称为过梁。根据材料和构造方式的不同，有砖拱过梁、钢筋砖过梁和钢筋混凝土过梁等三种。砖拱过梁、钢筋砖过梁是我国传统式形式过梁，由于承载力低，对地基不均匀沉降和振动荷载、集中荷载较敏感，对抗震不利，跨度受限，在工程中已很少采用（图 4-2-18 和图4-2-19）。随着建筑技术的发展和对建筑结构要求的提高，目前工程中应用最多的是钢筋混凝土过梁。

钢筋混凝土过梁的断面形式有矩形和L形两种，北方寒冷地区为了避免在过梁内产生凝结水，或有窗套的建筑，外墙上的过梁常用L形断面。钢筋混凝土过梁的截面尺寸应根据跨度及荷载计算确定，过梁的宽度一般同墙厚，高度应配合砖的规格。常用有 60mm、120mm、180mm、240mm，过梁两端的支承长度不应小于 240mm。L形断面过梁挑板厚度为 60mm，出挑长度一般为 60mm 或 120mm。矩形断面施工制作方便，是常用的形式。

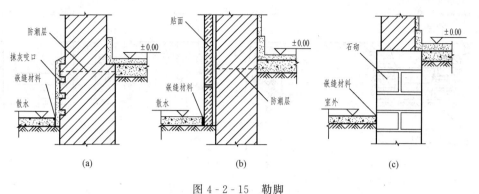

图 4 - 2 - 15 勒脚

(a) 抹灰勒脚；(b) 贴面勒脚；(c) 石砌勒脚

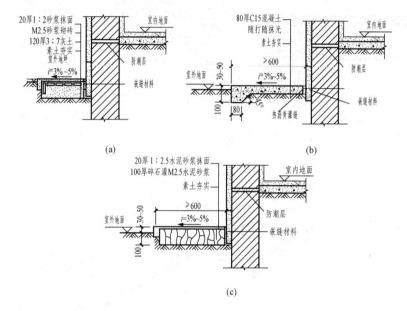

图 4 - 2 - 16 明沟与散水

(a) 砖铺散水；(b) 混凝土散水；(c) 石砌散水

按施工方式钢筋混凝土过梁可分为现浇和预制两种，为加快施工速度、减少现场湿作业，应优先采用预制钢筋混凝土过梁。钢筋混凝土过梁承载力强，一般不受跨度的限制（图 4 - 2 - 20）。

（6）圈梁。圈梁是沿房屋外墙、内纵墙和部分横墙在墙内设置的连续封闭的梁。它的作用是增加墙体的稳定性，加强房屋的空间刚度及整体性，防止由基础的不均匀沉降、震动荷载等引起的墙体开裂，提高房屋抗震性能。

1）圈梁的设置数量。圈梁的数量和位置与建筑物的高度、层数、地基情况及抗震设防烈度有关（表 4 - 2 - 1）。

2）圈梁的位置。圈梁常设于基础、楼盖、屋盖处。如只设一道圈梁，应设于屋盖处。圈梁的数量为两道以上时，除在顶层设一道圈梁外，其余分别设在基础顶部、楼板层部位。为了防止楼盖和屋盖的水平错动，圈梁的上口一般与楼盖及屋盖上口平齐，使圈梁形成一个箍。

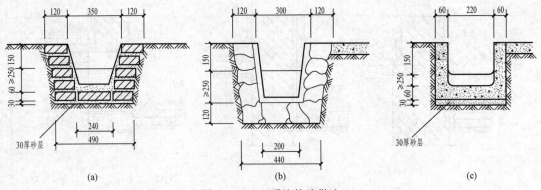

图4-2-17 明沟构造做法

(a) 砖砌明沟; (b) 石砌明沟; (c) 混凝土明沟

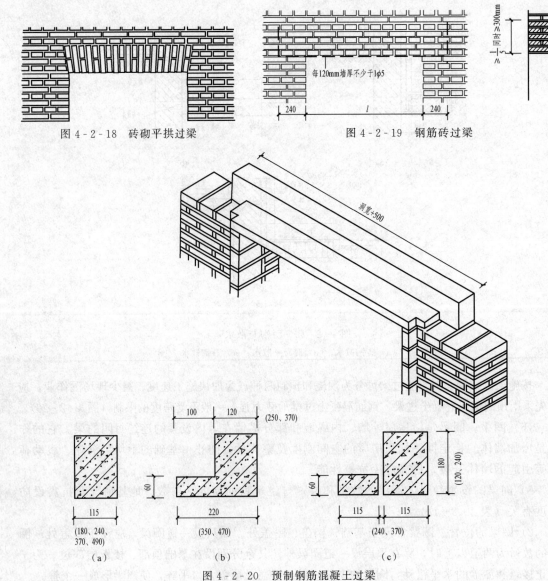

图4-2-18 砖砌平拱过梁

图4-2-19 钢筋砖过梁

图4-2-20 预制钢筋混凝土过梁

(a) 矩形截面; (b) L形截面; (c) 组合式截面

表 4-2-1	砖房现浇钢筋混凝土圈梁设置要求		
墙 类	设 计 烈 度		
	6度，7度	8度	9度
外墙及内纵墙	屋盖处及隔层楼盖处	屋盖处及每层楼盖处	屋盖及每层楼盖处
内横墙	屋盖处及隔层楼盖处。屋盖处间距不应大于7m；楼盖处间距不应大于15m构造柱对应部位	屋盖处及每层楼盖处。屋盖处沿所有横墙，且间距不应大于7m；楼盖处间距不应大于7m	屋盖处及每层楼盖处，各层所有横墙

3）圈梁的种类、断面尺寸及配筋要求。圈梁通常采用现浇钢筋混凝土圈梁，钢筋混凝土圈梁高度一般不小于120mm，常见的为180mm和240mm，宽度与墙厚相同。北方寒冷地区外墙圈梁宽度可比墙厚小些，但不宜小于墙厚的2/3。钢筋混凝土圈梁的截面形状一般为矩形，常用混凝土的强度等级为C20。非抗震设防地区的多层民用建筑，一般三层以下设一道圈梁，超过四层时，视具体情况设置，圈梁内纵筋不少于4φ8，箍筋间距不大于300mm。抗震设防地区的多层民用建筑，圈梁的数量和位置应按现行《建筑抗震设计规范》的相关规定设置，见表4-2-2。

表 4-2-2		钢筋混凝土圈梁的设置原理		
圈梁设置及配筋		设 计 烈 度		
		7度	8度	9度
圈梁设置	沿外墙及内纵墙	屋盖处必须设置，楼盖处隔层设置	屋盖处及每层楼盖处设置	屋盖处及每层楼盖处设置
	沿内横墙	屋盖处必须设置，楼盖处隔层设置；屋盖处间距不大于7m；楼盖处间距不大于15m构造柱对应部位	屋盖处及每层楼盖处设置；屋盖处沿所有横墙且间距不大于7m；楼盖处间距不大于7m，构造柱对应部位	屋盖处及每层楼盖处设置；各层所有横墙
配筋		4φ8 φ6@250	4φ10 φ6@200	4φ12 φ6@150

4）附加圈梁。圈梁应连续的设在同一水平面上，并形成封闭状态，如圈梁遇门窗洞口必须断开时，应在洞口上部增设相应截面的附加圈梁，并满足搭接补强的要求（图4-2-21）。抗震设防地区，圈梁应完全闭合，不得被洞口截断。

（7）构造柱。钢筋混凝土构造柱是从构造角度考虑设置在墙体内的钢筋混凝土现浇柱，主要作用是与圈梁共同形成空间骨架，以增加房屋的整体刚度，提高抗震能力。构造柱的设置要求（表4-2-3）。

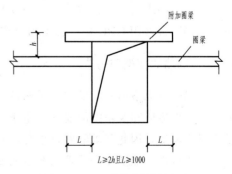

图 4-2-21 附加圈梁的长度

表 4-2-3 砖房构造柱设置要求

房屋层数				各种层数和烈度均应设置的部位	随层数或烈度变化而增设的部位
6度	7度	8度	9度		
4，5	3，4	2，3		外墙四角，错层部位横墙与外纵墙交接处，较大洞口两侧，大房间内外墙交接处	7～9度时，楼梯间和电梯间的横墙与外墙交接处
6～8	5，6	3，4	2		各开间隔墙（轴线）与外墙交接处，山墙与内纵墙交接处，7～9度时楼梯间或电梯间横墙与外墙交接处
	7	5，6	3，4		内墙（轴线）与外墙交接处，内墙较小墙垛处，7～9度时楼梯间和电梯间横墙与外墙交接处，9度时内纵墙与横墙（轴线）交接处

钢筋混凝土构造柱不单设基础，但应伸入室外地面以下500mm的基础内，或锚固于地圈梁内，构造柱断面尺寸不小于240mm×180mm，主筋不少于4φ12，箍筋φ6@200mm。墙与柱之间沿墙高度每500mm设2φ6钢筋拉结，每边伸入墙内不小于1000mm。构造柱在施工时，应先砌墙并留马牙槎，随着墙体的上升，逐段浇筑钢筋混凝土构造柱，构造柱混凝土强度等级一般为C20（图4-2-22）。

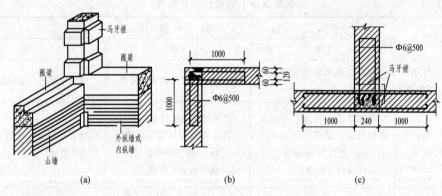

图 4-2-22 构造柱
（a）构造柱马牙槎示意；（b）、（c）墙与柱的拉结构造

（8）空调隔板。建筑墙体上考虑安装空调，需要在墙体适当位置设置预埋件固定空调隔板，空调隔板常用GRC板，必须固定牢固，位置恰当（图4-2-23）。

4.2.3 隔墙的分类和构造

隔墙是分隔室内空间的非承重构件。在现代建筑中，为了提高平面布局的灵活性，大量采用隔墙以适应建筑功能的变化。由于隔墙不承受任何外来荷载，且本身的重量还要由楼板或小梁来承受，因此要求隔墙自重轻，有利于减轻楼板的荷载；厚度薄，增加建筑的有效空间；便于拆卸，能随使用要求的改变而变化；有一定的隔声能力，使各使用房间互不干扰；满足不同部位的使用要求，如卫生间的隔墙要求防水、防潮，厨房的隔墙要求防潮、防火等。

　　隔墙的类型很多，按其构造方式可分为块材隔墙、轻骨架隔墙、板材隔墙三大类。

1. 块材隔墙

　　块材隔墙系指利用普通砖、多孔砖、空心砌块、玻璃砖以及轻质砌块等砌筑的墙体，一般用在永久性的分隔墙上。具有耐久性、隔声性和耐湿性好，但自重大，湿作业量大，常用的有普通砖隔墙和砌块隔墙。

　　（1）普通砖隔墙。普通砖隔墙有半砖（120mm）隔墙和1/4砖（60mm）隔墙两种。

　　半砖隔墙一般用标准砖顺砌成，当采用M2.5级砂浆砌筑时，其高度不宜超过3.6m，长度不宜超过5m；当采用M5级砂浆砌筑时，高度不宜超过4m，长度不宜超过6m。否则在构造上除砌筑时应与承重墙或柱拉结外，还应在墙身

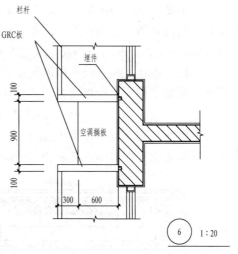

图 4-2-23　空调隔板
（所有 GRC 板预埋件均固定在梁或构造柱上，施工时仔细核对选合适位置预埋）

中沿高度每隔 1.2～1.5m 设一道 30～50mm 厚的水泥砂浆层，内放 $2\phi6$ 钢筋拉结钢筋予以加固（图 4-2-24）。

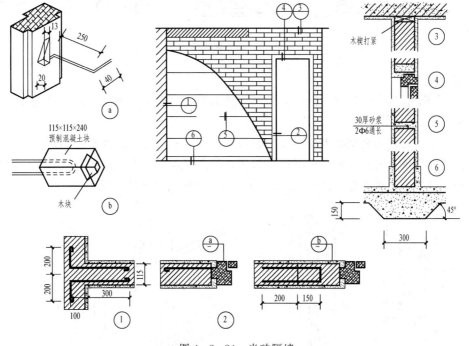

图 4-2-24　半砖隔墙

　　此外，砖隔墙的上部与楼板或梁的交接处，不宜过于填实或使砖砌体直接顶住楼板或梁。应留有约 30mm 的空隙或将上两皮砖斜砌，以预防楼板结构产生挠度，致使隔墙被压坏。

　　1/4 砖隔墙是有普通砖侧砌而成，由于厚度较薄、稳定性差，对砌筑砂浆强度要求较

高，一般不低于 M5，隔墙的高度和长度不宜过大，且常用于不设门窗洞的部位，如厨房与卫生间之间的隔墙。若面积大又需开设门窗洞时，须采取加固措施，常用方法是在高度方向每隔 500mm 砌入 1φ6 通长钢筋，使之能与两端墙连接。

（2）砌块隔墙。为了减少隔墙的质量，可采用质量较轻块大的各种砌块，目前最常用的就是加气混凝土砌块、粉煤灰硅酸盐砌块、水泥炉渣空心砖等砌筑的隔墙。隔墙厚度由砌块尺寸而定，一般为 90～120mm。砌块大多具有质轻、孔隙率大、隔热性能好等优点，但吸水性强，因此，砌筑时应在墙下先砌 3～5 皮黏土砖或设置混凝土底座。砌块隔墙厚度较薄，也需采取加强稳定性措施，其方法与砖隔墙类似（图 4-2-25）。

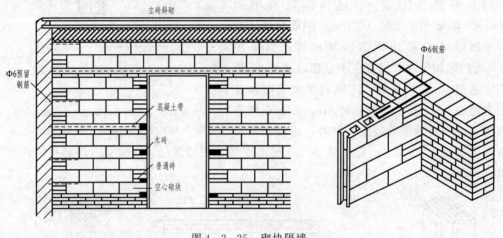

图 4-2-25 砌块隔墙

2. 轻骨架隔墙

骨架隔墙由骨架和面层材料两部分组成。骨架隔墙自重轻，施工方便，目前在很多室内装修中采用。

（1）骨架。常用的骨架有木骨架或型钢骨架。近年来，为节约木材和钢材，出现了不少采用工业废料和地方材料及轻金属制成的骨架，如石棉水泥骨架、浇筑石膏骨架、水泥刨花骨架、轻钢和铝合金骨架等。图 4-2-26 为一种薄壁轻钢骨架的隔墙。

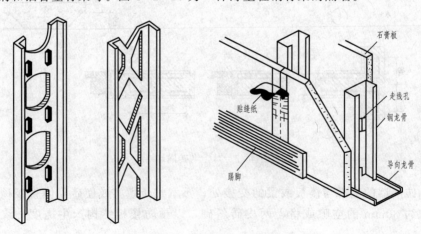

图 4-2-26 薄壁轻钢骨架

（2）面层。轻钢骨架隔墙的面层有抹灰面层和人造板材面层。抹灰面层常用木骨架，即传统的板条灰隔墙；人造板材面层可用木骨架或轻钢骨架。

板条抹灰面层是在木骨架上钉灰板条，然后抹灰，灰板条尺寸一般为 1200mm×24mm×6mm。板条间留出 7～10mm 的空隙，使灰浆能挤到板条缝的背面，咬住板条。

人造板材面层多用于轻钢骨架隔墙，常用的有胶合板、纤维板、石膏板等。胶合板是用阔叶树或松木经旋切、胶合等多种工序制成，常用的是 1830mm×915mm×4mm（三合板）和 2135mm×915mm×7mm（五合板）。硬质纤维板是用碎木加工而成的，常用的规格是 1830mm×1220mm×3（或 4.5）mm 和 2135mm×915mm×4（或 5）mm。石膏板是用一、二级建筑石膏加入适量纤维、胶粘剂、发泡剂等经辊压工序制成。我国生产的石膏板规格为 3000mm×800mm×12mm 和 3000mm×800mm×9mm。胶合板、硬质纤维板等以木材为原料的板材多用木骨架，石膏面板多用石膏或轻钢骨架（图 4-2-27）。

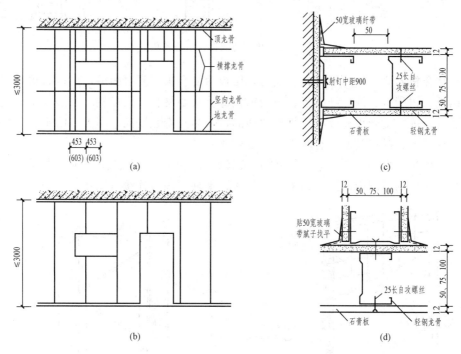

图 4-2-27　轻钢龙骨石膏板
(a) 龙骨排列；(b) 石膏板排列；(c) 靠墙节点；(d) 丁字墙交接节点

3. 板材隔墙

板材隔墙是指单板高度相当于房间净高，面积较大，且不依赖骨架，直接装配而成的隔墙。目前采用的大多为条板，如加气混凝土条板、石膏条板、炭化石条板、蜂窝纸板、水泥刨花板等。

（1）加气混凝土条板隔墙。加气混凝土条板具有自重轻，节省水泥，运输方便，施工简单，可锯、刨、钉等优点，但吸水性大、耐腐蚀性差、强度较低，运输、施工过程中易损坏，不宜用于具有高温、高湿或有化学及有害空气介质的建筑中。加气混凝土条板规格为长 2700～3000mm，宽 600～800mm，厚 80～100mm。隔墙板之间用水玻璃砂浆或 107 胶砂浆粘结。

（2）增强石膏空心板隔墙。增强石膏空心板分为普通条板、钢木窗框条板和防水条板三类，规格为长 2400～3000mm，宽 600mm，厚 60mm，9 个孔，孔径 38mm，能满足防火，隔声及抗撞击的要求（图 4-2-28）。

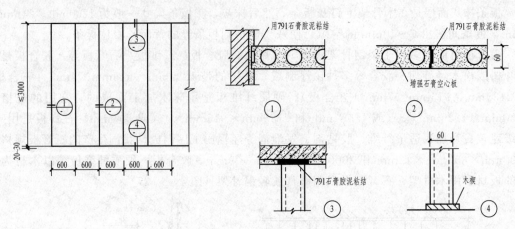

图 4-2-28　增强石膏空心条板

（3）复合板隔墙。用几种材料制成的多层板为复合板。复合板的面层有石棉水泥板、石膏板、铝板、树脂板、硬质纤维板、压型钢板等。夹心材料可用矿棉、木质纤维、泡沫塑料和蜂窝状材料等。复合板充分利用材料的性能，大多具有强度高、耐火、防水、隔声性能好等优点，且安装、拆卸简便，有利于建筑工业化。

（4）泰柏板。泰柏板是由 φ2 低碳冷拔镀锌钢丝焊接成三维空间网笼，中间填充聚苯乙烯泡沫塑料构成的轻制板材。泰柏板隔墙与楼、地坪的固定连接（图 4-2-29）。

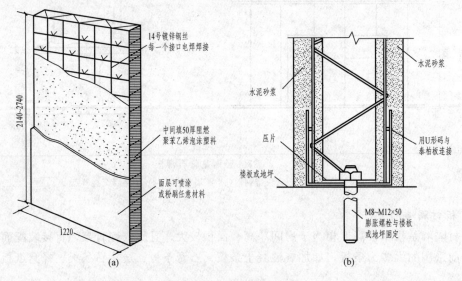

图 4-2-29　泰柏板隔墙

4.2.4　墙体饰面

1. 墙面饰面的作用

（1）保护墙体，提高墙体耐久性。如抗温差变化，抗磨损、抗腐蚀、抗侵蚀等性能。

（2）改善墙体物理力学性能，保证人们在室内正常的生活和工作，墙面应易于清洁，具有良好的反光功能，同时具有反射声波、吸声以及保温与隔热的功能。

（3）美化环境。

2. 墙体饰面的类型

按材料和施工方法不同，墙体装饰分为抹灰类、贴面类、涂料类、裱糊类和铺钉类等。

（1）抹灰类饰面。抹灰又称粉刷，抹灰类饰面是以水泥、石灰膏为胶结料，以砂或石碴料为骨料加水拌成各种水泥砂浆或混合砂浆，做成的各种饰面抹灰层，适用于普通建筑的墙面装修。抹灰类饰面因取材广、施工简单和价格低廉，所以应用相当普遍。为避免裂缝，保证抹灰与基层粘结牢固，通常都采用分层施工的做法，每次抹灰不宜太厚，其基本构造可分为三层：底层、中层和面层。

1）底层。是墙体基层的表面处理，具有使面层和基层墙体粘牢和初步找平的作用，又称找平层或找底层，材料根据基层的材料而变化。如砖墙可采用水泥砂浆或混合砂浆；混凝土墙体用水泥砂浆；加气混凝土墙体密度小，孔隙大，吸水性极强，所以在墙面满钉 32mm× 32mm 丝径为 $\phi0.7$mm 的镀锌钢丝网，再抹底层。

2）中层。中层砂浆主要起进一步找平作用，根据设计和质量要求，可以一次抹灰，也可分层操作，主要根据墙体平整和垂直偏差情况而定。同时也可作为底层与面层之间的粘结层。其用料与底层用料基本相同。

3）面层。面层抹灰材料选用根据使用要求和标准确定（表 4-2-4）。

表 4-2-4 抹 灰 材 料 及 做 法

用 途	抹灰名称	抹 灰 做 法	特 性
内墙	纸筋（麻刀）灰	12～17mm 厚（1:2）～（1:2:5）石灰砂浆（加草筋）打底； 2～3mm 厚纸筋（麻刀）灰粉面	气硬性材料，和易性极佳
	水磨石	15mm 厚 1:3 水泥砂浆打底； 10mm 厚 1:1.5 水泥石碴粉面，磨光、打蜡	适用于室内潮湿部位
	膨胀珍珠岩	12mm 厚 1:3 水泥砂浆打底； 9mm 厚 1:16 膨胀珍珠岩灰浆粉面	适用于室内有保温及吸声要求的房间
外墙及局部内墙	混合砂浆	12～15mm 厚 1:1.6 水泥、石灰膏、砂、混合砂浆打底； 1～10mm 厚 1:1.6 水泥、石灰膏、砂、混合砂浆粉面	造价低，易干缩或冷缩
	水泥砂浆	15mm 厚 1:3 水泥砂浆打底； 10mm 厚 1:2～1:2.5 水泥砂浆粉面	抗潮湿及侵蚀
	斩假石	15mm 厚 1:3 水泥砂浆打底，刷素水泥浆一道； 8～10mm 厚水泥石碴粉面，用剁斧斩去表面层水泥浆或石尖部分使其显出凿纹	

续表

用　途	抹灰名称	抹　灰　做　法	特　　性
外墙	水刷石	15mm 厚 1:3 水泥砂浆打镀； 10mm 厚 1:1.2～1.4 水泥石碴抹面后水刷	色泽明亮、质感丰富
	干粘石	10～12mm 厚 1:3 水泥砂浆打底； 7～8mm 厚 1:0.5:2 外加质量为 5% 的 107 胶混合砂浆粘结层； 3～5mm 厚彩色石碴面（用喷或甩的方法）	缩短工时，节省水泥，石粒易脱落

注：表中配比均为质量比。

大面积的抹灰饰面，考虑材料的干缩或冷缩出现裂缝，施工接槎的需要，将饰面分块来处理。这种分块形成的线型，称为引条线。引条线设缝方式，一般采用凹缝。引条线的设置不仅是构造上的需要，也是维修需要，并且可使建筑立面更丰富。引条线的划分要考虑到门窗的位置，四周最好拉通，竖向引条线到勒脚为止。

（2）贴面类饰面。贴面类饰面通常是指把天然的或人造的规格和厚度都比较小的块料面层粘贴到墙体上的一种装饰方法。这类装修具有耐久性强、施工方便、质量高、装饰效果好等特点。常用的贴面材料有各种陶瓷面砖、玻璃马赛克（又称玻璃锦砖）、水刷石、水磨石等预制板及花岗岩、大理石等天然石板材。外墙的贴面类饰面，要求坚固耐久、色泽稳定、耐腐蚀、防水、防火和抗冻。

1）陶瓷面砖。陶瓷制品根据坯土原料和烧制工艺的不同，可分为陶质、炻质和瓷质三类。目前大多数墙面选用陶质砖，其吸水率为 4%～8%。面砖墙面的特点是色彩丰富、色泽稳定、耐久耐污、价格适中、尺度和线型自然，是广泛使用的一种高级外墙饰面材料。为了增强面砖与砂浆之间的结合力，面砖的背部一般都有断面为燕尾形的凹槽。

2）马赛克。也称锦砖，是一种烧制成的片状小方块，经工厂预先配色排列，再贴到一张 300mm×300mm 的牛皮纸上，然后到施工现场拼贴到墙面上的一种外墙饰面材料，分陶瓷马赛克和玻璃马赛克两种。具有耐候性好、自洁性强、色彩鲜艳丰富，但吸水性差（图 4-2-30）。

3）板材类饰面。板材类饰面通常是指用镀锌钢制锚固件将预先制作好的天然石材板块或人造石板块与墙体的基层结合形成的高档或中档饰面。板材的规格一般边长在 500～2000mm，厚度 20～40mm（图 4-2-31）。天然石材板块有大理石板材、花岗石板材和青石板等。

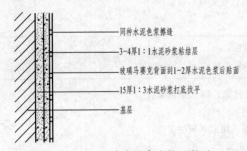

同种水泥色浆擦缝

3~4厚1:1水泥砂浆粘结层

玻璃马赛克背面刮1~2厚水泥色浆后贴面

15厚1:3水泥砂浆打底找平

基层

图 4-2-30　玻璃马赛克饰面构造

大理石具有质地坚硬、纹理清晰、颜色绚丽、装饰性好等特点，但不耐酸碱，宜用于室内饰面，如墙裙和柱子装饰服务台和吧台的立面等。花岗石具有构造致密，强度和硬度极高，并且有良好的耐候性、抗酸碱和抗风化能力，耐用期可达 100～200 年。根据对石板表面加工方式的不同可分为剁斧石、蘑菇石和磨光石三种，适用广泛。

人造石板构造与天然石板相同,只是不必在预制板上钻孔,而将人造石板背面露出的钢筋,将板用铅丝绑牢在水平钢筋(或钢箍)上即可。饰面板的安装依据板材的规格有两种方法:一种是"贴",一种是"挂"。

对于小规格的板材(一般指边长不超过400mm,厚度在10mm左右的薄板),通常用粘贴的方法安装,与面砖铺贴的方法基本相同。

块面大的板材(边长500~2000mm)或是厚度大的块材(40mm以上),由于板块重量大,如果用砂浆

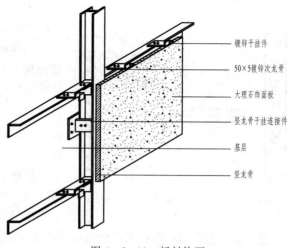

图4-2-31 板材饰面

粘贴,有可能承受不了板块的自重,引起坍落,常采用"挂"的方法。"挂"的方法有绑扎法和锚固法两种。

①湿挂法(又称绑扎法)。磨光的大理石和花岗石板往往比较薄,一般采用金属丝绑扎的方法固定板边。将 $\phi 8mm$ 的竖向钢筋插入预埋钢筋环内,然后在外侧焊接或绑扎横向钢筋(图4-2-32)。再将16号不锈钢丝或铜丝穿入孔内,绑扎在墙体横筋上即可。最后用水泥与砂浆质量比为1:3水泥砂浆分层灌浆嵌缝。该法适用于自重较轻、厚度较薄的磨光的大理石板面。

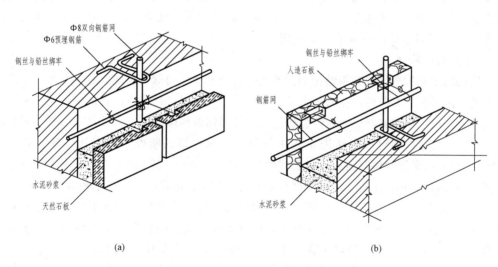

图4-2-32 天然石板及人造石板的饰面(湿挂法)

(a)天然石板墙面装修;(b)人造石板墙面装修

②干挂法(又称锚固法)。锚固法是通过镀锌锚固固件与基体连接。锚固件有扁钢锚件、圆钢锚件和线形锚件等,锚固方法用锚固件代替了金属丝(图4-2-33)。

锚固法工序比较简单,装配的牢固程度比绑扎法高,但是锚固件比较复杂,而且还要镀锌。锚固适用于块面较厚的细琢面或毛面的大理石、花岗石板材以及有线脚断面

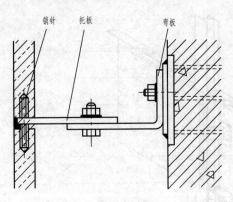

销针　托板　　　　弯板

图4-2-33　天然石板饰面（干挂法）

的块材。

（3）涂料类饰面。涂料类饰面是各种饰面做法中最为简便、最为经济的一种方式，建筑物的内外墙面均可采用。涂料系指涂敷于物体表面后，与基层粘结良好，从而形成牢固而完整的保护膜的面层装饰材料，具有材源广、省工省料、工期短、造价低、工效高、自重轻、操作简单、便于维修更新等特点。

涂料按其主要成膜物的不同可分为有机和无机两大类。有机高分子涂料依其主要成膜物质和稀释剂不同分为溶剂型、水溶型和乳胶型三类。

建筑涂料的涂装一般有用喷涂罐喷涂和用压辊滚涂两种方式。

（4）裱糊类饰面。裱糊类饰面是指用胶糊的方法将墙纸、织物或微薄木装饰在内墙面的一种饰面。具有装饰性好，色彩、花纹和图案丰富，施工方便，拼接比较严密，整体性好等特点。

卷材类饰面的种类很多，主要有纸面纸基壁纸、仿锦缎塑料壁纸和金属面墙纸等。

（5）铺钉类饰面（罩面板饰面）。

1）罩面板的特点。铺钉类饰面，即罩面板类饰面，系指利用天然木板或各种人造薄板借助于钉、胶等固定方式对墙面进行处理。护墙板、木墙裙等是铺钉类饰面传统做法，但目前利用不锈钢板、搪瓷板、塑料板、镜面玻璃等新兴装饰板材作为铺钉类饰面饰面材料，应用很广泛。这类饰面具有安装简便、耐久性好、装饰性强等优点，并且大量都是用装配法干式作业，所以得到了装饰行业的广泛采用。

2）罩面板的构造。

①夹板墙裙和护壁板。夹板墙裙和护壁板由骨架和面板两部分组成，骨架有木骨架和金属骨架两种。面板多为人造板，包括硬木条、石膏板、胶合板、纤维板、甘蔗板、装饰吸声板及钙塑板等。夹板墙裙和护壁板的具体做法是首先在墙体内预埋木砖，再钉立木骨架，最后将胶合板用镶贴、钉、拧螺钉等方法固定在木骨架上。木骨架的断面一般采用（20～40）mm×40mm。木骨架由竖筋和横筋组成，竖筋间距为400～600mm，横筋间距按板的规格来定，可稍大一些，一般取600mm左右。面层类型有水曲柳、柚水、桃花芯木、桦木和紫檀木等。

②天然木材装饰合板护壁。较高级的室内装修，以天然木材装饰合板护壁效果较好。但是因为实木板材容易弯曲变形，价钱昂贵，所以常用的做法是将贵重的木材薄切片复合到其他木板上，既具有美观的纹理，不会发生干裂和翘曲，也可以降低成本。

③镜面墙装饰。镜面墙有鱼鳞式的菱形镜面墙、面砖式的正方形镜面墙和整片的镜面墙等形式。镜面墙的构造有两种：一种是像面砖一样，直接用强力胶带将小块的镜面直接贴在砂浆找平层上；另一种用金属或木制压条粘结。大型镜面玻璃墙的构造同夹板护壁一样，所不同的是在夹板面上固定玻璃，固定的方法有三种：第一种是用木框固定；第二种是用金属框固定；第三种是玻璃上钻孔，用圆头泡钉固定四个角。为了增加刚度，夹板一般采用五夹板。玻璃面层可采用普通平板镜面玻璃，玻璃的厚度视镜面的大小而定，通常选5mm厚，四周需要车边。

理 论 知 识 训 练

1. 散水的作用是什么？其构造要求有哪些？
2. 墙身防潮层作用是什么？其构造要求有哪些？
3. 勒脚的作用是什么？工程中采用哪些构造做法？
4. 过梁的作用是什么？有哪些构造要求？
5. 圈梁的作用是什么？应当如何设置？有哪些构造要求？
6. 构造柱的作用是什么？主要设置在墙体的哪些位置？
7. 建筑墙体保温构造有哪些？
8. 隔墙的类型有哪些？构造特点是什么？
9. 简述墙面装修的基本类型，各有哪些构造要求？

实 践 课 题 训 练

1. 观察你身边的建筑物，说出其散水的宽度和坡度。
2. 通过实地参观，使学生认识建筑各类隔墙的构造要点。
3. 通过实地参观，使学生认识本地区建筑墙体的保温构造。
4. 综合实训

题目：墙体构造节点详图

(1) 实训目的：通过本作业使学生掌握墙体细部构造，具有识读和绘制施工图的能力。

(2) 实训条件：

1) 给定建筑的平面图。

2) 给定建筑的结构形式、层数、层高、窗高等条件。

3) 给定建筑的室内外地面高差。

4) 给定建筑的楼板形式及板厚。

5) 墙面和地面装修做法自选。

(3) 实训要求：

1) 绘制外墙墙身构造详图，比例1：20。

2) 2号图纸一张，铅笔绘制，要求达到施工图深度，符合国家制图标准。

(4) 作业深度：

1) 绘出定位轴线并编号。

2) 绘出散水、勒脚、防潮层构造，并用多层引出线表示出构造做法，标出散水宽度、坡度及坡向、勒脚高度、防潮层标高位置等，或用详图索引。

3) 绘制出地层做法及各楼层做法，并用多层引出线表示出各构造层次的材料、配比、厚度、强度等或用详图索引。

4) 标注各楼层标高及室内外地面标高。

5) 绘出各层踢脚线，注明高度。

6) 引出墙体内外墙面装饰的构造做法或用详图索引。

7）标注各层窗台标高、窗高及窗过梁底标高。

<h1 style="text-align:center">课 题 小 结</h1>

墙体是建筑物的重要组成部分。在墙承重的房屋中，墙既是承重构件，又是围护和分隔构件，外墙起抵御自然界各种因素对室内侵袭的作用，内墙起划分建筑内部空间作用。在框架结构的房屋中，柱是承重构件，而墙只是围护构件或分隔构件。墙体按其受力、位置、方向、材料及施工方法不同划分类型。

墙体既是承重构件，又是围护构件。为了保证砖墙的耐久性和稳定性，应对砖墙的相应部位做构造措施，包括防潮层、勒脚、散水、窗台、过梁、圈梁和钢筋混凝土构造柱。

常用建筑砌块墙体可以采用素混凝土或利用工业废料和地方材料制成实心、空心或多孔的块材。空心砖墙与实心砖墙比较能节约材料，减轻墙体的自重。砌块墙多为松散材料或多孔材料制成，构造上采用与实心黏土砖一样措施增强其墙体的整体性与稳定性，提高建筑物的整体刚度和抗震能力。复合墙体指由两种以上材料组合而成的墙体，有三种组合方式：在砖墙内贴保温材料、中间填保温材料和中间带空气间层。目前我国使用的复合墙体主要以保温复合外墙为主，工程中常用的是外墙外保温工程就是规程推荐的五种外墙保温系统，有 EPS 板（聚苯板）薄抹灰外墙外保温系统、胶粉 EPS 颗粒保温浆料外墙外保温系统、EPS 板现浇混凝土外墙外保温系统、EPS 钢丝网架板现浇混凝土外墙外保温系统和机械固定 EPS 钢丝网架板外墙外保温系统等。

隔墙和隔断起到分隔建筑内部空间的重要作用，不承受任何外来荷载，本身的重量还要由其他构件来承担，是非承重的内墙。隔墙按构造方式的不同可分为砌筑隔墙、立筋隔墙和条板隔墙。

幕墙是建筑物外围护墙的一种新的形式，悬挂在建筑主体结构上，除自重和风力外，一般不承受其他荷载。幕墙的特点是装饰效果好、重量轻、安装速度快，是外墙轻型化、装配化较理想的形式，因此在大型和高层建筑上得到广泛地采用。

外墙饰面的材料应具有良好的抗温差变化、抗磨损、抗腐蚀、抗侵蚀等性能；内墙饰面可以分为保护功能、使用功能、装饰功能三个方面。

<h1 style="text-align:center">课题 3　楼 地 层 构 造</h1>

4.3.1　楼层的设计要求及组成

1. 楼层的设计要求

楼层是多层建筑中水平方向分隔上下空间的结构构件。它除了承受并传递垂直荷载和水平荷载外，还应具有一定的隔声、防火、防水等能力。同时，建筑物中的各种水平设备管线，也将在楼板层内敷设。因此，为保证楼层的结构安全和正常使用，必须满足以下要求：

（1）具有足够的强度和刚度，保证安全与正常使用。

（2）楼层应具有一定的隔声能力，以避免楼层上下空间的相互干扰。

（3）楼板应满足规范规定的防火要求，以避免和减少火灾引起的危害。

（4）对有水侵袭的楼层，为保证建筑物正常使用，避免渗透，须具有防潮防水能力。

（5）在现代建筑中，将有更多的管道、线路，所以还应具有敷设各种管线的能力。

（6）在多层建筑中，楼板结构占相当比重，因此在设计中应尽量为工业化创造条件。

2. 楼层的组成

为满足板层的使用要求，建筑物的板层通常由以下几部分构成（图 4-3-1）。

（1）面层。面层是与人和家具设备直接接触的部分，它起着保护楼板、分布荷载和耐磨等方面的作用，同时也对室内装饰有重要影响。

（2）结构层。它是楼板层的承重部分，包括板和梁，主要功能在于承受楼板层的荷载，并将荷载传给墙或柱，同时还对墙身起水平支撑作用，抵抗部分水平荷载，增加建筑物的整体刚度。应具有足够的强度、刚度和耐久性。

（3）功能层。功能层又称附加层，主要用以设置满足隔声、防水、隔热、保温、绝缘等作用的部分。

（4）顶棚层。它是楼板层下表面的构造层，也是室内空间上部的装修层，又称天花或天棚。其主要功能是保护楼板、室内装饰，以及保证室内使用条件。

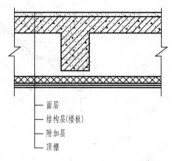

图 4-3-1 楼层的基本组成

4.3.2 钢筋混凝土楼板构造

1. 钢筋混凝土楼板的类型与特点

钢筋混凝土楼板具有强度高、刚度好、耐久又防火，良好的可塑性，便于机械化施工等特点，是目前我国工业与民用建筑中楼板的基本型式。近年来，由于压型钢板在建筑上的应用，于是出现了以压型钢板为底模的钢衬板楼板。

钢筋混凝土楼板按其施工方法不同，可分为现浇式、预制装配式和装配整体式三种。

（1）现浇式。现浇钢筋混凝土楼板是施工现场按支模、扎筋、浇灌振捣混凝土、养护等施工程序而成型的楼板结构。由于是现场整体浇筑成形，结构整体性良好，制作灵活，特别适用于有抗震设防要求的多层房屋和对整体性要求较高的建筑。对平面布置不规则、尺寸不符合模数要求、管线穿越较多和防水要求较高的楼面，应采用现浇式钢筋混凝土楼板。随着高层建筑的日益增多、施工技术的不断革新和工具式钢模板的发展，现浇钢筋混凝土楼板的应用逐渐增多。

（2）预制装配式。预制装配式钢筋混凝土楼板是指在构件预制加工厂或施工现场外预先制作，然后运到工地现场进行安装的钢筋混凝土楼板。这种楼板缩短了施工工期，提高了施工机械化的水平，有利于建筑工业化，但楼板的整体性、防水性、灵活性较差。适用于平面形状规则、尺度符合建筑模数要求、管线穿越楼板较少的建筑物。

预制钢筋混凝土楼板有预应力和非预应力两种。预应力楼板的抗裂性和刚度均好于非预应力楼板，且板型规整、节约材料、自重轻、造价低。预应力楼板和非预应力楼板相比，可节约钢材 30%～50%，节约混凝土 10%～30%。

（3）装配整体式。装配整体式楼板是先预制部分构件，然后在现场安装，再以整体浇筑其余部分的方法将其连成整体的楼板。它综合了现浇式楼板整体性好和装配式楼板施工简单、工期较短的优点，又避免了现浇式楼板湿作业量大、施工复杂和装配式楼板整体性较差等缺点。装配式楼板形式是叠合楼板。

2. 钢筋混凝土楼板的构造

（1）现浇钢筋混凝土楼板。现浇钢筋混凝土楼板按其受力和传力情况可分为板式楼板、梁板式楼板、无梁楼板、钢衬板组合楼板等几种。

1）板式楼板。板式楼板是将楼板现浇成一块平板，并直接支承在墙上。由于采用大规格模板，板底平整，有时顶棚可不另抹灰（模板间混凝土的"缝隙"需打磨平整），是最简单的一种形式，目前采用较多（图4-3-2）。适用于平面尺寸较小的房间以及公共建筑的走廊。

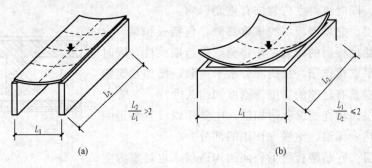

图 4-3-2 板式楼板

2）梁板式楼板。当房间的平面尺寸较大，为使楼板结构的受力与传力较为合理，常在楼板下设梁以增加板的支点，从而减小板的跨度。这样楼板上的荷载是先由板传给梁，再由梁传给墙或柱。这种楼板结构称为梁板式结构，梁有主梁与次梁之分（图4-3-3）。梁板式楼板依据其受力特点和支撑情况又可分为单向板、双向板、井式楼板。

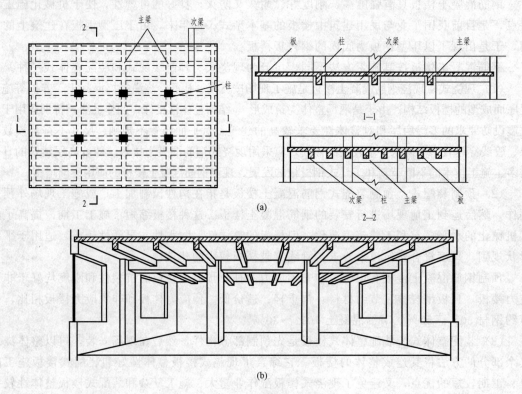

图 4-3-3 梁板式楼板

在板的受力和传力过程中，板的长边尺寸 L_2 与短边尺寸 L_1 的比例，对板的受力方式影响极大。当 $L_2/L_1 >$ 2 时，在荷载作用下，板基本上只在 L_1 方向挠曲，而在 L_2 方向挠曲很小 [图 4-3-4（a）]，这表明荷载主要沿 L_1 方向传递，故称单向板。当 $L_2/L_1 \leqslant 2$ 时，则两个方向都有挠曲 [图 4-3-4（b）]，这说明板在两个方向都传递荷载，故称双向板。

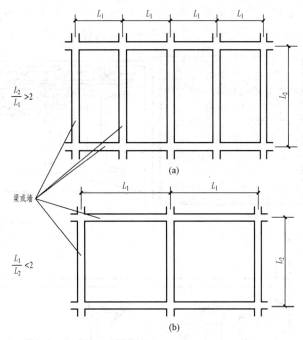

图 4-3-4 楼板的受力和传力

（a）单向板；（b）双向板

①梁板式楼板结构的经济尺度。梁板式楼板是由板、次梁、主梁组成的，为了更充分地发挥楼板结构的效力，合理选择构件的尺度是至关重要的。通过试验和实践，梁板式楼板的各组成构件经济尺度有如下要求：

梁板式楼板主梁跨度是柱距，一般为 5～9m，最大可达 12m；主梁截面高度依据刚度要求为跨度的 1/14～1/8；次梁跨度即主梁间距，经济跨度一般为 4～6m，次梁截面高度依据刚度要求为跨度的 1/18～1/12。梁的截面宽度与高度之比一般为 1/3～1/2，其宽度常采用 250mm 或 300mm。

板的跨度即次梁（或主梁）的间距，一般为 1.7～2.5m，双向板不宜超过 5m×5m，板的厚度根据施工和使用要求，一般有如下规定：

单向板时：板厚 60～80mm，一般为板跨的 1/35～1/30；民用建筑楼板厚 70～100mm；生产性建筑（工业建筑）的楼板厚 80～180mm，甚至更大。当混凝土强度等级≥C20 时，板厚可减少 10mm，但不得小于 60mm。

双向板时：板厚为 80～160mm，一般为板跨的 1/40～1/35。

②楼板的结构布置。结构布置是对楼板的承重构件合理的安排，使其受力合理，并与建筑设计协调。在结构布置中，首先考虑构件的经济尺度，以确保构件受力的合理性；当房间的尺度超过构件的经济尺度时，可在房间增设柱子作为主梁的支点，使其尺度在经济跨度范围之内。其次，构件的布置根据建筑的平面尺寸使主梁尽量沿支点的跨度方向布置，次梁则与主梁方向垂直。当房间的形状为方形且跨度在 10m 或 10m 以上时，可沿两个方向等间距布置等截面的梁，形成井格形梁板结构，这种楼板称为井式楼板或井字梁式楼板。井式楼板可与墙体正交放置或斜交放置（图 4-3-5）。井式楼板底部的井格整齐划一，很有规律，具有较好的装饰效果，可以用于较大的无柱空间，如门厅、大厅、会议室、餐厅、小型礼堂、舞厅等。

3）无梁楼板。无梁楼板是将板直接支承在柱和墙上，不设梁的楼板。无梁楼板分为有柱帽和无柱帽两种。当荷载较大时，为避免楼板太厚，应采用有柱帽无梁楼板。无梁楼板的网柱一般采用间距不大于 6m 的方形网格，板厚不小于 120mm。无梁楼板具有顶棚平整、净空高度大、采光通风条件较好、施工简便等优点，但楼板厚度较大，适用于楼板上活荷载较大的商店、书库、仓库等荷载较大的建筑（图4-3-6）。

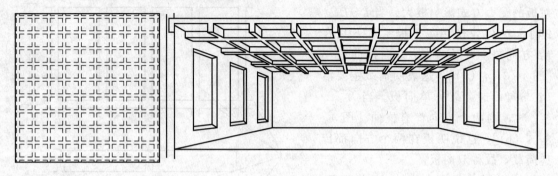

图4-3-5　井式楼板

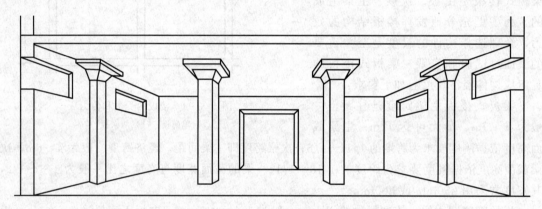

图4-3-6　无梁楼板（有柱帽）

4）钢衬组合楼板。钢衬组合楼板是利用压型钢衬板（分单层、双层）与现浇钢筋混凝土一起支承在钢梁上形成的整体式楼板结构，主要用于大空间的高层民用建筑或大跨度工业建筑。由于压型钢板作为混凝土永久性模板，简化了施工程序，加快了施工进度。压型钢板的肋部空间可用于电力管线的穿设，还可以在钢衬板底部焊接架设悬吊管道、吊顶棚的支托等，从而可充分利用楼板结构所形成的空间。但由于钢衬板组合楼造价较高，故目前在我国较少采用。

钢衬板组合楼板由楼面层、组合板和钢梁三部分组成。构造形式有单层钢衬板组合楼板和双层钢衬板组合楼板两类。钢衬板之间和钢衬板与钢梁之间的连接，一般采用焊接、螺栓连接、铆钉连接等方法（图4-3-7）。

（2）预制装配式钢筋混凝土楼板。由于预制楼板的整体性差，抗震能力比现浇钢筋混凝土楼板低，因此，必须采取板缝处理、搁置、连接等一系列构造措施来加强预制楼板的整体性，构造复杂，目前工程很少采用。

（3）装配整体式钢筋混凝土楼板。预制薄板叠合楼板是装配整体式钢筋混凝土楼板之一，以预制薄板为永久模板来承受施工荷载，板面现浇混凝土叠合层，所有楼板层中的管线均预先埋在叠合层内，现浇层内只需配置少量承受支座负弯矩的钢筋。预制薄板底面平整，作为顶棚可直接喷浆或铺贴其他装饰材料。叠合楼板跨度大、厚度小、自重减少、可节约模

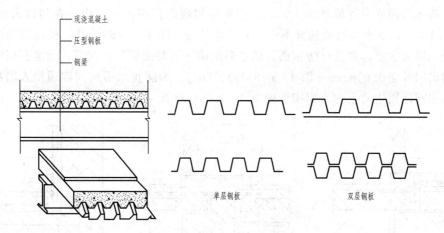

图 4-3-7 钢衬组合楼板

板并降低造价。目前，广泛用于住宅、旅馆、学校、办公楼、医院以及仓库等建筑中。但不适用于有振动荷载的建筑中。

叠合楼板跨度一般为 4～6m，最大可达 9m，以 5.4m 以内较为经济。预制预应力薄板板厚为 50～70mm，板宽为 1100～1800mm。为使预制薄板与现浇叠合层牢固地结合在一起，可将预制薄板的板面做适当处理，如板面刻凹槽、设置梁肋或板面露出较规则的三角形状的结合钢筋等（图 4-3-8）。

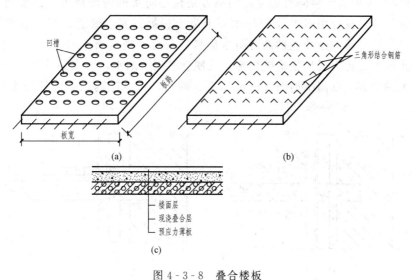

图 4-3-8 叠合楼板
（a）板面刻凹槽；（b）板面露出三角形结合钢筋；（c）叠合组合楼板

（4）楼板层的细部构造。

1）楼板层的防水与排水。

①楼面排水。有水浸蚀的房间（如厨房、卫生间等），为便于排水，地面应设置一定坡度坡向置地漏，地面排水坡度一般为 1%～1.5%。

②楼层防水。对于有水的房间，其结构层以现浇钢筋混凝土楼板为好。面层也宜采用水泥砂浆、水磨石地面或贴缸砖、瓷砖、陶瓷锦砖等防水性能好的材料。有水房间的地面标高

应比周围其他房间或走廊低20~30mm，若不能实现此标高差时，也可在门口做高为20~30mm的门槛，以防水多时或地漏不畅通时积水外溢（图4-3-9）。并在楼板结构层与面层之间设置一道防水层，如卷材防水层、防水砂浆防水层和涂料防水层等。当遇到门时，其防水层应铺出门外至少250mm［图4-3-9（a）、（b）］。为防止水沿房间四周侵入墙身，应将防水层沿房间四周边向上伸入踢脚线内100~150mm［图4-3-9（c）］。

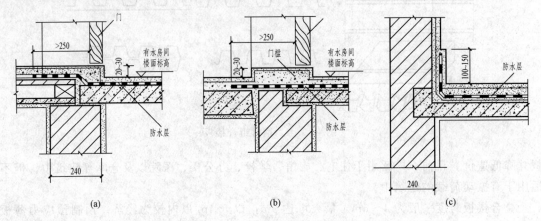

图4-3-9 有水房间楼层的防水处理
(a) 地面降低；(b) 设置门槛；(c) 墙身防水

2）立管穿楼板构造。竖向管道穿越的地方是楼层防水的薄弱环节。穿楼板立管的防水处理，可在管道穿楼板处用C20干硬性细石混凝土振捣密实，管道上焊接方形止水片埋入混凝土中，再用两布两油橡胶酸性沥青防水涂料做密封处理［图4-3-10（a）］；对于热力管道，为防止温度变化出现热胀冷缩变形，致使管壁周围漏水，可在穿管位置预埋一个比热力管直径稍大的套管，且高出地面30mm以上，同时，在缝隙内填塞弹性防水材料［图4-3-10（b）］。

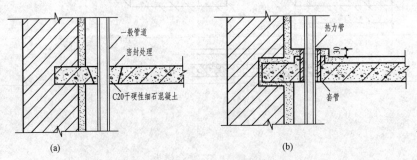

图4-3-10 管道穿楼板的处理
(a) 普通管道的处理；(b) 热力管道的处理

3）楼板层的隔声。噪声通常是指由各种不同强度、不同频率的声音混杂在一起的嘈杂声，强烈的噪声对人们的健康和工作有很大的影响。噪声一般以空气传声和撞击传声两种方式进行传递。

在无特殊隔声要求的建筑中，一般只考虑楼上人的脚步声，拖动家具、撞击物体所产生的噪声的处理。因此，楼板层的隔声构造主要是针对撞击传声而设计的。若要降低撞击传声的声级，首先应对振源进行控制，然后是改善楼板层隔绝撞击声的性能，通常可以从以下三方面考虑。

①对楼面进行处理。在楼面上铺设富有弹性的材料，如地毯、橡胶地毡、塑料地毡、软木板等，以降低楼板本身的振动，减弱撞击声声能。采用这种措施，效果是比较理想的（图4-3-11）。

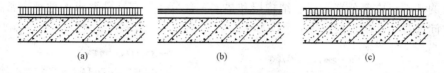

图 4-3-11 楼面隔声的处理

(a) 铺地毯；(b) 贴橡胶毡或塑料毡；(c) 镶软木砖

②利用弹性垫层进行处理。利用设置弹性垫层的楼板（浮筑楼板），即在楼板结构层与面层之间增设一道弹性垫层，以降低结构的振动，使楼面与楼板完全被隔开。弹性垫层可以采用具有弹性的片状、条状或块状的材料。如木丝板、甘蔗板、软木片、矿棉毡等。但必须注意，要保证楼面与结构层（包括面层与墙面交接处）完全脱离，以防止产生声桥（图4-3-12）。

③作楼板吊顶处理。楼板吊顶主要是解决楼板层所产生的空气传声问题。楼板被撞击后所产生的撞击声是通过空气传播的，于是利用隔绝空气声的措施来降低其撞击声。吊顶的隔声能力取决于它单位面积的质量及其整体性，即质量越大，整体性越强，隔声效果越好。此外，还决定于吊筋与楼板之间刚性连接的程度。如采用弹性连接，则隔声能力可大为提高（图4-3-13）。

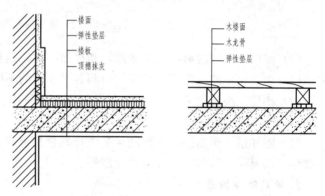

图 4-3-12 浮筑楼板隔声

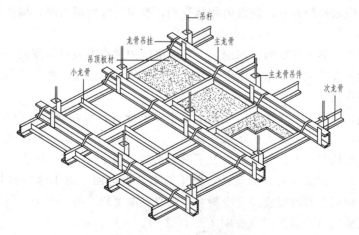

图 4-3-13 利用吊顶隔声

4.3.3 地层构造

地层系指建筑物首层房间与土壤相交处的水平构件。和楼层一样，它承受着地坪上的荷载，并均匀地传给地坪以下的土壤。

1. 地层的组成

地层的基本组成部分有面层、结构层和垫层三部分，对有特殊要求的地坪，常在面层和结构层之间增设一些附加层（图4-3-14）。

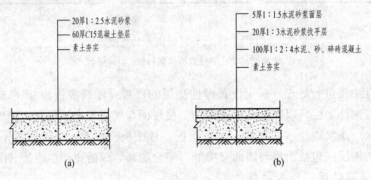

图4-3-14 地坪构造组成

（1）面层。地坪的面层又称地面，和楼面一样，是直接承受各种作用的表面层，起着保护结构层和美化室内的作用。根据使用和装修要求的不同，有各种不同的做法。

（2）垫层。垫层起着承重和传力作用，通常采用C15混凝土制成，厚度一般为80～100mm厚。有时可增加灰土、碎石、碎砖、炉渣三合土垫层等。

（3）附加层。附加层主要是满足某些特殊使用要求而设置的一些构造层次，如防水层、防潮层、保温层、隔热层、管道敷设层等。

2. 地层防潮构造

地层返潮现象主要出现在我国南方，每当梅雨季节，气温升高、雨水较多，空气中相对湿度较大。当地坪表面温度降到露点温度时，空气中的水蒸气遇冷便凝聚成小水珠附在地表面上，当地面的吸水性较差时，使室内物品受潮，当空气湿度很大时，墙体和楼板层都会出现返潮现象。

避免返潮现象主要是解决两个问题：一是解决围护结构内表面与室内空气温差过大的问题，使围护结构内表面在露点温度以上；二是降低空气相对湿度，加强通风。可采取以下构造措施改善地坪返潮。

（1）保温地面。对地下水位低、地基土壤干燥的地区，可在面层下面铺设一层保温层，以改善地面与室内空气温差过大的矛盾［图4-3-15（a）］。在地下水位较高地区，可将保温层设在面层与结构层之间，并在保温层下设防水层［图4-3-15（b）］。

（2）吸湿地面。用黏土砖、大阶砖、陶土防潮砖做地面。由于这些材料中存在大量孔隙，当返潮时，面层会暂时吸收少量冷凝水，待空气湿度较小时，水分又能自然蒸发掉，因此地面不会让人感到有明显的潮湿现象［图4-3-15（c）］。

（3）架空式地坪。在底层地坪下设通风间层，使底层地坪不接触土壤，以改变地面的温度状况，从而减少冷凝水的产生，使返潮现象得到明显的改善。

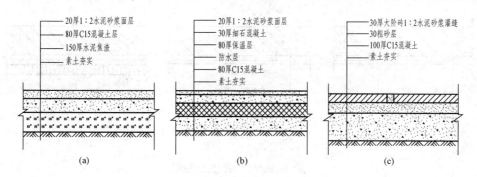

图 4 - 3 - 15　改善地坪返潮的构造措施

（a）保温地面；（b）设防水层保温地面；（c）吸湿地面

4.3.4 顶棚构造

1. 顶棚的作用及设计要求

顶棚又称为天花，即楼板层的最底部构造。顶棚应表面光洁、美观，特殊房间还要求顶棚有隔音、保温、隔热等功能。因此，顶棚应满足以下设计要求：

（1）装饰和美化房间。可以将房屋的承重结构及设备封闭起来。

（2）满足音响效果的要求。对于有音响效果要求的建筑，如影院、剧场、音乐厅中的厅堂吊顶应满足音响方面的要求。吊顶的形式、做法应考虑吸声和反射的功能。

（3）满足照明方面的要求。房间中的灯具，一般应安装在顶棚上，因而顶棚上要充分考虑安装灯具的要求。

（4）防火要求。为保证建筑物的防火性能，在选择吊顶做法和吊顶材料时，应充分考虑与建筑防火规范中规定的耐火极限相一致。

（5）承重要求。吊顶面层上有时要安装灯具、吊扇，有的要上人检修，因而要求吊顶应有一定的承载能力。

2. 顶棚形式及构造

顶棚的形式很多，按构造和施工方式的不同可分为直接式顶棚和吊式顶棚。

（1）直接式顶棚的构造。直接式顶棚是直接在钢筋混凝土楼板底面喷刷涂料、抹灰或粘贴装修材料或添加一些装饰线脚（木质、石膏、塑料和金属等），不占据净空高度，造价低、效果较好，不能用于板底有管网的房间，且易剥落、维修周期短。直接式顶棚常采用线脚方法装饰，常用的线脚有木制线脚、金属线脚、塑料线脚、石膏线脚。有特殊要求的房间，可在板底粘贴墙纸、吸声板、泡沫塑料板等装饰材料。直接式顶棚构造如图 4 - 3 - 16 所示。适用于家庭、宾馆标准房、学校等。

（2）吊式顶棚的构造。当房间顶部不平整或楼板底部需敷设导线、管线、其他设备或建筑本身要求平整、美观时，在屋面板（或楼板）下，通过设吊筋（木、钢筋、型钢等）将主、次龙骨（木制、槽钢、轻质型钢等）所形成的骨架固定，在骨架下固定各类装饰面板（如竹类、板条、钢丝网抹灰、金属板材等）形成吊式顶棚。吊顶棚主要有吊筋、龙骨和面层三部分组成，是一种广泛采用的顶棚形式，适用于各种场所。

吊筋又称吊杆，分为木吊筋和金属吊筋。工程中一般多用 $\phi 8 \sim \phi 10$ 钢筋或型钢，不上

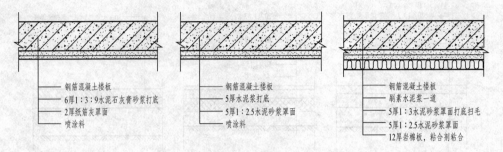

图 4-3-16 直接式顶棚

人的吊顶也可以用 10 号镀锌铁丝，吊筋的间距主要取决于吊顶的荷载，一般为 900～1200mm。其主要作用是承受吊顶龙骨和面层材料产生的荷载。

龙骨有木龙骨和金属龙骨，根据吊顶的尺寸可沿一个方向或两个方向布置；龙骨间距则主要根据面层选用材料的规格尺寸确定（图 4-3-17）。

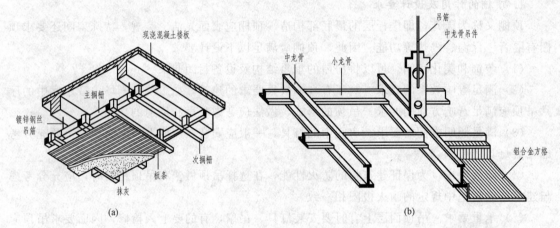

图 4-3-17 吊式顶棚
(a) 木龙骨吊顶；(b) 金属龙骨吊顶

吊顶面层的类型很多，常用的有胶合板、纤维板、木丝板、石膏板、矿棉吸声板、金属板和 PVC 板等。面层一般固定在次龙骨上，固定方法依据龙骨和面层材料而定，板材与龙骨连接方式有："钉"、"搁"、"粘"、"吊"、"卡"等。

由于金属板材具有质轻、造型美观、耐久、耐腐蚀、防火、防潮、安装方便、立体感强、施工进度快等优点。石膏板防火、质轻、隔声、隔热、施工方便、可钉可锯，其板规格为 1200mm×3000mm，厚常为 12～15mm。不上人顶棚多用 φ6mm 钢筋作吊筋，再用各种吊件将次龙骨吊在主龙骨之上，然后再将石膏板用自攻螺丝固定在次龙骨下，次龙骨间距要按板材尺寸规格来确定。纸面石膏板和金属板吊顶是目前工程中常用的吊顶构造做法（图 4-3-18、图 4-3-19）。

4.3.5 地面构造

按楼地面所用的材料和施工方式的不同，地面常用的构造类型有整体式地面、块料地面和卷材地面等。

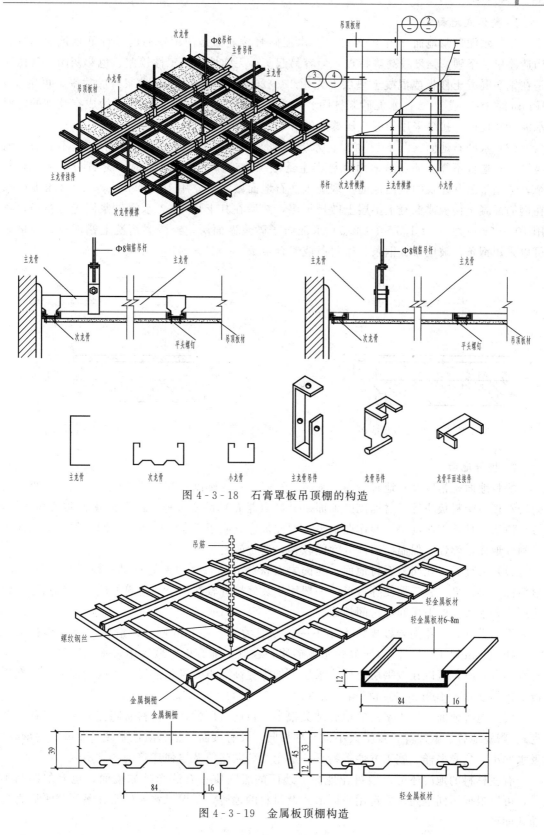

图 4-3-18 石膏罩板吊顶棚的构造

图 4-3-19 金属板顶棚构造

1. 整体式地面

(1) 水泥砂浆地面（图4-3-20）。水泥砂浆楼地面是使用普通的一种低档地面，具有构造简单、坚硬、强度较高等特点，但容易起灰、无弹性、热工性较差、色彩灰暗。其做法是在钢筋混凝土楼板或混凝土垫层上先用15～20mm厚1:3水泥砂浆打底找平，再用5～10mm厚1:2或1:2.5水泥砂浆抹面、压光。表面可作抹光面层，也可做成有纹理的防滑水泥砂浆地面。接缝采用勾缝或压缝条的方式。

(2) 水磨石地面（图4-3-21）。水磨石地面表面平整光洁、耐磨易清洁、不起灰、耐腐蚀，且造价不高。缺点是地面容易产生泛湿现象、弹性差、有水时容易打滑，施工较复杂，适用于公共建筑的室内地面。现浇水磨石地面做法是先用10～15mm厚1:3水泥砂浆在钢筋混凝土楼板或混凝土垫层上做找平层，然后在其上用1:1水泥砂浆固定分格条，再用10～15mm厚（1:1.5～1:2.5）水泥石子砂浆做面层，经研磨清洗上蜡而成。分格条可以采用钢条、玻璃条、铜条、塑料条或铝合金条。

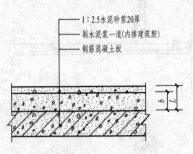

图4-3-20 水泥砂浆地面

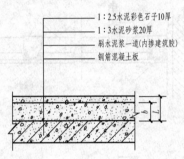

图4-3-21 水磨石地面构造

2. 块料地面

块料地面是指以陶瓷地砖、陶瓷锦砖、缸砖、水泥砖以及各类预制板块、大理石板、花岗岩石板、塑料板块等板材铺砌的地面。其特点是花色品质多样，经久耐用，防火性能好，易于清洁，且施工速度快，湿作业量少，因此被广泛应用于建筑中各类房间。但此类地面属于刚性地面，弹性、保温、消声等性能较差，造价较高。

(1) 大理石、花岗岩石材地面。花岗岩石材分天然石材和人造石材两种，具有强度高、耐腐蚀、耐污染、施工简便等特点，一般用于装修标准较高的公共建筑的门厅、休息厅、营业厅或要求较高的卫生间等房间地面。

天然大理石、花岗岩板规格大小不一，一般为20～30mm厚。构造做法是在楼板或垫层上抹30mm厚1:3～1:4干硬性水泥砂浆，在其上铺石板，最后用素水泥浆填缝，用于有水的房间时，可以在找平层上作防水层。如为提高隔声效果和铺设暗管线的需要，可在楼板上做厚度60～100mm轻质材料垫层（图4-3-22）。

(2) 地砖地面。用于室内的地砖种类很多，目前常用的地砖材料有陶瓷锦砖（又称马赛克）、陶瓷地砖、缸砖等，规格大小也不尽相同。具有表面平整、质地坚硬、耐磨、耐酸碱、吸水率小、色彩多样、施工方便等特点，适用于公共建筑及居住建筑的各类房间。

有些材料的地砖还可以做拼花地面。地面的表面质感有的光泽如镜面，也有的凹凸不平，可以根据不同空间性质选用不同形式及材料的地砖。一般以水泥砂浆在基层找平后直接铺装即可。

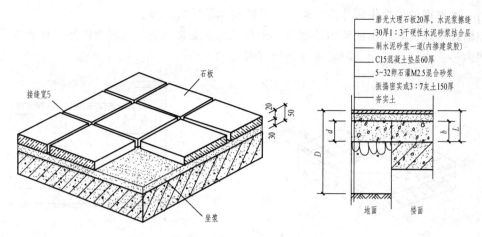

图 4-3-22 大理石地面构造

1）陶瓷锦砖地面。陶瓷锦砖是以优质瓷土烧制成 19～25mm 见方，厚 6～7mm 小块。出厂前按设计图案拼成 300mm×300mm 或 600mm×600mm 的规格，反贴于牛皮纸上。具有质地坚硬、经久耐用、表面色泽鲜艳、装饰效果好，且防水、耐腐蚀、易清洁的特点，适用于有水、有腐蚀性液体作用的地面。做法是 15～20mm 厚 1：3 水泥砂浆找平；5mm 厚 1：1～1：1.5 水泥砂浆或 3～4mm 素水泥浆加 107 胶粘贴，用滚筒压平，使水泥浆挤入缝隙；待硬化后，用水洗去皮纸，再用干水泥擦缝（图 4-3-23）。

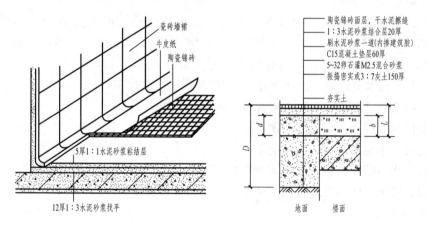

图 4-3-23 陶瓷锦砖地面

2）陶瓷地砖地面。陶瓷地砖分为釉面和无釉面两种。规格有 600～1200mm 不等，形状多为方形，也有矩形，地砖背面有凸棱，有利于地砖胶结牢固，具有表面光滑、坚硬耐磨、耐酸耐碱、防水性好、不宜变色的特点。做法是在基层上做 10～20mm 厚 1：3 水泥砂浆找平层，然后浇素水泥浆一道，铺地砖，最后用水泥砂浆嵌缝（图 4-3-24）。对于规格较大的地砖，找平层要用干硬性水泥砂浆。

（3）竹、木地面。竹、木楼地面是无防水要求房间采用较多的一类地面，具有不起灰、易清洁、弹性好、耐磨、热导率小、保温性能好、不返潮等优点，但耐火性差、潮湿环境下易腐朽、易产生裂缝和翘曲变形，常用于高级住宅、宾馆、剧院舞台等的室内装修中。

竹、木地面的构造做法分为空铺式、实铺式和粘贴式三种。

空铺式木地面是将木地板用地垄墙、砖墩或钢木支架架空，具有弹性好、脚感舒适、防潮和隔声等优点，一般用于剧院舞台地面（图 4 - 3 - 25）。

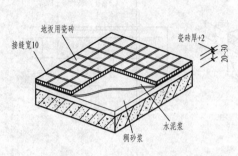

图 4 - 3 - 24　陶瓷地砖地面

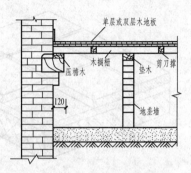

图 4 - 3 - 25　空铺式木地面构造

空铺式木地面做法是在地垄墙上预留 120mm×190mm 的洞口，在外墙上预留同样大小的通风口，为防止鼠类等动物进入其内，应加设铸铁通风箅子。木地板与墙体的交接处应做木踢脚板，其高度在 100～150mm 之间，踢脚板与墙体交接处还应预留直径为 6mm 的通风洞，间距为 1000mm。

实铺式木地面是在结构基层找平层上固定木搁栅，再将硬木地板铺钉在木搁栅上，其构造做法分为单层和双层铺钉。

双层实铺木地面做法是在钢筋混凝土楼板或混凝土垫层内预留 Ω 形铁卡子，间距为 400mm，用 10 号镀锌钢丝将 50mm×70mm 木搁栅与铁鼻子绑扎。搁栅之间设 50mm×50mm 横撑，横撑间距 800mm（搁栅及横撑应满涂防腐剂）。搁栅上沿 45°或 90°铺钉 18～22mm 厚松木或杉木毛地板，拼接可用平缝或高低缝，缝隙不超过 3mm。面板背面刷氟化钠防腐剂，与毛板之间应衬一层塑料薄膜缓冲层。

单层做法与双层相同，只是不做毛板一层 [图 4 - 3 - 26 (a)、(b)]。

粘贴式竹、木地面是在钢筋混凝土楼板或混凝土垫层上做找平层。目前多用大规格的复合地板，然后用粘结材料将木地板直接粘贴其上，要求基层平整 [图 4 - 3 - 26 (c)]。具有耐磨、防水、防火、耐腐蚀等特点，是木地板中构造做法最简便的一种。

3. 卷材地面

（1）塑料地毯。塑料类地毯有油地毡、橡胶地毡、聚氯乙烯地毡等。聚氯乙烯地毡系列是塑料地面中最广泛使用的材料，优点是重量轻、强度高、耐腐蚀、吸水率小、表面光滑、易清洁、耐磨，有不导电和较高的弹塑性能。缺点是受温度影响大，须经常做打蜡维护。聚氯乙烯地毡分为玻璃纤维垫层、聚氯乙烯发泡层、印刷层和聚氯乙烯透明层等。在地板上涂上水泥砂浆底层，等充分干燥后，再用粘结剂将装修材料加以粘贴。

（2）地毯。地毯可分为天然纤维和合成纤维地毯两类。天然纤维地毯是指羊毛地毯，特点是柔软、温暖、舒适、豪华、富有弹性，但价格昂贵，耐久性又比合成纤维的差。合成纤维地毯包括丙烯酸、聚丙烯腈纶纤维地毯、聚醋纤维地毯、烯族烃纤维和聚丙烯地毯、尼龙地毯等，按面层织物的织法不同分为栽绒地毯、针扎地毯、机织地毯、编结地毯、粘结地毯、静电植绒地毯等。

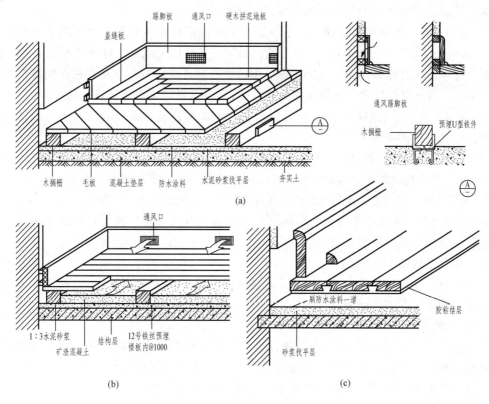

图 4-3-26 实铺式木地面构造

（a）双层构造；（b）单层构造；（c）粘贴式

  地毯铺设方法分为固定与不固定两种，铺设分为满铺和局部铺设。不固定式是将地毯裁边、粘结拼缝成一整片，直接摊铺于地上。固定式则是将地毯四周与房间地面加以固定。固定方法有两种：一种是用施工胶粘剂将地毯的四周与地面粘贴；另一种是在房间周边地面上安装木质或金属倒刺板，将地毯背面固定在倒刺板。

4.3.6 阳台与雨篷构造

1. 阳台

（1）阳台形式和设计要求。阳台是悬挑于建筑物外墙上并连接室内的室外平台，可以起到观景、纳凉、晒衣、养花等多种作用，是住宅和旅馆等建筑中不可缺少的一部分。阳台按其与外墙面的关系分为挑阳台、凹阳台、半凸半凹阳台和转角阳台（图 4-3-27）。

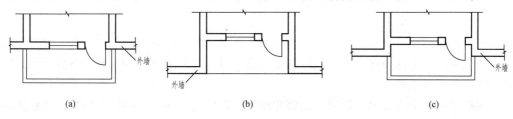

图 4-3-27 阳台的类型

（a）挑阳台；（b）凹阳台；（c）半凸半凹阳台

为保证阳台在建筑中的作用,阳台应满足下列设计要求:

1)安全适用。悬挑阳台的挑出长度不宜过大,应保证在荷载的作用下不产生倾覆,以 1000～1500mm 为宜,1200mm 左右最常见。低层、多层住宅阳台栏杆净高不低于 1050mm,中高层住宅阳台栏杆净高不低于 1100mm。阳台栏杆形式应防坠落(垂直栏杆间净距不应大于 110mm),为不可攀登式(不设水平分格)。放置花盆处应采取防坠落措施。

2)坚固耐久。承重结构应采用钢筋混凝土,金属构件应做防锈处理,表面装修应注意色彩的持久性和抗污染性。

3)排水通畅。非封闭阳台为防止雨水流入室内,要求阳台地面标高低于室内地面标高 30～50mm,并将地面作出 5‰ 的排水坡,坡向排水孔,使雨水能顺利排除。

4)施工方便。尽可能采用现场作业,在施工条件许可的情况下,宜采用大型装配式构件。

5)形象美观。可以利用阳台的形状、栏杆的排列方式、色彩图案,给建筑物带来一种韵律感,为建筑物的形象增添美感。

(2)阳台结构的支承方式。

1)墙承式〔图 4-3-28(a)〕。墙承式是将阳台板直接搁置在墙上,这种支承方式结构简单,施工方便,多用于凹阳台。

2)悬挑式。

①挑板式〔图 4-3-28(b)〕。当楼板为现浇楼板时,可选择挑板式。即将房间楼板直接向外悬挑形成阳台板。挑板式阳台板底平整美观,且阳台平面形状可作成半圆形、弧形、梯形、斜三角形等各种形状。挑板厚度不小于挑出长度的 1/12。

②压梁式〔图 4-3-28(c)〕。阳台板与墙梁现浇在一起,墙梁可用加大的圈梁代替。阳台板依靠墙梁和梁上的墙体重量来抗倾覆,由于墙梁受扭,故阳台悬挑不宜过长,一般为 1200mm 左右,并在墙梁两端设拖梁压入墙内,来增加抗倾覆力矩。

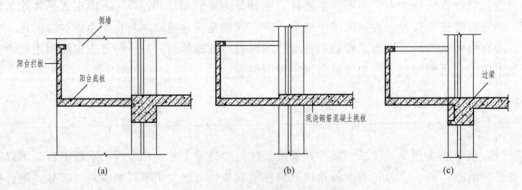

图 4-3-28　阳台结构布置

(a)墙承式;(b)挑板式;(c)压梁式

(3)阳台细部构造。阳台栏杆主要是承担人们扶倚的侧向推力,以保障人身安全,还可以对整个建筑物起装饰美化作用。栏杆的形式有实体、空花和混合式,按材料可分为砖砌、钢筋混凝土和金属栏杆。

金属栏杆一般采用方钢、圆钢、扁钢和钢管等焊接成各种形式的空花栏杆,须作防锈处理;钢筋混凝土栏板为现浇和预制两种;砖砌栏板一般为 120mm 厚,为加强其整体性,应在栏板顶部现浇钢筋混凝土扶手,或在栏板中配置通长钢筋加固。

扶手有金属和钢筋混凝土两种。金属扶手一般为钢管，钢筋混凝土扶手有不带花台的和带花台。带花台的栏杆扶手，在外侧设保护栏杆，一般高 180～200mm，花台净宽为 250mm［图 4-3-29（b）、（d）］；不带花台的栏杆扶手直接用做栏杆压顶，宽度有 80mm、120mm、160mm 等［图 4-3-29（c）］。

栏杆与扶手的连接方式通常有焊接、整体现浇等方式。扶手与栏杆直接焊接或与栏板上预埋铁件焊接，这种连接方法施工简单，坚固安全［图 4-3-29（a）］。将栏杆或栏板内伸出钢筋与扶手内钢筋相连，然后支模现浇扶手为整体现浇［图 4-3-29（b）、（d）］。这种做法整体性好，但施工较复杂。

栏杆与面梁或阳台板的连接方式有焊接、预留钢筋二次现浇、整体现浇等。当阳台板为现浇板时必须在板边现浇高 60mm 混凝土挡水带，金属栏杆可直接与面梁上预埋件焊接［图 4-3-29（a）］；砖砌栏板可直接砌筑在面梁上［图 4-3-29（b）］；预制的钢筋混凝土栏杆与面梁中预埋铁件焊接，也可预留钢筋与面梁进行二次浇灌混凝土［图 4-3-29（c）］；现浇钢筋混凝土栏板可直接从面梁上伸出锚固筋，然后扎筋、支模、现浇细石混凝土［图 4-3-29（d）］。

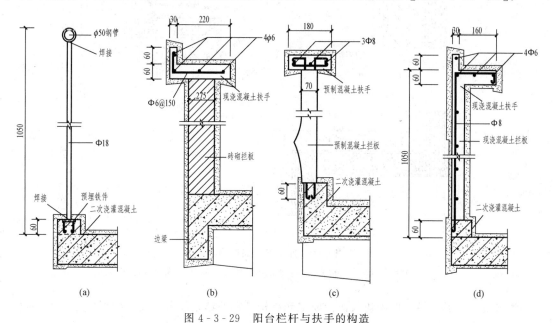

图 4-3-29 阳台栏杆与扶手的构造
（a）金属栏杆与钢管扶手；（b）砖砌栏板与现浇混凝土扶手；（c）预制混凝土栏杆与
现浇混凝土扶手；（d）现浇混凝土栏杆与现浇混凝土扶手

阳台排水有外排水和内排水两种。内排水适用于高层建筑和高标准建筑，即在阳台内侧设置排水管和地漏，将雨水经水管直接排入地下管网［图 4-3-30（a）］；外排水适用于低层和多层建筑，即在阳台外侧设置泄水管将水排出。泄水管可采用直径 40～50mm 镀锌铁管和塑料管，外挑长度不少于 80mm，以防雨水溅到下层阳台［图 4-3-30（b）］。

北方地区阳台多采用封闭式，构造中根据节能要求须做好阳台保温构造，其中顶层阳台雨篷保温构造同屋顶保温做法，除此还要做好阳台隔板保温构造［图 4-3-31］。

2. 雨篷

雨篷位于建筑物外墙出入口的上方，以挡雨并有一定装饰作用的水平构件。雨篷的支承方

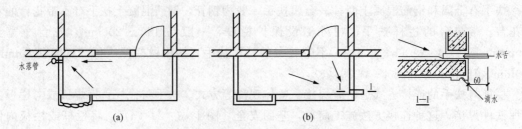

图4-3-30 阳台排水处理

(a) 水落管排水；(b) 排水管排水

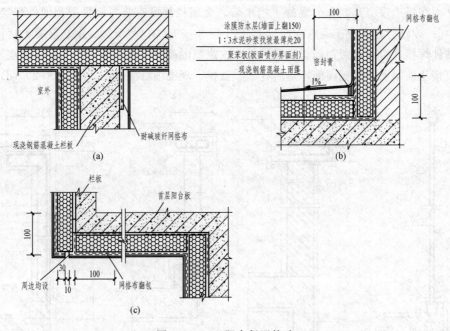

图4-3-31 阳台保温构造

(a) 阳台隔板保温构造；(b) 顶层阳台保温；(c) 底层阳台保温

式多为悬挑式，其悬挑长度视建筑设计要求和结构计算的结果而定。按结构形式不同，雨篷有板式和梁板式两种。为防止雨篷产生倾斜，常将雨篷与入口处门上过梁或圈梁现浇在一起。

(1) 板式雨篷 [图4-3-32 (a)]。板式雨篷多做成变截面形式，板根部厚度不小于挑出长度的1/12且不小于70mm，板端部厚度不小于50mm。板式雨篷外挑长度一般为0.9～1.5m，雨篷宽度比门洞每边宽250mm。

(2) 梁板式雨篷。梁板式雨篷为使其底面平整，常采用翻梁形式 [图4-3-32 (b)]。当雨篷外伸尺寸较大时，其支承方式可采用立柱式，即在入口两侧设柱支承雨篷，形成门廊。多用在长度较大的入口处，如影剧院、商场等。

雨篷顶面应做好防水和排水处理。雨篷顶面通常采用15～20mm厚1:2防水砂浆抹面，并应上翻至墙面形成泛水，其高度不小于250mm，同时，还应沿排水方向做出排水坡。板底抹灰可采用纸筋灰或水泥砂浆。为了集中排水和立面需要，可沿雨篷外缘做上翻的挡水边坎，高度为100mm左右，并在一端或两端设泄水管将雨水集中排出。

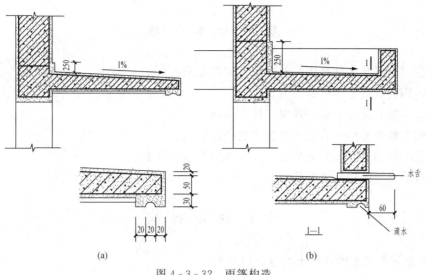

图 4 - 3 - 32 雨篷构造

（a）板式雨篷；（b）梁式雨篷

    除了传统的钢筋混凝土雨篷外，近年来在工程中也出现了造型轻巧，富有时代感的钢结构支撑系统玻璃雨篷，其支撑系统有采用钢结构与钢筋混凝土柱、梁相连，或是采用悬拉索结构与钢筋混凝土柱、梁相连（图 4 - 3 - 33）。

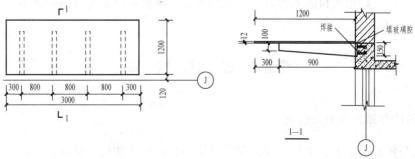

图 4 - 3 - 33 玻璃雨篷构造

理 论 知 识 训 练

1. 楼板层由哪几部分组成？对楼板有哪些要求？
2. 简述钢筋混凝土楼板的类型及特点。
3. 地面由哪些部分组成？各层有什么作用？
4. 顶棚有哪些类型？简述两类顶棚的构造做法。
5. 雨篷的作用是什么？类型有哪些？构造要求是什么？
6. 阳台的支撑结构形式有哪些？

实 践 课 题 训 练

绘出本地区常见的四种以上的地面构造图。

课 题 小 结

楼板是建筑中水平的承重构件，并用来在竖向划分建筑的内部空间。楼板承受建筑楼面的荷载，并将这些荷载传给墙或柱，同时楼板支撑在墙体上，对墙体起着水平支撑作用。楼板层应具有足够的强度、刚度，并应具有足够的防火、防水、隔声及防潮等性能。地层，又称地坪，它是底层空间与土壤之间的分隔构件，承受底层房间的使用荷载，须具有防潮、防水和保温等能力。

为满足楼板层的使用要求，建筑物的楼板层通常由面层、结构层、附加层和顶棚层组成。钢筋混凝土楼板按其施工方法不同，可分为现浇式、预制装配式和装配整体式三种。现浇钢筋混凝土楼板按其受力和传力情况可分为板式楼板、梁板式楼板、无梁楼板，此外还有压型钢板组合式楼板。

常用地面的构造类型有整体式地面、块料地面、木地面、卷材地面等。

顶棚按构造方式不同分为直接式顶棚和吊顶棚；吊顶棚主要有吊筋、龙骨和面层三部分组成。

阳台和雨篷都属于建筑物上的悬挑构件。阳台是悬挑于建筑物外墙上并连接室内的室外平台，可以起到观景、纳凉、晒衣、养花等多种作用。

雨篷位于建筑物出入口的上方，用来遮挡雨雪，保护外门免受侵蚀，提供一个从室内到室外的过渡空间。

课题4 楼 梯 构 造

4.4.1 楼梯的作用、分类及组成

楼梯是房屋建筑中上、下层之间垂直交通设施。楼梯在数量、位置、形式、宽度、坡度和防火性能等方面应满足使用方便和安全疏散的要求。尽管许多建筑日常的竖向交通主要依

靠电梯、自动扶梯等设备，但楼梯作为安全通道是建筑不可缺少的构件。

1. 楼梯的作用

楼梯是建筑的垂直交通设施，担负着人流、物流竖向交通任务。许多楼梯还对建筑空间有装饰作用，是建筑的重要组成部分。

2. 楼梯的分类

（1）按楼梯的材料，分为钢筋混凝土楼梯、钢楼梯、木楼梯和组合材料楼梯。因钢筋混凝土楼梯具有坚固、耐久、防水、施工方便、造型各异的性能，得到了普遍的应用。

（2）按楼梯的位置，分为室内楼梯和室外楼梯。

（3）按楼梯的使用性质，分为主要楼梯、辅助楼梯、疏散楼梯及消防楼梯。

（4）按楼梯间的平面形式，分为开敞式楼梯间、封闭式楼梯间、防烟楼梯间。

（5）按楼梯的布置方式和造型分类。

3. 楼梯的组成

楼梯一般由梯段、平台、栏杆（或栏板）和扶手三部分组成（图 4-4-1）。

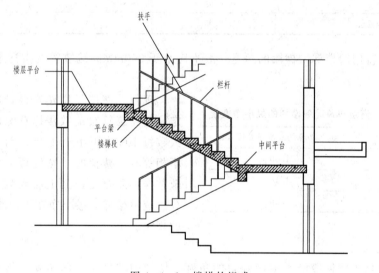

图 4-4-1 楼梯的组成

（1）梯段。梯段是楼梯的主要组成部分，由若干踏步构成。为了使人们上下楼梯时不至于过度疲劳，现行《民用建筑设计通则》规定每个梯段的踏步数不应超过 18 级，也不应少于 3 级。两个平行梯段之间的空隙，称为楼梯井。楼梯井一般是为楼梯施工方便而设置的，其宽度公共建筑要求不小于 150mm，住宅可无梯井。儿童活动场所使用的楼梯，当楼梯井净宽大于 200mm 时，必须采取安全措施，防止儿童坠落。

（2）楼梯平台。平台是联系两个梯段的水平构件，主要是为了解决梯段的连接与转折，同时也供人们在上下楼休息之用。平台有楼层平台和中间休息平台两种。

（3）栏杆与扶手。栏杆是为了确保人们的使用安全，在楼梯段的临空边缘设置的防护构件。扶手是栏杆、栏板上部供人们用手扶握的连续斜向配件。

4.4.2 楼梯的尺度

1. 梯段宽度

梯段的宽度是根据通行人数的多少（设计人流股数）和建筑的防火及疏散要求确定的。现行《建筑设计防火规范》规定了学校、商店、办公楼、候车室等民用建筑楼梯的总宽度。上述建筑楼梯的总宽度应通过计算确定，以每100人拥有的楼梯宽度作为计算标准，俗称百人指标（表4-4-1）。我国现行《民用建筑设计通则》规定楼梯梯段宽度除应符合防火规范的规定外，供日常主要交通用的梯段宽度应根据建筑物使用特征，按每股人流0.55＋(0～0.15)m的人流股数确定，并不应少于两股人流，0～0.15m为人流在行进中的摆幅，公共建筑人流众多的场所应取上限值。

表4-4-1　　　　　　　　　　　　一般建筑楼梯的宽度指标　　　　　　　　　　　（单位：m/百人）

层　数	耐火等级 宽度指标	一、二级	三级	四级
一、二层		0.65	0.75	1.00
三层		0.75	1.00	

非主要通行用的楼梯，梯段的净宽一般不应小于900mm。疏散宽度指标不应小于表4-4-1的规定。

表4-4-2　高层建筑疏散楼梯的最小净宽度

高层建筑	疏散楼梯的最小净宽度/m
医院病房楼	1.30
居住建筑	1.10
其他建筑	1.20

现行《高层民用建筑设计防火规范》规定高层建筑每层疏散楼梯总宽度应按其通过人数每100人不小于1.00m计算。各层人数不相等时，楼梯的总宽度可分段计算，下层疏散楼梯总宽度按其上层人数最多的一层计算。疏散楼梯的最小净宽不应小于表4-4-2的规定。

2. 楼梯的坡度

楼梯坡度是指楼梯段沿水平面倾斜的角度。楼梯的坡度小，踏步就平缓、行走就较舒适。反之，行走就较吃力。但楼梯的坡度越小，它的水平投影面积就越大，即楼梯占地面积越大。因此，根据具体情况合理的进行选择。对人流集中、交通量大的建筑，楼梯的坡度应小些。对使用人数较少、交通量较小的建筑，楼梯的坡度可以略大些。

楼梯的允许坡度范围在23°～45°。正常情况下应当把楼梯坡度控制在38°以内，一般认为30°左右是楼梯的适宜坡度。坡度大于45°时，称为爬梯。坡度在10°～23°时，称为台阶，10°以下为坡道（图4-4-2）。

3. 踏步尺寸

踏步尺度为保证行走时较舒适，一般认为踏面的宽度应大于成年男子脚的长度，使人们在上下楼梯时脚可以全部在踏面上。踢面的高度取决于踏面的宽度，因为二者之和宜与人的自然跨步长度相近，过大或过小，行走均会感到不方便。踏步尺寸高度与宽度的比决定楼梯坡度（图4-4-3）。踏步尺寸一般根据建筑的使用性质及楼梯的通行量综合确定。现行《民用建筑设计通则》对楼梯踏步最小宽度和最大高度的具体规定见表 4 - 4 - 3。

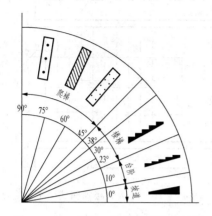

图 4 - 4 - 2 楼梯、爬梯、坡道的坡度

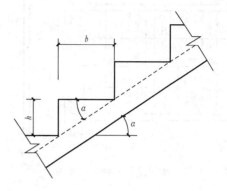

图 4 - 4 - 3 楼梯坡度与踏步尺寸

计算踏步宽度和高度可以利用下面的经验公式：

$$2h + b = 600 \sim 620\text{mm}$$

式中　h——踏步高度；

　　　b——踏步宽度。

600～620mm 为妇女及儿童跨步长度。由于楼梯的踏步宽度受到楼梯间进深的限制，可以在踏步的细部进行适当变化来增加踏面的尺寸，如采取加做踏步檐或使踢面倾斜（图 4 - 4 - 4）。踏步檐的挑出尺寸一般不大于 20mm，挑出尺寸过大，踏步檐容易损坏，而且会给行走带来不便。

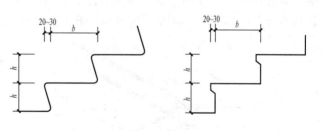

图 4 - 4 - 4　增加踏步宽度的方法

表 4 - 4 - 3　　楼梯踏步最小宽度和最大高度　　（单位：m）

楼 梯 类 别	最 小 宽 度	最 大 高 度
住宅公用楼梯	0.26	0.175
幼儿园、小学校等楼梯	0.26	0.15
电影院、剧院、体育馆、商场医院、旅馆和大中学校等楼梯	0.28	0.16
其他建筑楼梯	0.26	0.17
专用疏散楼梯	0.25	0.18
服务楼梯、住宅套内楼梯	0.22	0.20

4. 平台净宽

为了搬运家具设备的方便和通行的顺畅，现行《民用建筑设计通则》规定楼梯平台净宽不应小于梯段净宽，并不得小于 1.2m，当有搬运大型物件需要时应适当加宽（图 4 - 4 - 5）。

开敞式楼梯间的楼层平台同走廊连在一起，此时平台净宽可以小于上述规定，为了使楼梯间处的交于过分拥挤，把梯段起步点自走廊边线后退一段距离作为缓冲空间（图 4 - 4 - 6）。

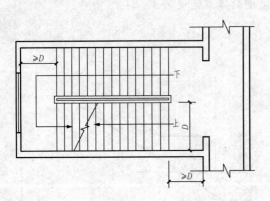

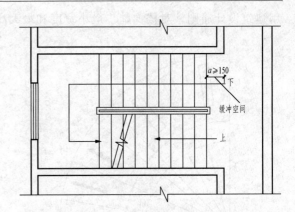

图 4-4-5　楼梯段和平台的尺寸关系　　　　　图 4-4-6　开敞式楼梯间楼层平台宽度

5. 栏杆与扶手的高度

楼梯栏杆是梯段的安全设施，楼梯栏杆高度是指踏步前缘至上方扶手中心线的垂直距离。栏杆的高度要满足使用及安全的要求。现行《民用建筑设计通则》规定，一般室内楼梯栏杆高度不应小于 0.9m。如果楼梯井一侧水平栏杆的长度超过 0.5m 时，其扶手高度不应小于 1.05m。室外楼梯栏杆高度：当临空高度在 24m 以下时，其高度不应低于 1.05m；当临空高度在 24m 以上时，其高度不应低于 1.1m。幼儿园建筑，楼梯除设成人扶手外，还应设幼儿扶手，其高度不应大于 0.60m（图 4-4-7）。

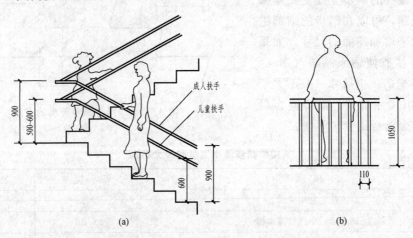

图 4-4-7　栏杆与扶手的高度
(a) 梯段处；(b) 顶层平台处安全栏杆

6. 楼梯净空高度

楼梯的净空高度包括楼梯段的净高和平台过道的净高两部分。楼梯段的净高是指梯段空间的最小高度，即下层梯段踏步前缘至上方梯段下表面间的垂直距离，平台过道处的净高指平台过道地面至上部结构最低点的垂直距离。现行《民用建筑设计通则》规定，梯段的净高不应小于 2200mm，楼梯平台上部及下部过道处的净高不应小于 2000mm。起止踏步前缘与顶部突出物内缘线的水平距离不应小于 300mm（图 4-4-8）。

当在平行双跑楼梯底层中间平台下设置通道时，为了使平台下的净高满足不小于

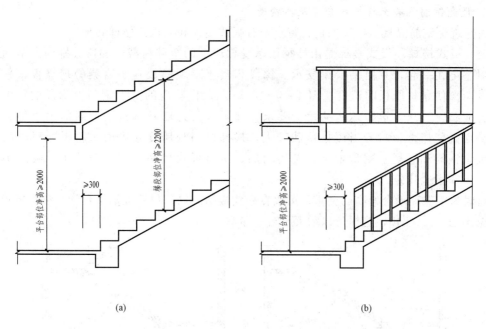

图 4 - 4 - 8 梯段与平台部位净高要求

2000mm 的要求，主要采用的办法有：

（1）增加第一梯段的踏步数（不改变楼梯坡度），使第一个休息平台标高提高。

（2）在建筑室内外高差较大的前提条件下，降低平台下过道处地面标高。

（3）将上述两种方法相结合（图 4 - 4 - 9）。

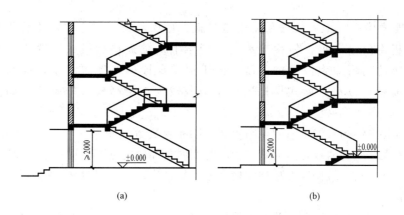

图 4 - 4 - 9 底层平台下做出入口时净高的几种处理方法

4.4.3 钢筋混凝土楼梯构造

钢筋混凝土楼梯按施工方式可分为现浇式和预制装配式两类。

1. 现浇钢筋混凝土楼梯的特点

现浇钢筋混凝土楼梯是指楼梯段、楼梯平台等整浇在一起的楼梯。它整体性好，刚度大，坚固耐久，抗震较为有利。

2. 现浇钢筋混凝土楼梯的分类及其构造

按照现浇钢筋混凝土楼梯的传力特点，有板式楼梯和梁板式楼梯两种。

（1）板式楼梯。板式楼梯是由楼梯段承受梯段上的全部荷载。梯段分别与上下两端的平台梁整浇在一起，并由平台梁支承。梯段相当于一块斜放在平台梁的现浇板，平台梁之间的距离便是梯段板的跨度［图 4-4-10（a）］，梯段内的受力钢筋沿梯段的跨度（长度）方向布置。从力学和结构的角度要求，梯段板的跨度及梯段上荷载的大小均会对梯段的截面高度产生影响。当楼梯荷载较大，楼梯段斜板跨度较大时，斜板的截面高度也将很大，钢筋和混凝土用量增加，费用增加。所以板式楼梯适用于荷载小、层高小的建筑如住宅、宿舍建筑。

有时为了保证平台净高的要求，可以在板式楼梯的局部位置取消平台梁，称为折板式楼梯［图 4-4-10（b）］，这样可以增大平台下净空。

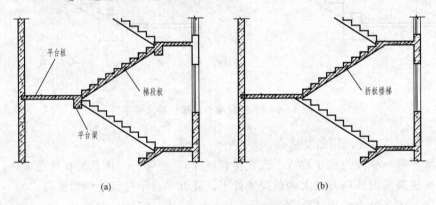

图 4-4-10　现浇钢筋混凝土楼梯

（2）梁板式楼梯。梁板式楼梯是由踏步板、楼梯斜梁、平台梁和平台板组成。梁式楼梯的踏步板由斜梁支承，斜梁支承在平台梁上。梁式楼梯段的宽度相当于踏步板的跨度，平台梁的间距即为斜梁的跨度。由于通常梯段的宽度小于梯段的长度，因此踏步板的跨度就比较小。梁式楼梯适用于荷载较大、层高较大的建筑，如商场、教学楼等公共建筑。

梁式楼梯在结构布置上有双梁布置和单梁布置之分（图 4-4-11）。双梁式梯段系将梯段斜梁布置在踏步的两端，这时踏步板的跨度便是梯段的宽度，也就是楼梯段斜梁间的距离。单梁时，梯段板一端搁置在楼梯间横墙上虽然经济，但砌墙时墙上需预留支承踏步板的斜槽，施工麻烦。

梁式楼梯根据斜梁的不同分为明步楼梯和暗步楼梯（图 4-4-12）。

梁板式楼梯与板式楼梯相比，在板厚相同的情况下，梁板式楼梯可以承受较大的荷载。反之，荷载相同的情况下，梁板式楼梯的板厚可以比板式楼梯的板厚减薄。

3. 现浇钢筋混凝土楼梯的细部构造

（1）踏步面层及防滑构造。

1）踏步面层材料。楼梯的踏步面层应便于行走、耐磨、防滑，易于清洁，并要求美观。踏步面层的材料，视装修要求而定，常与门厅或走道的楼地面面层材料一致，常用的有水泥砂浆、水磨石、花岗岩和铺地砖等。

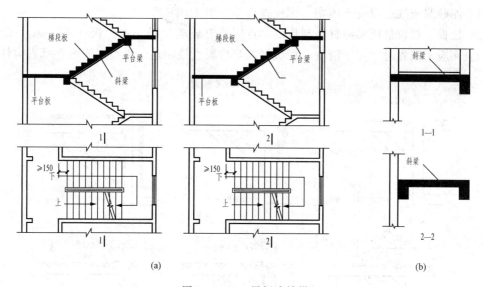

图 4 - 4 - 11 梁板式楼梯

(a) 单梁式楼梯；(b) 双梁式楼梯

2）防滑构造。在通行人流量大或踏步表面光滑的楼梯，为防止行人使用楼梯时滑跌，踏步表面应有防滑措施。通常在踏步近踏口处设防滑凹槽或防滑条，防滑材料可采用铁屑水泥、金刚砂、塑料条、橡胶条、金属条等。防滑条或防滑凹槽长度一般按踏步长度每边减去 150mm。还可采用耐磨防滑材料如缸砖、铸铁等做防滑包口，既防滑又起保护作用（图 4 - 4 - 13）。标准较高的建筑，可铺地毯或防滑塑料或橡胶贴面，行走舒适。

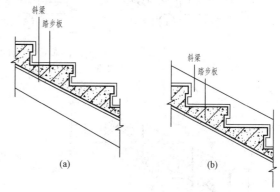

图 4 - 4 - 12 明步楼梯和暗步楼梯

(a) 明步楼梯；(b) 暗步楼梯

（2）栏杆和扶手构造。栏杆扶手通常只在楼梯梯段和平台临空一侧设置。梯段宽度达三股人流时，应在靠墙一侧增设扶手；梯段宽度达四股人流时，须在中间增设栏杆扶手。栏杆扶手的设计，应考虑坚固安全、适用、美观等要求。

1）栏杆的形式。楼梯栏杆形式很多，栏杆多采用圆钢 $\phi16\sim\phi25$mm、方钢 15mm×15mm～25mm×25mm、扁钢（30～50）mm×（3～6）mm 和钢管 $\phi20\sim\phi50$mm 等金属材料制作，如钢材、铝材、铸铁花饰等（图 4 - 4 - 14）。

栏杆应有足够的强度，能够保证在人多拥挤时楼梯的使用安全。为防止儿童穿过栏杆空挡发生危险，竖向栏杆的净间距不应大于 110mm；经常有儿童活动的建筑，栏杆的分格应设计成不易儿童攀登的形式，以确保安全。

2）栏杆与楼梯段连接构造。栏杆的垂直构件必须要与楼梯段有牢固、可靠的连接。目前在工程上采用的连接方式主要有预埋铁件焊接，即将栏杆的立杆与楼梯段中预埋的钢板或套管焊接在一起；预留孔洞插接，即将栏杆的立杆端部做成开脚或倒刺插入楼梯段预留的孔洞，用水泥砂浆或细石混凝土填实；螺栓连接等（图4-4-15）。

（3）栏板。栏板是用实体材料制作的，常用的有玻璃栏板、木栏板（图4-4-16）等。栏板的表面应平整光滑，便于清洗。栏板可以与梯段直接相连，也可以安装在垂直构件上。

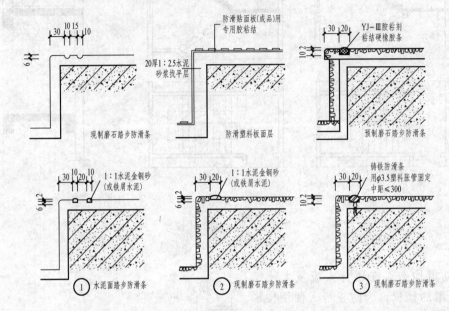

图4-4-13 踏步防滑构造

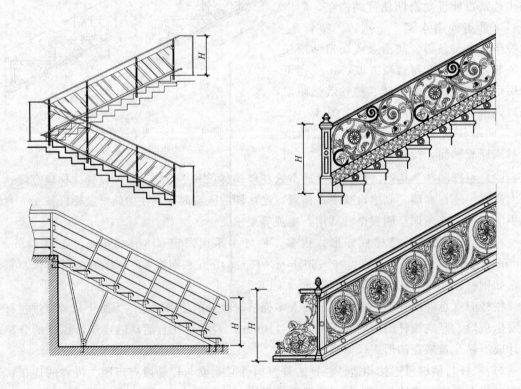

图4-4-14 栏杆的形式

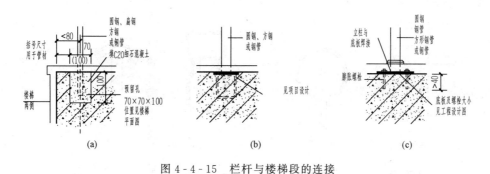

图 4-4-15 栏杆与楼梯段的连接

（a）埋入预留孔洞；（b）与预埋铁件焊接；（c）膨胀螺栓锚固底板立杆焊在底板上

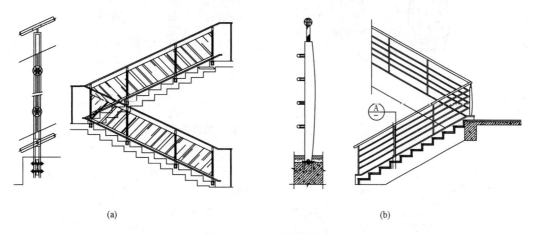

图 4-4-16 栏板的构造

（a）玻璃栏板；（b）木栏板

（4）扶手。扶手应选用坚固、耐磨、光滑、美观的材料制作。扶手可以用优质硬木、金属材料（铁管、不锈钢、铝合金型材等）、工程塑料等，其中硬木扶手常用于室内楼梯，室外楼梯扶手常用的是金属和塑料材料。扶手的断面形式和尺寸应便于手握抓牢，扶手顶面宽度一般 40～90mm。

楼梯扶手与栏杆应有可靠的连接，连接方法视扶手材料而定（图 4-4-17）。金属扶手与栏杆多用焊接；硬木扶手与金属栏杆的连接，通常是在金属栏杆的顶部先焊接一根带小孔的通长扁铁，然后用木螺丝将木扶手和栏杆连接成整体；塑料扶手与金属栏杆的连接方法和硬木扶手类似，塑料扶手也可通过预留的卡口直接卡在扁铁上；金属扶手与金属栏杆直接焊接。

（5）栏杆扶手转折处理。双跑楼梯在平台转折处，上行楼梯段和下行楼梯段的第一个踏步口常设在一条竖线上。下梯段的扶手在平台转弯处往往存在高差，需要在施工现场进行调整和处理。

当上下梯段齐步时，上下行扶手同时伸进平台半步，平顺连接，但这种做法栏杆占用平台尺寸。平台较窄时，扶手不宜伸进平台，采用鹤颈扶手，费工费料，使用不便，已很少用。目前工程上常用方法是斜接、上下行梯段扶手断开或将上下行楼梯段错开一步（图 4-4-18）。

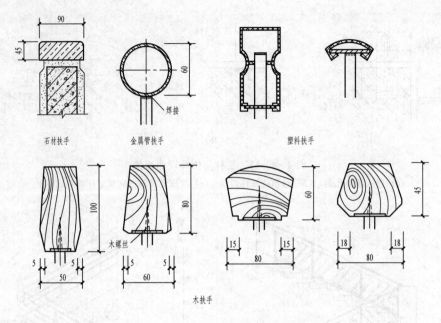

图 4 - 4 - 17　扶手与栏杆连接构造

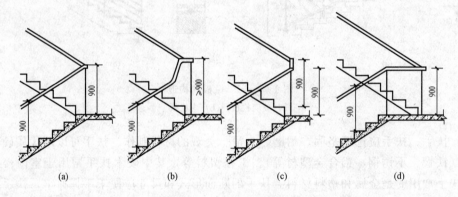

图 4 - 4 - 18　栏杆扶手转折处理
（a）平顺扶手；（b）鹤颈木扶手；（c）斜接扶手；（d）一段水平扶手

　　（6）扶手与墙的连接。楼梯扶手有时必须固定在侧面的砖墙或混凝土柱上，如顶层安全栏杆扶手、休息平台护窗扶手、靠墙扶手等。扶手与砖墙连接时，一般是在砖墙上预留 120mm×120mm×120mm 孔洞，将扶手或扶手铁件伸入洞内，用细石混凝土或水泥砂浆填实固牢；扶手与混凝土墙或柱连接时，一般是将扶手铁件与墙或柱上预埋铁件焊接，也可用膨胀螺栓连接或预留孔洞插接（图 4 - 4 - 19）。

　　4．预制钢筋混凝土楼梯

　　预制装配式钢筋混凝土楼梯构件由工厂生产，质量容易保证，施工进度快、受气候影响小，但施工时需要配套的起重设备、投资较多。预制装配式钢筋混凝土楼梯，根据构造形式、构件尺度的不同，大致可分为小型、中型和大型预制构件三种。但由于预制装配式钢筋混凝土楼梯整体性和抗震能力均较差，目前我国大部分地区都不采用。

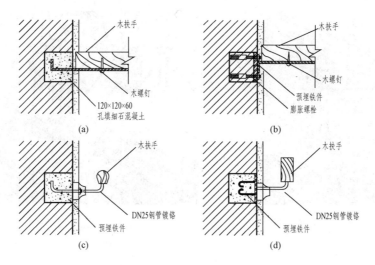

图 4 - 4 - 19　扶手与墙体的连接

(a) 木扶手与砖墙连接；(b) 木扶手与混凝土墙、柱连接；(c) 靠墙扶手与

砖墙连接；(d) 靠墙扶手与混凝土墙、柱连接

4.4.4　钢木楼梯构造

钢木楼梯的使用范围很广，常用于家庭（包括别墅、阁楼、夹层、复式楼等）、酒店、宾馆、酒吧、大型商场、洗浴中心、超市、医院、综合办公楼等建筑室内楼梯。无论空间、高度如何变化，都可以使用。楼梯以铁制或钢架结构为主，使现代居室内的楼梯以简洁通透的造型、轻盈灵动的结构、自然时尚的材质一改粗笨、款式老旧的格调。

（1）钢木楼梯的类型。按材质主要有铁艺楼梯（有锻打和铸铁两种）、钢木楼梯、玻璃楼梯等几种。

1）铁艺楼梯。铁艺楼梯是工业时代的产物，住宅内运用螺旋上升铁艺楼梯，通过踏板及栏杆扶手的线条排列表现出动感和飘逸感，解决建筑内部空间狭小的问题。铁艺楼梯易与周围的环境达到风格一致（图 4 - 4 - 20）。

2）钢木楼梯。钢木楼梯是木制品和铁制品的复合楼梯。有的楼梯扶手和护栏是铁制品，而梯段仍为木制品；也有的护栏为铁制品，扶手和楼梯板采用木制品（图 4 - 4 - 21）。钢木组合楼梯多用钢制透空主梁（单梁及双梁）实木踏板，栏杆采用铁艺、不锈钢、不锈钢与玻璃组合，扶手则采用与踏板配套的木制或高分子材料扶手。

3）玻璃楼梯。玻璃楼梯具有强烈的现代感，轻盈，线条感性，耐用，不需任何维护（图 4 - 4 - 22）。玻璃大都用磨砂的，不全透明，厚度在 10mm 以上；这类楼梯也用木扶手。

（2）钢木楼梯的组成与构造。钢木楼梯由楼梯立柱、楼梯板、扶手和楼梯配件等组成（图 4 - 4 - 23）。

图 4 - 4 - 20　铁艺楼梯

图 4-4-21 钢木楼梯   图 4-4-22 玻璃楼梯

4.4.5 室外台阶与坡道

室外台阶和坡道都是建筑物入口处、连接室内外地面高差的构件。台阶踏步数不应少于 2 级，当高差不足 2 级时，应按坡道设置。

1. 室外台阶

室外台阶一般包括踏步和平台两部分。台阶的坡度一般为 1:4～1:6，通常踏步高度为 100～150mm，踏步宽度为 300～400mm。平台设置在出入口与踏步之间，起缓冲作用。平台的宽度应比门洞口每边宽出 500mm，平台深度一般不小于 900mm，为防止雨水积聚或溢入室内，平台面宜比室内地面低 20～60mm，并向外找坡 1%～4%，以利排水（图 4-4-24）。

室外台阶应坚固耐磨，具有较好的耐久性、抗冻性和抗水性。台阶按材料不同，有混凝土台阶、石台阶和钢筋混凝土台阶等。台阶面层可用水泥砂浆或水磨石，也可采用缸砖、马赛克、天然石或人造石等块材。混凝土台阶应用最普通 [图 4-4-25 (a)]。

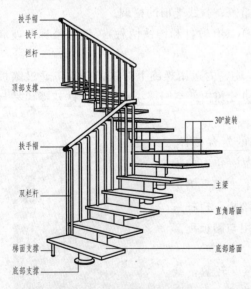

图 4-4-23 钢木楼梯组成

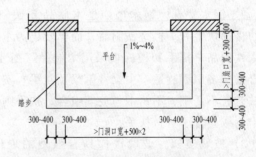

图 4-4-24 台阶的组成及尺度

北方寒冷地区，为不受土壤冻胀的影响，台阶下应设置厚度为 300～500mm 的中砂防冻层 [图 4-4-25 (b)]，或采用钢筋混凝土架空台阶，钢筋混凝土架空台阶构造同楼梯 [图 4-4-25 (c)]。当地基较差或踏步数量较多时，为防止台阶与建筑物因沉降不同而出现裂缝，应将台阶与主体结构之间分开，或在建筑主体完成后再进行台阶施工。石台阶有毛石台阶和条石台阶。毛石台阶构造同混凝土台阶，条石台阶通常不另做面层 [图 4-4-25 (d)]。

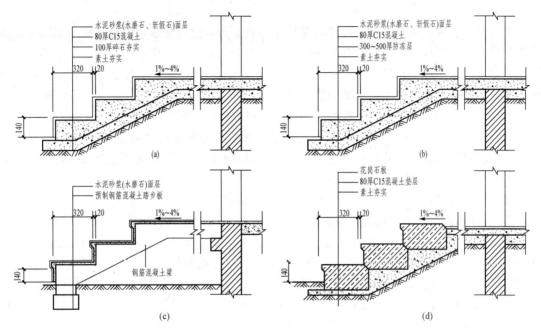

图 4-4-25　台阶的构造

(a) 混凝土台阶；(b) 设防冻层台阶；(c) 架空台阶；(d) 石材台阶

2. 坡道

室内坡道坡度不宜大于 1:8，室外坡道坡度不宜大于 1:10；室内坡道水平投影长度超过 15m 时，宜设休息平台，平台宽度应根据使用功能或设备尺寸所需缓冲空间而定。供轮椅使用的坡道不应大于 1:12，困难地段不应大于 1:8；自行车推行坡道每段长度不宜超过 6m，坡度不宜大于 1:5；机动车坡道应符合国家现行标准——《汽车库建筑设计规范》的规定，坡道应采取防滑措施。

坡道与构造台阶一样，应采用耐久、耐磨和抗冻性好的材料，一般多采用混凝土坡道，也可采用天然石坡道等。坡道对防滑要求较高，特别是坡度较大时。混凝土坡道可在水泥砂浆面层上划格，以增加摩擦力，坡度较大时，可设防滑条，或做成锯齿形（图 4-4-26）。天然石坡道可对表面做粗糙处理。

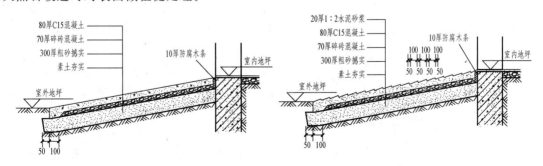

图 4-4-26　坡道的构造

4.4.6 电梯与自动扶梯

1.电梯

在高层建筑中，依靠电梯和楼梯来保持正常的垂直运输与交通，同时高层建筑还需设置消防电梯。电梯还是最重要的垂直运输设备，一些公共建筑，如商店、宾馆、医院等，虽然层数不多，但为了经常运送沉重物品或特殊需要，也多设置电梯。现行《民用建筑设计通则》规定，以电梯为主要垂直交通的公共高层建筑和12层以上的高层住宅，每栋楼设置电梯的台数不应少于2台。设置电梯的建筑仍需按防火疏散要求设置疏散楼梯。现行《住宅设计规范》规定，七层及以上住宅或住户入口层楼面距室外地面高度超过16m以上的住宅必须设电梯。现行《宿舍建筑设计规范》规定，七层及七层以上宿舍或居室最高入口楼面距室外地面高度大于21m时，应设置电梯。

（1）电梯的类型及组成。

1）电梯的类型。电梯按使用功能分为乘客电梯、载货电梯、客货电梯、医用电梯、住宅电梯、杂物电梯、消防电梯等；按行驶速度分为高速电梯（5～10m/s）、中速电梯（2～4m/s）、低速电梯（0.5～1.75m/s）；按拖动形式分为交流电梯（交流电动机拖动）、直流电梯（直流电动机拖动）、液压电梯（靠液压力传动），我国多用交流调速电梯。

2）电梯的组成。电梯作为垂直运输设备，主要由起重设备（电动机、传动滑车轮、控制器、选层器等）和轿厢两大部分组成（图4-4-27）。

由于电梯的组成与运行特点，要求建筑中设置电梯井道和电梯机房。不同厂家生产的电梯有不同系列，按不同的额定重量、井道尺寸、额定速度等又分为若干型号，采用时按国家标准图集只需确定类型、型号，即可得到有关技术数据及有关留洞、埋件、载重钢梁、底坑等构造做法。

（2）电梯井道。电梯井道是电梯运行的通道，电梯井道内除安装轿厢外，还有导轨、平衡锤及缓冲器等（图4-4-28）。

1）井道尺寸。电梯井道的平面形状和尺寸取决于轿厢的大小及设备安装、检修所需尺寸，也与电梯的类型、载重量及电梯的运行速度有关。井道的高度包括电梯的提升高度（底层地面至顶层楼面的距离）、井道顶层高度 OH（考虑轿厢的安装、检修和缓冲要求，一般不小于4500mm）和井道底坑深度 P；地坑内设置缓冲器，减缓电梯轿厢停靠时产生的冲力，地坑深度一般不小于1400mm。

2）井道的防火与通风井道。井道的防火与通风井道穿通建筑各层的垂直通道，为防止火灾事故时火焰和烟气蔓延，井道的四壁必须具

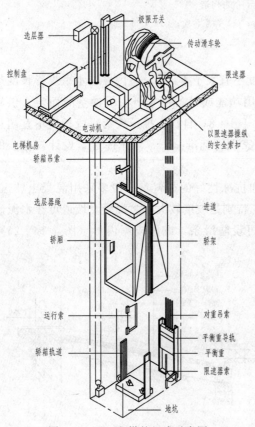

选层器
极限开关
传动滑车轮
控制盘
限速器
电动机
以限速器操纵的安全索扣
电梯机房
轿箱吊索
选层器绳
进道
轿厢
轿架
对重吊索
运行索
平衡重导轨
轿箱轨道
平衡重
限速器索
地坑

图4-4-27 电梯的组成示意图

有足够的防火能力，一般多采用钢筋混凝土井壁。为使井道内空气流通和发生火警时迅速排除烟气，应在井道的顶部和中部适当位置以及底坑处设置不小于 300mm×600mm 的通风口。

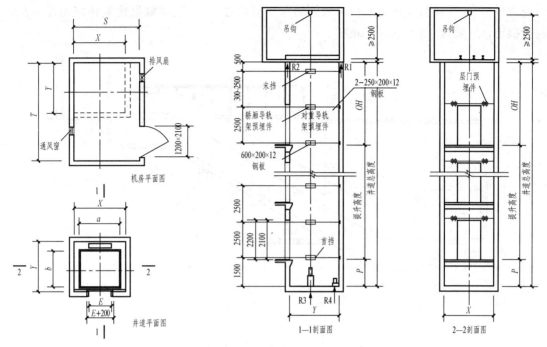

图 4 - 4 - 28　电梯井道及机房

（3）电梯机房。电梯机房是用来布置电梯起重设备的空间，一般多位于电梯井道的顶部，也可以设在建筑物的底层或地下室内。机房的平面尺寸根据电梯的起重设备尺寸及安装、维修等需要确定。电梯机房开间与进深的一侧至少比井道尺寸大 600mm，净高一般不小于 3000mm。通向机房的通道和楼梯宽度不得小于 1200mm，楼梯坡度不宜大于 45°。为减轻设备运行时产生的振动和噪声，机房的楼板应采取适当的隔振和隔声措施，一般在机房机座下设置弹性垫层。

当建筑高度受限或设置机房有困难时，还可以设无机房电梯。

2. 自动扶梯

自动扶梯是建筑物层间连续运输效率最高的载客设备，多用于有大量连续人流的建筑物，如机场、车站、大型商场、展览馆等。一般自动扶梯均可正、逆向运行，停机不运转时，可作为临时楼梯使用。自动扶梯的竖向布置形式有平行排列、交叉排列、连续排列等方式。平面中可单台布置或双台并列布置（图 4-4-29）。

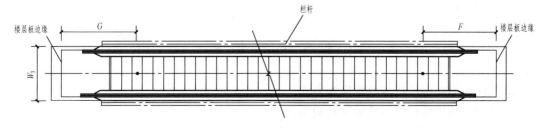

图 4 - 4 - 29　自动扶梯的平面

自动扶梯的机械装置悬在楼板下,楼层下做装饰外壳处理,底层则需做地坑(图4-4-30)。自动扶梯的坡度一般不宜超过30°,当提升高度不超过6m、额定速度不超过0.5m/s时,倾角允许增至35°;倾斜式自动人行道的倾斜角不应超过12°。宽度根据建筑物使用性质及人流量决定,一般为600～1000mm。

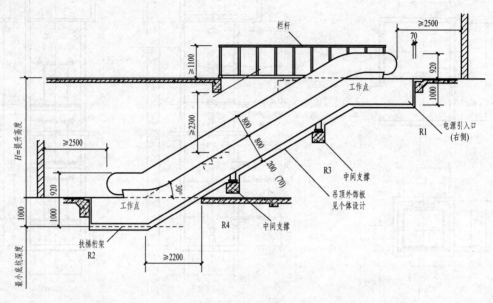

图4-4-30　自动扶梯的基本尺寸

理 论 知 识 训 练

1. 楼梯的作用是什么?为什么在设置电梯的建筑中仍然要设置楼梯?
2. 现浇钢筋混凝土楼梯的类型有几种?
3. 楼梯主要由哪几部分组成?
4. 楼梯、爬梯和坡道的坡度范围是什么?楼梯的适宜坡度是多少?
5. 楼梯间的种类有几种?各自的特点是什么?
6. 楼梯段的最小净宽有何规定?平台宽度和梯段宽度的关系如何?
7. 如何调整楼层首层通行平台下的净高?
8. 台阶的平面形式有几种?踢面和踏面尺寸如何规定?
9. 电梯主要由哪几部分组成?
10. 钢木楼梯特点有哪些?

实 践 课 题 训 练

1. 绘图说明楼梯栏杆与踏步连接方式。
2. 绘图说明楼梯栏杆与墙的连接构造。
3. 综合实训

题目：楼梯构造

（1）实训目的：掌握楼梯的计算和细部构造做法，能正确识读和绘制楼梯的平面图、剖面图和节点详图。

（2）实训条件：

1）给定某办公楼建筑层数、层高、窗高等条件。

2）给定楼梯间的开间和进深尺寸。

3）给定楼梯的形式及要求。

（3）实训内容及深度。用2号制图纸，以铅笔或墨线笔绘制下列图样，比例给定。要求达到施工图深度，符合国家制图标准。

1）绘制楼梯各层平面图和剖面图，比例1：50。

2）绘制楼梯剖面图，比例1：50。

3）绘制楼梯节点详图。

4）深度：

①在楼梯各平面图中绘出定位轴线，标出定位轴线至墙边的尺寸。给出门窗、楼梯踏步、折断线。以各层地面为基准标注楼梯的上、下指示箭头，并在上行指示线旁注明到上层的步数和踏步尺寸。

②在楼梯各层平面图中注明中间平台及各层地面的标高。

③在首层楼梯平面图上注明剖面剖切线的位置和编号，注意剖切线的剖视方向。剖切线应通过楼梯间的门和窗。

④平面图上标注三道尺寸。

a. 进深方向：第一道：平台净宽、梯段长＝踏面宽×步数；第二道：楼梯间净长；第三道：楼梯间进深轴线尺寸。

b. 开间方向：第一道：楼梯段宽度和楼梯井宽；第二道：楼梯间净宽；第三道：楼梯间开间轴线尺寸。

⑤首层平面图上要绘出室外（内）台阶、散水。如绘二层平面图应绘出雨篷，三层或三层以上平面图不再绘雨篷。

⑥剖面图应注意剖视方向，不要把方向弄错，剖面图可绘制顶层栏杆扶手，其上用折断线切断，暂不绘屋顶。

⑦剖面图的内容为：楼梯的断面形式，栏杆（栏板）、扶手的形式，墙、楼板和楼层地面、顶棚、台阶、室外地面、首层地面等。或用详图索引说明。

⑧标注标高：室内地面、室外地面、各层平台、各层地面、窗台及窗顶、门顶、雨篷上、下皮等处。

⑨在剖面图中绘出定位轴线，并标注定位轴线间的尺寸。注出详图索引号。

⑩详图应注明材料、作法和尺寸；与详图无关的连续部分可用折断线断开。标出详图编号。

课 题 小 结

楼梯是房屋建筑中上、下层之间的垂直交通设施。楼梯在数量、位置、布局形式、宽度、坡度、防火性能等方面均有严格的要求。目前，许多建筑的竖向交通主要依靠电梯、自动扶梯等设备解决,但楼梯作为安全通道仍然是建筑不可缺少的组成部分。

楼梯作为建筑的重要组成部分,一般由连续的梯级、休息平台及栏杆(或栏板)和扶手三部分组成。

现浇钢筋混凝土楼梯是指楼梯段和楼梯平台是整体浇筑在一起的楼梯,其整体性好、刚度大,施工不需要大型起重设备,有板式楼梯和梁板式楼梯两种。

楼梯踏步面层应便于行走、耐磨、防滑,并易于清洁。踏步面层的材料一般与门厅或走道的楼地面材料一致,常用的有水泥砂浆、水磨石、花岗岩和铺地砖等。踏步表面应有防滑措施,防滑条的材料有金刚砂、马赛克、橡皮条和金属材料等。

栏杆的垂直构件必须要与楼梯段有牢固、可靠的连接,连接方法视扶手材料而定。

室外台阶和坡道都是建筑物入口处连接室内外地面高差的构件,台阶包括踏步和平台两部分。室外台阶应坚固耐磨,具有较好的耐久性、抗冻性和抗水性。当有车辆通行或室内外地面高差较小时,可采用坡道。

在高层和标准较高的多层建筑中,依靠电梯和楼梯来保持正常的垂直运输与交通,其中电梯是最重要的垂直运输设备。设置电梯的建筑仍需按防火疏散要求设置疏散楼梯。

自动扶梯是建筑物层间连续运输效率最高的载客设备,多用于有大量连续人流的建筑物,如机场、车站、大型商场、展览馆等。

课题 5 门 窗 构 造

4.5.1 门窗的功能与设计要求

门和窗是建筑物围护系统中重要的组成部分。门的主要功能是供交通出入,分隔联系建筑空间,有时也兼起通风和采光的作用。窗的主要功能是采光和通风,同时还有眺望的作用。门和窗又是建筑造型重要的组成部分,它们的形状、尺寸、比例、排列、色彩、造型等对建筑内外的整体造型都有很大的影响。根据门和窗所在的不同位置,分别具有保温、隔热、隔声、防水、防火等功能。

在寒冷地区的供热采暖期内,由门窗缝隙渗透而损失的热量约占全部采暖耗热量的25%左右,所以,门窗密闭性的要求是建筑节能设计中极其重要的内容。在保证门和窗的主要功能以及满足经济要求的前提下,门窗还应具有坚固、耐久、开启灵活、方便、便于维修和清洗等功能。

4.5.2 门和窗的类型

1. 按门窗的材料分类

门窗按制造材料分,有木、钢、铝合金、塑料、玻璃钢等。此外还有塑钢、塑铝等复合材料制作的门窗。

木门窗加工简单方便,适于手工加工,但防火性能差,且耗费木材;钢门窗虽然断面小、挡光少、强度高、能防火,但钢门窗易生锈、导热系数大,在严寒地区易结露结霜,且密闭性较差;塑料门窗热工性能好、外观精致美观,但强度、刚度及耐老化性能较差。铝合金门窗精致,密闭性优于钢门窗。

因此目前工程中应用的是钢塑、铝合金和铝塑等复合材料门窗。特别是塑钢门窗具有热工性能、强度高、刚度好，有效地改善塑料门窗易变形的问题。

2. 按门窗的开启方式分类

(1) 窗的开启方式 (图 4-5-1)。

固定窗——不能开启，仅做采光和眺望之用，没有通风的功能。

平开窗——可以内开，也可以外开。平开窗构造简单，制作、安装、使用、维修都很方便，是应用最广泛的一种开启方式。

悬窗——按开启时转动横轴的位置的不同，又分为上悬窗、中悬窗、下悬窗。外开的上悬窗和中悬窗（指窗的下部外开）便于防雨，可用于外墙。悬窗也可用于内墙作为高侧窗或门上部的亮子窗，以利于通风。下悬窗不利于防雨，所以很少在外墙上采用。

立转窗——这是一种开启时转动竖轴设于窗扇中心或略偏于窗扇一侧的窗型。立转窗通风效果好，但不够严密，防雨的效果比较差。

推拉窗——分水平推拉和垂直推拉两种。水平推拉窗需在上、下设滑轨槽。垂直推拉窗除需在左、右设滑轨槽外，还要设置使窗扇开启后能够定位的卡位措施。推拉窗开启时不占室内外空间，且由于窗扇的受力比较均匀，可以将窗扇的尺寸做得比较大，有利于室内的采光和眺望。

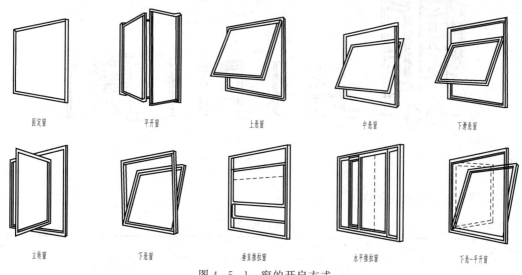

固定窗　　　　　　平开窗　　　　　　上悬窗　　　　　　中悬窗　　　　　　下滑悬窗

立转窗　　　　　　下悬窗　　　　　　垂直推拉窗　　　　　水平推拉窗　　　　　下悬-平开窗

图 4-5-1　窗的开启方式

(2) 门的开启方式 (图 4-5-2)。

平开门——最常见的一种开启方式，是在门扇一侧用铰链与门框相连。平开门又有内开与外开之分。一般门都为内开，以免妨碍走道交通，开向疏散走道及楼梯间的门扇，开足时不应影响走道及楼梯平台的疏散宽度。安全疏散出入口的门应该开向疏散方向。

弹簧门——将平开门门扇与门框的连接铰链加设弹簧便为弹簧门，它在开启后可自动关闭。弹簧门可以分为单面弹簧、双面弹簧、地弹簧等几种。幼儿园、托儿所等建筑中不宜采用弹簧门。

推拉门——是左右推拉的门，门扇安装在设于门上部或下部的滑轨上，分为上悬式和下滑式两种。

折叠门——由两扇以上门扇用铰链相连，开启时门扇相互折叠在一起。这种门少占用空间，但是构造较复杂。

上翻门——这种门在门的两侧装有导轨，开启时，门扇随水平轴沿导轨上翻到门顶过梁下面，不占房间面积，还可避免门扇被碰损。

升降门——这种门开启时门扇沿两侧的导轨上升，不占使用空间，要求在门洞上部要留有足够的上升空间，开启的方式有手动和电动两种。

卷帘门——这种门是采用多片经冲压成型的金属页片连接而成的。

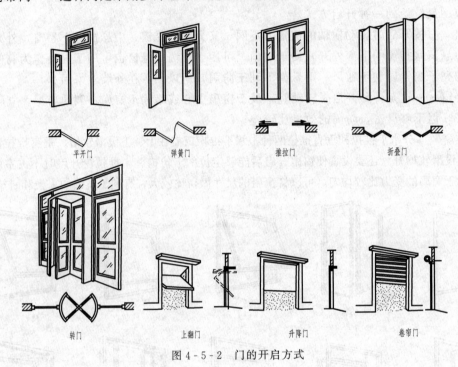

图 4 - 5 - 2　门的开启方式

常见门的图例及表达见表 4 - 5 - 1。

表 4 - 5 - 1　　　　　　　　　　建 筑 门 窗 图 例

序　号	名　　称	图　　例	说　　明
1	单扇平开门		1. 门的名称代号用 M 2. 图例中剖面图左为外，右为内；平面图中下为外，上为内 3. 立面图开启方向线交角的一侧为装合页的一侧 4. 平面图上门线应 90°或 45°角开启，开启弧线易绘出 5. 立面图上开启线在设计图中可不表示，在详图和室内设计图中应表示 6. 立面形式应按实际情况绘制
2	双扇平开门		
3	对开折叠门		

序 号	名 称	图 例	说 明
4	推拉门	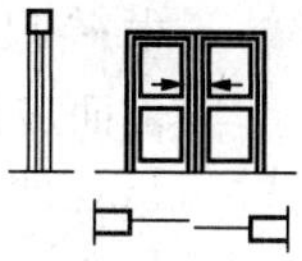	1. 门的名称代号用 M 2. 图例中剖面图左为外，右为内；平面图中下为外，上为内 3. 立面图开启方向线交角的一侧为装合页的一侧
5	单扇弹簧门	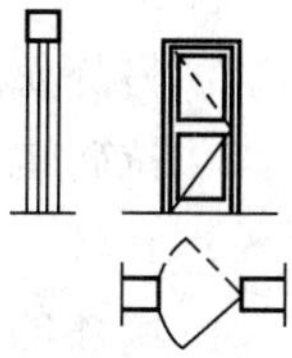	
6	双扇弹簧门	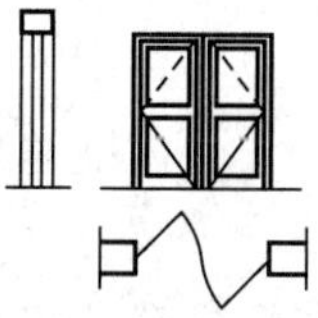	1. 门的名称代号用 M 2. 图例中剖面图左为外，右为内；平面图中下为外，上为内 3. 立面图开启方向线交角的一侧为装合页的一侧 4. 平面图上门线应 90°或 45°角开启，开启弧线易绘出 5. 立面图上开启线在设计图中可不表示，在详图和室内设计图中应表示 6. 立面形式应按实际情况绘制
7	转门	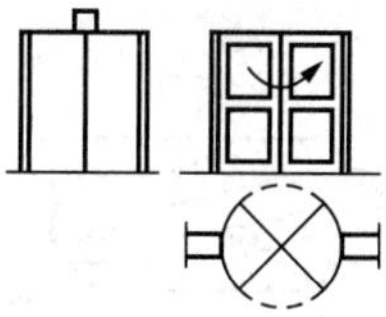	
8	自动门	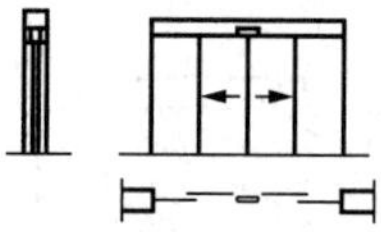	

4.5.3 门窗的构造方式

门窗由门窗框和门窗扇组成，门框又称门樘，一般由两根边框和上槛组成，有亮窗的门要设中横框，多扇门要设中竖框，有些门需要做下槛，起防风、隔尘、防虫等作用（图 4-5-3）。有的木门还有其他附件，如压缝条、贴脸板、筒子板等。窗框两根边框和上、下槛组成，多扇组合窗设中横框、中竖框。窗扇由边挺、上挺和下挺组成。门窗大多采用定型产品，构造主要是门窗框安装和固定。

门框的断面形状。门框上槛与边框的结合，通常在上槛上打眼，在边框端头开榫。门框的边框与中横档的连接，是在边框上打眼，中横档的两端开榫。为了开启方便，又要有一定的密闭性，因此在门窗框上应留有裁口，或者在门框上钉小木条形成裁口（图 4-5-4）。

1. 门窗框安装方法

门窗框的安装方法有两种，一种是"塞口"法，一种是"立口"法。"塞口"是先砌砖墙，预留出门洞口，并隔一定距离预埋木砖，框的四周各留 10～20mm 的安装缝，墙体砌筑完工后,将门框塞入门洞口内,与预埋木砖钉固牢。一般木砖沿门高按每600mm加设一块,每侧应不少于两块。木砖尺寸为120mm×120mm×60mm,表面应进行防腐处理[图4-5-5(a)]。"立口"是先立门框,后砌墙体。为使框与墙体连接紧密,在门槛上槛两端各伸出120mm左右的端头,俗称"羊角头"。另外每隔600mm在边梃上钉木拉砖,木拉砖也伸入墙身,保证门框的牢固[图4-5-5(b)]。"立口"法的优点是框与墙体的连接较为紧密,缺点是施工不便,木门窗框及其临时支撑易被碰撞,有时还会产生移位和破损;塞口安装方法门窗框与墙体连接的紧密程度不及立口安装方法,但其施工方便,安装门窗工序

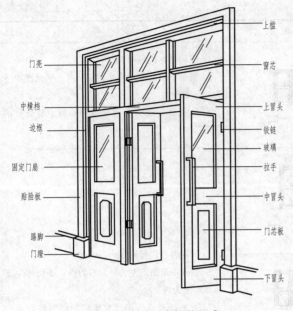

图4-5-3　平开木门的组成

的灵活性很大。一般门窗厂大批量生产的标准门窗都是按塞口安装方法进行加工制作的。

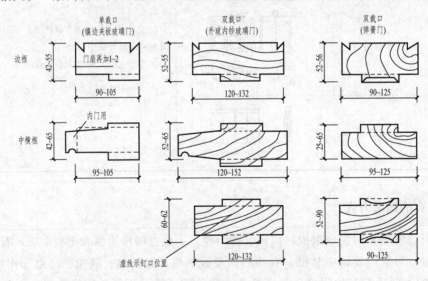

图4-5-4　门框断面形式和尺寸

2. 门窗框与墙固定构造

对于塞口安装方法门窗框,门窗框与墙的连接方式要视洞口周围墙体材料采用不同方法。如门框与砖墙的连接方式常用的是在墙内砌入防腐木砖,再用钉钉装门框,除此以外还有其他方法(图4-5-6)。门框与其他墙体的连接方式如图4-5-7所示。

3. 木门扇构造

木门适用范围较广,一般建筑除对外所开的大门、消防门,以及特殊用途房间外,基本都可以采用木门。它造价便宜,质量轻,样式多,是一般建筑中常用的门的种类。

木门扇按构造方式不同，一般常见的有镶板门、夹板门、拼板门。

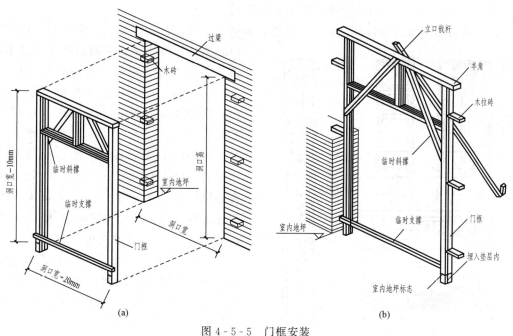

(a)   (b)

图 4-5-5 门框安装

（a）塞口施工；（b）立口施工

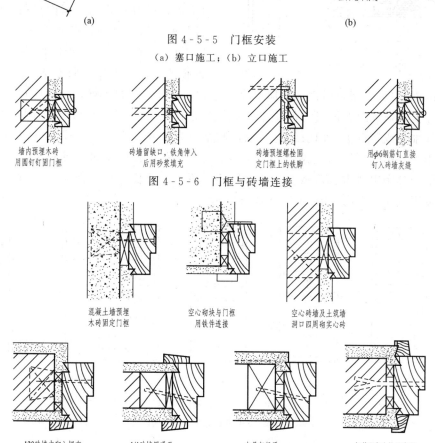

墙内预埋木砖   砖墙留缺口，铁角伸入   砖墙预埋螺栓固   用φ6钢筋钉直接
用圆钉钉固门框   后用砂浆填充   定门框上的铁脚   钉入砖墙灰缝

图 4-5-6 门框与砖墙连接

混凝土墙预埋   空心砌块与门框   空心砖墙及土筑墙
木砖固定门框   用铁件连接   洞口四周砌实心砖

120砖墙内砌入埋有   1/4砖墙用通天   木骨架轻质   钢筋混凝土柱用膨胀
木砖的混凝土块   木立柱固定门框   隔墙固定门框   螺栓固定门框

图 4-5-7 门框与其他墙体连接

（1）镶板门。镶板门由上冒头、中冒头、下冒头、门扇梃、门芯板等组成。门扇的组合连接主要是指上、中、下冒头与扇边梃的组合方式。

门芯板可用木板、胶合板、硬质纤维板、玻璃等。门芯板与扇冒头的连接可采用暗槽、单面槽及双边压条、单面油灰等构造形式，其共同的质量要求是门芯板与扇边梃、冒头结合牢固。门芯板换为玻璃，即为玻璃门，换为纱或百叶则为纱门或百叶门。门芯板也可根据需要组合，如上部玻璃，下部木板；或上部门板，下部百叶等。门扇边框的厚度一般为40～45mm，上冒头和两旁边梃的宽度75～120mm，下冒头考虑踢脚比上冒头加大50～120mm，中冒头和竖梃同上冒头和边梃的宽度。中冒头如考虑门锁安装可适当加宽。门扇底端至地面应留5mm的门隙，以利门扇启闭。镶板门（大芯）具有自重大、坚固耐用、保温隔声效果好、造价高等特点（图4-5-8）。

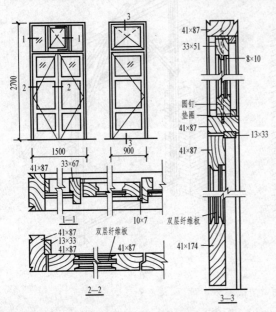

图4-5-8 镶板门构造

（2）夹板门。夹板门由轻型木骨架和面板组成，先用小截面木条（35～50mm@300～400mm）钉成骨架，门锁处附加木块。为了保持门扇内的干燥，一般应在骨架间设置透气孔贯穿上下框格。夹板门的各种骨架形式如图4-5-9所示。夹板门的面板一般为胶合板、硬质纤维板或塑料板，用胶结材料双面胶结。为整齐美观和防止受到碰撞而使面板撕裂，四周用15～20mm厚木条镶边。如功能上需要，可以做局部玻璃或百页，以利视线和通风。夹板门具有用料省、自重轻、造型轻巧、便于工业化生产。但防潮、防变形性能较差，一般多用做建筑内门（图4-5-10）。

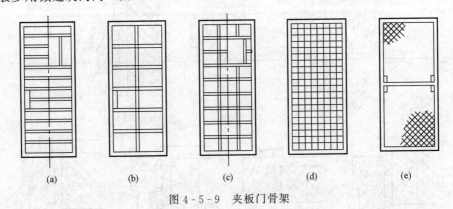

图4-5-9 夹板门骨架

(a)横向骨架；(b)双向骨架；(c)双向骨架；(d)密肋骨架；(e)蜂窝纸骨架

根据使用功能上的需要，夹板门上也可以做局部玻璃或百页，一般在镶玻璃及百页处，用木条框出范围安装。

（3）拼板门。拼板门是由木板拼合而成的门。一般有厚板拼成的实拼门及单面或双面拼成的薄板拼板门。其特点是坚固耐久、费料、自重大。实拼门，一般由厚 40mm 的木板拼成，每块的宽度为 100～150mm，为了预防木料收缩裂缝，常做成高低缝、企口缝、错口等，并在板面铲三角形或圆形槽。门扇由边梃、中梃、上、中、下冒头、门芯拼板组成。有的实拼门无冒头边挺，直接由木板用扁钢、螺栓连接而成（图 4-5-11）。薄拼板门是由厚 15～25mm 的木板拼合成单面或双面的拼板门。

（4）弹簧门。弹簧门门扇的构造方式与普通镶板门是完全一样的，所不同的是，它的特殊的铰链形式，开启后会自动关闭。常用的弹簧铰链有单面弹簧、双面弹簧地弹簧、门顶闭门器等。常用于需要温度调节或视线及气味需要遮挡的房间，如厨房、厕所以及用做纱门等。

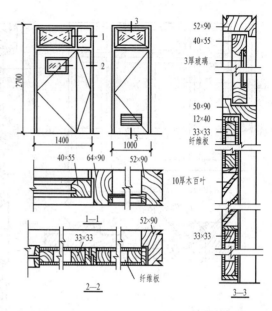

图 4-5-10 夹板门构造

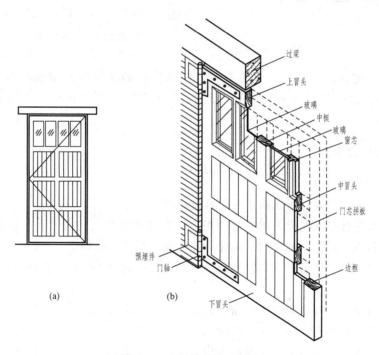

图 4-5-11 拼板门的构造
（a）立面；（b）构造示意

弹簧门按开启方向分为单向和双向。单向弹簧门常用于卫生间、厨房纱门等。双向弹簧门使用比较频繁，常用于公建筑和人流较多的门，通常在人视线的高度位置安装玻璃，防止出入人流碰撞。双向弹簧门扇必须用硬木，用料尺寸比一般镶板门稍大一些，扇厚度为42～50mm，上冒头及边框宽度为 100～120mm，下冒头宽为 200～300mm。双向弹簧门为了门

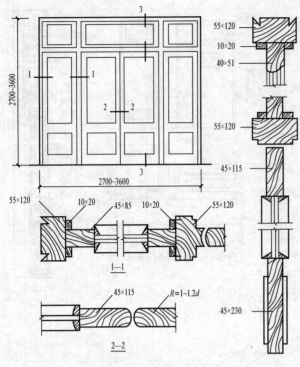

图 4-5-12 弹簧木门构造

扇双向的自由开启，门框不能做限制门扇开启的裁口，为了避免门扇之间相互碰撞和门扇之间缝隙过大，门扇上、下与门框间通常做成平缝，门扇左、右两侧与门框间以及门扇之间则应做成圆弧缝，其弧面半径约为门厚的1~1.2倍（图 4-5-12）。

地弹簧门为使用地弹簧作开关装置的平开门，门可以向内或向外开启。铝合金地弹簧门分为有框地弹簧门和无框地弹簧门。

地弹簧又称落地闭门器，或地铰链。多用于重型门扇的开启，安装在门扇底部地坪上，无须再安装合页、定位器等。落地闭门器采用液压装置，当门开启运行时，回转轴杆；动凸轮旋转，使活塞压缩弹簧，通过液压油路，使液压油进入阀体。调节快慢速度，地弹簧外露面有铜面、铝面、不锈钢面，壳体埋于地下，隐蔽性好。门顶闭门器又称多功能闭门器，速度可自动调节。一般安装在门的顶部有铰链的一侧，闭门器壳体可调节的一端应面向可开启的一边。

4.5.4 铝合金门窗构造

1. 铝合金门窗的特点

铝合金门窗常用的开启方式有平开和推拉两种。

铝合金门窗是近年发展起来的一种门窗，具有透光系数大、强度大、重量轻、不生锈、密封性能好、隔声、隔热、耐腐蚀、易保养等优点。具体性能如下：

（1）风压强度。风压强度是以抗风荷载的能力来衡量的。在风压作用下主要受力杆挠度应小于1/300。

（2）空气渗漏。空气渗漏是指门窗在内外气压差的作用下，门窗框每米每小时所通过的空气量，不同等级标准有不同要求。有时用气密性代表。

（3）雨水渗漏。雨水渗漏指门窗框不能有漏水及飞溅现象。有时也用水密性代表。

（4）隔声性能。隔声性能指声音屏蔽的特性。

（5）保温性能。保温性能是以其热阻和热对流阻抗值的大小衡量。

（6）使用性能。使用性能包括开启力、强度、滑动耐久性、开闭锁耐久性等，要求门窗应开关灵活，关闭时四周严密等。

在上述几项基本性能中，风压强度、空气渗漏和雨水渗漏性是窗档次高低的重要指标。铝合金窗适用于有密闭、保温、隔声要求的宾馆、会堂、体育馆、影剧院、图书馆、科研楼、办公楼、电子计算机房，以及民用住宅等现代化高级建筑的门窗工程。

2. 铝合金门窗的类型

铝合金门窗框料的系列名称是以门窗框的厚度构造尺寸来区分的，如平开门门框厚度构造尺寸为 50mm 宽，即称为 50 系列铝合金平开门；推拉铝合金窗的窗框厚度构造尺寸为 90mm，即称为 90 系列铝合金推拉窗，见表 4 - 5 - 2。

表 4 - 5 - 2 铝合金门窗的类型

门 的 类 型	窗 的 类 型	门 的 类 型	窗 的 类 型
50 系列平开铝合金门	40 系列平开铝合金窗	90 系列推拉铝合金门	60 系列推拉铝合金窗
55 系列平开铝合金门	50 系列平开铝合金窗	70 系列铝合金地弹簧门	70 系列推拉铝合金窗
70 系列平开铝合金门	70 系列平开铝合金窗	100 系列铝合金门地弹簧门	90 系列推拉铝合金窗
70 系列推拉铝合金门	55 系列推拉铝合金窗		90-1 系列推拉铝合金窗

3. 铝合金门窗的构造方式

铝合金门窗由门窗框、门窗扇、五金零件及连接件组成。

铝合金门窗框一般由上槛、下槛及两侧边框组成。框料的拼接属于临时固定性质，框一旦固定在洞口上，其连接作用也就消失。所以边框与上、下槛的拼接一般为直口拼接，并通过碰口胶垫和自攻螺钉固定（图 4 - 5 - 13）。

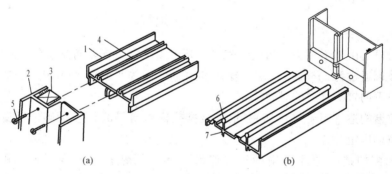

图 4 - 5 - 13 窗框的组合连接

(a) 窗框上框的连接组装；(b) 窗框下框的连接组装

1—上滑道；2—边封；3—碰口胶垫；4—上滑道上的固紧槽；5—自攻螺钉；

6—下滑道的滑轨；7—下滑道下的固紧槽孔

框料的安装一般采用塞口法。框与墙之间的缝隙大小视面层材料而定；一般情况下洞口抹灰处理，其间隙不小于 20mm；洞口采用石材、陶瓷贴面，间隙可增大到 35～40mm。并应保证面层与框垂直相交处正好与窗扇边缘相吻合，不能将框遮盖。

框与墙连接是将一端与框连接的镀锌连接板用射钉打入墙、梁或柱上，连接板的间距应小于 500mm（图 4 - 5 - 14）。铝合金门窗框固定好后，应按设计进行填缝。目前常用的做法有两种，一是采用软质保温材料填塞，如泡沫塑料条、泡沫聚氨酯条、矿棉毡条、玻璃丝棉毡条等，分层填实，外表留 5～8mm 深的槽口用密封膏密封。这种做法能起到防寒、防风、隔热的作用。另一种是在与铝合金接触面作防腐处理后，用 1：2 水泥砂浆将洞口与框之间的缝隙分层填实。

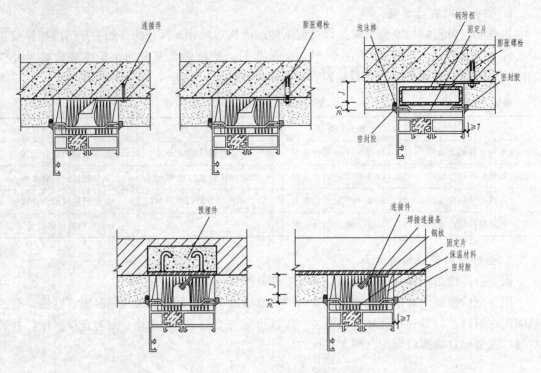

图 4-5-14　窗框的安装

铝合金门窗扇由上下冒头、边梃及密封毛条组成。窗扇有玻璃窗扇和纱窗扇两种。玻璃窗扇使用的玻璃通常为 5mm 厚玻璃。窗扇和窗框之间为了开启和固定，需要设五金零件，如安装在窗扇下的冒头之中的导轨滚轮。

（1）推拉窗构造（图 4-5-15）。铝合金推拉窗窗扇料的组装拼接包括窗扇料的拼接、锁钩安装和玻璃固定等。

（2）平开窗构造。平开窗扇的连接组装，是采用钻孔，开榫眼，再用螺栓和榫连接。窗扇框料在组装拼接前，应先将密封条穿入槽内，窗扇框料为 45°拼接。铝合金平开窗门窗附件包括扇拉手、风撑、扇扣紧件等。窗扇拉手装在窗扇边梃中部。风撑是平开窗窗扇的支撑铰链，起控制窗扇开启角度的作用。风撑有 90°和 60°两种。窗扇扣紧件是为了使窗扇关闭严密所安装的零件，它包括固定于窗扇上的扣件及固定在竖框上的拉手。

玻璃是用石英砂、纯碱、石灰石等主要原料与其他一些辅助性材料，在 1550～1600℃的高温下熔融，并经拉制、压制、浮法等工艺成型，经急冷而成。用于门窗工程的玻璃有普通门窗玻璃、磨光玻璃、磨砂玻璃、压花玻璃、夹层玻璃、中空玻璃等几种。门窗扇玻璃的安装应按设计要求选用玻璃品种、规格和色彩。安装时应将玻璃板放在凹槽中间，内外两侧的间隙，为使窗严密和玻璃固定牢，间隙应不少于 2mm，不大于 5mm。玻璃下部设置 3mm 厚的氯丁橡胶或尼龙垫。玻璃与窗扇料的固定方法有三种：一种是用塔形胶条封缝挤紧；另一种是用塔形橡胶挤紧，然后在胶条上注密封胶；第三种是用长 10mm 的橡胶块将玻璃挤住，再注密封胶。密封毛条可安装在凹槽内。

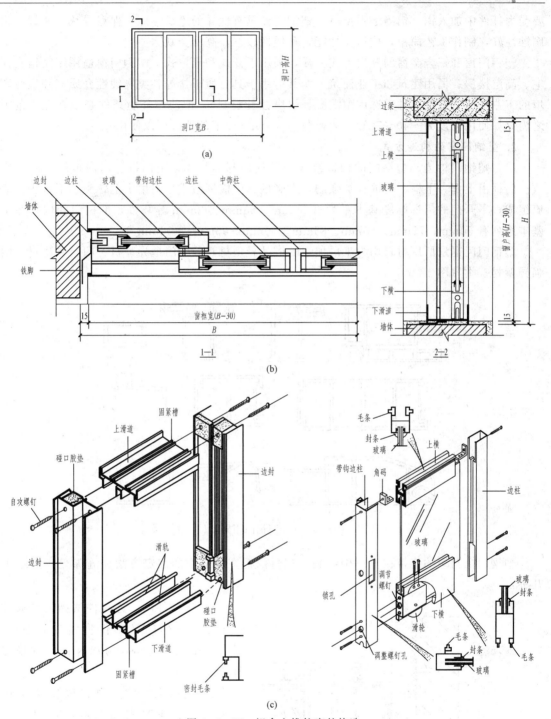

图 4-5-15 铝合金推拉窗的构造

4.5.5 塑钢门窗构造

1. 塑钢门窗的特点及适用范围

塑钢门窗，是指为了加强门窗的强度和刚度，在塑料型材的竖框、中横框或拼樘料等主要受力杆件中加入钢、铝等增强型材。塑钢门窗具有优异的绝缘性能，保温隔热性能好，耐腐蚀性好，制作工艺简单，抗风压性能，耐候性较好，高雅美观。

塑钢门窗和铝合金窗的开启方式一样，采用平开式和推拉式。塑钢门窗适用于宾馆、住宅、高层楼房、民用建筑和工业建筑，尤其适用于具有酸碱盐等各类腐蚀性介质和潮湿性环境的工业厂房（五金配件应选用耐潮湿、耐腐蚀性材料）。但使用环境条件必须在允许范围之内（如使用温度为−40～70℃、风荷载为3500Pa以下的地区可以使用）。

2. 塑钢门窗的构造方式

（1）塑钢门构造。塑钢门的构造组成与其他门基本相同，由门框、门扇玻璃、附件组成。门框由上框、下框、边框、加强筋、中竖框、中横框组成。门扇由上冒头、下冒头、边梃组成。平开门的门框厚度基本系列有50mm、55mm、60mm等几种，推拉门的门框厚度基本系列有60mm、75mm、80mm、85mm、90mm、95mm、100mm等。

塑钢门门框扇所用材料均为工厂加工的成品异型材，分为门框异型材、门扇异型材、增强异型材三类（图4-5-16）。

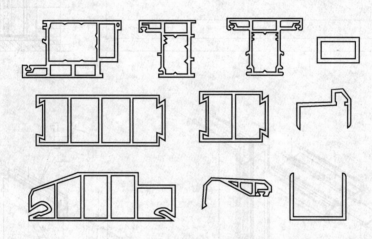

图4-5-16 塑钢门用异型材

塑钢门框与扇的连接在工厂中组装。塑料门框在墙体上的固定方法和缝隙处理有以下几种：

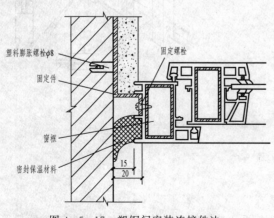

塑料膨胀螺栓φ8
固定螺栓
固定件
窗框
密封保温材料
15
20

图4-5-17 塑钢门安装连接件法

1）连接件法。连接件法指的是通过一个专门制作的Z形件将墙与框连接，其优点是比较经济，可以保证门的稳定性（图4-5-17）。

2）直接固定法。直接固定法是在门窗洞口施工时先预埋木砖，门窗框放入洞口校正定位后，用木螺钉直接穿过门窗框异型材与木砖连接。或采用在墙体上钻孔后，用尼龙胀管螺栓直接把门窗框固定在墙体上的方法（图4-5-18）。

3）假框法。此方法是先在门框洞口内安装一个与塑料门窗框相配套的"II"形镀锌钢板框，或是当将木窗换为塑钢窗时，把原有的木窗框保留，等抹灰装饰完成后，再直接把塑钢框固定在木框上，再以盖口条对接缝及边缘部分进行装饰。这种做法的优点是可以避免对塑料门窗造成损伤，施工速度也快（图4-5-19）。

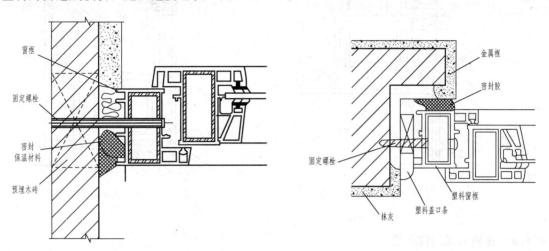

图 4-5-18　塑钢门安装直接固定法　　　　　图 4-5-19　塑钢门安装假框法

由于塑料的膨胀系数较大，在框与墙之间应留出 10～20mm 的间隙。缝隙内填入矿棉、玻璃棉或泡沫塑料等材料作为缓冲层，缝口两侧采用弹性封缝材料加以密封，然后进行墙面抹灰封缝，也可加装塑料盖口条。这种方法封闭性好，但造价高。另一种构造方法是以毡垫缓冲层替代泡沫材料缓冲层，不用封缝材料而直接抹水泥砂浆抹灰。这种方法封闭性好，造价低。

（2）塑钢窗的构造。塑钢窗框与墙体预留洞口的间隙可视墙体饰面材料而定，见表4-5-3。

表 4-5-3　　　　　　　　　　　　　　墙体洞口与窗框间隙

墙体面层材料	洞口与窗框间隙/mm	墙体面层材料	洞口与窗框间隙/mm
清水墙	10	墙体外饰面贴釉面砖	20～25
墙体外饰面抹水泥砂浆或贴马赛克	15～20	墙体外饰面贴大理石或花岗岩	40～50

塑钢窗与墙体固定应采用金属固定片，固定片的位置应距墙角中竖框、中横框 150～200mm，固定片之间的间距应小于或等于 600mm。塑钢窗型材系中空多腔，壁薄，材质较脆，因此先钻孔后用自攻螺钉拧入。塑钢窗与墙体连接构造如图 4-5-20 所示。不同的墙体材料，安装固定的方法也不一样。混凝土墙洞口应采用射钉或塑料膨胀螺钉固定（图 4-5-21）。砖墙洞口应采用塑料膨胀螺钉或水泥钉固定，不得固定在砖缝处，当采用预埋木砖方法与墙体连接时，木砖应进行防腐处理，加气混凝土墙应先预埋胶粘圆木，然后用木螺钉将金属固定片固定于胶粘圆木之上，设有预埋铁件的洞口，应采用焊接的方式固定，也可在预埋件上按紧固件规格打孔，然后用紧固件固定。

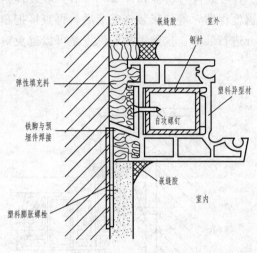

图4-5-20　塑钢窗与墙体连接构造

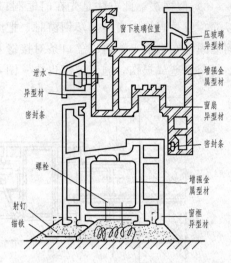

图4-5-21　塑钢窗安装节点

4.5.6　其他形式门窗构造

1. 旋转门构造

（1）普通转门。普通转门为手动旋转，旋转方向为逆时针，门的惯性转速可通过阻尼调节装置按需要进行调整。转门的构造复杂，结构严密，防风保温效果好，并能控制人流通行量，其平面、立面如图4-5-22所示。

普通转门按圆形门罩内门扇的数量分四扇式、三扇式。四扇式转门，扇之间夹角为90°；三扇式转门，扇之间的夹角为120°。普通转门按材质分铝合金、钢质、钢木结合三种类型。

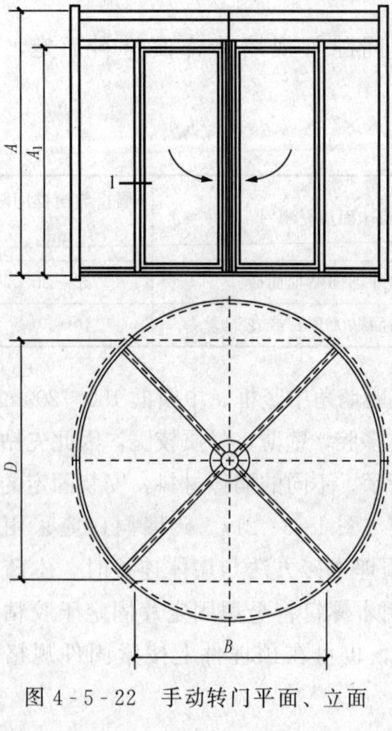

转门不适用于人流量大的场所，不能作为疏散门使用。转门两侧必须设置平开疏散门。

（2）旋转自动门。旋转自动门属高级豪华用门。采用声波、微波式或红外线传感装置和电脑控制系统，传动机构为弧线旋转往复运动。旋转自动门主要用于门洞口尺寸在3～8m的高档宾馆、酒店、金融、商厦及候机厅等豪华场所的外门。旋转自动门的特点是门体旋转均匀平稳、隔离密封性好，门体宽大、流通性能好、功能齐全、性能良好。

2. 感应式电子自动门构造

电子自动门是利用电脑、光电感应装置等高科技而发展起来的一种新型高级自动门。

（1）特点和应用范围。

1）感应式电子自动门的特点。感应式电子自动门运行平稳，动作协调，通行效率高；运行安全可靠，可确保人和物的安全；具有自动补偿功能，环境适应

图4-5-22　手动转门平面、立面

性强；密闭性能好，节约能源；自动启闭，使用方便。

2）感应式电子自动门的应用范围。感应式电子自动门主要用于楼宇、大厦等建筑外门及内门，如高级宾馆、酒店、金融财政机构、商厦、医院、机场候机厅等高级繁华场所的厅门、内部的房门，给人以新潮、舒适、方便的感觉。

（2）感应式电子自动门的类型。

1）按开启方式分类。按门扇开启方式分为推拉和平开两种。推拉自动门有左开、右开和对开三种。推拉自动门扇的电动传动系统为悬挂导轨式，而地面上又装有起止摆稳定作用的导向性轨道，加之有快慢两种速度自动变换，使门扇运行平稳。平开电动门有单向、双向、单扇、双扇等多种。可根据需要内开或外开，适合于人流单向通道。推拉式、平开式自动门均装有遇阻反馈自控。电路，遇有人或障碍物或门扇被异物卡阻，门体将自动停止。同时，还设计有遇到停电时门扇能手动开启的机械传动装置。

2）按自动门体材料分类。按门体材料分为铝合金门体、钢制门体、玻璃门体、不锈钢门体、木质门体。

3）按感应原理不同分类。按感应原理不同可分为微波传感、超声波传感和远红外传感三种类型。微波和光电感应器属自控探测装置，其原理是通过微波、声波和光电来捕捉物体的移动，这类装置通常安装在门上框居中位置，使门前能形成不同半径的圆弧探测区域。当通行者进入传感器（装置）的感应范围时，门扇便自动打开。当通行者离开时，门扇便自动关闭。

4）按感应方式分类。感应电子自动门按感应方式分探测传感器装置和踏板式传感器装置。

（3）感应电子自动门的构造。感应电子自动门主要由传感部分、驱动操作部分及门体部分组成。传感部分是自动检测人体或通过人工操作将检测信号传给控制部分的装置。驱动操作部分由驱动装置和控制装置构成。驱动装置由动力、传动及门体吊挂等三部分构成。门体部分由门框、门扇、门楣及导轨组成。

3. 全玻璃无框门构造

全玻璃无框门通常采用 10mm 以上厚度的平板玻璃、钢化玻璃板，按一定规格加工后直接用做门扇的无门框的玻璃门。其特点是玻璃通透光亮，简洁明快。

全玻璃无框门按开启功能分手动门和电动门两种。手动采用门顶枢轴和地铰链人工开启，电动门安装门马达和感应装置自动开启，开启角度为 90°单开和 180°自由开。

全玻璃无框门按开启方式有平开式和推拉式两种。

推拉门的标准尺寸同平开门，有单扇推拉和双扇推拉。门扇用顶端的移动滑轮吊在轨道上，下部装有起稳定作用的凹槽导轨，平开门最大尺寸门高 2500mm，门宽 1200mm。门扇玻璃为平板玻璃，最大规格 2000～2500mm，厚度为 8mm、10mm、12mm、15mm、19mm，钢化玻璃最大规格为 2100mm×4000mm，厚度同平板玻璃。

4. 推拉门构造

推拉门在上下轨道上左右滑行开启。推拉门由门扇、门框、滑轮、导轨等部分组成。推拉门有单扇、双扇或多扇。推拉门用材有木、铝合金、塑钢等。推拉门的构造有上挂式和下滑式两种。当门扇高度小于 4m 时，采用上挂式；门扇高度大于 4m 时宜用下滑式。推拉门的门扇受力状态好，对滑轮导轨的加工安装要求较高。

上挂式推拉门的上导轨需承受门扇的荷载。要求平直有一定的强度，导轨端部悬臂不应过大。上导轨可是明装或暗装，暗装时需考虑检查的可能性，下部应设导向装置。滑轮处应采取措施防止脱轨，下滑式是下导轨承受门扇的荷载，要求轨道平直不变形，易于清理积灰。

5. 折叠门

折叠门可分为侧挂式折叠门和推拉式折叠门两种。由若干扇门扇构成，每扇门扇宽度500～1000mm，一般以600mm为宜，适用于宽度较大的门洞。侧挂式折叠门与普通平开门相似，只是门扇之间用铰链相连。侧挂门扇超过两扇时，需使用特制铰链。推拉式折叠门与推拉门构造相似，在门顶或门底装滑轮及导向装置，每扇门之间连以铰链，开启时门扇通过滑轮沿着导向装置移动。折叠门开启时占空间少，但构造复杂，一般用做商业建筑的门，或公共建筑中做灵活分隔空间用。

4.5.7 特殊用途门的构造

1. 隔声门

隔声门指可以隔除噪声的门，多用于室内噪声允许较低的播音室、录音室等房间。隔声门的隔声效果，与门扇隔声量、门扇和门框间的密闭程度有关。普通木门的隔声能力19～25dB。双层木门，间距50mm时，隔声能力为30～34dB。门扇构造与门缝处理要相适应，隔声门的隔声效果应与安装隔声门的墙体结构的隔声性能相应。门扇隔声量与所用材料、材料组合构造方式有关。密度大、密实的材料，隔声效果较好。一般隔声门多采用多层复合结构，利用空腔和吸声材料提高隔声性能。复合结构不宜层次过多，厚度过大和重量过重。采用空腔处理时，空腔以80～160mm为宜。为避免产生缝隙，门扇的面层以采用整体板材为宜。

门缝处理对隔声效果有很大影响。门扇从构造上考虑裁口不宜多于两道，以避免变形失效或开关困难。铲口形式最好是斜铲口，容易密闭，可以避免门扇胀缩而引起的缝隙不严密。门框与门扇间缝的处理可用橡胶条钉在门框或门扇上、将橡胶管用钉固定在门扇上、泡沫塑料条嵌入框用胶粘牢、海绵橡胶条用钢板压条固定在门扇上等方法。

门缝消声处理是门扇四周以及门框上贴穿孔板，如穿孔金属薄板、穿孔纤维板、穿孔电化铝板等，后衬多孔吸声材料。当声音透过门缝时，由于遇到布包吸声材料而减弱（图4-5-23）。

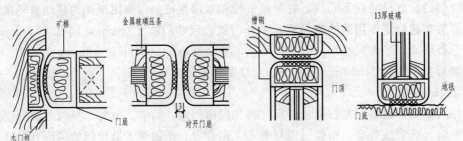

图4-5-23 门缝的消声处理

门扇底部底缝的处理方法有：用毛毡或海锦橡胶钉在门底［图4-5-24（a）］；橡胶条或厚帆布用薄钢板压牢［图4-5-24（b）］；盖缝是普通橡胶，压缝用海绵橡胶［图4-5-24（c）］；用海绵橡胶外包人造革，门槛下垫浸沥青毡子［图4-5-24（d）］。

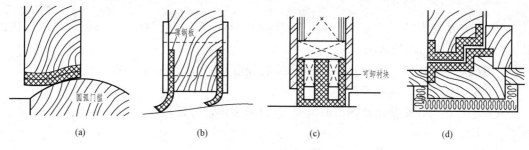

图4-5-24　门扇底部的处理

2. 防火门

建筑物为了满足消防防火要求，通常要分隔为若干个防火分区，各防火分区之间应设置防火墙，防火墙上最好不要设置门窗，如必须开设时，应采用防火门窗。一般民用建筑中防火门按耐火极限分为三级，甲级防火门耐火极限为1.2h，主要用于防火分区之间防火墙上的洞口；乙级防火门的耐火极限为0.9h，主要用于疏散楼梯与消防电梯前室的进出口处；丙级防火门的耐火极限为0.6h，用于管道井壁上的检修门。防火门按材料不同分钢门、木板铁皮门等。防火钢门是由两片1～1.5mm厚的钢板做外侧面、中间填充岩棉、陶瓷棉等轻质耐火纤维材料组成的特种门。防火钢门使用的护面钢板应为优质冷轧钢板。甲级防火钢门使用的填充材料应为硅酸铝耐火纤维毡或陶瓷棉；乙级、丙级防火门则多为岩棉、矿棉等耐火纤维。

木板铁皮门是在木板门扇外钉5mm厚的石棉板及一层铁皮，门框上也包上石棉板和铁皮。单面包铁皮时，铁皮面应面向室内或有火源的房间。铁皮一般为26号镀锌铁皮。由于火灾发生时，木门扇受高温碳化，分解出大量气体，为了防止胀破门扇，在门扇上还应设置泄气孔。

3. 防辐射门

医院中的放射科室会产生辐射，X射线对人体健康有害。防辐射的材料以金属铅为主，其他如钡混凝土、钢筋混凝土、铅板应用较为广泛。X光防护门主要镶钉铅板，其位置可以夹钉于门板内或包钉于门板外。

理 论 知 识 训 练

1. 门窗的类型有哪些？
2. 门窗框的安装方法有几种？工程中常用门窗框与墙的固定方法有哪些？
3. 常见木门有几种？夹板门和镶板门各有什么特点？
4. 铝合金门窗有哪些特点？型材如何分类？
5. 塑钢门窗为什么广泛用于工程中？
6. 特殊门窗有哪些？有什么样的特点？

7. 简述防火门的构造。

实 践 课 题 训 练

某酒店需要安装门，有大厅、客房、卫生间三种位置，试根据所学知识，安装合适的门，并绘制出所安门的构造图。

1. 图纸为2号图纸，图面整齐，分别绘出三种门的平面、立面及详图。
2. 要求表达清晰，墨线绘图。
3. 要求写出为什么要用所选门的类型。（仿宋字体，写在图面上）

课 题 小 结

门和窗是建筑中的围护构件。门在建筑中的作用主要是交通联系，并兼有采光、通风之用；窗的作用主要是采光和通风。另外，门窗的形状、尺度、排列组合以及材料，对建筑物的立面效果影响很大。实际工程中，门窗的制作生产已具有标准化、规格化和端口化的特点，各地都有标准图供设计者选用。

门框的安装方法有两种，一种是"塞口"法，一种是"立口"法。构造上主要是连接和密封处理。常用门窗有铝合金、塑钢等，另外还有一些特殊部位使用的特种门窗，如防噪声、防辐射门、防火门等。

课题6 屋 顶 构 造

4.6.1 屋顶的分类及其特点

屋顶是房屋最上部的承重和外围护构件，要具有能够抵御自然界中的风、雨、雪、太阳辐射，气温昼夜的变化和各种外界不利因素对建筑物的影响的能力；屋顶也应具有足够强度和刚度。屋顶形式对建筑物的造型有很大影响，设计中还应注意屋顶的美观。

屋顶的形式与房屋的使用功能、屋面材料、结构类型及建筑造型有关，也与地域、民族、宗教、时代和科技水平的高低有关，形式千姿百态，数不胜数，分为平屋顶、坡屋顶、曲面屋顶、复合屋顶等（图4-6-1）。

平屋顶是指屋面坡度为2‰～5‰的屋顶。根据檐口形式的不同，平屋顶又可分为挑檐平屋顶、女儿墙平屋顶、女儿墙带挑檐平屋顶、盝顶平屋顶等。

坡屋顶是指屋面坡度为10‰以上的屋顶，坡屋顶的屋面为斜面，根据斜面的数量和状况可有多种类型的坡屋顶。

曲面屋顶由各种薄壁结构或悬索结构所构成，有筒拱形、球形、双曲面等形式，适用于大跨度、大空间和造型特殊的建筑屋顶。

复合屋顶指由多种形式复合而成的屋顶。如平屋顶与坡屋顶结合、坡屋顶与曲面屋顶组合，以及曲面屋顶之间的组合等。

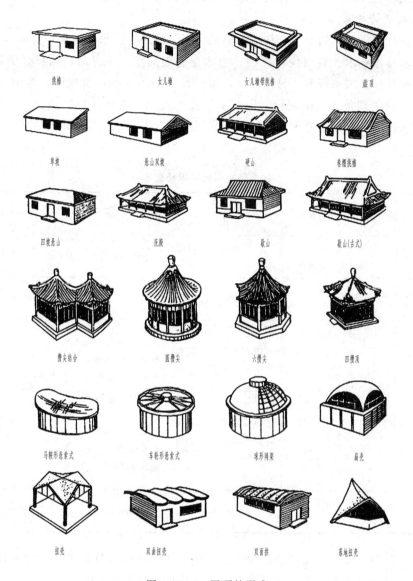

图 4-6-1 屋顶的形式

4.6.2 屋顶的作用及设计要求

1. 屋顶的作用

屋顶是覆盖在建筑物的最上部的围护和承重构件，具有三大作用：

（1）围护作用。屋顶作为建筑物的最上部的围护和承重构件，应能抵抗风、雨、雪的侵袭，以及避免日晒等自然因素的影响，应具有防水、排水、保温、隔热的能力。其中防水和排水是屋顶构造设计的核心。

（2）承重作用。屋顶应能承受风、雨、雪、人及屋顶本身的荷载，并把这些荷载传给墙和柱等下部支承结构。

（3）美化环境作用。屋顶是体现建筑风格的重要构件，对建筑造型具有很大影响。

2. 屋顶的设计要求

屋顶的设计要做到结构安全，构造上满足保温、隔热、防水、排水等要求。

（1）防水排水要求。在屋顶设计中，为防止屋面漏水，一方面，选择好的屋面防水材料，使屋顶避免产生漏水现象；另一方面，组织设计好屋面的排水坡度，将雨水迅速排除，使屋顶不产生积水现象。我国现行《屋面工程技术规范》根据建筑物类别、防水层耐用年限、防水层选用材料、设防要求等将屋面防水划分为四个等级。屋面的防水等级和设防要求详见表4-6-1。

表4-6-1   屋面防水等级和设防要求

项 目	屋 面 防 水 等 级			
	I	II	III	IV
建筑物类别	特别重要或对防水有特殊要求的建筑	重要的建筑和高层建筑	一般的建筑	非永久性的建筑
防水层合理使用年限	25年	15年	10年	5年
防水层选用材料	宜选用合成高分子防水卷材、金属板材、合成高分子防水涂料	宜选用卷材、合成高分子防水卷材、金属板材、合成高分子防水涂料、高聚物改性沥青防水涂料、细石混凝土、平瓦、油毡瓦等材料	宜选用高聚物改性沥青防水卷材、合成高分子防水卷材、金属板材、合成高分子防水涂料、高聚物改性沥青防水涂料、细石混凝土、平瓦、油毡瓦等材料	可选用二毡三油沥青防水卷材、高聚物改性沥青防水涂料等材料
设防要求	三道或三道以上防水设防	二道防水设防	一道防水设防	一道防水设防

（2）保温隔热的要求。屋顶应按所在地区的节能标准或建筑热工要求设置相应的保温、隔热层，从而保证冬季保温和夏季隔热，创造建筑物良好的热工环境。

（3）建筑结构要求。屋顶必须有足够的强度和刚度以保证房屋的结构安全。房屋的支撑结构一般有平面结构和空间结构两种，平面结构包括梁板式结构和屋架结构形式，空间结构有网架、悬索、壳体、折板等结构形式。

（4）建筑艺术要求。屋顶的形式应与建筑整体造型的构图统一协调，充分体现不同地域、不同民族的建筑特色。

（5）其他要求。国内外的一些建筑如美国的华盛顿水门饭店、香港葵芳花园住宅、广州东方宾馆、北京长城饭店等，利用屋顶或天台铺筑屋顶花园，不仅拓展了建筑的使用空间，美化了屋顶环境，也改善了屋顶的保温隔热性能。再如现代超高层建筑出于消防扑救和疏散的需要，要求屋顶设置直升机停机坪等设施，某些有幕墙的建筑要求在屋顶设置擦窗机轨道，某些节能型建筑要求利用屋顶安装太阳能集热器等。

3. 屋顶的基本构造组成

屋顶是由屋面、承重结构层、保温隔热和顶棚四部分组成。根据使用要求的不同，屋顶还可设隔声、隔蒸汽、防水等构造层次（图4-6-2）。为了防止屋面雨水渗漏，除做好严密的防水层外，还应将屋面雨水迅速排除，这就需要进行排水组织设计。

4.6.3 屋顶的排水

1. 排水坡度的形成

屋顶排水坡度的形式一般有材料找坡和结构找坡两种。

（1）材料找坡。材料找坡是将屋面板水平搁置，用轻质材料垫置出排水坡度 [图4-6-3（a）]。一般采用轻质材料找坡，材料找坡可保证室内顶棚平整，但找坡距离较长，材料用量多，增加了屋面荷载。在民用建筑中一般采用材料找坡。

（2）结构找坡。结构找坡是将

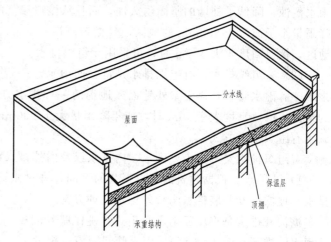

图4-6-2 屋顶的构造组成

平屋顶的屋面板倾斜搁置（如在上表面倾斜的屋架或屋面梁上安放屋面板或在顶面倾斜的山墙上搁置屋面板），形成所需的排水坡度，不在屋面上另做找坡材料，结构找坡构造简单、省工省料、对屋面荷载影响不大，但房屋室内顶棚呈倾斜状，影响美观 [图4-6-3（b）]。当建筑物跨度在18m及18m以上时，应优先选用结构找坡。

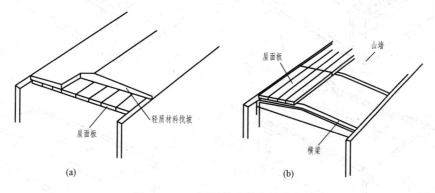

图4-6-3 屋顶排水坡度的形成
（a）材料找坡；（b）结构找坡

2. 排水坡度的大小

现行《民用建筑设计通则》规定，屋顶排水坡度的大小应根据屋顶结构形式、屋面基层类别、防水构造形式、防水材料性能及当地气候等条件确定。卷材防水、刚性防水的平屋顶排水坡度为2%～5%。年降雨量大的地区，屋面渗漏的可能性大，排水坡度就应适当加大。当平屋顶采用结构找坡时，坡度不应小于3%；采用材料找坡时，坡度宜为2%；种植土屋面为1%～3%。屋面排水坡度通常可采用三种表示方法：角度法、斜率法、百分比法。

3. 屋顶排水方式

屋顶的排水方式分为无组织排水和有组织排水两大类。

（1）无组织排水。无组织排水又称自由落水，是指屋面雨水直接从檐口落至室外地面的一种排水方式。无组织排水构造简单、施工方便、造价低廉，但落水时，外墙面常被飞溅的雨水侵蚀，降低了外墙的坚固耐久性，而且从檐口滴落的雨水也可能影响人行道的交通。年降雨量小于或等于 900mm 的地区，且檐口高度不大于 10m 时，或年降雨量大于 900mm 的地区，檐口高度不大于 8m 时，可采用无组织排水。

（2）有组织排水。有组织排水是将屋面雨水经一定排水的途径（檐沟或天沟、雨水口、雨水斗、雨水管等）排至室外地面或地沟的一种排水方式。在年降雨量小于或等于 900mm 的地区，檐口高度大于 10m 时，或年降雨量大于 900mm 的地区，檐口高度大于 8m 时，应采用有组织排水方式。

有组织排水又可分为外排水、内排水以及内外排水相结合等方式。

1）外排水。根据建筑的檐口形式的不同，外排水通常有檐沟外排水、女儿墙内檐沟外排水、坡檐（女儿墙带檐沟）外排水三种方案。

檐沟外排水是将屋面雨水会集到悬挑在墙外的檐沟内，再沿着檐沟内纵坡引向雨水口，从雨水管排下（图 4-6-4）。雨水管间距不应超过 20m，以免造成屋面渗水。

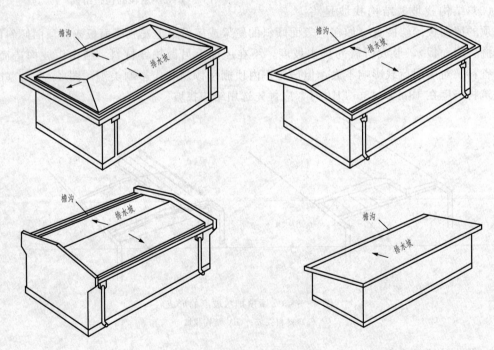

图 4-6-4　檐沟外排水方式

女儿墙内檐沟外排水是将外墙升起封住屋面，女儿墙与屋面交接处设内檐沟或女儿墙内垫纵向排水坡度。屋面雨水沿内檐沟或纵坡流向雨水口再流入外墙外面的雨水管（图 4-6-5）。

女儿墙带檐沟外排水方式，是檐沟外排水和女儿墙内檐沟外排水的组合形式。女儿墙与檐沟板之间铺放斜板，斜板外侧用瓦檐装饰形成坡檐。

2）内排水。内排水是屋面雨水汇聚到天沟内，再沿天沟内的纵坡，经建筑物内部穿过雨水口流入室内雨水管排入地下管道至室外排水系统，这种排水方式雨水管占用室内空间，且雨水口易堵，倒流，故内排水多用于大面积、多跨、高层以及有特殊要求的建筑（图4-6-6）。

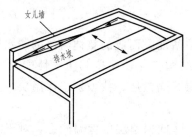

图4-6-5 女儿墙内檐沟外排水方式

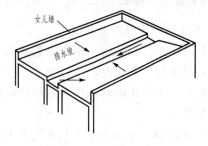

图4-6-6 内排水方式

4. 排水方式选择的原则

现行《民用建筑设计通则》规定，屋面排水方式宜优先选用外排水；高层建筑、多跨及集水面积较大的屋面宜采用内排水。一般有以下原则：

（1）等级较低的建筑，为了控制造价，宜优先采用无组织排水。

（2）三层及三层以下或檐高小于10m的中、小型建筑物可采用无组织排水。

（3）多层建筑、高层建筑、高标准建筑、临街建筑应采用有组织排水。

（4）严寒地区应先选用有组织排水。

（5）降雨量大的地区宜选有组织排水。

（6）湿陷性黄土地区尤其适宜用外排水。

5. 确定排水坡面数划分排水区

（1）确定排水坡面数。为避免水流路线过长，使防水层破坏，应合理地确定屋面排水坡面的数目。一般情况下，平屋顶屋面宽度小于12m时，可采用单坡排水；宽度大于12m时，可采用双坡排水或四坡排水。

（2）划分排水区。排水区划分应尽量规整，面积大小应与每个雨水管排水面积相适应，每块排水区的面积宜小于200m²，以保证屋面排水通畅，防止屋面雨水蓄积。

6. 确定排水系统

平屋顶的排水系统一般包括檐沟或天沟、雨水口、雨水斗、雨水管几部分。

（1）檐沟、天沟。檐沟是位于檐口部位的排水沟，天沟是位于屋面中部的排水沟。

檐沟或天沟的断面尺寸应根据地区降雨量和汇水面积的大小确定，净宽不小于200mm，出挑长度一般取400～600mm，檐沟外壁高度一般在200～300mm，分水线处最小深度不小于120mm。檐沟纵坡不小于1‰。檐沟上口与分水线的距离应不小于120mm。

（2）雨水口。每一条檐沟或天沟，一般不宜少于两个雨水口，每一个雨水口的汇水面积不得超过当地降水条件计算所得的最大值。雨水口中心距端部女儿墙内边不宜小于0.5m。采用檐沟外排水雨水口的间距不宜大于24m，女儿墙内檐沟外排水、内排水雨水口的间距不大于15m。

（3）雨水管。雨水管应尽量均匀布置，充分发挥每个雨水管的排水能力。雨水管距离墙面不应小于20mm，并用管箍与墙面固定。雨水管经过的带形线脚、檐口线等墙面突出部分处宜采用直管，并应预留缺口或孔洞。当必须采用弯管绕过时，弯管的接合角应为钝角。

4.6.4 平屋顶的构造

1. 柔性防水平屋顶的构造

柔性防水平屋顶是指采用防水卷材用胶结材料粘贴铺设而成的整体封闭的防水覆盖层。它具有一定的延性和韧性，并且能适应一定程度的结构变化，保持其防水性能（图4-6-7）。柔性防水平屋顶的构造层次包括结构层、找平层、隔汽层、找坡层、保温层（隔热层）和保护层等。

（1）隔汽层。为防止室内水蒸气渗入保温层后，降低保温层的保温能力，对于纬度40°以北，且室内空气湿度大于75%或其他地区室内湿度大于80%的建筑，经常处于饱和湿度状态的房间（如公共浴室、厨房的主食蒸煮间），需在承重结构层上、保温层下设置隔汽层。隔汽层可采用气密性好的单层防水卷材或防水涂料。

（2）找平层。为保证平屋顶防水层有一个坚固而平整的基层，避免防水层凹陷和断裂。一般在结构层和保温层上，先做找平层。找平层宜设分格缝，并嵌填密封材料。其纵横向最大间距：水泥砂浆或细石混凝土找平层不宜大于6m，沥青砂浆找平层不宜大于4m。

（3）防水层。目前工程中卷材防水层主要有高聚物改性沥青卷材防水层和合成高分子卷材防水层，见表4-6-2。

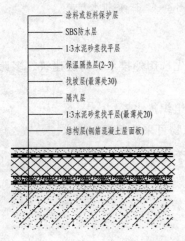

涂料或粒料保护层
SBS防水层
1:3水泥砂浆找平层
保温隔热层(2~3)
找坡层(最薄处30)
隔汽层
1:3水泥砂浆找平层(最薄处20)
结构层(钢筋混凝土屋面板)

图4-6-7 柔性防水平屋顶的构造

表4-6-2   卷材防水层

卷材分类	常见品种	卷材胶粘剂
高聚物改性沥青防水卷材	SBS改性沥青防水卷材	热熔、自粘、配套胶粘剂
	APP改性沥青防水卷材	
合成高分子防水卷材	三元乙丙丁基橡胶防水卷材	丁基橡胶为主体的双组分A与B液1:1配比搅拌均匀
	三元乙丙橡胶防水卷材	
	氯磺化聚乙烯防水卷材	CX—401胶
	再生胶防水卷材	氯丁胶粘剂
	氯丁橡胶防水卷材	CY—409液
	氯丁聚乙烯—橡胶共混防水卷材	胶粘剂配套供应
	聚氯乙烯防水卷材	胶粘剂配套供应

卷材防水层应按现行《屋面工程施工质量验收规范》要求，根据项目性质和重要程度以及所在地区的具体降水条件确定其屋面防水等级和屋面防水构造。例如，雨量特别稀少干热的地区，可以适当减少防水道数，但应选用能耐较大温度变形的防水材料和能防止暴晒的保

护层，以适应当地的特殊气候条件。不同的屋面防水等级对防水材料的要求有所不同，见表 4-6-3。

表 4-6-3　　　　　　　　卷材厚度选用表

屋面防水等级	设防道数	合成高分子防水卷材	高聚物改性沥青防水卷材
Ⅰ 级	三道或三道以上	不应小于 1.5mm	不应小于 3mm
Ⅱ 级	二道	不应小于 1.2mm	不应小于 3mm
Ⅲ 级	一道	不应小于 1.2mm	不应小于 4mm
Ⅳ 级	一道	—	—

卷材防水层应铺贴在坚固、平整、干燥的找平层上。卷材粘贴方法包括有冷粘法、热熔法、自粘法。

（4）找坡层。依据屋顶坡度选择合适的构造方式。

（5）保护层。保护层是屋顶最上面的构造层，其作用是减缓雨水对卷材防水层的冲刷力，降低太阳辐射热对卷材防水的影响，防止卷材防水层产生龟裂和渗漏现象，延长其使用寿命。保护层的做法应视屋面的使用情况和防水层所用材料而定。

1）不上人屋面：高聚物改性沥青防水卷材、合成高分子防水卷材防水层可采用与防水层材料配套的保护层或粘贴铝箔作为保护层。

2）上人屋面：①防水层上做水泥砂浆保护层或细石混凝土保护层；②防水层上用砂、沥青胶或水泥砂浆铺贴预制缸砖、地砖等。

2. 刚性防水平屋顶的构造

刚性防水屋面是以防水砂浆抹面或密实混凝土浇捣而成的防水层，它构造简单，施工方便，造价较低，但其对温度变化和结构变形较敏感，易产生裂缝而漏水，一般适用于防水等级为 Ⅰ～Ⅳ 级的屋面防水，不适用于有保温层、有较大震动或冲击荷载作用的屋面和坡度大于 15% 的建筑屋面，在我国南方地区多采用（图 4-6-8）。

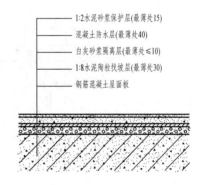

刚性防水平屋顶的构造层次包括找平层、保温层（隔热层）、找坡层、隔离层、防水层和保护层等。

图 4-6-8　刚性防水平
屋顶的构造

细石混凝土刚性防水层采用 40mm 厚，强度等级为 C20，水泥：砂子：石子的重量比为 1：1.5～2.0：3.5～4.0 密实细石混凝土。在混凝土中掺加膨胀剂、减水剂等外加剂，还宜掺入适量的合成短纤维，以提高和改善其防水性能。为防止细石混凝土的防水层裂缝，应采取以下措施：

（1）配筋。为提高细石混凝土防水层的抗裂和应变能力，常配置双向钢筋网片，钢筋直径为 4～6mm，间距 100～200mm。由于裂缝易在面层出现，钢筋安装位置居中偏上，其上面保护层厚度不小于 10mm。

（2）设置分仓缝。又称分格缝，是防止细石混凝土防水层不规则裂缝、适应结构变形而设置的人工缝（图 4-6-9）。

屋面转折处、防水层与突出屋面结构的交接处。分仓缝宽度为 20mm 左右，从横向间

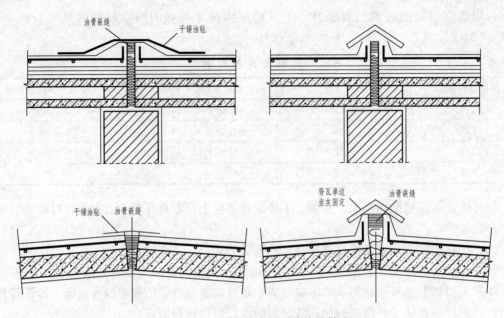

图 4-6-9　刚性防水屋面分格缝做法

距不宜大于 6m，分仓缝有平缝和凸缝两种形式，分仓缝内嵌密封材料，缝口用卷材铺贴盖缝（图 4-6-10）。

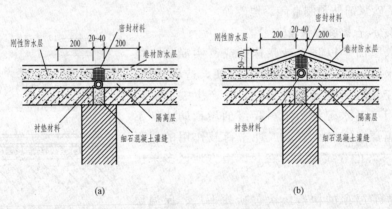

(a)　　　　　　　　　　　(b)

图 4-6-10　分仓缝构造
(a) 平缝；(b) 凸缝

（3）隔离层。隔离层是在找平层上铺砂、铺低强度的砂浆或干铺一层卷材或刷废机油、沥青等。其作用是将刚性防水层与结构层上下分离，以适应各自的变形，减少温度变化和结构变形对刚性防水层的影响。

3. 涂膜防水屋面

涂膜防水层是采用可塑性和粘结力较强的高分子防水涂料，直接涂刷在屋面找平层上，形成一层不透水薄膜的防水层。一般有乳化沥青类、氯丁橡胶类、丙烯酸树脂类、聚氨酯类和焦油酸性类等。涂膜防水层具有防水性好、粘结力强、延伸性大、耐腐蚀、耐老化、冷作业、易施工等特点。但涂膜防水层成膜后要加以保护，以防硬杂物碰坏。

涂膜防水层的构造做法是在平整干燥的找平层上，分多次涂刷。乳化型防水涂料，涂 3

遍，厚1.2mm；溶剂型防水涂料，涂4～5遍，厚度大于1.2mm。涂膜表面采用细砂、浅色涂料、水泥砂浆等做保护层。

4.6.5 平屋顶的细部构造

平屋顶的构造主要包括泛水构造、檐口构造、雨水口构造、屋面变形缝处构造等。

1. 檐口构造

檐口构造是指屋顶与墙身交接处的构造做法。

（1）挑檐檐口。

1）无组织排水挑檐檐口。无组织挑檐檐口即自由落水檐口，当平屋顶采用无组织排水时，为了雨水下落时不至于淋湿墙面，从平屋顶悬挑出不小于400mm宽的板。

卷材防水屋面，防止卷材翘起，从屋顶四周漏水，檐口800mm范围内卷材应采取满粘法，将卷材收头压入凹槽，采用金属压条钉压，并用密封材料封口，檐口下端应抹出鹰嘴和滴水槽（图4-6-11）。

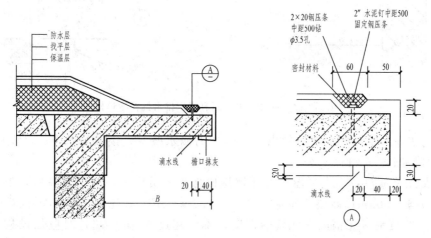

图4-6-11 卷材防水屋面无组织排水挑檐檐口构造

刚性防水屋面，当挑檐较短时，可将混凝土防水层直接悬挑出去形成挑檐口；当所需挑檐较长时，为了保证悬挑结构的强度，应采用与屋顶圈梁连为一体的悬臂板形成挑檐（图4-6-12）。

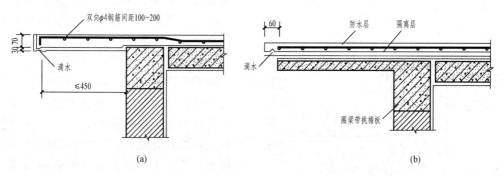

图4-6-12 刚性防水屋面无组织排水挑檐檐口构造
（a）混凝土防水层悬挑檐口；（b）挑檐板檐口

2) 有组织排水挑檐檐口。有组织挑檐檐口即檐沟外排水檐口，也称为檐沟挑檐。卷材防水屋面檐沟外排水檐口在檐沟沟内应加铺一层卷材以增强防水能力，当采用高聚物改性沥青防水卷材或高分子防水卷材时宜采用防水涂膜增强层；卷材防水层应由沟底翻上至沟外檐顶部，在檐沟边缘，应用水泥钉固定压条，将卷材压住，再用密封材料封严；为防卷材在转角处断裂，檐沟内转角处应用水泥砂浆抹成圆弧形；檐口下端应抹出鹰嘴和滴水槽（图4-6-13）。

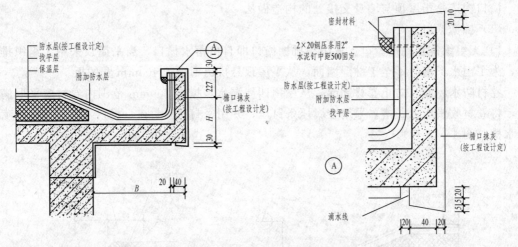

图4-6-13　卷材防水屋面有组织排水挑檐檐口构造

刚性防水屋面刚性防水层应挑出50mm左右滴水线或直接做到檐沟内，设构造钢筋，以防止爬水（图4-6-14）。

（2）女儿墙檐口。上人平屋顶女儿墙用以保护人员安全，对于其高度，低层、多层建筑不应小于1.05m；高层建筑应为1.1～1.2m。不上人屋顶女儿墙，抗震设防烈度为六、七、八度地区无锚固女儿墙的高度，不应超过0.5m，超过时应加设构造柱及钢筋混凝土压顶圈梁，构造柱间距不应大于3.9m。位于出入口上方的女儿墙，应加强抗震措施。

砌块女儿墙厚度不宜小于200mm，其顶部应设大于等于60mm厚的钢筋混凝土压顶，实心砖女儿墙厚度不应小于240mm。

女儿墙泛水是指屋面防水层与垂直墙面相交处的构造。

卷材防水屋面将屋面的卷材防水层继续铺至垂直面上，形成卷材泛水，泛水高度不得小于250mm；在屋面与垂直面的交接处再加铺一层附加卷材，为防止卷材断裂，转角处应用水泥砂浆抹成圆弧形或45°斜面；泛水上口的卷材应做收头固定（图4-6-15）。

刚性防水屋面泛水的构造要点与卷材防水屋面相同。不同之处是女儿墙与刚性

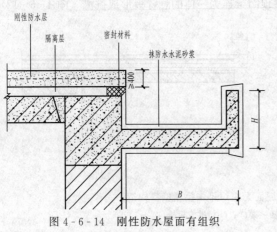

图4-6-14　刚性防水屋面有组织排水挑檐檐口构造

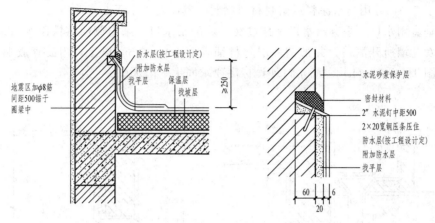

图 4-6-15 卷材防水屋面女儿墙泛水构造

防水层间应留分格缝，缝内用油膏嵌缝，缝外用附加卷材铺贴至泛水所需高度并做好压缝收头处理，避免雨水渗透进缝内（图 4-6-16）。

（3）女儿墙带挑檐檐口。女儿墙带挑檐檐口是将前面两种檐口相结合的构造处理。女儿墙与挑檐之间用盖板（混凝土薄板或其他轻质材料）遮挡，形成平屋顶的坡檐口（图 4-6-17）。由于挑檐的端部加大了荷载，结构和构造设计都应特别注意处理悬挑构件的抗倾覆问题。

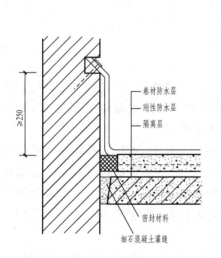

图 4-6-16 刚性防水屋面檐口构造

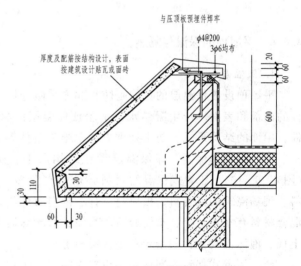

图 4-6-17 女儿墙带挑檐檐口构造

2. 雨水口构造

雨水口是屋面雨水汇集并排至雨水管的关键部位，满足排水通畅、防止渗漏和堵塞的要求。雨水口有水平雨水口和垂直雨水口两种形式。

（1）水平雨水口。采用直管式铸铁或 PVC 漏斗形的定型件，用水泥砂浆埋嵌牢固，雨水口四周须加铺一层卷材，并铺到漏斗口内，用沥青胶贴牢。缺口及交接处等薄弱环节可用油膏嵌缝，再用带箅铁罩压盖 [图 4-6-18 （a）]。雨水口埋设标高应考虑雨水口设防时增加的附加层和柔性密封层的厚度及排水坡度加大的尺寸。雨水口周围直径 500mm 范围内坡度不应小于5%，并用防水涂料或密封材料涂封，其厚度不小于2mm。

（2）垂直雨水口。垂直雨水口是穿过女儿墙的雨水口。采用侧向铸铁雨水口或PVC雨水口放入女儿墙所开洞口，并加铺一层卷材铺入雨水口50mm以上，用沥青胶贴牢，再加盖铁箅[图4-6-18（b）]。雨水口埋设标高要求同水平雨水口。

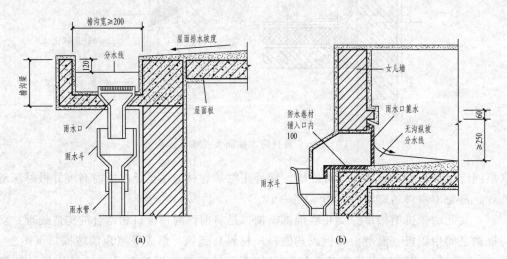

图4-6-18 雨水口构造
（a）垂直雨水口；（b）水平雨水口

4.6.6 平屋顶的保温与隔热

1. 保温层

平屋顶设置保温层的目的是防止北方采暖地区冬季室内的热量散失太快，并且使围护构件的内部和表面不产生凝结水。平屋顶保温层的材料和构造方案是根据使用要求、气候条件、屋面的结构形式、防水处理方法、施工条件等综合考虑确定。

（1）正置式保温。即保温层设在结构层上、防水层下的构造做法，又称内置式保温（图4-6-19）。正置式保温的材料必须是空隙多、密度小、导热系数小的材料，一般有散料、现场浇筑的混合料、板块料三种。散料有矿渣、膨胀蛭石、膨胀珍珠岩等；现场浇筑的混合材料有水泥炉渣、水泥蛭石、水泥膨胀珍珠岩等；板块料有预制膨胀蛭石板、加气混凝土板、泡沫混凝土板和聚苯乙烯保温板等。

（2）倒置式保温。即保温层设置在防水层上的构造做法（图4-6-20）。其特点是防水层不受太阳辐射和剧烈气候变化的直接影响，不易受外来的损伤，但保温材料必须选用吸湿性低、耐气候性强的聚氨酯和挤塑聚苯乙烯泡沫塑料板、泡沫玻璃块作保温层，而且用较重的覆盖层压住，如预制混凝土块或卵石。

根据节能要求，屋顶保温层与墙体保温应封闭，如卷材防水屋面女儿墙檐口保温构造（图4-6-21）。

2. 屋顶隔热层

平屋顶设置隔热层的目的是防止夏季南方炎热地区太阳的辐射热，影响室内生活和工作环境。平屋顶隔热层的设置形式有通风层、反射降温、植被隔热及蓄水隔热等。

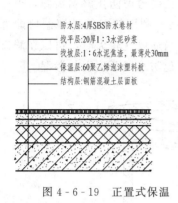

图4-6-19　正置式保温

防水层:4厚SBS防水卷材
找平层:20厚1:3水泥砂浆
找坡层:1:6水泥焦渣,最薄处30mm
保温层:60聚乙烯泡沫塑料板
结构层:钢筋混凝土层面板

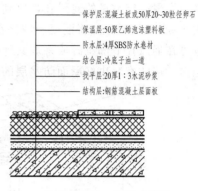

图4-6-20　倒置式保温

保护层:混凝土板或50厚20~30粒径卵石
保温层:50聚乙烯泡沫塑料板
防水层:4厚SBS防水卷材
结合层:冷底子油一道
找平层:20厚1:3水泥砂浆
结构层:钢筋混凝土层面板

（1）通风层隔热。通风层隔热是指在屋顶设置架空通风间层，使上层表面起着遮挡阳光的作用，利用风压和热压作用把间层中的热空气不断带走，以减少传到室内的热量，从而达到隔热降温的目的。通风层一般有架空层和顶棚通风层两种做法。

1）架空层。架空层是在防水层之上设置架空通风层，以预制板或大阶砖来架空，形成通风层，架空通风隔热屋面（图4-6-22）。现行《民用建筑设计通则》中规定采用架空层隔热屋面，架空隔热屋面坡度不宜大于5％。架空隔热层高度应按屋面宽度或坡度的大小变化确定，架空层不得堵塞；当屋面宽度大于10m时，应设置通风屋脊；屋面基层上宜有适当厚度的保温隔热层。架空的空间高度宜为150～200mm，空气间层应有无阻滞的通风进、出口；架空板距山墙或女儿墙不得小于250mm；架空板的支点可以做成砖垄墙或砖墩，间距视架空板的尺寸而定。

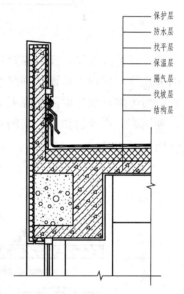

保护层
防水层
找平层
保温层
隔气层
找坡层
结构层

图4-6-21　卷材防水屋面女儿墙檐口保温构造

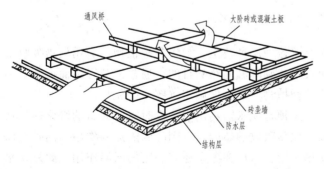

通风桥
大阶砖或混凝土板
砖垄墙
防水层
结构层

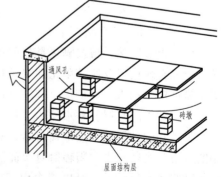

通风孔
砖墩
屋面结构层

图4-6-22　架空通风隔热屋面构造示意

2）顶棚通风层。顶棚通风层是利用悬吊式顶棚与屋顶之间的空间作通风隔热层，可以起到架空通风同样的作用（图4-6-23）。顶棚通风层应有足够的净空高度，一般为500mm

左右；必须设置一定数量的通风孔，以利空气对流。通风孔应考虑防止飘雨措施，当通风孔高度不大于300mm时，可将混凝土花格在外墙内边缘安装，利用较厚的外墙洞口即可挡住飘雨，也可在通风孔上部挑砖或采取其他措施加以处理；当通风孔较大时，可以在洞口设百叶窗片挡雨。应注意解决好屋面防水层的保护问题，以避免防水层开裂引起渗漏。

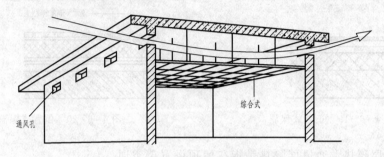

图4-6-23 顶棚通风隔热屋面示意

（2）反射隔热层。反射隔热层是利用屋面材料的颜色和光滑度对热辐射的反射作用，将一部分热量反射回去从而达到降温的目的。例如屋面采用浅色的砾石、混凝土，或涂刷白色涂料，均可起到明显的隔热降温效果。如果在吊顶棚通风隔热的顶棚基层中加铺一层铝箔纸板，利用第二次反射作用，其隔热效果会更加显著，因为铝箔的反射率在所有材料中是最高的（图4-6-24）。

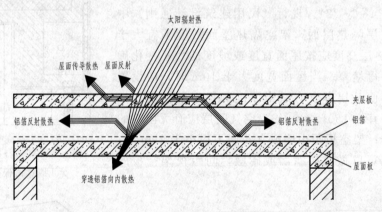

图4-6-24 铝箔反射屋面

（3）植被隔热。植被隔热是在屋顶上覆盖一层种植土，栽培各种植物，利用植物吸收阳光进行光合作用以及遮挡阳光的双重功效来达到降温隔热的目的。通常为减轻屋面荷载，种植土屋面应采用人工种植土，其厚度按所种植物所需厚度确定（图4-6-25）。

（4）蓄水隔热层。蓄水隔热层是在平屋顶蓄积水，利用水蒸发时需要大量的汽化热，从而大量消耗晒到屋面的太阳辐射热，减少屋顶吸收的热能，达到降温隔热的作用；同时水面还能反射阳光，减少太阳辐射对屋面的热作用。水层在冬季还有一定的保温作用。此外，水层长期将防水层淹没，可以减少由于湿度变化引起的开裂和防止混凝土炭化，延长其寿命（图4-6-26）。蓄水深度应在150～200mm；根据屋面面积划分成若干蓄水区，每区的边长一般不大于10m；应有足够的泛水高度，至少高出溢水孔100mm；合理设置溢水孔和泄水孔，并应与排水檐沟或雨水管连通，以保证多雨季节不超过蓄水深度和检修屋面时能将蓄水排除；注意做好管道的防水处理。

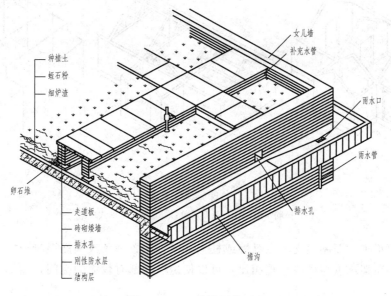

图 4-6-25 植被隔热示意

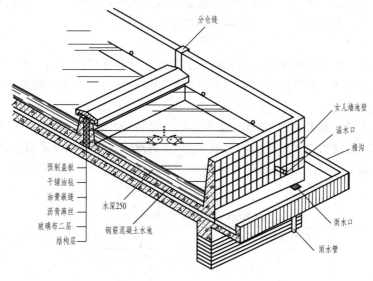

图 4-6-26 蓄水隔热层构造示意

4.6.7 坡屋顶的构造

1. 坡屋顶的承重结构

坡屋顶由顶棚、承重结构、屋面及保温、隔热层等部分组成。常用的承重结构类型包括横墙承重、屋架承重、梁架承重、屋面板承重等（图 4-6-27）。

（1）横墙承重。横墙承重也称硬山搁檩，是将建筑物的横墙上部砌成三角形，直接搁置檩条以承受屋顶的荷载，适用于房屋横墙间距（开间）较少，多数相同开间并列的建筑。

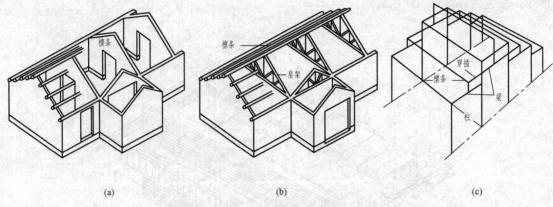

图 4-6-27 坡屋顶的承重结构类型
(a) 横墙承重；(b) 屋架承重；(c) 梁架承檩式屋架

(2) 屋架承重。即屋架支承在纵墙或柱上，其上搁置檩条或钢筋混凝土屋面板承受屋面传来的荷载，屋架承重与横墙承重相比，可以使房屋内部有较大的空间，增加了内部空间划分的灵活性。

(3) 梁架承重。梁架承重是我国古代建筑的主要结构形式，一般由立柱和横梁组成屋顶和墙身部分的承重骨架，檩条把一排排梁架联系起来形成整体骨架。这种结构形式的内外墙填充在梁架之间，不承受荷载，仅起分隔和围护作用。

2. 坡屋顶的排水

坡屋顶的排水是坡屋顶满足防水基本要求的重点，它与平屋顶不同，平屋顶由于屋面坡度较小，因此以防为主；而坡屋顶的屋面坡度较大，因此是以排为主，用屋面本身的覆盖材料起到防水作用。

坡屋顶的排水坡度要求大于 10%，表示方法可用百分比法或斜率法。现行《民用建筑设计通则》规定坡屋顶的排水坡度应符合表 4-6-4 的规定。当坡屋顶采用卷材防水屋面时，排水坡度不宜大于 25%，大于 25% 时应采取固定和防止滑落的措施。排水坡度的形成一般采用结构找坡。

表 4-6-4　　　　　　　　　坡屋顶的排水坡度

屋 面 类 别	屋面排水坡度（%）	屋 面 类 别	屋面排水坡度（%）
瓦	20~50	网架、悬索结构金属板	≥4
波形瓦	10~50	压型钢板	5~35
油毡瓦	≥20		

坡屋顶的排水方式包括无组织排水和有组织排水，其中有组织排水又包括外排水和内排水。坡屋顶女儿墙内檐沟外排水，排水不畅，极易渗漏，应用较少。当坡屋顶形成跨和跨之间的天沟，可以采用内排水或长天沟外排水方式，即沿着跨和跨中间的纵向天沟向房屋两端排水。这种方式避免了在室内设置雨水管，要求长天沟的纵向长度控制在 100m 以内(图 4-6-28)。

3. 坡屋顶的屋面类型及构造

目前工程中坡屋顶的屋面类型根据其覆盖材料的种类不同，有钢筋混凝土挂瓦板平瓦屋

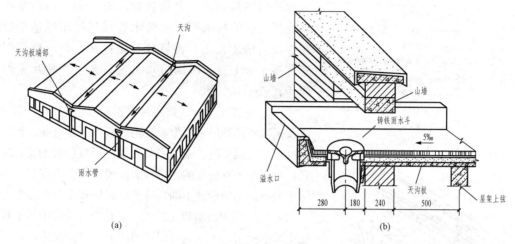

图 4-6-28 长天沟外排水方式

(a) 长天沟的位置；(b) 长天沟雨水口构造

面、钢筋混凝土板瓦屋面和金属瓦屋面等。

(1) 钢筋混凝土挂瓦板平瓦屋面。钢筋混凝土挂瓦板平瓦屋面是将预制的钢筋混凝土挂瓦板构件直接搁置在横墙或屋架上，并在其上直接挂瓦。钢筋混凝土挂瓦板具有檩条、木望板、挂瓦条三者的作用，是一种多功能构件。挂瓦板断面呈Ⅱ型、T型、F型，板肋用来挂瓦，中距为330mm，且板肋根部应预留泄水孔，以便排除由瓦面渗漏下的雨水，板缝可采用1∶3水泥砂浆嵌填。这种屋面可以节约大量木材，但制作挂瓦板应严格控制构件的几何尺寸，使之与瓦材尺寸配合，否则易出现瓦材搭挂不密合而引起漏水的现象（图 4-6-29）。

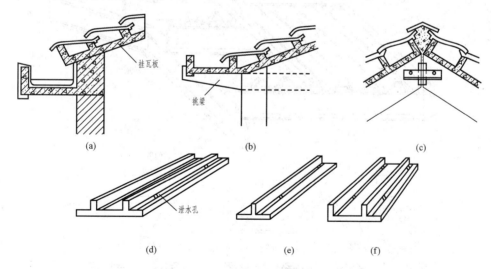

图 4-6-29 钢筋混凝土挂瓦板平瓦屋面构造

(a) 挂瓦板屋面的剖面之一；(b) 挂瓦板屋面的剖面之一；(c) 挂瓦板屋面的剖面之一；

(d) 双肋板；(e) 单肋板；(f) F板

(2) 钢筋混凝土板瓦屋面。平瓦屋面中由于保温、防火或造型等的需要，将现浇平板作

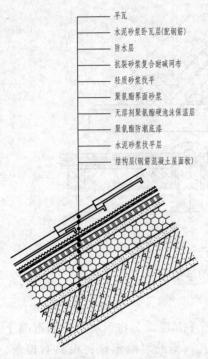

平瓦
水泥砂浆卧瓦层(配钢筋)
防水层
抗裂砂浆复合耐碱网布
轻质砂浆找平
聚氨酯界面砂浆
无溶剂聚氨酯硬泡沫保温层
聚氨酯防潮底漆
水泥砂浆找平层
结构层(钢筋混凝土屋面板)

图4-6-30 钢筋混凝土板
瓦屋面砂浆贴瓦构造

为屋面的基层盖瓦。其构造做法有两种：一种是在钢筋混凝土板的找平层上铺防水卷材一层用压毡条钉嵌在板缝内的木楔上，再钉挂瓦条挂瓦；另一种是在钢筋混凝土板上直接粉刷防水水泥砂浆，并贴瓦或陶瓷面砖瓦或平瓦（图4-6-30）。

（3）金属瓦屋面。金属瓦屋面有彩色铝合金压型板、波纹板和彩色涂层钢压型板、拱形板等。彩色涂层钢压型板自重轻、强度高、施工安装方便，彩板色彩绚丽，质感好，可用于平直坡面的屋顶和曲面屋顶上。根据彩色涂层钢压型板的功能构造不同，有单层彩板和保温夹心彩板。

彩色涂层钢压型板瓦屋面，是将彩色涂层钢压型板直接支承于槽钢、工字钢或轻钢檩条上，檩条间距应由屋面板型号而定，为1.5～3.0m。彩色涂层钢压型板与檩条的连接主要通过带防水垫圈的镀锌螺栓或螺钉，固定点应设在波峰上，并涂抹密封材料保护。彩板在固定时，应保证有一定的搭接长度，横向搭接不小于一个波，纵向搭接不小于200mm。如彩板需挑出墙面，其长度不小于200mm；如伸入檐沟内，其长度不小于150mm；与泛水的搭接宽度不小于200mm（图4-6-31）。

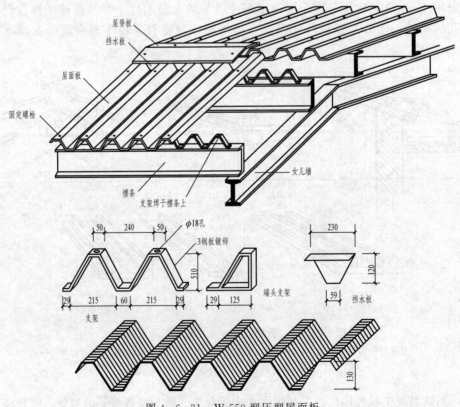

图4-6-31 W-550型压型屋面板

4. 坡屋顶的保温与隔热

坡屋顶同样需要考虑保温、隔热等，保温构造同平屋顶。

坡屋顶的隔热措施一般有两种：

（1）屋面设置通风层，即将屋面做成双层，由檐口处进气，从屋脊处排气，利用空气流动带走屋顶的热量，降低温度，起到隔热作用（图 4-6-32）。

（2）利用吊顶棚与屋面间的空间，组织空气流动，形成自然通风，隔热效果明显，且对于木结构屋顶也起驱潮防腐的作用，一般通风口可设置在檐口、屋脊、山墙和坡屋顶上（图 4-6-33）。

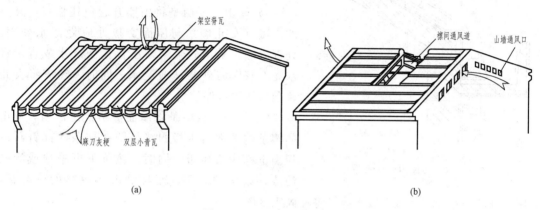

(a)　　　　　　　　　　　　　　　　　　(b)

图 4-6-32　屋面设通风层

（a）双层瓦通风屋面；（b）檩间通风屋面

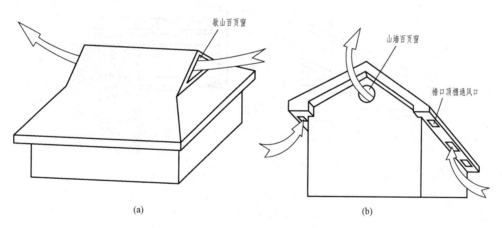

(a)　　　　　　　　　　　　　　　　　　(b)

图 4-6-33　吊顶通风

（a）歇山百叶窗；（b）山墙百叶窗和檐口通风口

5. 屋顶的细部处理

（1）纵墙檐口的构造。与平屋顶一样，纵墙檐口可分为无组织排水檐口和有组织排水檐口。无组织排水檐口一般为挑檐板，有组织排水檐口分为挑檐沟檐口和女儿墙内檐沟檐口。

1）挑檐沟檐口。挑檐沟檐口是在有组织排水中，挑檐外侧都设有檐沟。由于坡屋顶挑檐一般都比较脆弱，故檐沟和雨水只能采用轻质耐水材料制作，如镀锌铁皮、石棉水泥等，

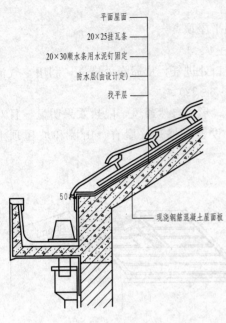

平面屋面
20×25挂瓦条
20×30顺水条用水泥钉固定
防水层（由设计定）
找平层

现浇钢筋混凝土屋面板

50

图4-6-34 挑檐沟外排水檐口

一般多选用易于制作和处理的镀锌铁皮。檐沟内的坡度需通过结构找坡，即将镀锌铁皮做成的檐沟倾斜搁置在相应的位置上（图4-6-34）。

2）女儿墙内檐沟檐口。坡屋顶如考虑建筑外形的要求，需设女儿墙内檐沟排水，构造同平屋顶，只是屋面板做成倾斜。

（2）山墙檐口。山墙檐口按坡屋顶形式分为硬山和悬山。

1）硬山。硬山是将山墙升起包住檐口，升起的山墙（女儿墙）与屋面交接处应做泛水处理。处理方法：采用砂浆粘贴小青瓦做泛水或直接将水泥石灰麻刀砂浆抹成泛水。同时，还需将女儿墙顶做压顶以保护泛水。

2）悬山。悬山是将屋面檩条挑出山墙，挑出的檩条端部需钉木板封檐，即在檩条端部钉封檐板，也称为博风板，同时，檩条下可吊顶或涂刷油漆，以保护檩条，而且沿山墙挑檐的一行瓦，应用1：2.5的水泥砂浆做出拔水线，将瓦固定（图4-6-35）。

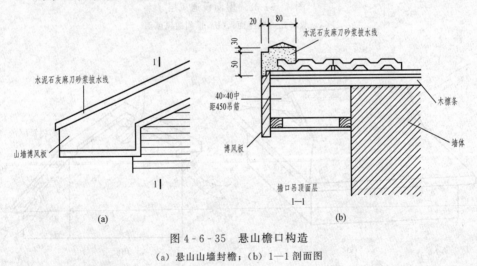

水泥石灰麻刀砂浆拔水线

山墙博风板

(a)

20 80

30

50

水泥石灰麻刀砂浆拔水线

40×40中距450吊筋

博风板

木檩条

墙体

檐口吊顶面层

1—1

(b)

图4-6-35 悬山檐口构造
（a）悬山山墙封檐；（b）1—1剖面图

4.6.8 曲面屋顶的构造

1. 曲面屋顶的特点

曲面屋顶结构形式独特，内力分布均匀合理，能充分发挥材料的力学性能，节约用材，建筑造型美观、新颖，但结构计算及屋顶构造施工复杂，一般多用于大跨度、大空间和造型有特殊要求的建筑。

2. 屋顶的结构形式

曲面屋顶为适应不同水平空间扩展的需要，一般以采用空间结构体系为主，具体有以下几种结构形式：

（1）空间网架。空间网架是由大量单个轴向受拉或受压的结构体组成的空间体系，整体性较强，稳定性好，空间刚度大，防震性能好，适用于圆形、方形、多边形等建筑平面形状。网架是多向受力的空间结构，跨度一般可达 30～60m，甚至 60m 以上（图 4-6-36）。

图 4-6-36　网架结构

网架结构按外形可以分成平面网架和曲面网架。平面网架，也称平板网架，是由平行弦桁架交叉组成的，是双层平面网架。它所形成的屋顶为平屋顶，一般采用轻质屋面材料，如钢檩、木檩、望板、铝板等。屋面排水坡度比较平缓，一般采用 2％～5％ 的屋面排水坡度，可通过网架本身起拱，或弦节点上支托的高度变化，或支承网架的柱变高度等方法解决。

（2）折板结构。折板结构由折叠的薄板形成，利用折叠形状取得强度，基本薄板在板本身平面受拉、受压和受剪，与板平面正交方向受弯。这种结构外形波浪起伏，阴影变化丰富。折板屋顶结构组合形式有单坡和多坡、单跨和多跨、平行折板和复式折板等，能适应不同建筑平面的需要。常用的截面形状有 V 形和梯形，板厚一般为 50～100mm，最薄的预制预应力板的厚度为 30mm。跨度为 6～40m，波折宽度一般不大于 12m，现浇折板波折的倾角不大于 30°。

（3）壳体。壳体是薄的曲面。薄壳的形式很多，如球面壳、圆柱壳、双曲扇壳都是通过曲面变化而创造出的形式。若对曲面进行切割和组合，可进一步创造出各种奇特新颖的建筑造型，如旋转曲面、平移曲面、直纹曲面等。形成薄壳必须具备两个条件：一是"曲面的"，二是"刚性的"，即能够抗压、抗拉和抗剪。钢筋混凝土壳体结构能够覆盖跨度几十米。壳体形式有圆筒形、球形扁壳、劈锥形扁壳和各种单曲、双曲抛物面、扭曲面等形式。壳体结构可以减轻自重，节约钢材、水泥，而且造型新颖流畅。

（4）悬索结构。悬索结构是由钢索网、边缘构件和下部支承构件三部分组成的大跨度屋顶结构，结构完全受拉，建筑造型轻盈明快。它是大跨度屋盖的一种理想结构形式，在工程上最早应用于桥梁，而应用于房屋，最早可追溯到蒙古包、游牧民族的帐篷等。

（5）索膜结构。索膜结构是以最轻、最省的预张力结构为主，以最科学的结构创造出最美的建筑形态，使结构与建筑、技术与艺术得到了完美的结合和高度的统一。它具有易建、易拆、易搬迁、易更新，能充分利用阳光、空气，以及与自然环境融合等特点。索膜曲面可以随建筑师的想象而任意变化，多用于大跨度的建筑中。根据膜的支承方式不同分为拉张式、骨架式、充气式三大类，分别表示膜是由索、骨架和空气支承。

索膜结构除大空间中采用外，还常用于现代环境艺术设计中，如在建筑的天井、动植物园、文化娱乐场所和停车场等处采用膜做屋面。由于膜材的透光性，白天阳光可以透过，形成漫射光，因此可使室内达到和室外几乎一样的自然效果。

4.6.9　采光屋顶的构造

采光顶是指屋面材料采用玻璃等透光材料，可以采光。采光顶可引进自然光，达到良好的空间效果，又可产生温室效应降低采暖费用。采光顶同其他屋顶一样要满足防水、排水、坚固耐久、保温隔热、安全和防结露要求。

1. 设计要求

（1）防水、排水。采光顶排水坡度越大，排水就越畅快，但坡度过大时会给施工与结构处理带来不便，所以一般采光顶坡度大于 18°、小于 45°。通常采用有组织排水，有组织排水通常分为内排水和外排水。内排水是将雨水排入设于室内的排水系统，通常出现在群体采光屋顶中。外排水是将雨水排入设于室外的排水系统中，常出现在单体玻璃采光屋面。采光顶的防水主要是使用硅酮密封胶，将玻璃之间的接缝和玻璃与支承体系密封起来。

（2）安全性。采光顶通常用于公共活动空间上方，其安全至关重要。采光顶常用做法是最内侧使用一层安全玻璃，一般多用带 PVB 夹层、厚度大于 0.76mm 的夹层玻璃，安全可靠，经久耐用，而且防火、隔热。

（3）防结露。冬季由于室内外存在较大温差，采光顶玻璃表面的温度会低于室内空气温度，表面就会出现结露。防止结露的方法有提高玻璃内表面的温度、利用构件排除冷凝水以及使用适合的玻璃品种这三种方法。

（4）防眩光。眩光是由于直射阳光照入室内形成的，良好的室内光照应避免眩光。常采用磨砂印花玻璃使光线经多次漫反射，或在玻璃下加吊有机玻璃、不锈钢、铝片等折光片顶棚。

2. 采光顶的种类与构造

采光顶按开启方式分为固定式和开启式；按面层使用材料分为普通夹层玻璃和钢化玻璃等；按支承体系用料分为型钢玻璃采光顶、铝合金玻璃采光顶和玻璃框架采光顶；按其面积大小和平面形状不同分为单体和复合群体采光顶。

（1）单体玻璃采光顶的构造。单体玻璃采光顶即单个玻璃采光顶，其形式有多边形、锥体、圆泡形（图 4-6-37）。尖锥式采光顶是通过钢连接件将安装玻璃的椽子与结构相连，满足强度、刚度要求；在采光口与屋面相接处做泛水和防水层，以防漏水；安装玻璃的椽子应设泄水槽，以便玻璃上的雨水顺槽排出，防止雨水泄漏到室内（图 4-6-38）。

（2）复合群体采光顶的构造。复合群体采光顶是在一个屋盖系统上，由若干单体玻璃采光顶在钢材或铝合金支承体系上组合成一个玻璃采光顶群。在一个玻璃采光顶群中间可以是一种形式、一种尺寸的采光顶组合，也可以是一种形式、不同尺寸的采光顶组合还可以是不同形式、不同尺寸的采光顶组合成的群体（图 4-6-39 和图 4-6-40）。

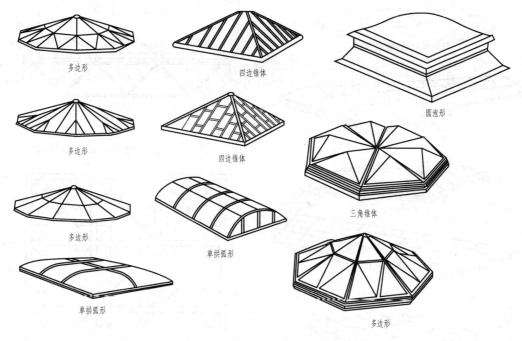

图 4 - 6 - 37　单体玻璃采光顶

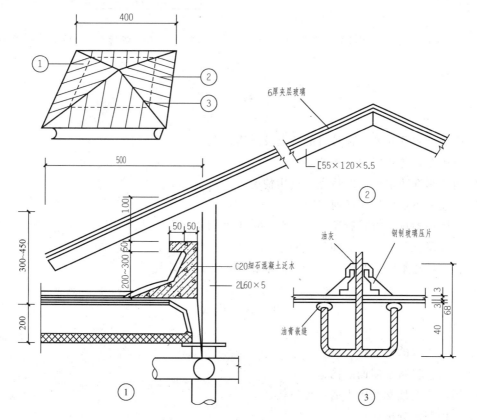

图 4 - 6 - 38　尖锥采光顶构造

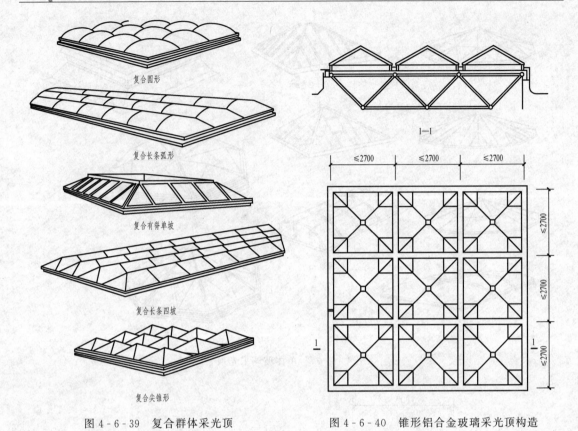

复合圆形

复合长条弧形

复合有脊单坡

复合长条四坡

复合尖锥形

图 4-6-39 复合群体采光顶

1—1

≤2700   ≤2700   ≤2700

≤2700

≤2700

≤2700

图 4-6-40 锥形铝合金玻璃采光顶构造

理 论 知 识 训 练

1. 简述平屋顶和坡屋顶各自的特点及适用情况。
2. 简述卷材防水屋面的构造要点。
3. 简述刚性防水屋面的特点及适用情况。
4. 简述平屋顶保护层如何设置。
5. 平屋顶的排水方式有哪些？各自的适用范围是什么？
6. 简述屋顶是如何保温和隔热的。
7. 什么是泛水？其高度是多少？泛水收头做法有哪几种？

实 践 课 题 训 练

1. 图示泛水的构造。
2. 图示卷材防水屋面的构造。
3. 图示坡屋顶女儿墙内檐沟檐口构造。
4. 工程实例分析题。
(1) 条件：任选一屋顶建筑平面，给定尺寸，屋顶应采用现浇钢筋混凝土屋面板。试根据给定图示完成屋顶平面图及屋顶节点构造详图（学生可根据所在地气候条件选择屋面排水方案、防水类型、保温、隔热方案，屋面可以为上人或不上人屋面）。

（2）图纸要求及深度

1）采用 2 号图纸，图中线条、材料符号等一律按建筑制图标准表示。

2）比例：屋顶平面图 1∶200；屋顶构造节点详图比例自定。

3）深度

①定位轴线、屋顶形状尺寸，屋面构造情况（如女儿墙位置、突出屋面的楼梯间、水箱、通风道、上人孔、屋面变形缝、檐口形式等）。

②屋脊、檐沟或天沟、雨水口位置、屋面排水分区、排水方向及排水坡度等。

③应标注构造复杂部位（如檐口、泛水、雨水口、变形缝、上人孔等）的详图索引符号。

④标注尺寸：定位轴线间距、屋顶平面外形总尺寸，以及有关配件的定位尺寸和定形尺寸。

⑤根据所选择的排水方案，画出有代表性的节点构造图（如檐口、泛水、雨水口、变形缝、上人孔等）。

⑥标注图名与比例。

5. 屋顶排水组织平面图构造。

（1）实训目的：通过实训，掌握屋顶排水设计方法和屋面细部构造，训练绘制和识读屋面排水组织平面图的能力。

（2）实训条件

1）住宅平屋顶。

2）给出建筑层数、层高及平面示意图。

3）降雨量按所在地区的情况。

（3）要求及深度

1）绘制屋顶排水组织平面图，比例 1∶100；檐口、泛水的节点，比例 1∶10。

2）2 号图纸以铅笔或墨线笔绘制。

3）深度：①屋顶平面中应绘出四周主要定位轴线、房屋檐口边线（或女儿墙轮廓线）、分水线、天沟轮廓线、雨水口位置、出屋面构造的平面形状和位置，注出屋面各坡度方向和坡度道；②标注雨水口距附近定位轴线的尺寸、雨水口的距离；③标注详图索引号；④详图应注明材料、作法和尺寸，与详图无关的连续部分可用折断线断开，绘出详图编号。

课 题 小 结

屋顶是建筑物顶部构件，它既是承重构件，又是围护构件。屋顶一般由屋面、保温（隔热）层和承重结构三部分组成。其中承重结构的使用要求与楼板相似，而屋面和保温（隔热）层应具有能够抵御自然界不良因素的能力。另外，屋顶设计应考虑对建筑的体形和立面形象的影响。

屋顶的设计要做到结构安全，构造上满足保温、隔热、防水、排水等要求。

屋顶的基本构造组成主要有屋面和承重结构层，根据使用要求的不同，屋顶还可设顶棚、保温、隔热、隔声、防火等各种构造层次。

平屋顶隔热层的设置形式有通风层、反射降温、植被隔热及蓄水隔热等。

屋顶排水坡度的形成一般有材料找坡和结构找坡两种。屋顶的排水方式分为无组织排水和有组织排水两大类。

屋顶防水方法根据使用材料不同分为卷材防水层、刚性防水和涂膜防水层等。

课题 7　建筑变形缝构造

4.7.1　变形缝的作用、分类及设置原则

1. 变形缝的作用、分类

当建筑的长度超过规定、平面图形曲折变化比较多或同一建筑物不同部分的高度或荷载差异较大时，建筑构件内部会因气温变化、地基的不均匀沉降或地震等原因产生附加应力。当这种应力较大而又处理不当时，会引起建筑构件产生变形，导致建筑物出现裂缝甚至破坏，影响正常使用与安全。为了预防和避免这种情况的发生，一般可以采取两种措施：加强建筑物的整体性，使之具有足够的强度和刚度来克服这些附加应力和变形；或在设计和施工中预先在这些变形敏感部位将建筑构件垂直断开，留出一定的缝隙，将建筑物分成若干独立的部分，形成能自由变形而互不影响的刚度单元。这种将建筑物垂直分开的预留缝隙称为变形缝。

变形缝按其作用的不同分为伸缩缝、沉降缝、防震缝三种。

建筑中的变形缝应依据工程实际情况设置，并需符合设计规范规定，其采用的构造处理方法和材料应根据其部位和需要分别满足盖缝、防水、防火、保温等方面的要求，并确保缝两侧的建筑构件能自由变形而不受阻碍、不被破坏。

2. 变形缝的设置原则

(1) 伸缩缝。为了防止建筑构件因温度变化而产生热胀冷缩，使房屋出现裂缝甚至破坏，沿建筑物长度方向每隔一定距离设置的垂直缝隙称为伸缩缝，也叫温度缝。

伸缩缝的位置和间距与建筑物的材料、结构形式、使用情况、施工条件及当地温度变化情况有关。结构设计规范对砌体建筑物和钢筋混凝土结构建筑的伸缩缝最大间距所作的规定见表 4-7-1 和表 4-7-2。

构造处理既要保证变形缝两侧的墙体自由伸缩、沉降或摆动，又要密封严实，以满足防风、防雨、保温、隔热和外形美观的要求。因此，在构造上对变形缝须给予覆盖和装修。

表 4-7-1　　　　　　砌体房屋温度伸缩缝的最大间距　　　　　(单位：m)

屋盖或楼盖类别		间　距
整体式或装配整体式钢筋混凝土结构	有保温层或隔热层的屋盖、楼盖	50
	无保温层或隔热层的屋盖	40
装配式无檩体系钢筋混凝土结构	有保温层或隔热层的屋盖、楼盖	60
	无保温层或隔热层的屋盖	50

屋 盖 或 楼 盖 类 别		间　距
装配式有檩体系钢筋混凝土结构	有保温层或隔热层的屋盖、楼盖	75
	无保温层或隔热层的屋盖	60
瓦材屋盖、木屋盖、轻钢屋盖		100

注：1. 对烧结普通砖、多孔砖、配筋砌块砌体房屋取表中数值；对砌体、蒸压灰砂砖、蒸压粉煤灰砖和混凝土砌块房屋取表中数值乘以 0.8 的系数。当有实践经验并采取有效措施时，可不遵守本表规定。
　　2. 在钢筋混凝土屋面上挂瓦的屋盖应按钢筋混凝土屋盖采用。
　　3. 按本表设置的墙体伸缩缝，一般不能同时防止由于钢筋混凝土屋盖的温度变形和砌体干缩变形引起的墙体局部裂缝。
　　4. 层高大于 5m 的烧结普通砖、多孔砖、配筋砌块砌体结构单层房屋，其伸缩缝间距可按表中数值乘以 1.3。
　　5. 温差较大且变化频繁地区和严寒地区不采暖的房屋及构筑物墙体的伸缩缝的最大间距，应按表中数值以适当减小。
　　6. 墙体的伸缩缝应与结构的其他变形缝相结合，在进行立面处理时，必须保证缝隙的伸缩作用。

表 4 - 7 - 2　　　　钢筋混凝土结构伸缩缝最大间距　　　　（单位：m）

结 构 类 型		室内或土中	露 天
排架结构	装配式	100	70
框架结构	装配式	75	50
	现浇	55	35
剪力墙结构	装配式	65	40
	现浇	45	30
挡土墙、地下室墙等类结构	装配式	40	30
	现浇	30	20

（2）沉降缝。为防止建筑物各部分由于地基不均匀沉降引起房屋破坏所设置的垂直缝隙称为沉降缝。沉降缝将房屋从基础到屋顶的全部构件断开，使两侧各为独立的单元，可以自由沉降。沉降缝宜设置在下列部位：

1）建筑平面转折部位。
2）高度差异或荷载差异。
3）长高比过大的砌体承重结构或钢筋混凝土框架结构的适当部位。
4）地基土压缩性有显著差异处。
5）建筑结构（或基础）类型不同处。
6）分期建造房屋的交接处。

沉降缝的宽度与地基情况及建筑高度有关，地基越软的建筑物，沉陷的可能性越高，沉降后所产生的倾斜距离越大，缝宽也就越大。建于软弱地基上的建筑物，由于地基的不均匀沉陷，可能引起沉降缝两侧的结构倾斜，应加大缝宽。沉降缝的宽度见表 4 - 7 - 3。

（3）防震缝。建造在抗震设防烈度为 6～9 度地区的房屋，为避免破坏，按抗震要求设置的垂直缝隙即防震缝。防震缝一般设在结构变形敏感的部位，沿房屋基础顶面全高设置。缝的两侧应设置墙体或柱，形成双墙、双柱或一墙一柱，使建筑物分为若干形体简单、结构刚度均匀的独立单元（图4-7-1）。

表4-7-3   沉 降 缝 的 宽 度

地基性质	建筑物高度或层数	缝宽/mm	地基性质	建筑物高度或层数	缝宽/mm
一般地基	$H<5m$	30	软弱地基	4～5层	80～120
	$H=5\sim8m$	50		6层以上	>120
	$H=10\sim15m$	70	湿陷性黄土地基	—	30～70
软弱地基	2～3层	50～80			

注：沉降缝两侧结构单元层数不同时，由于高层部分的影响，底层结构的倾斜往往很大。因此沉降缝的宽度应按高层部分的高度确定。

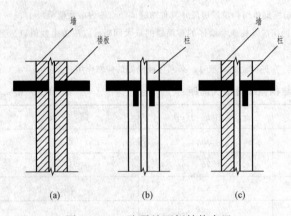

图4-7-1 防震缝两侧结构布置

防震缝的设置原则依抗震设防烈度、房屋结构类型和高度不同而异。对多层砌体房屋来说，遇下列情况时宜设置防震缝：

1）房屋立面高差在6m以上。

2）房屋有错层，且楼板高差较大。

3）房屋相邻各部分结构刚度、质量截然不同。

防震缝的宽度应根据抗震设防烈度、结构材料种类、结构类型、结构单元的高度和高差确定，一般多层砖混结构为50～70mm，多层和高层框架结构则按不同的建筑高度取70～200mm。地震设防区房屋的伸缩缝和沉降缝应符合防震缝的要求。

多层和高层钢筋混凝土房屋宜选用合理的建筑结构方案，不设防震缝。当需要设置防震缝时，其防震缝最小宽度应符合下列规定：

1）框架结构房屋，当高度不超过15m时，可采用70mm；超过15m，6度、7度、8度和9度相应每增加高度5m、4m、3m和2m，宜加宽20mm。

2）框架—抗震墙结构房屋的防震缝宽度，可采用第1）项规定数值的70%，抗震墙结构房屋的防震缝宽度，可采用第1）项规定数值的50%，且均不宜小于70mm。

3）防震缝两侧结构类型不同时，宜按需要较宽防震缝的结构类型和较低房屋高度确定缝宽。

一般情况下，防震缝应与伸缩缝、沉降缝协调布置，做到一缝多用。沉降缝可以兼起伸缩缝的作用，伸缩缝却不能代替沉降缝。当防震缝与沉降缝结合时，基础也应断开。

4.7.2 变形缝的构造

1. 墙体变形缝

墙体变形缝的构造处理既要保证变形缝两侧的墙体自由伸缩、沉降或摆动，又要密封严实，以满足防风、防雨、保温、隔热和外形美观的要求。因此，在构造上对变形缝须给予覆盖和装修。

（1）伸缩缝。根据墙体的材料厚度及施工条件，伸缩缝可做成平缝、错口缝、企口缝等形式（图4-7-2）。

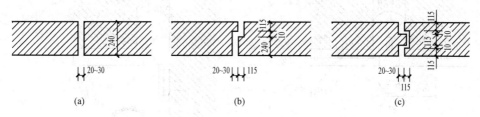

图4-7-2 墙体伸缩缝的形式
(a) 平缝；(b) 错口缝；(c) 企口缝

为防止外界自然条件对墙体及室内环境的侵袭，外墙外侧缝口应填塞或覆盖具有防水、保温和防腐性能的弹性材料，如沥青麻丝、泡沫塑料条、橡胶条、油膏等。当缝口较宽时，还应用镀锌铁皮、金属薄钢片、铝皮等金属调节片覆盖。如墙面作抹灰处理，为防止抹灰脱落，可在金属片上加钉钢丝网后再抹灰。考虑到缝隙对建筑立面的影响，通常将缝隙布置在外墙转折部位或利用雨水管将缝隙挡住，作隐蔽处理。外墙内侧及内墙缝口通常用具有一定装饰效果的金属片、塑料片或木盖缝板等遮盖，并应仅一边固定在墙上。所有填缝或盖缝材料和构造应保证结构在水平方向的自由变形而不破坏。内墙伸缩缝缝内一般不填塞保温材料，缝口处理与外墙内侧缝口相同（图4-7-3）。

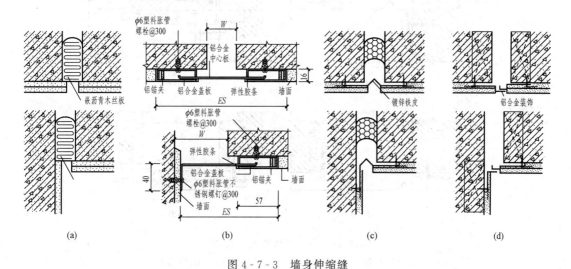

图4-7-3 墙身伸缩缝
(a) 沥青纤维；(b) 铝塑装饰板；(c) 金属片；(d) 铝合金装饰板

（2）沉降缝。沉降缝一般兼起伸缩缝的作用，其构造与伸缩缝构造基本相同，只是调节片或盖缝板构造上应保证两侧墙体在水平方向和垂直方向均能自由变形。一般外侧缝口宜根据缝的宽度不同采用两种形式的金属调节片盖缝（图4-7-4），内墙沉降缝及外墙内侧缝口的盖缝同伸缩缝。

（3）防震缝。防震缝构造与伸缩缝、沉降缝构造基本相同。考虑防震缝宽度一般较大，构造上更应注意盖缝的牢固、防风、防雨及适应变形的能力等，外缝口用镀锌铁皮、铝片或

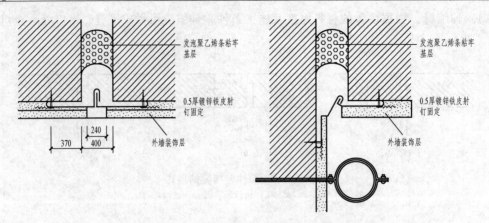

图 4-7-4 外墙沉降缝构造

橡胶条覆盖，内缝口常用木质、金属盖板遮缝。寒冷地区的外缝口还须用具有弹性的软质聚氯乙烯泡沫塑料、聚苯乙烯泡沫塑料等保温材料填实（图 4-7-5）。

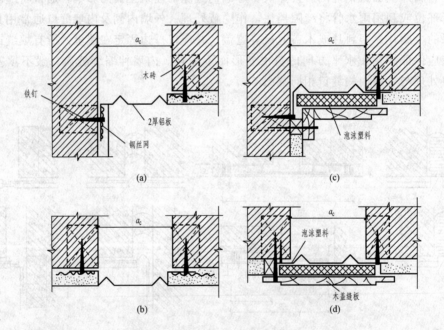

图 4-7-5 墙体防震缝构造
（a）外墙转角；（b）外墙平缝；（c）内墙转角；（d）内墙平缝

2. 楼地层变形缝

楼地层变形缝的位置和宽度应与墙体和屋顶变形缝一致，楼板层应考虑沉降变形对地面交通和装修带来的影响。变形缝一般贯通楼地面各层，缝内采用具有弹性的油膏、金属调节片、沥青麻丝等材料做嵌缝处理，面层和顶棚应加设不妨碍交通和构件之间变形需要的盖缝板，盖缝板的形式和颜色应和室内装修协调（图 4-7-6）。顶棚的缝隙盖板一般为木质或金属，木盖板一般固定在一侧以保证两侧结构的自由伸缩和沉降。对于有水房间的变形缝还应做好防水处理。

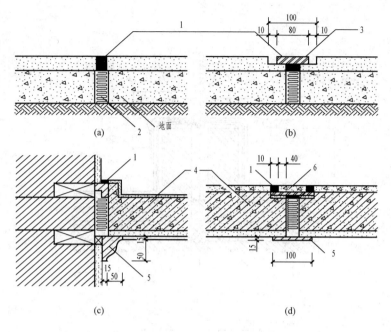

图 4-7-6　楼地板变形缩缝构造

（a）地层油膏嵌缝；（b）地层钢板盖缝；（c）楼层靠墙处变形缝；（d）楼层变形缝
1—油膏嵌缝；2—沥青麻丝；3—钢板5mm厚；4—楼板；5—盖缝条；6—地面材料

3. 屋顶变形缝

屋顶变形缝的位置和宽度应与墙体、楼地层的变形缝一致。屋面变形缝的构造处理原则是既要保证屋盖有自由变形的可能，还应充分考虑不均匀沉降对屋面防水和泛水带来的影响，因此，泛水金属皮或其他构件应考虑沉降变形与维修余地。缝内用金属调节片、沥青麻丝等材料做嵌缝和盖缝处理。屋顶变形缝按建筑设计可设于同层等高屋面上，也可设于高低层面交接处。等高屋面依其上人或不上人等要求，构造做法也各不相同。

（1）柔性防水屋顶变形缝

1）等高屋面不上人屋顶变形缝。等高屋面不上人屋顶变形缝，传统做法是在缝的两边屋面板上砌筑半砖矮墙，矮墙的高度应大于250mm，缝内用沥青麻丝、金属调节片等材料填缝，并在屋面卷材与矮墙的连接处做好屋面防水和泛水构造处理，矮墙顶部用钢筋混凝土盖板盖缝 [图 4-7-7 (a)] 或镀锌薄钢板 [图 4-7-7 (b)]，盖缝处应能允许自由伸缩而不造成渗漏。由于镀锌铁皮和防腐木砖的构造方式寿命有限，近年来逐渐出现采用涂层、塑钢、铝皮、不锈钢板和射钉膨胀螺钉等来代替。

2）同层等高上人屋面。上人屋面为便于行走，缝两侧一般不砌小矮墙，此时应切实做好屋面防水，避免雨水渗漏（图 4-7-8）。

3）高低屋面的变形缝。高低屋面的变形缝是在低侧屋面板上砌筑矮墙，与高侧墙之间留出变形缝隙，并做好屋面防水和泛水处理。矮墙之上可用从高侧墙上悬挑的钢筋混凝土板或镀锌薄钢板盖缝 [图 4-7-9 (a)、(b)]。由于镀锌铁皮和防腐木砖的构造方式寿命有限，近年来逐渐出现采用涂层、塑钢、铝皮、不锈钢板和射钉膨胀螺钉等来代替 [图 4-7-9 (c)]。

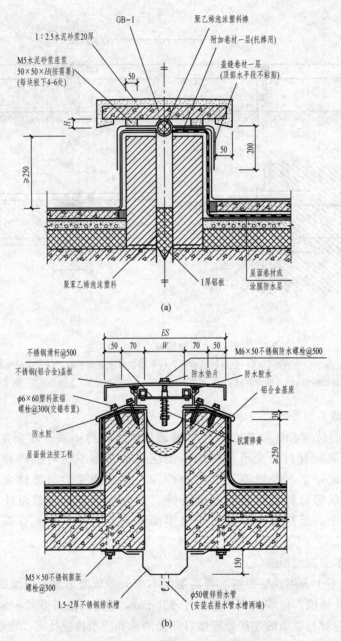

图 4-7-7 同层等高不上人屋面变形缝

（a）钢筋混凝土板盖缝；（b）镀锌钢板盖缝

（2）刚性防水屋顶变形缝。刚性防水屋面变形缝的构造与柔性防水屋面的做法基本相同，只是防水材料不同（图4-7-10）。

4．基础变形缝

建筑物因高度、荷载、结构类型或地基承载力不同等会产生不均匀沉降，导致建筑物开裂、破坏，影响使用，因此基础沉降缝的构造处理方法有三种。

（1）双墙式沉降缝处理方法。将基础平行设置，施工简单，造价低，但宜出现两墙之间间距较大或基础偏心受压的情况，因此常用于基础荷载较小的房屋（图4-7-11）。

（2）挑梁式处理方案。将沉降缝一侧的墙和基础按一般构造做法处理，而另一侧则采用挑梁支承基础梁，基础梁上砌筑轻质墙的做法。轻质墙可减少挑梁上的荷载，但挑梁下基础的底面要相应加宽。这种做法两侧基础分开较大，

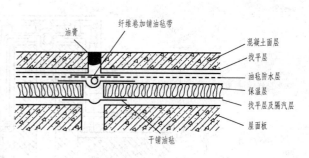

图 4-7-8 同层等高上人屋面变形缝

相互影响小，适用于沉降缝两侧基础埋深相差较大或新旧建筑略连的情况（图 4-7-12）。

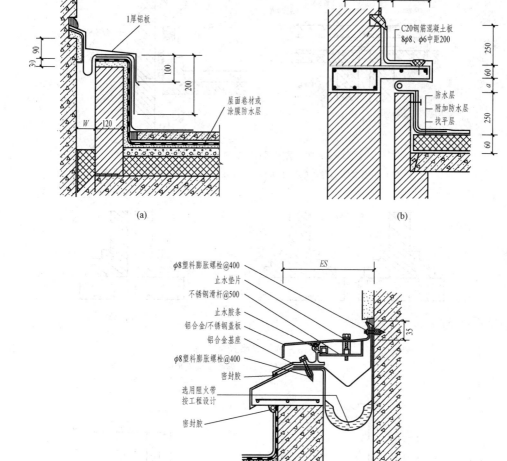

(a)

(b)

(c)

图 4-7-9 高低屋面变形缝

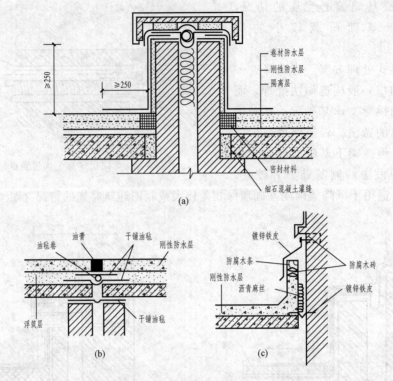

图 4-7-10 刚性防水屋顶变形缝构造

（a）不上人屋面变形缝；（b）上人屋面变形缝；（c）高低跨屋面变形缝

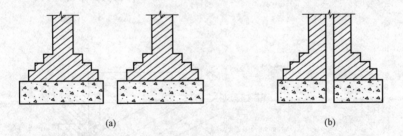

图 4-7-11 双墙式沉降缝

（a）一般基础变形缝；（b）偏心基础变形缝

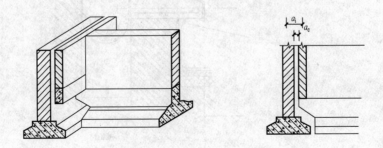

图 4-7-12 挑梁式基础沉降缝

（3）交叉式处理方法。将沉降缝两侧的基础均做成墙下独立基础，交叉设置，在各自的基础上设置基础梁以支承墙体。这种做法受力明确，效果较好，但施工难度大，造价也较高，适用于载荷较大，沉降缝两侧的墙体间距较小的建筑（图 4-7-13）。

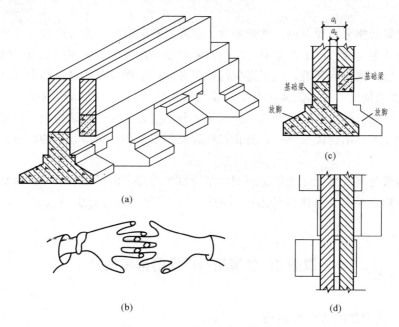

（a）

（b）

（c）

（d）

图 4-7-13　交叉式基础沉降缝

（a）外观；（b）示意；（c）剖面；（d）平面

理 论 知 识 训 练

1. 房屋的变形缝分为哪几类？变形缝的作用是什么？
2. 在什么情况下设置伸缩缝？一般砖混结构伸缩缝的最大间距是怎样的？
3. 什么情况下须设置沉降缝？沉降缝的宽度怎样确定？
4. 什么情况下须设置防震缝？各种结构的防震缝宽度如何确定？
5. 墙体伸缩缝的形式有哪几种？各有何特点？
6. 基础沉降缝有几种方案？各适用于什么情况？
7. 三种变形缝能否相互代替？为什么？

实 践 课 题 训 练

1. 图示外墙伸缩缝的构造。
2. 图示等高不上人柔性防水屋面变形缝的构造。
3. 图示楼地层、顶棚的变形缝构造。
4. 观察身边的建筑物，说出其使用变形缝的类型，使学生掌握各类变形缝的作用、设置要求及采用的构造做法。

课 题 小 结

变形缝按其功能分三种类型，即伸缩缝、沉降缝和防震缝。为适应温度变化而设置的缝隙称为伸缩缝或温度缝；由于地基的不均匀沉降，结构内将产生附加的应力，使建筑物某些薄弱部位发生竖向错动而开裂，为了避免这种状态的产生而设置的缝隙称为沉降缝。在地震烈度为6~9度的地区，当建筑物体形比较复杂或建筑物各部分的结构刚度、高度、重量相差较悬殊时，应在变形敏感部位设缝，将建筑物分割成若干规整的结构单元；每个单元的体形规则、平面规整、结构体系单一，防止在地震波作用下相互挤压、拉抻，造成变形和破坏设置的变形缝。

变形缝构造处理既要保证变形缝两侧的结构自由伸缩、沉降或摆动，又要密封严实，以满足防风、防雨、保温、隔热和外形美观的要求。因此，在构造上对变形缝须给予覆盖和装修。

课题8 单层工业厂房的构造简介

4.8.1 工业厂房建筑的特点及类型

1. 工业厂房建筑的特点

工业建筑是为各类工业生产活动而建造的不同用途的建筑物和构筑物的总称。和民用建筑比较，工业建筑基建投资大、占地面积大。在设计原则、建筑材料和建筑技术等方面，工业建筑和民用建筑有很多相同之处，但由于受生产工艺制约，在建筑平面空间布局、建筑结构、建筑构造、建筑施工等方面与民用建筑有较大差别。

（1）为提高生产质量和效率，厂房首先满足生产工艺的要求。

（2）厂房内都有笨重的设备机器、起重运输设备等，要求厂房要有较大空间和承受动、静荷载的能力。

（3）生产工程可能会产生大量烟雾、余热、有害气体、有侵蚀液体和噪声，要求厂房有良好通风和采光。

（4）为保证厂房正常生产，有些厂房要求恒温、恒湿，或具有防尘、防振、防爆、防菌、防辐射等条件。

（5）为了布置厂房中大量管网，厂房要求有敷设管线能力。

（6）为了生产过程中运输大量原料、零件、成品和其他材料，厂房设计应考虑这些运输工具通行问题。

2. 工业厂房建筑的类型

（1）按用途分。

1）主要生产厂房，指进行产品加工的主要工序的厂房。例如机械制造厂中的铸工车间、机械加工车间及装配车间等。这类厂房的建筑面积较大、职工人数较多、在全厂生产中占重要地位，是工厂的主要厂房。

2）辅助生产厂房，指为主要生产厂房服务的。例如机械制造厂中的机修车间、工具车间等。

3）动力用房，指为全厂提供能源和动力的厂房。如发电站、锅炉房、变电站、煤气发生站、压缩空气站等。动力设备的正常运行对全厂生产特别重要，故这类厂房必须具有足够的坚固耐久性、妥善的安全措施和良好的使用质量。

4）仓储建筑，指用于储存各种原材料、成品或半成品的仓库。由于所储物质的不同，在防火、防潮、防爆、防腐蚀、防变质等方面将有不同要求。设计时应根据不同要求按有关规范、标准采取妥善措施。

5）运输用建筑，指用于停放各种交通运输设备的房屋。如汽车库、电瓶车库等。

6）其他建筑。

（2）按层数分。

1）单层厂房（图4-8-1）。广泛地应用于各种工业企业，约占工业建筑总量的75%。适用于具有大型生产设备、震动设备、地沟、地坑或重型起重运输设备的生产厂房，如冶金、机械制造等。单层厂房便于沿地面水平方向组织生产工艺流程，布置生产设备，生产设备荷载直接传给地基，也便于工艺改革。

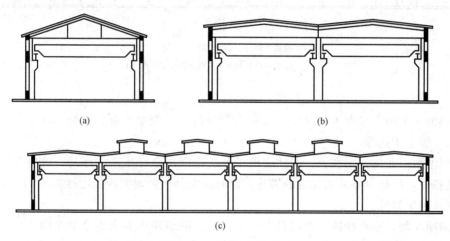

图4-8-1 单层厂房
(a) 单跨；(b) 双跨；(c) 多跨

单层厂房按跨数有单跨与多跨之分。多跨大面积厂房在实践中采用的较多，其面积可达数万平方米，单跨用的较少。但有的生产，如飞机装配车间和飞机库常采用跨度很大（36～100m）的单跨厂房。单层厂房占地面积大，围护结构面积多（特别是屋顶面积多），维护管理费高，各种工程技术管道较长，厂房扁长，立面处理单调。

2）多层厂房（图4-8-2）。适用于垂直方向组织生产和工艺流程的生产企业（如面粉厂），以及设备及产品较轻的企业。多用于轻工、食品、电子、仪表企业等。因它占地面积少，适应城市规划和建筑布局的要求。

3）层次混合厂房（图4-8-3），既有单层跨又有多层跨的厂房。

（3）按生产状况分。

1）冷加工车间，指在正常温、湿度条件下进行生产的车间。如机械加工车间、装配车

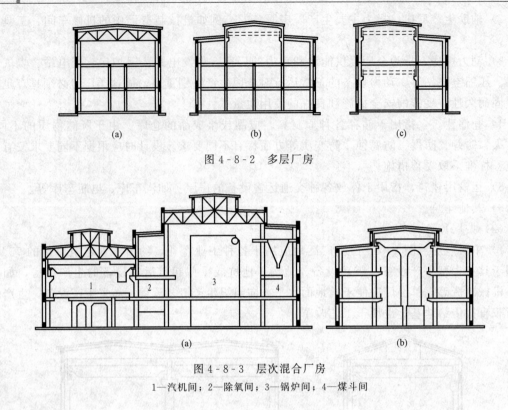

(a)　　　　　　　(b)　　　　　　　(c)

图 4-8-2　多层厂房

(a)　　　　　　　　　　　　(b)

图 4-8-3　层次混合厂房
1—汽机间；2—除氧间；3—锅炉间；4—煤斗间

间等。

2）热加工车间，指在生产过程中散发出大量热量、烟尘等有害物的车间。如炼钢、轧钢、铸工、锻工车间等。

3）恒温恒湿车间，指在温、湿度波动很小的范围内进行生产的车间。这类车间内除装有空调设备外，厂房也要采取相应的措施，以减少室外气象对室内温湿度的影响。如纺织车间、精密仪表车间等。

4）洁净车间，指产品的生产过程中对室内空气的洁净度要求很高的车间。这类车间除对室内空气进行净化处理，将空气中的含尘量控制在允许的范围内以外，厂房围护结构应保证严密，以免大气灰尘的侵入，以保证产品质量。如集成电路车间、精密仪表的微型零件加工车间等。

5）其他特种加工车间，在生产中会受到酸、碱、盐等侵蚀性介质的作用，对厂房耐久性有影响的车间。这类车间在建筑材料选择及构造处理上应有可靠的防腐蚀措施。如化工厂和化肥厂中的某些生产车间、冶金工厂中的酸洗车间等。

车间内部生产状况是确定厂房平、剖、立面及围护结构形式和构造的主要因素之一，设计时应给予充分注意。

4.8.2　单层工业厂房结构组成和类型

1. 单层工业厂房类型

为保证厂房坚固耐久性，在厂房建筑中，必须有可靠的结构类型。

单层厂房的结构类型按其承重结构所用材料分，有混合结构、钢筋混凝土结构和钢结构等。通常承受荷载较大的重工业厂房采用钢筋混凝土结构,而轻工业厂房采用钢结构。单层工业钢筋混凝土结构厂房按承重结构形式又分为排架结构和刚架结构。装配式钢筋混凝土排架结构是工业建筑中常用的结构形式之一。这种结构厂房施工方便,适用于跨度和高度大的厂房,或用于有吊车和振动荷载的厂房。

2. 单层工业厂房组成及作用

装配式钢筋混凝土排架结构厂房由承重结构和围护结构两大部分组成(图4-8-4)。

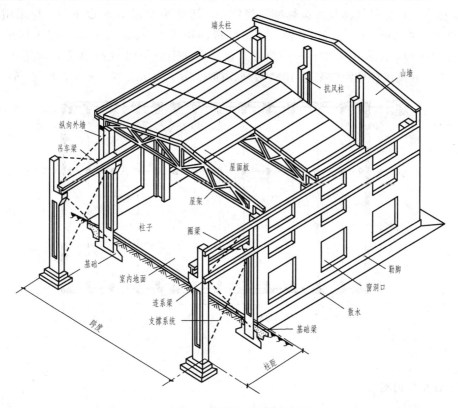

图4-8-4　单层厂房的组成构件

厂房承重结构由横向排架和纵向连系构件及支撑组成。

横向排架包括柱基础、柱和屋架(屋面大梁)。屋架和柱连接为铰接,柱和基础连接为刚接。它的作用是承受屋盖、天窗和吊车等荷载。

纵向连系构件包括基础梁、吊车梁、连系梁和屋面板等构件,它的作用是保证厂房的整体性和稳定性,增强厂房的纵向刚度,并将作用在山墙上的风力和吊车纵向制动力传给柱子。

支撑系统有屋架间支撑和柱间支撑,它的作用是保证厂房的整体性和稳定性。

厂房围护结构是除骨架以外的其他构件,包括外墙、抗风柱、门窗和屋面等。

4.8.3　单层工业厂房定位轴线

厂房定位轴线是确定厂房主要结构构件位置和标志尺寸的基准线,同时也是厂房内各种设备定位、安装和施工放线的依据。

1. 柱网尺寸

在单层工业厂房建筑平面图中，为了确定柱子位置，纵横向定位线形成的有规律的网格称为柱网。纵向定位轴线间距离称为跨度，横向定位轴线间距离称为柱距。因此，确定柱网尺寸就是确定厂房的跨度和柱距。

确定厂房的跨度时，首先要满足生产工艺的要求，其次根据建筑材料、结构形式、施工技术和扩建需求、技术改造等因素来确定。

国家标准《厂房建筑模数协调标准》规定：厂房的跨度在 18m 以下时，应采用扩大模数 30M 数列，即 9m、12m、15m 和 18m；厂房的跨度在 18m 以上时，应采用扩大模数 60M 数列，即 24m、30m 和 36m……单层工业厂房柱距应采用 60M 数列，常用 6m。单层工业厂房山墙处抗风柱柱距应采用 15M 数列，即 4.5m、6.0m、7.5m（图 4 - 8 - 5）。

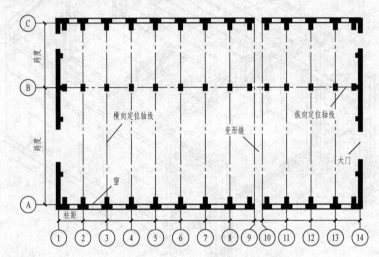

图 4 - 8 - 5　厂房柱距和跨度示意

2. 定位轴线的划分

厂房定位轴线的划分，应满足生产工艺的要求，并使厂房构件类型和规格越少越好。厂房定位轴线分为横向和纵向两种。

（1）横向定位轴线。单层工业厂房建筑中与横向定位轴线有关的构件为屋面板、吊车梁、连系梁、基础梁、墙板和支撑等纵向连系构件。因此，横向定位轴线应与纵向连系构件长度标志尺寸一致，并与屋架和柱中心线相重合。

1）中柱与横向定位轴线的关系。厂房建筑中除端柱外中柱的中心线与横向定位轴线相重合，且通过屋架中心线和屋面板及吊车梁等构件的横向接缝（图 4 - 8 - 6）。

2）端柱与横向定位轴线的关系。厂房建筑中当山墙为非承重墙时，墙体内缘与横向定位轴线相重合，且端部柱及端部屋架的中心线自横向定位轴线向内移动 600mm（图 4 - 8 - 7）。这样可使山墙内侧抗风柱通至屋架上弦，并与屋面板标志尺寸端部重合，山墙与屋面板之间没有空隙，形成"封闭结合"，构造简单。

当山墙为承重墙时，墙体内缘与横向定位轴线间的距离按砌体的块材类别分别可以是半块或半块的倍数或墙厚的一半。屋面板直接伸入墙内，并与墙上钢筋混凝土梁垫连接（图4 -8 - 8）。

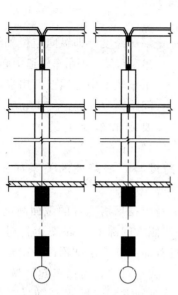

图 4 - 8 - 6 厂房中间柱与横向
定位轴线关系

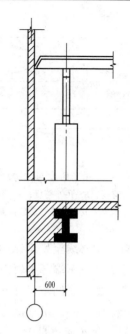

图 4 - 8 - 7 厂房山墙处柱子与
横向定位轴线关系

3）横向变形缝两侧柱子与横向定位轴线的关系。当厂房设置横向变形缝时，在变形缝处应采用双柱及双轴线。柱的中心线自横向定位轴线向两侧各移动 600mm，两条定位轴线分别通过两侧屋面板、吊车梁等纵向连系构件端部，两轴线间宽度 a_e 应符合现行国家标准的规定（图 4 - 8 - 9）。

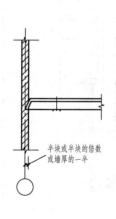

图 4 - 8 - 8 承重山墙与
横向定位轴线关系

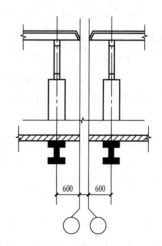

图 4 - 8 - 9 横向变形缝处柱子与
横向定位轴线关系

（2）纵向定位轴线。与纵向定位轴线有关的构件为屋架（屋面大梁）、屋面板宽度、吊车跨度。纵向定位轴线与屋架跨度标志尺寸一致，即通过屋架两端部。

1）边柱与纵向定位轴线关系。有梁式或桥式吊车的厂房中，为使吊车规格与厂房结构

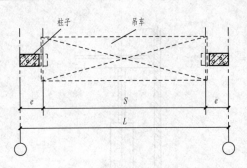

图 4-8-10　吊车跨度与厂房跨度关系
L—厂房跨度；S—吊车跨度；e—吊车轨道
中心线至厂房纵向定位轴线间距离

相协调，保证吊车安全运行，厂房跨度与吊车跨度两者关系规定为

$$S = L - 2e$$

式中　L——厂房跨度，即纵向定位轴线间距离；
　　　S——吊车跨度，即吊车轨道中心线间距离；
　　　e——吊车轨道中心线至厂房纵向定位轴线间距离（一般为750mm，当构造需要或吊车起重量大于75/20t时为1000mm）。

吊车跨度与厂房跨度的关系如图 4-8-10 所示。

吊车轨道中心线至厂房纵向定位轴线间的距离 e 是根据厂房上柱的截面高度 h、吊车侧方宽度尺寸 B（吊车端部至轨道中心线的距离）、吊车侧方间隙 C_b（吊车运行时，吊车端部与上柱内缘间的安全间隙尺寸）等因素决定的。上柱截面高度 h 由结构设计确定，常用尺寸为 400mm 或 500mm。吊车侧方间隙 C_b 与吊车起重量大小有关，当吊车起重量小于 50t 时，C_b 为 80mm；吊车起重量大于 63t 时，为 100mm。吊车侧方宽度尺寸 B 随吊车跨度和起重量的增大而增大，国家标准《通用桥式起重机界限尺寸》中对各种吊车的界限尺寸、安全尺寸作了规定。

实际工程中，由于吊车形式、起重量、厂房跨度、高度和柱距不同，以及是否设置安全走道板等条件不同，外墙、边柱与纵向定位轴线的关系有两种。

①封闭结合。当结构所需的上柱截面高度 h、吊车侧方宽度 B 及安全运行所需的侧方间隙 C_b 三者之和（$h+B+C_b$）小于 e 时，可采用纵向定位轴线、边柱外缘和外墙内缘三者相重合的定位方式，使上部屋面板与外墙之间形成"封闭结合"的构造 [图 4-8-11（a）]。它适用于无吊车或只有悬挂吊车及柱距为 6m、吊车起重量不大于 20t，且不需增设联系尺寸的厂房。

采用这种"封闭结合"时，用标准的屋面板便可铺满整个屋面，不需另设补充构件。因此，构造简单，施工方便，吊车荷载对柱的偏心距较小，故而比较经济。

②非封闭结合。当柱距大于 6m，吊车起重量及厂房跨度较大时，由于 B、C_b、h 均可能增大，因而可能导致图中（$h+B+C_b$）大于 e，若采用"封闭结合"便不能满足吊车安全运行所需净空要求，造成厂房结构的不安全。因此，需将边柱的外缘从纵向定位轴线处向内移出一定尺寸"联系尺寸" a_c，使（$e+a_c$）大于（$h+B+C_b$），从而保证结构的安全 [图 4-8-11

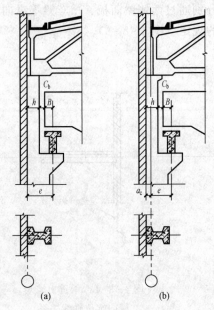

(a)　　　　　(b)
图 4-8-11　厂房边柱与纵向定位轴线关系
（a）封闭结合；（b）非封闭结合
h—上柱截面高度；B—吊车侧方宽度；C_b—安全运行所需的侧方间隙；a_c—联系尺寸

（b）]。为了与墙板模数协调，a_c 应为 300mm 或其整数倍，但维护结构为砌体时，a_c 可采用 M/2 或其整数倍数。

由于有联系尺寸 a_c，使屋架标志尺寸端部（即定位轴线）与柱子外缘、外墙内缘不能相重合，上部屋面板与外墙之间便出现空隙，这种情况称为"非封闭结合"。此时，屋顶上部空隙处需做构造处理，通常应加设补充构件（图 4-8-12）。

确定是否需要设置联系尺寸及数值时，应按选用的吊车规格及国家标准《通用桥式起重机界限尺寸》的相应规定详细核定。厂房是否需要设置联系尺寸，除了与吊车起重量等有关以外，还与柱距及是否设置吊车梁走道板等因素有关。

在柱距为 12m 并设有托架的厂房中，因结构构造的需要，无论有无吊车或吊车吨位大小，均应设置联系尺寸（图 4-8-13）。

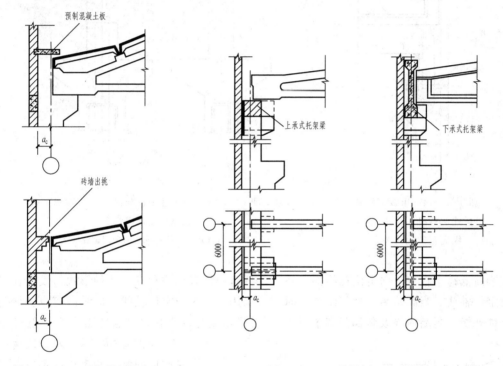

图 4-8-12　"非封闭结合"
屋面板空隙补充构件

图 4-8-13　设托架厂房边柱与
纵向定位轴线关系

一般重级工作制的吊车均须设置吊车梁走道板，以便经常检修桥式起重机。为了确保检修工人经过上柱内侧时不被运行的吊车挤伤，上柱内线至吊车端部之间的距离除应留足侧方间隙之外还应增加一个安全通行宽度（不小于 400mm）。因此，在决定"联系尺寸"和值的大小时，还应考虑到走道板的构造要求（图 4-8-14）。

无桥式起重机或有小吨位桥式起重机的厂房，采用承重墙结构时，若为带壁挂的承重墙，其内缘宜与纵向定位轴线相重合，或与纵向定位轴线间相距半块砌体或半块倍数；若为无壁柱的承重墙，其内线与纵向定位轴线的距离值为半块砌体的倍数或墙厚的一半。

2）中柱与纵向定位轴线的关系。

①等高跨中柱与纵向定位轴线的关系。设单柱时的纵向定位轴线：等高厂房的中柱，当设有纵向变形缝时，宜设单柱和一条纵向定位轴线，上柱的中心线宜与纵向定位轴线相重合[图4-8-15（a）]。当相邻跨为桥式起重机且起重量较大，或厂房柱距及构造要求设插入距a_i时，中柱可采用单柱及两条纵向定位轴线，其插入距应符合3M数列（即300mm或其整数倍数），但围护结构为砌体时，a_i可采用M/2（50mm）或其整数倍数，柱中心线宜与插入距中心线相重合[图4-8-15（b）]。当等高跨设有纵向伸缩缝时，中柱可采用单柱并设两条纵向定位轴线，伸缩缝一侧的屋架（或屋面梁）应搁置在活动支座上，两条定位轴线间插入距为伸缩缝的宽度（图4-8-16）。

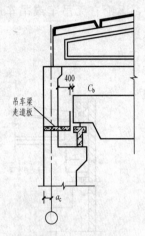

图4-8-14 重级工作制
桥式起重机厂房边柱与
纵向定位轴线关系

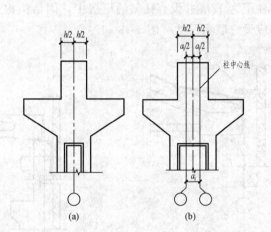

图4-8-15 等高跨单柱中柱与纵向定位轴线关系
（无纵向变形缝）

（a）一条定位轴线；（b）两条定位轴线

②高低跨中柱与纵向定位轴线的关系。高低跨中柱有单柱和双柱两种形式。设单柱时的纵向定位轴线。当高跨为"封闭组合"时，宜采用一条纵向定位轴线，即纵向定位轴线与高跨上柱外缘、封墙内缘及低跨屋架标志尺寸端部相重合。此时，封墙底面应高于低跨屋面[图4-8-17（a）]。若封墙底面低于跨屋面时，则采用两条纵向定位轴线。此时插入距a_i等于封墙厚度t[图4-8-17（b）]。

当高跨为"非封闭结合"时，应采用两条纵向定位轴线。其插入距a_i视封墙位置的高低分别等于联系尺寸或等于联系尺寸＋封墙厚度，即$a_i=a_c$或$a_i=a_c+t$[图4-8-17（c）、（d）]。

当低跨处设有纵向伸缩缝时，应采用两条纵向定位轴线。此时，低跨的屋架（或屋面梁）

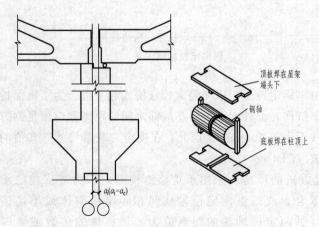

图4-8-16 等高跨单柱中柱与纵向定位
轴线关系（有纵向变形缝）

搁置在活动支座上，两条纵向定位轴线之间的插入距 a_i 应根据变形缝宽度、封墙位置高低、高跨是否"封闭结合"来确定（图 4-8-18）。分别定为：$a_i=a_e$、$a_i=a_e+t$、$a_i=a_e+t+a_c$。

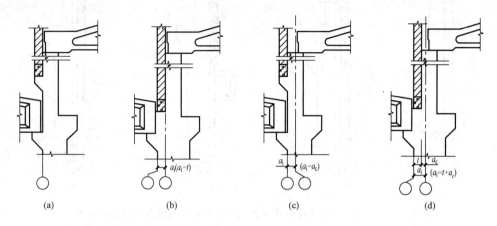

图 4-8-17　高低跨单柱中柱（无纵向变形缝）与纵向定位轴线关系

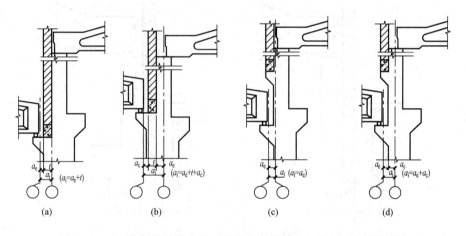

图 4-8-18　高低跨单柱中柱（有纵向变形缝）与纵向定位轴线关系

③设双柱时的纵向定位轴线。单层厂房有时为满足纵向变形或抗震的需要，采用双柱的方案。当高低跨处设置双柱时，双柱各自有一条定位轴线，其位置与边柱的情况相似，两柱的两条定位轴线之间的插入距同样可根据变形缝宽度、封墙位置高低、各跨是否"封闭结合"来确定（图 4-8-19）。

3）纵横向相交处的定位轴线。部分厂房为满足工艺要求需设置纵横跨，且常在相交处设横跨变形缝，使纵横跨各自独立。纵横跨应有各自的柱列和定位轴线，各轴线与柱的定位关系按前述原则进行，对于纵跨，相交处的处理相当于山墙处；对于横跨，相交处处理相当于边柱和外墙处的定位轴线定位。纵横跨相交处采用双柱单墙处理，相交处外墙不落地，做成悬墙，并属于横跨。相交处两条定位轴线间的插入距 $a_i=a_e+t$、$a_i=a_e+t+a_c$（图 4-8-20）。当封墙为砌体时，a_e 值为变形缝宽；封墙为墙板时，a_e 值取变形缝的宽度或吊装墙板所需净空尺寸的较大者。

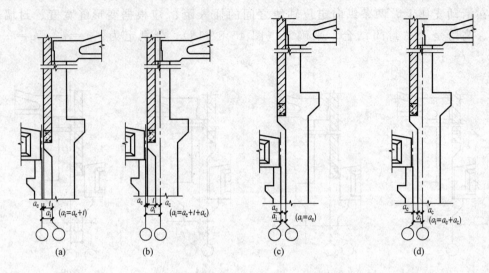

图 4 - 8 - 19　高低跨双柱中柱（有纵向变形缝）与纵向定位轴线关系

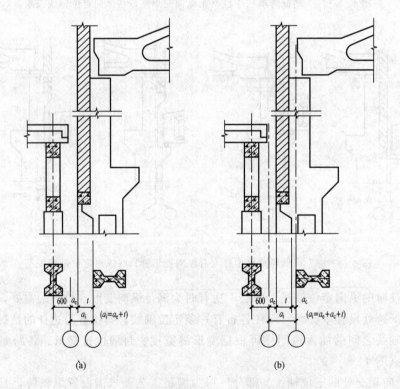

图 4 - 8 - 20　纵横跨相交处柱与定位轴线关系

4.8.4　单层工业厂房构造

单层工业厂房主要是由基础、柱、吊车梁、基础梁、连系梁、墙体、门窗、屋面、天窗等组成的。这些组成部分构成了建筑物的主体，它们位于厂房的不同部位，起着不同的作用。

1. 基础

基础支承厂房上部结构的全部荷载，然后传到地基。因此，基础是厂房结构中的重要构件之一。常用的有现浇柱下基础和预制柱下基础两种。

当柱子采用现浇钢筋混凝土柱时，为方便与柱连接，须在基础顶面留出插筋。伸出长度应根据柱的受力情况、钢筋规格及接头方式（如焊接还是绑扎）来确定，钢筋的数量和柱中纵向受力钢筋相同。

当柱子采用钢筋混凝土预制柱时，基础顶部应做成杯形基础（图 4-8-21）。有时为了使安装在埋置深度不同的杯形基础中的柱子规格统一，便于施工，可以把基础做成高杯基础。在伸缩缝处，双柱的基础可以做成双杯口形式。

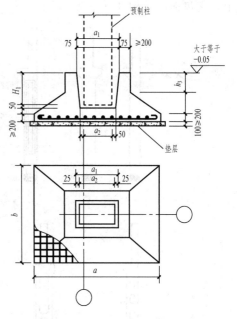

图 4-8-21 预制柱下杯形基础

2. 柱

排架柱是厂房结构中的主要承重构件之一。它主要承受屋盖和吊车梁等竖向荷载、风荷载及吊车产生的纵向和横向水平荷载，有时还承受墙体、管道设备等荷载。所以，柱应具有足够的抗压和抗弯能力，并通过结构计算来合理确定截面尺寸和形式。

一般工业厂房多采用钢筋混凝土柱，跨度、高度和吊车起重量都比较大的大型厂房可以采用钢柱。

单层工业厂房钢筋混凝土柱，基本上可分为单肢柱和双肢柱两大类。单肢柱截面形式有矩形、"工"字形及单管圆形。双肢柱截面形式是由两肢矩形柱或两肢圆形管柱，用腹杆（平腹杆或斜腹杆）连接而成。单层工业厂房常用的几种钢筋混凝土柱（图 4-8-22）。

钢筋混凝土柱除了按结构计算需要配置一定数量的钢筋外，还要根据柱的位置以及柱与其他构件连接的需要，在柱上预先埋设铁件（图 4-8-23）。如柱与屋架、柱与吊车梁、柱与连系梁或圈梁、柱与砖墙或大型墙板及柱间支撑等相互连接处，均须在柱上设预埋件（如钢板、螺栓及锚拉钢筋等）。因此，在进行柱子的设计和施工时，必须将预埋件准确无误地设置在柱上，不能遗漏。

由于单层厂房的山墙面积较大，所受到的风荷载就很大，因此要在山墙处设置抗风柱来承受风荷载，使一部分风荷载由抗风柱直接传至基础，另一部分风荷载由抗风柱的上端（与屋架上弦连接）通过屋盖系统传到厂房纵向列柱上去。根据以上要求，抗风柱与屋架之间一般采用竖向可以移动、水平方向又具有一定刚度的"Z"形弹簧板连接，同时屋架与抗风柱间应留有不少于 150mm 的间隙。若厂房沉降较大时，则直接采用螺栓连接。一般情况下抗风柱只需与屋架上弦连接，当屋架设有下弦横向水平支撑时，则抗风柱可与屋架下弦相连接，作为抗风柱的另一支点（图 4-8-24）。

3. 屋架及屋面梁

单层工业厂房的屋盖承重体系有无檩体系和有檩体系两种。屋盖起着围护和承重两种作用，它包括承重构件（屋架、屋面大梁、托架和檩条）和屋面板两大部分。

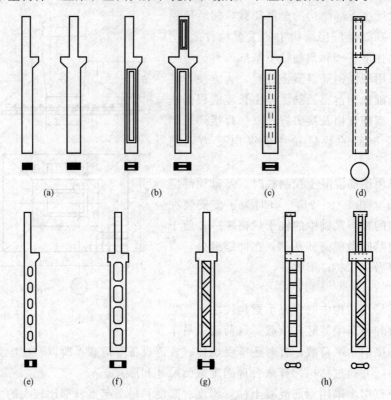

图 4-8-22　常用的几种钢筋混凝土柱

（a）矩形柱；（b）"工"字形柱；（c）预制空腹板"工"字形柱；（d）单肢管柱；

（e）双肢柱；（f）平腹杆双肢柱；（g）斜腹杆双肢柱；（h）双肢管柱

　　无檩体系是将大型屋面板直接放置在屋架或屋面梁上，屋架（屋面梁）放在柱子上，是常用的一种做法。这种做法的整体性好，刚度大，可以保证厂房的稳定性，而且构件数量少，施工速度快，但自重较大。有檩体系是将各种小型屋面板或瓦直接放在檩条上，钢筋混凝土或型钢檩条支承在屋架或屋面梁上。

　　屋面大梁断面有 T 形和"工"字形的薄腹梁，有单坡和双坡之分。单坡屋面梁适用于 6m、9m、12m 的跨度，双坡屋面梁适用于 9m、12m、15m、18m 的跨度。屋面大梁的坡度比较平缓，一般为 1/10～1/12，适用于卷材屋面和非卷材屋面。屋面大梁可以悬挂 5t 以下的电动葫芦和梁式起重机。屋面大梁的特点是形状简单，制作安装方便，稳定性好，可以不加支撑，但它的自重较大。

　　当厂房跨度较大时，就采用屋架，跨度可以是 12m、15m、18m、24m、30m、36m 等。屋架可以采用钢结构、钢筋混凝土结构、木结构等。形状有折线形、梯形、三角形等。屋面坡度视围护材料的类型确定。卷材防水屋面可以采用 1/10～1/15，块材屋面可以用 1/2～1/6，压型钢板屋面可以用 1/2～1/20。

　　屋架与柱子的连接，一般采用焊接。即在柱头预埋钢板，在屋架下弦端部也有埋件，通过焊接连在一起。屋架与柱子也可以采用螺栓连接，这种做法是在柱头预埋有螺栓，在屋架下弦的端部焊有连接钢板，吊装就位后，用螺母将屋架拧牢。

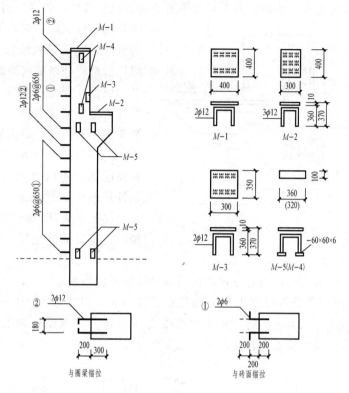

图 4-8-23 柱子预埋铁件

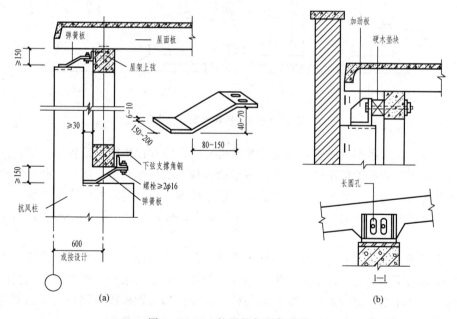

图 4-8-24 抗风柱与屋架连接

4. 基础梁、吊车梁、连系梁

当厂房采用钢筋混凝土排架结构时，仅起围护或隔离作用的外墙或内墙通常设计成自承

重墙。如果外墙或内墙自设基础，由于它所承重的荷载比柱基础小得多，当地基土层构造复

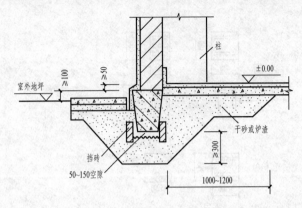

杂，压缩性不均匀时，基础将产生不均匀沉降，容易导致墙面开裂。因此，一般厂房常将外墙或内墙砌筑在基础梁上，基础梁两端搁置在柱基础的杯口顶面，这样可避免墙面开裂。基础梁有预应力和非预应力两种，截面形状常用梯形。

为满足防潮和开门方便，基础梁顶标高应低于室内地面至少50mm，高于室外地面至少100mm。在寒冷地区为防止土层冻涨破坏，则应在基础下及周围铺一定厚度的砂垫层，同时在外墙周围

图4-8-25 基础梁搁置和防冻构造

做出散水（图4-8-25）。

基础梁搁置在杯形基础顶面的方式，视基础埋深而异。当基础杯口顶面与室内地平的距离不大于500mm时，可设置混凝土垫块搁置在杯口顶面，当墙厚为370mm时，垫块的宽度为400mm；当墙厚为240mm时，垫块的宽度为300mm。当基础埋深很深时，也可设置高杯口基础或在柱上设牛腿来搁置基础梁（图4-8-26）。

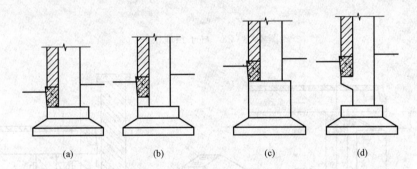

(a)　　　(b)　　　(c)　　　(d)

图4-8-26 基础梁搁置位置

当厂房设有桥式吊车（或支承式梁式起重机）时，需在柱牛腿上设置吊车梁，并在吊车梁上敷设轨道供桥式起重机运行。因此，吊车梁直接承受吊车起重、运行、制动时产生的各种往复移动荷载。为此，吊车梁除了要满足一般梁的承载力、抗裂度、刚度等要求外，还要满足疲劳强度的要求。断面常用"T"形、"I"形及变截面鱼腹式等，有预应力和非预应力两种。

吊车梁两端上下边缘各埋铁件，与柱子连接。吊车梁与柱子连接多采用焊接。为承受桥式起重机横向水平制动力，吊车梁上翼缘与柱间须用钢板或角钢与柱焊接。为承受桥式起重机竖向压力，吊车梁底部应焊接一块垫板与柱牛腿顶面预埋钢板或角钢焊接（图4-8-27）。吊车梁的对头空隙、吊车梁与柱之间的空隙均须用C20混凝土填实。

连系梁是柱与柱之间在纵向的水平连系构件。如设在墙内称为墙梁，墙梁分为承重墙梁和非承重墙梁两种。非承重墙梁的主要作用是增强厂房纵向刚度，传递山墙传来的风荷载到纵向列柱上，减少砖墙或砌块墙的计算高度，以满足其允许高厚比的要求，同时

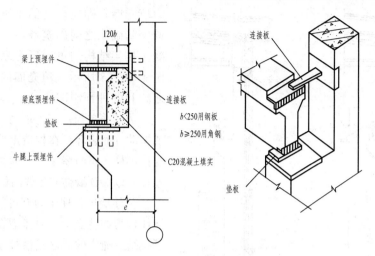

图 4 - 8 - 27 吊车梁与柱连接

承受墙上的水平荷载，但它承受墙体重量。因此，它与柱子的连接应作成只能传送水平力而不传递竖向力的形式，一般用螺栓或钢筋与柱子拉结即可，而不将墙梁搁置在柱的牛腿上。承重墙梁除具有非承重墙梁一样的作用外，还承受墙体重量，因此，它应搁置在柱的牛腿上，并用焊接或螺栓连接。一般用于厂房高度大、刚度要求高、地基较差的厂房中。

根据厂房高度、荷载和地基等情况以及抗震设防要求，应将一道或几道墙梁沿厂房四周连通做成圈梁，以增强厂房结构的整体性，抵抗由于地基不均匀沉降或较大振动荷载所引起的内力。布置墙梁时，还应与厂房立面结合起来，尽可能兼做窗过梁用。

不在墙内的连系梁主要起连系柱子、增强厂房纵向刚度的作用，一般布置于多跨厂房中列柱的顶端。连系梁通常是预制的。圈梁可预制或现浇与柱子连接。连系梁、圈梁截面常为矩形和"L"形。

5. 支撑

在装配式单层厂房中，支撑作用是保证厂房结构和构件的承载力，稳定性和刚度，并传递水平荷载。

支撑分为屋盖支撑和柱间支撑两大部分。屋盖支撑包括横向水平支撑、纵向水平支撑、垂直支撑和纵向水平系杆等。横向水平支撑和垂直支撑一般设置在厂房端部和伸缩缝两侧的第一、二柱距内。

柱间支撑用以提高厂房的纵向刚度和稳定性。交叉布置，交叉倾角为35°～55°。

6. 墙体

厂房外墙主要是根据生产工艺、结构条件和气候条件等要求来设计的。一般冷加工车间外墙除考虑结构承重外，常常还有热工方面的要求。而散发大量余热的热加工车间，外墙一般不要求保温，只起围护作用。精密生产的厂房为了保证生产工艺条件，往往有恒温、恒湿要求，这种厂房的外墙在设计和构造上比一般做法要复杂得多。有腐蚀性介质的厂房外墙又往往有防酸、碱等有害物质侵蚀的特殊要求。

（1）砖墙及砌块墙。单层厂房通常为装配式钢筋混凝土排架结构。因此，它的外墙一般

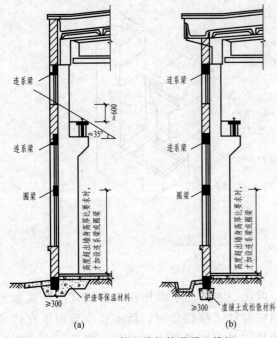

图 4-8-28 装配式钢筋混凝土排架
结构单层厂房纵墙构造剖面
(a) 较冷地区；(b) 温暖多雨地区

为填充墙，即在厂房的承重排架柱、连系梁、基础梁之间砌筑墙体。装配式钢筋混凝土排架结构的单层厂房纵墙构造剖面如图 4-8-28 所示。填充墙的墙体材料有普通砖和各种预制砌块。

为防止单层厂房外墙由于受风力、地震或振动等而破坏，在构造上应使柱子、山墙与抗风柱、墙与屋架或屋面梁之间有可靠的连接，以保证墙体有足够的稳定性与刚度。

为使墙体与柱子间有可靠的连接，根据墙体传力的特点，主要考虑在水平方向与柱子拉结。通常的做法是沿柱子高度方向每隔 500～600mm 预埋两根 $\phi6$ 钢筋，砌墙时把伸出的钢筋砌在墙缝里（图 4-8-29）。

在山墙处的墙体应与抗风柱联系。当厂房的跨度在 15m 以下、柱顶标高在 8m 以下时，可以采用砖砌抗风柱，并与砖墙一起砌筑。

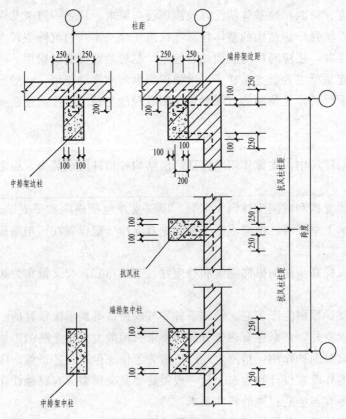

图 4-8-29 墙与柱子的连接

当外墙檐口采用女儿墙时，为保证女儿墙的稳定性，要与屋面板采用可靠的拉结。其做法是在屋面板的横向缝中设置一根 $\phi12$ 的钢筋，并将钢筋两端与女儿墙内的钢筋拉结，形成工字形的主筋，然后用细石混凝土灌牢（图 4 - 8 - 30）。

（2）大型板材墙。单层工业厂房的大型墙板类型很多。按墙板的性能不同，有保温墙板和非保温墙板；按墙板本身的材料、构造和形状的不同，有钢筋混凝土槽形板、烟灰膨胀矿渣混凝土平板、钢丝网水泥折板、预应力钢筋混凝土板等。

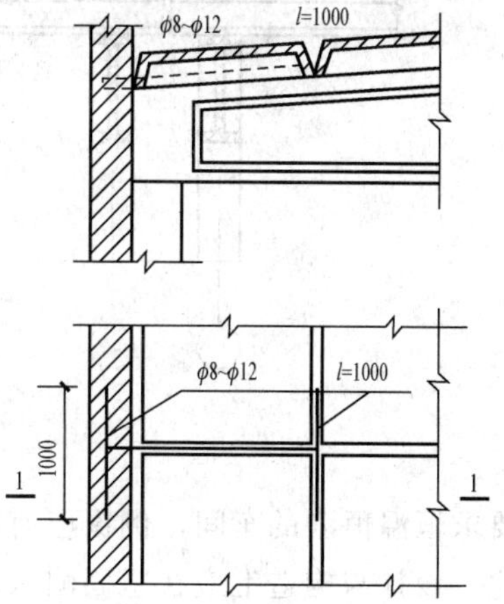

按板在墙面上的位置不同，如一般墙面、转角、檐口、勒脚、窗台等部位，板的形状、构造、预埋件的位置也不尽相同。生产这些墙板的工艺复杂，需要设计部门、施工部门、构件生产部门紧密协作。这些构件的自重较大，影响了这类墙体构件的推广应用。现在更新、更轻、更科学的墙体材料层出不穷，因此这类墙体构件应用较少。

图 4 - 8 - 30 女儿墙与屋面板的拉结

（3）轻质板材墙。轻质板材墙适用于一些不要求保温、隔热的热加工车间、防爆车间和仓库的外墙。

轻质板材墙的墙板包括压型钢板、石棉水泥瓦、瓦楞铁皮、塑料墙板、铝合金板以及夹层玻璃等。轻质墙板只起围护作用，墙板除传递水平风荷载外，不承受其他荷载。墙身自重也由厂房骨架来承担。

7. 屋面

屋面是单层工业厂房围护结构的主要组成部分。它直接经受风雨、酷热、严寒等自然条件的影响，所以应满足防水、排水、保温、隔热等要求。

单层厂房的屋面与民用建筑的屋面相比，由于单层厂房屋面均采用装配式，接缝多、宽度大，对厂房屋面排水和防水不利。

有些地区还要处理好屋面的保温、隔热问题；对于有爆炸危险的厂房，还须考虑屋面的防爆、泄压问题；对于有腐蚀气体的厂房，还要考虑防腐蚀的问题。通常情况下，屋面的排水和防水是互补的。排水组织得好，会减少渗漏的可能性，从而有助于防水；而高质量的屋面防水也会有益于屋面排水。因此，要防排结合，统筹考虑，综合处理。目前常用的彩钢板屋面如图 4 - 8 - 31 所示。

4.8.5 大门、侧窗、天窗

1. 大门

厂房、仓库和车库等建筑的大门，由于经常搬运原材料、成品、生产设备及进出车辆等原因，需要能通行各种车辆。大门洞口的尺寸取决于各种车辆的外形尺寸和所运输物品的大小。

大门洞口的宽度，一般应比运输车辆的宽度大 700mm；洞口高度应比车体高度高出 200mm，以保证车辆通行时不致碰撞大门门框。

2. 侧窗

厂房的侧窗是厂房的主要采光点，单层厂房的侧窗不仅应满足采光和通风的要求，还要根据生产工艺的特点，满足一些特殊要求。例如，有爆炸危险的车间，侧窗应有利于泄压；

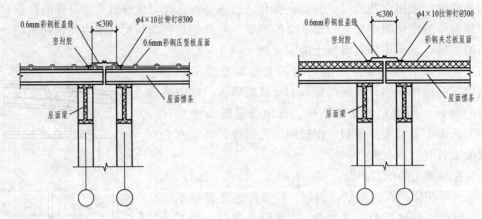

图 4-8-31 彩钢瓦屋面

要求恒温恒湿的车间,侧窗应有足够的保温隔热性能;洁净车间要求侧窗防尘和密闭等。因此,设计与构造上应在坚固耐久、开关方便的前提下,节省材料、降低造价。

其做法与民用房屋的窗的做法相同,相比之下它有如下特点:

(1) 侧窗的面积大。一般以吊车梁为界,其上叫高侧窗,其下叫低侧窗。

(2) 大面积的侧窗多采用组合式,由基本窗扇、基本窗框、组合窗三部分组成。

(3) 侧窗除接近工作面的部分采用平开式外,其余均采用中悬式。

3. 天窗

在大跨度和多跨的单层工业厂房中,为了满足天然采光和自然通风的要求,常在厂房的屋顶上设置各种类型的天窗。

(1) 天窗的类型。天窗的类型很多,一般就其在屋面的位置分有上凸式天窗、下沉式天窗和平天窗等。常见的有矩形天窗、三角形天窗、M形天窗、横向下沉式天窗、纵向下沉及井式天窗、采光罩、采光屋面板等(图 4-8-32)。

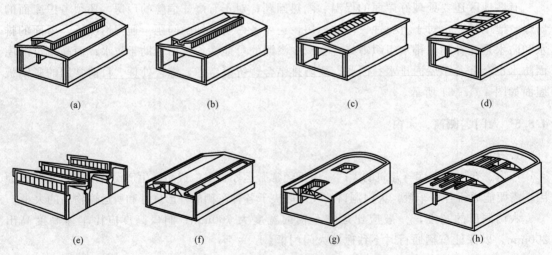

图 4-8-32 天窗的类型

(a) 矩形天窗;(b) M形天窗;(c) 三角形天窗;(d) 采光带;
(e) 锯齿形天窗;(f) 两侧下沉式天窗;(g) 井式天窗;(h) 横向下沉式天窗

一般天窗都具有采光和通风双重作用。但采光兼通风的天窗，一般很难保证排气的效果，故这种做法只用于冷加工车间；而通风天窗排气稳定，多应用于热加工车间。

(2) 天窗构造。

1) 矩形天窗。矩形天窗是我国单层工业厂房采用最多的一种天窗。它沿厂房纵向布置，采光、通风效果均较好。矩形天窗由天窗架、天窗屋面、天窗端壁、天窗侧板和天窗扇等构件组成（图4-8-33）。

①天窗架。天窗架是天窗的承重结构，它直接支承在屋架上。天窗架的材料一般与屋架、屋面梁的材料一致。天窗架的宽度约占屋架、屋面梁跨度的1/2～1/3，同时也要照顾屋面板的尺寸。天窗扇的高度为天窗架宽度的0.3～0.5倍。

矩形天窗的天窗架通常用2～3个三角形支架拼装而成。

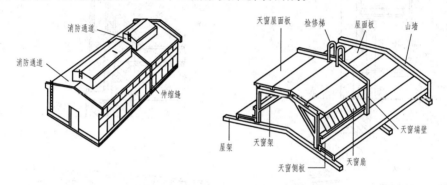

图4-8-33 矩形天窗组成与布置

②天窗端壁。天窗端壁又叫天窗山墙，它不仅使天窗尽端封闭起来，同时也支承天窗上部的屋面板。它也是一种承重构件。

天窗端壁是由预制的钢筋混凝土肋形板组成。当天窗架跨度为6m时，用两个端壁板拼接而成；天窗架的跨度为9m时，用3个端壁拼接而成。

天窗端壁也采用焊接的方法与屋顶的承重结构焊接。其做法是天窗端壁的支柱下端预埋铁板与屋架的预埋铁板焊在一起。端壁肋形板之间用螺栓连接。

天窗端壁的肋间应填入保温材料，常用块材填充。一般采用加气混凝土块，表面用铅丝拴牢，再用砂浆抹平（图4-8-34）。

③天窗侧板。天窗侧板是天窗窗扇下的围护结构，相当于侧窗的窗台部分，其作用是防止雨水溅入室内和北方地区积雪阻止天窗扇开启。其高度由天窗架的尺寸确定，一般为400～600mm，但应注意高出屋面为300mm。侧板长为6m。板内应填充保温材料，并将屋面上的卷材用木条加以固定（图4-8-35）。

④天窗窗扇。天窗窗扇可以采用钢窗扇或木窗扇。钢窗扇一般为上悬式；木窗扇一般为中悬式。上悬式窗扇：防飘雨较好，最大开启角度为45°，窗扇高有900mm、1200mm、1500mm三种。中悬式窗扇：窗扇高有1200mm、1800mm、2400mm、3000mm四种。

⑤天窗屋面。天窗屋面与厂房屋面相同，檐口部分采用无组织排水，把雨水直接排在厂房屋面上。檐口挑出尺寸为300～500mm。在多雨地区可以采用在山墙部位作檐沟，形成有组织的内排水。

有挡风板的天窗叫避风天窗。天窗挡风板主要用于热加工车间。矩形天窗的挡风板不宜

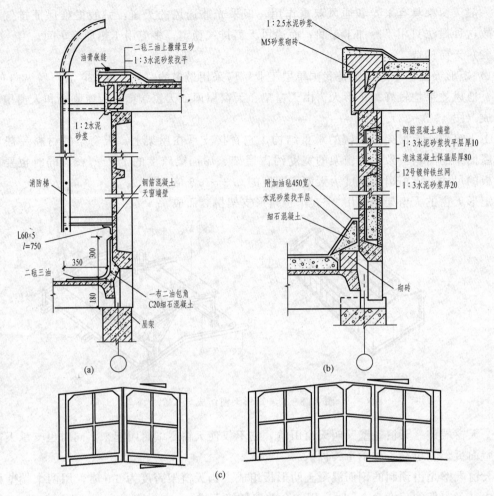

图 4-8-34 矩形端壁

高于天窗檐口的高度。挡风板与屋面板之间应留出 50~100mm 的空隙，以利于排水，又使风不容易倒灌。挡风板的端部应封闭，并留出供清除积灰和检修时通行的小门。

挡风板的立柱焊在屋架上弦上，并用支撑与屋架焊接。挡风板采用石棉板特制的螺钉将石棉板拧于立柱的水平檩条上。

2）井式天窗

①布置方法。井式天窗布置比较灵活，可以沿屋面的一侧、两侧或居中布置。热加工车间可以采用两侧布置。这种做法容易解决排水问题。冷加工车间对上述几种布置方式均可采用。

②井底板的铺设。井式天窗的井底板位于屋架上弦，搁置方法有横向铺放和纵向铺放两种。

横向铺放是井底板平行于屋架摆放。铺板前应先在屋架下弦上搁置檩条，并应有一定的排水坡度。若采用标准屋面板时，其最大长度为 6m（图 4-8-36）。

纵向铺放是把井底板直接放在屋架下弦上，可省去檩条，增加天窗垂直口净空高度。但屋面有时受到屋架下弦节点的影响，故采用非标准板较好（图 4-8-37）。

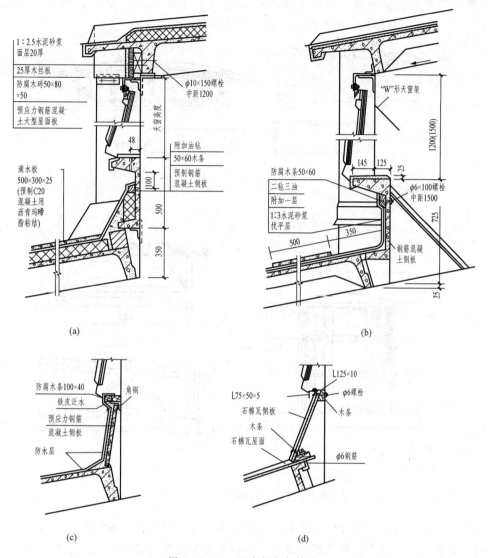

图 4 - 8 - 35　天窗侧板与檐口

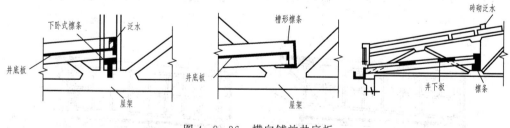

图 4 - 8 - 36　横向铺放井底板

③挡雨措施。井式天窗通风口常不设窗扇，做成开敞式。为防止屋面雨水落入天窗内，敞开的口部应设挑檐，并设挡雨板，以防雨水飘落室内。

井上口挑檐，由相邻屋面直接挑出悬臂板，挑檐板的长度不宜过大。井上口应设挡雨片，在井上口先铺设空格板，挡雨片固定在空格板上（图4-8-38）。挡雨片的角度采用30°～60°，材料可用石棉瓦、钢丝网水泥板、钢板等。

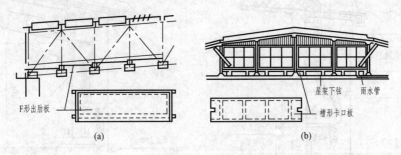

图4-8-37 纵向铺放井底板

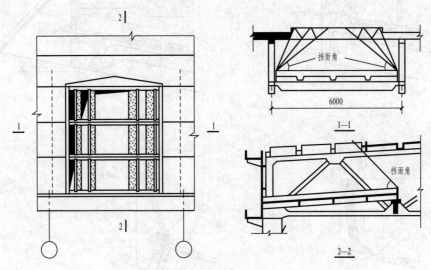

图4-8-38 挡雨措施——空格板

④窗扇。窗扇可以设在井口处或垂直口处。垂直口一般设在厂房的垂直方向，可以安装上悬或中悬窗扇，但窗扇的形状不是矩形，而应随屋架的坡度变化，一般呈平行四边形。井上口窗扇的做法：一种是可以在井口做导轨，在平窗扇下面安装滑轮，窗扇沿导轨而移动；另一种是在井口上设中悬窗扇，窗扇支承在上口空格板上，可根据需要而调整窗扇角度（图4-8-39）。

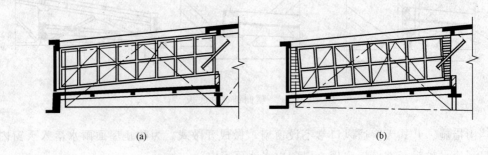

图4-8-39 窗扇设置

⑤排水设施。井式天窗有上下两层屋面，排水比较复杂。其具体做法可以采用无组织排水（在边跨时）、上层通长天沟排水、下层通长天沟排水和双层天沟排水等。

3）平天窗。平天窗是与屋面基本相平的一种天窗。平天窗有采光屋面板（图4-8-40）、采光罩（图4-8-41）、采光带（图4-8-42）等。

采光屋面板的长度为6m，宽度为1.5m，它可以取代一块屋面板。采光屋面板应比屋面稍高，常作成450mm，上面用5mm的玻璃固定在支承角钢上，下面铺有铅丝网作为保护措施，以防玻璃破碎坠落伤人。在支承角钢的接缝处应用铁皮泛水遮挡。

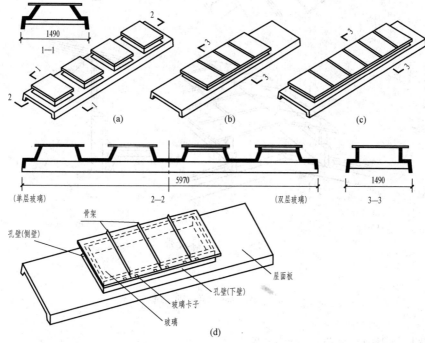

图4-8-40 采光板形式与组成

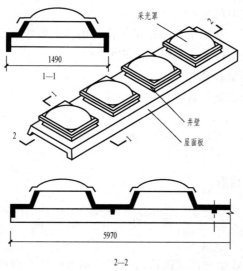

图4-8-41 采光罩

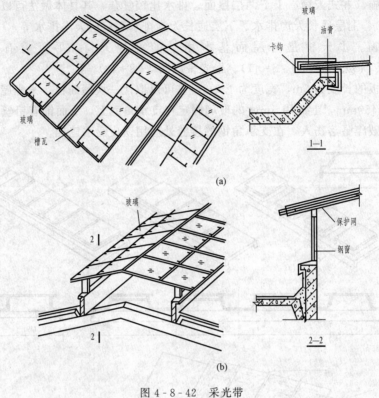

图 4-8-42 采光带

理 论 知 识 训 练

1. 工业厂房类型有哪些？
2. 钢筋混凝土横向排架结构单层厂房由哪些构件组成？各有何作用？
3. 如何确定厂房的柱网尺寸？
4. 厂房中基础、柱子、基础梁、吊车梁等构件的构造要求有哪些？
5. 厂房定位轴线与各构件关系有哪些规定？
6. 厂房中常用天窗类型有哪些？
7. 矩形天窗由几部分组成？各部分作用是什么？

实 践 课 题 训 练

参观厂房，熟悉厂房构造。

课 题 小 结

工业建筑是为各类工业生产活动而建造的不同用途的建筑物和构筑物的总称。基建投资大、占地面积大，在设计原则、建筑材料和建筑技术等方面，工业建筑和民用建筑有很多相同之处，但由于受生产工艺制约，在建筑平面空间布局、建筑结构、建筑构造、建筑施工等方面与民用建筑有较大差别。

工业建筑的类型可按用途、层数和生产状况划分。

单层厂房的结构类型按其承重结构所用材料分有混合结构、钢筋混凝土结构和钢结构等。通常承受荷载较大的重工业厂房采用钢筋混凝土结构，而轻工业厂房采用钢结构。单层工业钢筋混凝土结构厂房按承重结构形式又分为排架结构和刚架结构。装配式钢筋混凝土排架结构是工业建筑中常用的结构形式之一。装配式钢筋混凝土排架结构厂房由承重结构和围护结构两大部分组成，厂房承重结构是由横向排架和纵向连系构件及支撑组成。

厂房定位轴线是确定厂房主要结构构件位置和标志尺寸的基准线，同时也是厂房内各种设备定位、安装和施工放线的依据。

在单层工业厂房建筑平面图中，为了确定柱子位置，纵横向定位线形成的有规律的网格称为柱网。纵向定位线间距离称为跨度，横向定位线间距离称为柱距。因此，确定柱网尺寸就是确定厂房的跨度和柱距。确定的跨度时，首先要满足生产工艺的要求，其次根据建筑材料、结构形式、施工技术和扩建需求、技术改造等因素来确定。

厂房定位轴线的划分，应满足生产工艺的要求，并使厂房构件类型和规格越少越好。厂房定位轴线分为横向和纵向两种。

单层工业厂房主要是由基础、柱、吊车梁、基础梁、连系梁、墙体、门窗、屋面、天窗等组成的。这些组成部分构成了建筑物的主体，它们位于厂房的不同部位，起着不同的作用。

在大跨度和多跨的单层工业厂房中，为了满足天然采光和自然通风的要求，常在厂房的屋顶上设置各种类型的天窗。天窗的类型很多，常见的有矩形天窗、三角形天窗、M形天窗、横向下沉式天窗、纵向下沉及井式天窗、采光罩、采光屋面板等。矩形天窗是我国单层工业厂房采用最多的一种。它沿厂房纵向布置，采光、通风效果均较好。矩形天窗由天窗架、天窗屋面、天窗端壁、天窗侧板和天窗扇等构件组成。平天窗是与屋面基本相平的一种天窗。平天窗有采光屋面板、采光罩、采光带等。

模块五　建筑工程施工图识读

课题 1　建筑施工图识读

5.1.1　建筑工程施工图的分类

一般建筑工程设计分两个阶段进行：初步设计阶段和施工图设计阶段。对于技术要求复杂的项目，可在两设计阶段之间增加技术设计阶段。

（1）初步设计阶段。设计人员接受任务书后，首先要根据业主建造要求和有关政策性文件、地质条件等进行初步设计。它包括效果图、平面图、立面图、剖面图等图样，以及文字说明及工程概算。初步设计应具备施工图设计的条件。

（2）施工图设计阶段。在已经批准的建筑设计方案图的基础上，进行建筑、结构、设备等工种之间的相互配合、协调，从施工要求的角度对设计方案具体化，为施工提供完整和正确的技术资料。

建筑工程施工图设计的内容包括：确定全部工程尺寸和用料，绘制建筑、结构、给水、排水、采暖、空调、电气、通风全部施工图纸，编制工程说明书、结构计算书和预算书、节能计算书、防火专篇等。

建筑工程施工图由于专业分工的不同分为：建筑施工图，简称建施；结构施工图，简称结施；设备施工图，简称设施。设备施工图又分为：给水排水施工图，简称水施；采暖通风施工图，简称暖施；电气施工图，简称电施。

建筑工程施工图按专业顺序编排，图纸内容应按主次关系、逻辑关系有序排列，一般为：图纸目录、建筑施工图、结构施工图、设备施工图等。

5.1.2　建筑施工图的组成

建筑施工图是建筑设计总说明、总平面图、建筑平面图、立面图、剖面图和详图等的总称。它主要表明拟建工程的平面、空间布置，以及各部位构件的大小、尺寸、内外装修和构造做法等。建筑施工图包括：

（1）图纸首页，包括设计说明、图纸目录等。

（2）建筑总平面图比例 1∶500、1∶1000。

（3）各层平面图比例 1∶100。

（4）立面图比例 1∶100。

（5）剖面图比例 1∶100。

（6）详图及大样图比例 1∶20、1∶10、1∶5。

图纸目录是了解建筑工程设计图纸汇总编排顺序的图样。整套施工图由建筑、结构、设备施工图汇总而成，图纸目录由序号、图号、图名、图幅、备注等组成。

设计说明主要是对建筑施工图不易详细表达的内容，如设计依据、建设地点、建设规模、建筑面积、人防工程等级、抗震设防烈度、主要结构类型等工程概论方面内容、构造做法、用料选择、该项目的相对标高与总图绝对标高的关系，以及防火专篇等一些有关部门要求明确说明。

5.1.3　建筑施工图中常用符号及图例

1. 建筑施工图中常用符号

为了使建筑施工图的格式统一，便于绘制和查阅，常用的符号、图例在建筑制图标准中有明确的规定，绘制施工图时必须严格执行。

（1）索引符号与详图符号。

1）索引符号。索引符号是对图样的某一局部或构件未能表达清楚的设计，需另见详图以补充更详细的尺寸及构造做法，通过索引符号表明详图所在位置［图5-1-1（a）］。

索引符号是由直径为10mm的圆和水平线组成，圆及水平线均应以细实线绘制。索引符号中上、下半圆表明详图的编号和详图所在图纸编号，编号规定为：①如被索引出的详图同在一张图纸内，在索引符号的上半圆中用阿拉伯数字注明该详图的编号，并在下半圆中间画一段水平细实线［图5-1-1（b）］；②如与被索引出的详图不在一张图纸内，应在索引符号的上半圆中用阿拉伯数字注明该详图的编号，在索引符号的下半圆中用阿拉伯数字注明该详图所在图纸的编号［图5-1-1（c）］；③如采用标准图，应在索引符号水平线的延长线上加注该标准图册的编号，在索引符号的上半圆中用阿拉伯数字注明该标准详图的编号，索引符号的下半圆中用阿拉伯数字注明该标准详图所在标准图册的页数［图5-1-1（d）］。

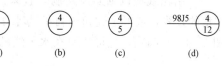

图5-1-1　详图索引

2）详图符号。剖视详图索引应在被剖切的部位绘制剖切位置线，并引出线引出索引符号（图5-1-2），引出线所在的一侧应为投射方向，图5-1-2（a）表示从右向左投影，图5-1-2（b）表示从上向下投影，索引符号的编写与图5-1-1的规定相同。

详图符号是与索引符号相对应的，用来标明索引出的详图所在位置和编号。详图符号的圆应以直径为14mm的细实线绘制［图5-1-2（c）、（e）］。

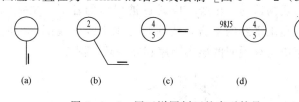

图5-1-2　用于详图剖面的索引符号

（2）标高符号。标高是标注建筑物某一位置高度的尺寸，可分为绝对标高和相对标高两种。

1）绝对标高。以我国青岛黄海海平面的平均高度为零点所测定的标高称为绝对标高。

2）相对标高。施工图上要注明许多标高，如果用绝对标高，数字就很繁琐，且不易直接得出各部分构件的相对高度。因此，一般都采用相对标高的形式来标注，即建筑物底层室内地面为零点的标高。在建筑设计总说明中要说明相对标高与绝对标高的关系。

标高符号为直角三角形，用细实线绘制［图5-1-3（a）］。如标注位置不够时，也可按所示形式绘制［图5-1-3（b）］。标高符号的具体画法如图5-1-3（c）、（d）所示，其中h、L的长度根据需要而定。

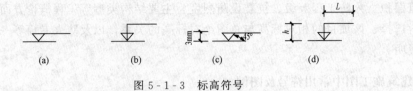

图 5-1-3 标高符号

总平面图室外地坪标高符号，宜用涂黑的三角形表示 [图 5-1-4 (a)]，具体画法如图 5-1-4 (b) 所示。标高符号的尖端应指至被注高度的位置。尖端一般应向下，也可向上。标高数字应注写在标高符号的左侧或右侧 (图 5-1-5)。

图 5-1-4 总平面室外地坪标高符号　　图 5-1-5 建筑标高的指向

标高的数字应以米为单位，精确到小数点以后第三位。零点标高应注写成 ±0.000，正数标高前一般不注 "＋"，负数标高前应注 "－"，例如 3.000，－6.000 等。在图纸的同一位置需表示几个不同标高时，标高数字可按图 5-1-6 的形式注写。

（3）引出线。

1）引出线应以细实线绘制，宜采用水平方向的直线，或与水平方向成 30°、45°、60°、90°角的直线，或经上述角度再折为水平线的细实线标注。文字说明宜注写在水平线的上方 [图 5-1-7 (a)]，也可注写在水平线的端部 [图 5-1-7 (b)]。

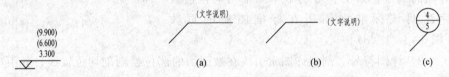

图 5-1-6 同一位置注写多个标高数字　　图 5-1-7 引出线

2）同时引出几个相同部分的引出线，宜互相平行 [图 5-1-8 (a)]，也可画成集中于一点的放射线 [图 5-1-8 (b)]。

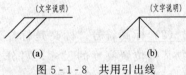

图 5-1-8 共用引出线

多层构造的引出线，应通过被引出的各层。文字说明注写在水平线的上方，或注写在水平线的端部，说明的顺序应与被说明的层次顺序相互一致 (图 5-1-9)。

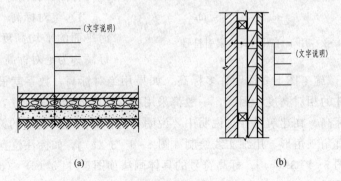

图 5-1-9 多层构造引出线

（4）其他符号

1）对称符号。对称符号由对称线和两端的两对平行线组成。对称线用细点画线绘制；平行线用细实线绘制，其长度宜为 6～10mm，每对的间距宜为 2～3mm；对称线垂直平分于两对平行线，两端超出平行线宜为 2～3mm（图 5-1-10）。

2）连接符号。应以折断线表示需连接的部位。两部位相距过远时，折断线两端靠图样一侧应标注大写拉丁字母表示连接编号。两个被连接的图样必须用相同的字母编号（图 5-1-11）。

3）指北针。指北针是用于表示建筑朝向的符号。指北针的形状如图 5-1-12 所示，其圆的直径字为 24mm，用细实线绘制；指北针尾部的宽度宜为 3mm，指针头部注"北"或"N"字。需要较大直径绘制指北针时，指针尾部宽度宜为直径的 1/8。

图 5-1-10 对称符号图

4）变更云线。对图纸中局部变更部分宜采用云线，并宜注明修改版次（图 5-1-13）。

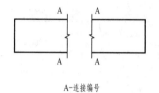

A-连接编号

图 5-1-11 连接符号 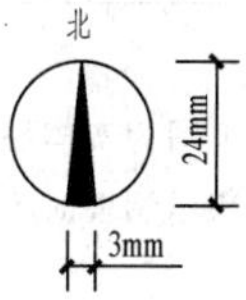　　　　图 5-1-12 指北针 　　　　图 5-1-13 变更云线（注：1 为修改次数）

2. 常用图例

图例是建筑施工图纸上用图形来表示一定含义的一种符号。绘制建筑施工图常用图例见表 5-1-1（总平面图图例）和表 5-1-2（常用构造及配件图例）。

表 5-1-1　　　　　　　　　　　建 筑 总 平 面 图

序号	名　称	图　例	备　注
1	新建建筑物	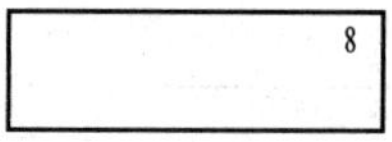 8	1. 需要时，可用▲表示出入口，可在图形内右上角用点数或数字表示层数 2. 建筑物外形用粗实线表示
2	原有建筑物	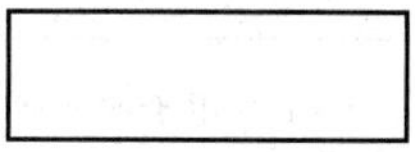	用细实线表示
3	计划扩建的预留地或建筑物		用中粗虚线表示
4	拆除的建筑物	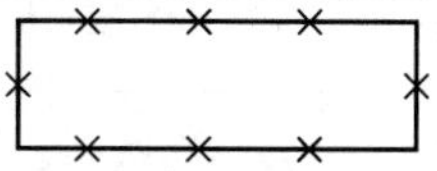 ×　×　× ×　×　×	用细实线表示
5	建筑物下面的通道	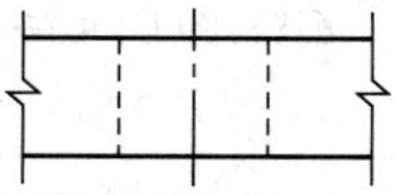	

续表

序号	名 称	图 例	备 注
6	散状材料露天堆场	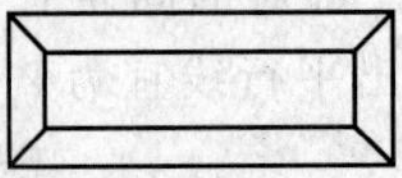	需要时可注明材料名称
7	其他材料露天堆场 或露天作业场	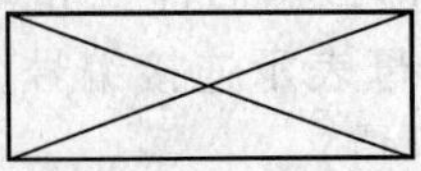	
8	铺砌场地	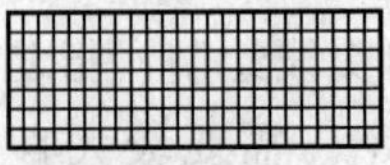	
9	场棚或场廊	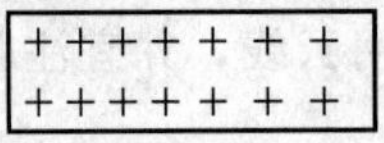	
10	围墙及大门	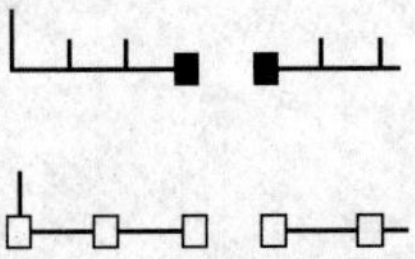	上图为实体性质的围墙，下图为通透性质的围墙，若仅表示围墙时不画大门
11	新建的道路	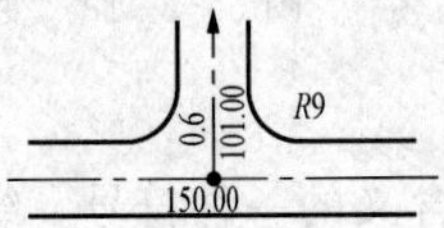 R9 0.6 101.00 150.00	"R9"表示道路转弯半径为 9m，"150.00"为路面中心控制点标高，"0.6"表示 0.6%的纵向坡度，"101.00"表示变坡点间距离
12	原有道路		
13	计划扩建的道路		
14	拆除的道路		
15	排水明沟	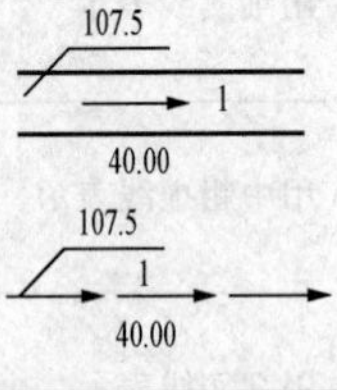 107.5 1 40.00 107.5 1 40.00	1. 上图用于比例较大的图面，下图用于比例较小的图面 2. "1"表示 1%的沟底纵向坡度，"40.00"表示变坡点间距离，箭头表示水流方向 3. "107.50"表示沟底标高
16	护坡	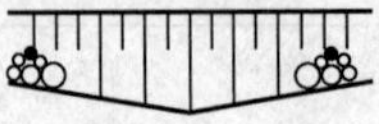	边坡较长时，可在一端或两端局部表示

序号	名　　称	图　　例	备　　注
17	坐标	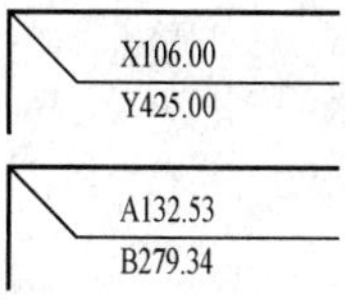 X106.00 Y425.00 A132.53 B279.34	上图表示测量坐标；下图表示施工坐标
18	挡土墙		被挡土在"突出"的一侧
19	绿化乔木		左图为针叶乔木，右图为阔叶乔木
20	修剪的树篱	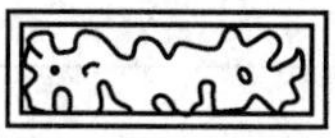	
21	花坛		
22	草地	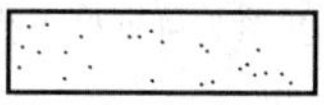	

表 5-1-2　　　　　　　　　　　常用构造及配件图例

序号	名　　称	图　　例	备　　注
1	墙体	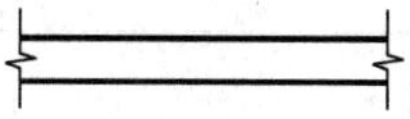	应加注文字或填充图例墙体材料，在项目设计图纸说明中列材料图例表给予说明
2	隔断		1. 包括板条抹灰、木制、石膏板、金属材料等隔断 2. 适用于到顶与不到顶隔断
3	楼梯	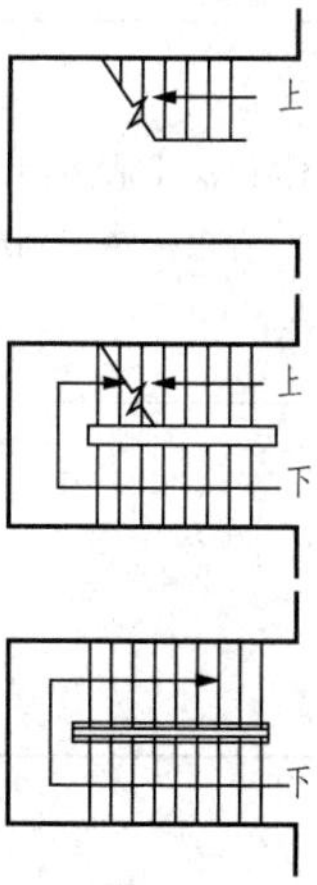	1. 上图为底层楼梯平面，中图为中间层楼梯平面，下图为顶层楼梯平面 2. 楼梯及栏杆扶手的形式和梯段踏步数应按实际情况绘制

续表

序号	名　称	图　例	备　注
4	坡道	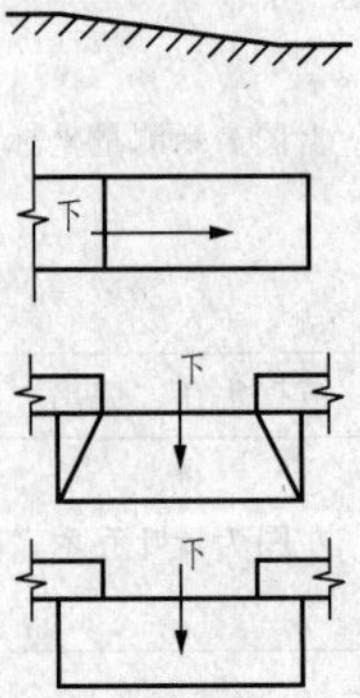	上图为长坡道，下图为门口坡道
5	平面高差	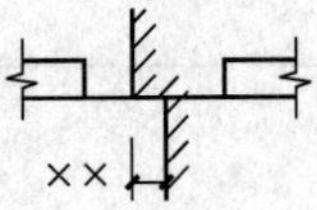	适用于高差小于100的两个地面或楼面相差处
6	检查孔	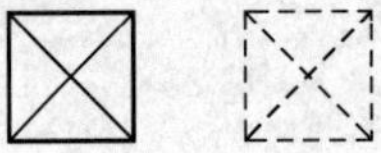	左图为可见检查孔，右图为不可见检查孔
7	孔洞		阴影部分可以涂色代替
8	坑槽	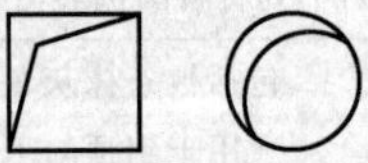	
9	墙预留洞	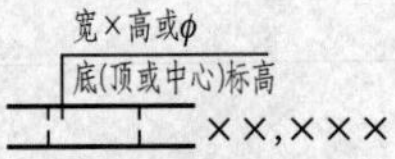	1. 以洞中心或洞边定位
10	墙预留槽	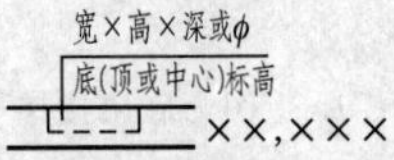	2. 宜以涂色区别墙体和留洞位置
11	空门洞	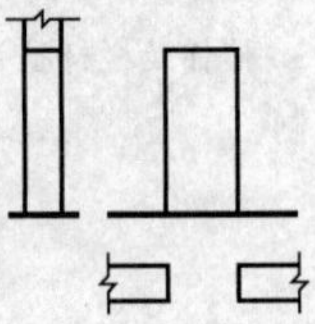	h 为门洞高度

续表

序号	名　　称	图　　例	备　　注
12	单扇门（包括平开门或弹簧门）	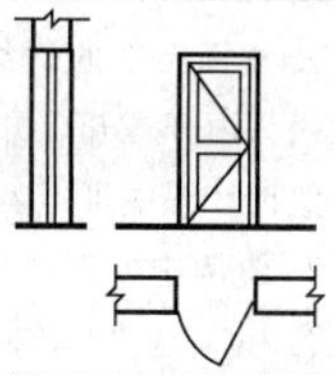	
13	双扇门（包括平开门或单面弹簧）	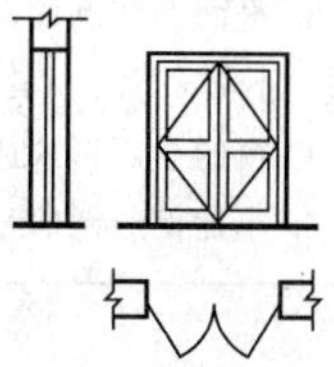	1. 图例中剖面图左为外，右为内，平面图下为外，上为内 2. 立面图上开启方向线交角的一侧为安装铰链的一侧，实线为外开，虚线为内开 3. 平面图上门线应90°或45°开启，开启弧线宜绘出 4. 立面图上的开启方向线在一般设计图中可不表示，在详图及室内设计图上应表示 5. 立面形式应按实际情况绘制
14	对开折叠门	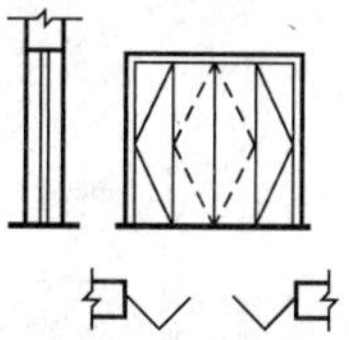	
15	推拉门	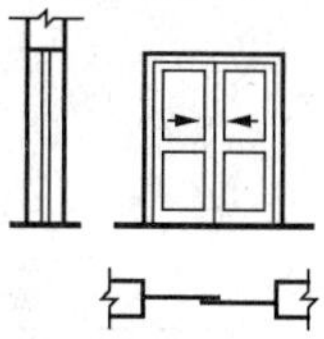	
16	墙外双扇推拉门	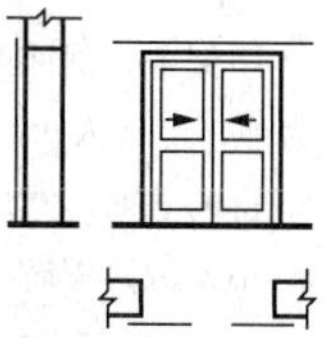	1. 图例中剖面图左为外，右为内，平面图下为外，上为内 2. 立面形式应按实际情况绘制
17	单扇双面弹簧门	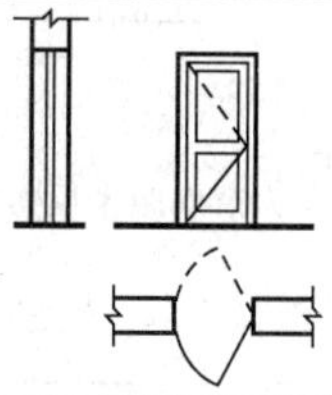	
18	双扇双面弹簧门	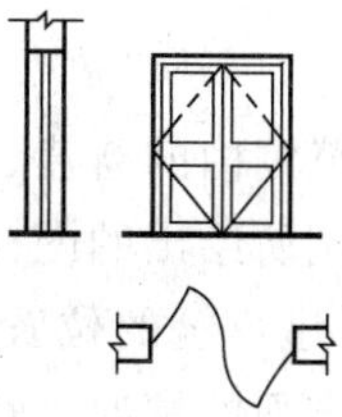	1. 图例中剖面图左为外，右为内，平面图下为外，上为内 2. 立面图上开启方向线交角的一侧为安装铰链的一侧，实线为外开，虚线为内开 3. 平面图上门线应90°或45°开启，开启弧线宜绘出 4. 立面图上的开启方向线在一般设计图中可不表示，在详图及室内设计图上应表示 5. 立面形式应按实际情况绘制

续表

序号	名　称	图　例	备　注
19	单层外开平开窗	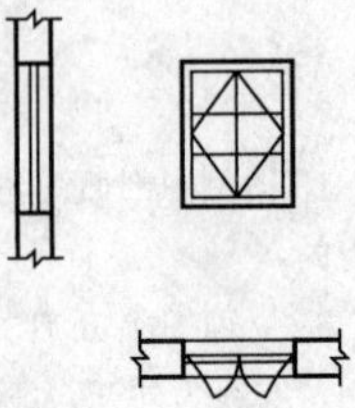	1. 立面图中的斜线表示窗的开启方向，实线为外开，虚线为内开，开启方向线交角的一侧为安装铰链的一侧，一般设计图中可不表示 2. 图例中，剖面图左为外，右为内，平面图下为外，上为内 3. 平面图和剖面图上的虚线仅说明开关方式，在设计图中不需表示 4. 窗的立面形式应按实际绘制 5. 小比例绘图时平、剖面的窗线可用单粗实线表示
20	双层内外开平开门	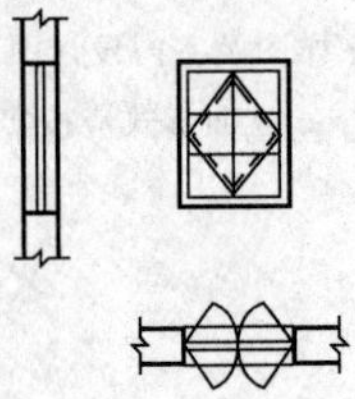	
21	推拉窗	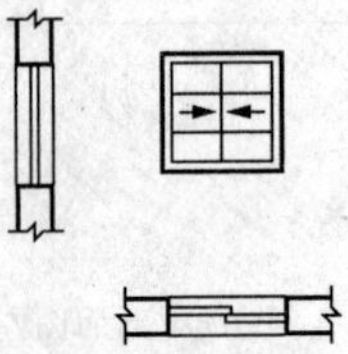	
22	上推拉窗	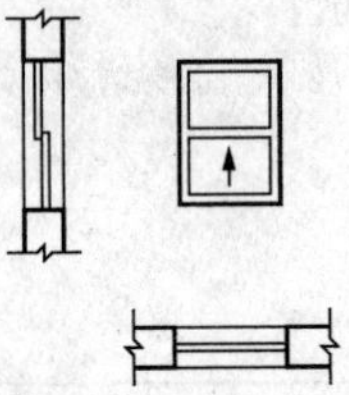	1. 图例中，剖面图所示左为外，右为内，平面图所示下为外，上为内 2. 窗的立面形式应按实际绘制 3. 小比例绘图时平、剖面的窗线可用单粗实线表示
23	高窗	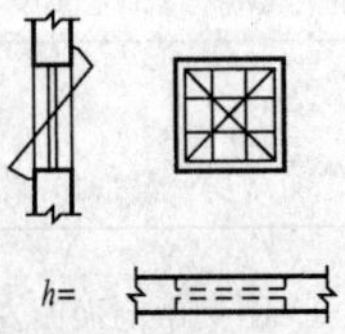 $h=$	h 为窗底距本层楼地面的高度

5.1.4　建筑总平面图及识读

1. 建筑总平面图的形成和用途

（1）总平面图的形成。将新建工程四周一定范围内的新建、原有和拆除的建筑物及周围的地形、地物等状况用水平投影方法和相应的图例所绘出的图样，即为总平面图。

（2）总平面图的用途。总平面图主要表示新建建筑的位置、朝向、与原有建筑物的关系，以及周围道路、绿化、给水、排水、供电等方面的情况，是新建建筑施工定位、土方施工、设备管网平面布置的依据，也是安排施工时进入现场的材料、构造配件堆放场地、预制构件的场地以及运输道路的依据。

2. 建筑总平面图的内容

（1）总平面有图名和比例，因总平面图所反映的范围较大，比例通常为 1：500、1：1000。

（2）场地边界、道路红线、建筑红线等用地界线。

（3）新建建筑物所处的地形，如地形变化较大，应画出相应等高线。

（4）新建建筑的具体位置，在总平面图中应详细地表达出新建建筑的位置。

在总平面图中新建建筑的定位方式有三种：第一种是利用新建建筑物和原有建筑物之间的距离定位，第二种是利用施工坐标确定新建建筑物的位置，第三种是利用新建建筑物与周围道路之间的距离确定位置。当新建筑区域所在地形较为复杂时，为了保证施工放线的准确，常用坐标定位。坐标定位分为测量坐标和建筑坐标两种。

1）测量坐标。在地形图上用细实线画成交叉十字线的坐标网，南北方向的轴线为 X，东西方向的轴线为 Y，这样的坐标为测量坐标。坐标网常采用 100m×100m 或 50m×50m 的方格网。一般建筑物的定位宜注写其三个角的坐标，如建筑物与坐标轴平行，可注写其对角坐标（图 5-1-14）。

2）建筑坐标。建筑坐标就是将建设地区的某一点定为"0"，采用 100m×100m 或 50m×50m 的方格网，沿建筑物主轴方向用细实线画成方格网。垂直方向为 A 轴，水平方向为 B 轴（图 5-1-15）。

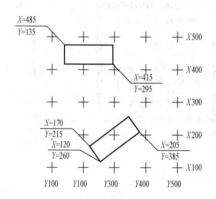

图 5-1-14　测量坐标定位示意图

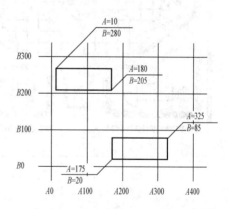

图 5-1-15　建筑坐标定位示意图

（5）注明新建建筑物室内地面绝对标高、层数和室外整平地面的绝对标高。

（6）与新建建筑物相邻有关建筑、拆除建筑的位置或范围。

（7）新建建筑物附近的地形、地物等，如道路、河流、水沟、池塘、土坡等。应注明道路的起点、变坡、转折点、终点以及道路中心线的标高、坡向等。

（8）指北针或风向频率玫瑰图，在总平面图中通常画有带指北针或风向频率玫瑰图表示该地区常年的风向频率和建筑的朝向（图 5-1-16）。风向频率玫瑰图是根据当地多年平均统计的各个方向吹风次数的百分数，按一定比例绘制的，风的吹向是指从外吹向中心。实线表示全年风向频率，虚线表示按 6、7、8 三个月统计的风向频率。

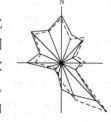

图 5-1-16　风向频率玫瑰图

（9）用地范围内的广场、停车场、道路、绿化用地等。

3. 建筑总平面图的图示方法

总平面图是用正投影的原理绘制的，图形主要是以图例的形式来表示的，总平面图应采用国家现行《建筑制图标准》规定的图例，绘图时应严格执行该图例符号如图中采用的图例不是标准中的图例，应在总平面图适当位置绘制新增加的图例。总平面的坐标、标高、距离以"m"为单位，精确到小数点后两位。

4. 建筑总平面图的识读

以某学校行政楼总平面图为例说明建筑总平面图的识读方法（图5-1-17）。

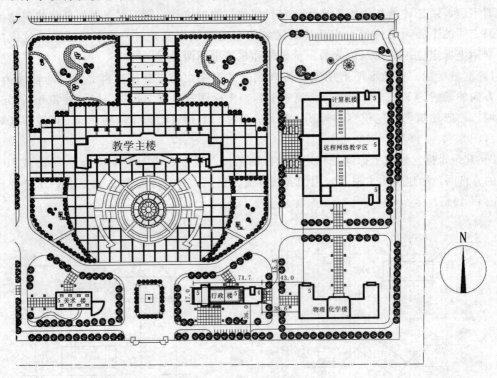

图5-1-17 某学校行政楼总平面图

（1）由于总平面图包括的区域较大，所以绘制时比例较小。该施工图为总平面图，比例1：500。

（2）了解工程性质、用地范围、地形地貌和周围环境情况。总平面图中为了说明新建建筑的用途，在建筑的图例内都标注出名称。当图样比例小或图面无足够位置时，也可编号列表注写在总平面图适当位置。

（3）了解新建建筑层数，在新建建筑物图形右上角标注房屋的层数符号，一般以数字表示，如14表示该房屋为14层；当层数不多时，也可用小圆点数量来表示，如":·"表示为4层。

（4）了解新建建筑朝向和平面形状，新建行政楼平面形状为东西方向长方形，建筑总长度为71.7m，宽度西侧为17.0m，东侧为15.5m，层数西侧为5层，东侧为4层。

（5）新建行政楼的用地范围和原有建筑的位置关系，新建行政楼位于教学主楼东南角，学校行政楼周围已建好的建筑西侧有一栋美术楼，北侧有一栋教学主楼，东侧有一栋物理化学楼，东北侧是远程网络教学区。

（6）了解新建建筑的位置，新建建筑采用与其相邻的原有建筑物的相对位置尺寸定位，该行政楼东墙距离物理化学楼左侧距离为 38.6m，南墙距离南侧路边为 36.0m。

（7）了解新建房屋四周的道路、绿化。由于总平面图的比例较小，各种有关物体均不能按照投影关系如实反映出来，只能用图例的形式进行绘制。在行政楼周围有绿化用地、硬化用地、园路及道路（图 5-1-16）。

（8）总平面图中的指北针，明确建筑物的朝向，有时还要画上风向频率玫瑰图来表示该地区的常年风向频率。

5.1.5 建筑平面图及识读

1. 建筑平面图的形成和用途

（1）建筑平面图的形成。建筑平面图的形成是用一个假想的水平的剖切平面，沿着门窗洞口部位（窗台以上，过梁以下的空间）将房屋全部切开，移去上半部分后，把剖切平面以下的形体投影到水平面上，所得的水平剖面图，即为建筑平面图（简称平面图）。

（2）建筑平面图的用途。建筑平面图主要表示建筑的平面形状、内部平面功能布局及朝向。在施工中，是施工放线、墙体砌筑、构件安装、室内装饰及编制预算的主要依据。

2. 建筑平面图的内容

（1）表示平面功能的组织、房间布局。

（2）表示所有轴线及其编号，墙、柱、墩的位置、尺寸。

（3）表示出所有房间的名称及其门窗的位置、洞口宽度与编号。

（4）表示室内外的有关尺寸及室内楼地面的标高。

（5）表示电梯、楼梯的位置、楼梯上下行方向及踏步和休息平台的尺寸。

（6）表示阳台、雨篷、台阶、斜坡、烟道、通风道、管井、消防梯、雨水管、散水、排水沟、花池等位置及尺寸。

（7）反映室内设备，如卫生器具、水池、设备的位置及形状。

（8）表示地下室、地坑、地沟、墙上预留洞位置尺寸。

（9）在一层平面图上绘出剖面图的剖切符号及编号，标注有关部位的详细索引符号。

（10）左下方或右下方画出指北针。

（11）综合反映其他工种如水、暖、电、煤气等的要求：水池、地沟、配电箱、消火栓、墙或楼板上的预留洞位置和尺寸。

（12）屋顶平面一般应表示出的女儿墙、檐沟、屋面坡度、分水线与雨水口、变形缝、楼梯间、水箱间、天窗、上人孔、消防梯及其他构筑物等。

3. 建筑平面图的识读

一般来说，建筑有几层，就应画出几个平面图，并在图的下方注明该图的图名，如一层平面图、二层平面图、三层平面图……顶层平面图和屋顶平面图。但在实际建筑设计中，多层建筑往往存在许多平面布局相同的楼层，可用一个平面图来表达这些楼层的平面图，称为"标准层平面图"。

以某住宅楼一层平面图为例说明建筑平面图的读图方法（图 5-1-18）。

（1）了解平面图的图名、比例，建筑平面图的比例有 1∶50、1∶100、1∶200。该图为一层平面图，比例 1∶50。

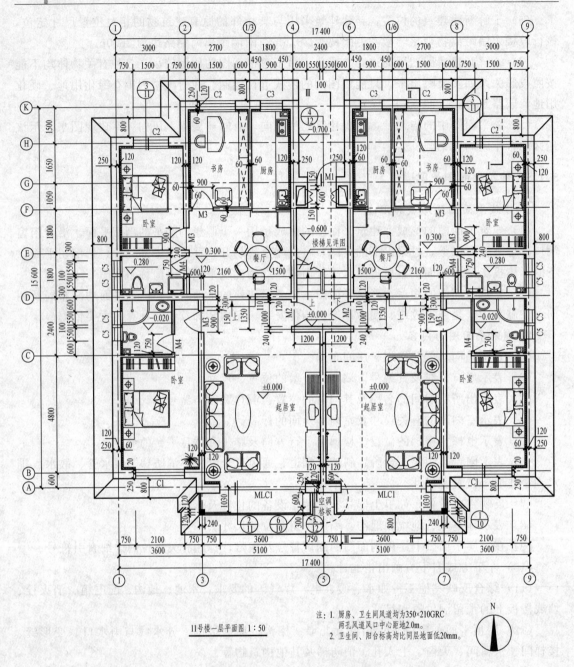

11号楼一层平面图 1:50

注: 1. 厨房、卫生间风道均为350×210GRC
　　　两孔风道风口中心距地2.0m。
　　　2. 卫生间、阳台标高均比同层地面低20mm。

图 5-1-18　某住宅一层平面图

（2）了解建筑的朝向，该住宅楼的朝向是坐南朝北的方向。

（3）了解建筑的结构形式，该建筑为砖混结构。

（4）了解建筑的平面功能布置及各组成构件的位置（墙、柱、梁等），该住宅楼横向定位轴线有9根，纵向定位轴线9根。为一梯两户，每户有两个卧室、一个书房、一个客厅、一个餐厅、一个厨房、两个卫生间，并反映出各房间的朝向及主次卫生间内卫生洁具、设备布置情况。两个大卧室的外窗为飘窗。

（5）了解建筑平面图的尺寸，通过这些尺寸了解新建建筑物的建筑面积、使用面积等。在建筑平面图中，尺寸标注比较多，一般分为外部尺寸和内部尺寸，主要反映建筑物中房间的开间、进深的大小、门窗的平面位置及墙厚、柱的断面尺寸等。

1）外部尺寸。为便于查阅图纸和指导施工，外部尺寸一般在图形的四周注写三道尺寸：第一道尺寸，表示外轮廓的总尺寸，即指从一端外墙边到另一端外墙边的总长和总宽尺寸；第二道尺寸，表示轴线间的距离，称为轴线尺寸，即房间的开间与进深尺寸；第三道尺寸，表示各细部的位置及大小，如外墙门窗的宽度及与平面定位轴线的关系。在底层平面图中，台阶（或坡道）和散水等细部的尺寸，单独标注。

2）内部尺寸。内部尺寸用来标注内部门窗洞口的宽度及位置、墙身厚度、固定设备大小和位置等。

（6）了解建筑中各建筑物各组成部分标高。在平面图中，对于建筑物各组成部分，如地面、楼面、楼梯平台、室外台阶、散水等处，应分别注明标高，如有坡度时，应注明坡度方向和坡度。

（7）了解门窗的位置及编号。在建筑平面图中门采用代号 M 表示，窗采用代号 C 表示。如图中 C-1、C-2、M-1、M-2 等。

（8）了解建筑剖面图的剖切位置，在一层平面图中适当的位置画建筑剖面图的剖切位置和编号，以便明确剖面图的剖切位置、剖切方向，如⑦轴线右侧的 I—I 剖切符号。细部做法如另有详图或采用标准图集的做法，在平面图中标注索引符号，注明该部位所采用的标准图集的代号、页码和图号，如图中散水处的索引符号 $\frac{3}{11}$ 。

（9）了解各专业设备的布置情况，如卫生间的大便器、洗面盆位置等。

（10）标准层和顶层平面图的识读。其形成与底层平面图的形成相同。在标准层平面图上，已在底层平面图上表示过的内容不再表示，如标准层平面图上不再画散水、坡道等，顶层平面图上不再画标准层平面图上表示过的雨篷等。识读标准层平面图时，应与一层平面图进行对照，了解如结构形式变化、平面布置的变化、墙体厚度的变化、楼面标高的变化、楼梯图例的变化等情况。参见某住宅楼标准层平面图（图 5-1-19）和顶层平面图（图 5-1-20）。从标准层平面图和顶层平面图可知，该住宅楼各层布置与一层相同。从楼面标高可知，建筑层高 2.9m。

4. 屋顶平面图的识读

屋顶平面图根据屋顶的檐口形式、排水方式不同，有檐沟外排水屋顶平面图［图 5-1-21（a）］、女儿墙内檐沟外排水屋顶平面图［图 5-1-21（b）］。屋顶平面图随屋顶平面外轮廓及排水坡度等不同而有所变化。

屋顶平面图要反映屋面上雨水口、水箱、上人孔、通风道、女儿墙、变形缝等的位置以及采用标准图集的代号；屋面排水分区、排水方向、坡度、雨水口的位置、尺寸等内容。屋顶平面图是水平正投影图，投影图中外边线用中粗线，其余用细实线表示。

由于在屋顶平面图中反映的内容较少，通常绘图的比例较小，为 1∶100 或 1∶200。因此在屋顶平面图上，各种构件只用图例画出，用索引符号表示出详图的位置，用尺寸具体表示构件在屋顶上的位置，如檐口造型做法详见 98J5-37-2（图 5-1-22）。该屋顶为坡屋顶，比例 1∶50。

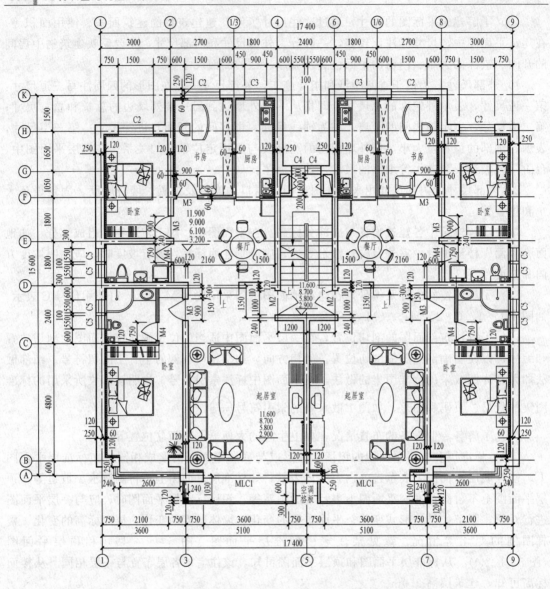

11号楼标准层平面图 1:50

注：1. 厨房、卫生间风道均为350×210GRC
两孔风道风口中心距地2.0m。
2. 卫生间、阳台标高均比同层地面低20mm。

图5-1-19 某住宅标准层平面图

5.1.6 建筑立面图及识读

1. 建筑立面图的形成和用途

（1）建筑立面图的形成。建筑立面图是在与建筑物立面平行的投影面上所作的正投影图，简称立面图。

（2）建筑立面图的用途。立面图主要用于反映建筑物的体形和立面造型，表示立面各部分构配件的形状及相互关系，反映建筑物的立面装饰及材料等。

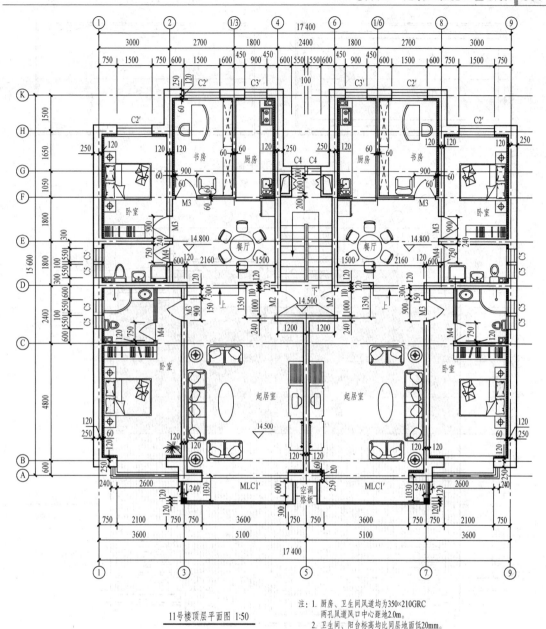

11号楼顶层平面图 1:50

注：1. 厨房、卫生间风道均为350×210GRC
　　　两孔风道风口中心距地2.0m。
　　2. 卫生间、阳台标高均比同层地面低20mm。

图 5-1-20 某住宅顶层平面图

2. 建筑立面图的内容

为便于平面图识读，每一个立面图都应标注立面图的名称。立面图名称的标注方法为：对于有定位轴线的建筑物，宜根据两端的定位轴线号注写立面图名称，如①～⑨轴立面图；对于无定位轴线的建筑可按平面图各面的朝向确定名称，如南立面图。

对于平面形状曲折、变化较多的建筑物，可绘制展开立面图。圆形或多边形平面的建筑物，可分段展开绘制立面图，但必须在图名后加注"展开"的字样。

建筑立面图的数量是根据建筑各立面的造型和墙面的装修要求决定的。当房屋各立面造型不同、墙面装修不同时，就需要画出所有立面图。

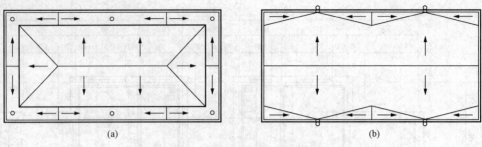

图 5 - 1 - 21 屋顶平面的类型

（a）檐沟外排水；（b）女儿墙内檐沟外排水

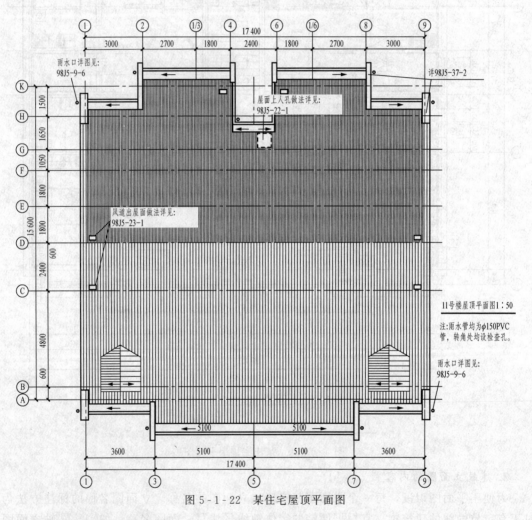

图 5 - 1 - 22 某住宅屋顶平面图

（1）反映立面造型的形式。

（2）表示轴线编号以及尺寸。

（3）表示出外立面门窗洞口的位置及窗台、过梁标高。

（4）注出室内外地面、檐口、女儿墙、屋顶等标高。

（5）表示雨篷、台阶等处标高。

（6）表示阳台、雨水管、散水、勒脚、排水沟、花池等构件的投影。

（7）表示外墙面各部分装饰分格线及详图索引。

3. 建筑立面图的识读

以某住宅楼的⑨～①立面图（图5-1-23）为例说明立面图的内容和识读方法。

（1）了解立面造型的形式、立面装饰饰面材料的规格和颜色等。

（2）了解图名、比例。该图为⑨～①轴北立面图，比例1：100。

（3）了解建筑立面的外形、门窗、檐口、阳台、台阶等形状及位置。在立面图上，相同的门窗、阳台、外檐装修、构造做法等。

（4）了解立面图中的标高尺寸。立面图中应标注室内外地坪、檐口、屋脊、女儿墙、雨篷、门窗、台阶等处的标高。

（5）了解建筑外墙表面装修的做法和分格线各部位材料及颜色等。

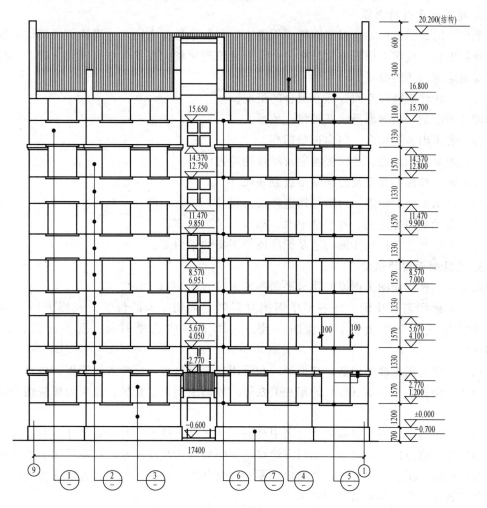

⑨～①立面图1：100

注：① 土黄色外墙涂料　⑤ 白色外墙涂料
② 砖红色外墙涂料　⑥ 20宽黑色凹线间距
③ 灰色外墙涂料　⑦ 剁斧石勒脚(98J6-5-1)
④ 红色瓦屋面

图 5-1-23　⑨～①立面图

5.1.7 建筑剖面图及识读

1. 建筑剖面图的形成和用途

（1）建筑剖面图的形成。假想用一个平行于投影面的剖切平面，将房屋剖开，移去观察者与剖切平面之间的部分，绘出剩余部分的房屋的正投影，所得图样称为建筑剖面图，简称剖面图。

（2）建筑剖面图的用途。建筑剖面图主要表示建筑的结构形式、分层情况、各层高度、地面和楼面以及各构件在垂直方向上的相互关系等内容。在施工中，可作为进行分层、砌筑墙体、浇筑楼板、屋面板和梁的依据，是与平、立面图相互配合的不可缺少的重要图纸。

2. 建筑剖面图的内容

剖面图的剖切部位，应根据图样的用途或空间复杂程度来确定。当建筑规模较小或室内空间较简单时，建筑剖面图通常只有一个。当建筑规模较大或室内空间较复杂时，要根据实际需要确定剖面图的数量。

（1）反映建筑竖向空间分隔及组合的情况。

（2）表示剖切位置墙身线及轴线、编号。

（3）表示出各层窗台、门窗过梁标高。

（4）表示室内地面、各层楼地层及屋顶构造做法。

（5）表示楼梯的位置及楼梯踏步级数和尺寸。

（6）表示阳台、雨篷、台阶等构造做法及尺寸。

（7）表示室内外地面、各层楼地面、檐口、屋顶标高。

（8）表示有关部位的详细构造及标准通用图集的索引等。

3. 建筑剖面图的识读

以某住宅楼剖面图为例说明建筑平面图的识读（图 5-1-24）。

（1）了解图名、比例，与各层平面图对照确定剖切平面的位置及投影方向。剖面图的绘图比例通常与平面图、立面图一致。该图为某住宅楼的Ⅲ—Ⅲ剖面图，比例为 1:100。

（2）了解房屋内部的构造、结构型式和所用建筑材料等，反映各层梁板、楼梯、屋面的结构形式、位置及其与墙（柱）的相互关系等。如图中梁板、楼梯、屋面为现浇钢筋混凝土结构。

（3）了解房屋各部位竖向尺寸，图中竖向尺寸包括高度尺寸和标高尺寸，高度尺寸应标出房屋墙身垂直方向分段尺寸，如门窗洞口、窗间墙等的高度尺寸，标高尺寸了解室内外地面、各层楼面、阳台、楼梯平台、檐口、屋脊、女儿墙、雨篷、门窗、台阶等处的标高。该建筑的层数为六层，屋顶形式为坡屋顶。

（4）了解楼地面、屋面的构造，在剖面图中表示楼地面、屋面的构造时，通常用多层引出线，按其构造顺序加文字说明来表示。有时将这一内容放在墙身剖面详图中表示。如剖面图没有表明地面、楼面、屋顶的做法，这些内容可在墙身剖面详图中表示。

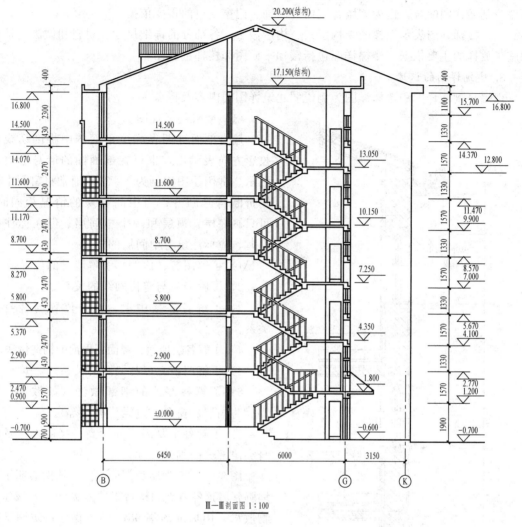

Ⅲ—Ⅲ剖面图 1:100

图 5-1-24 建筑剖面图

5.1.8 建筑详图及识读

1. 建筑详图的用途

由于建筑平、立、剖面图一般采用较小比例绘制，许多细部构造、材料和做法等内容很难表达清楚。为了能够指导施工，常把这些局部构造用较大比例绘制详细的图样，这种图样称为建筑详图（也称为大样图或节点图）。常用比例 1:2、1:5、1:10、1:20、1:50。

2. 建筑详图的内容

建筑详图也可以是平、立、剖面图中局部的放大图。对于某些建筑构造或构件的通用做法，可直接引用国家或地方制定的标准图集（册）或通用图集（册）中的大样图，不必另画详图。常见建筑详图包括墙身剖面图和楼梯、阳台、雨篷、台阶、门窗、卫生间、厨房、内外装饰等详图。

（1）墙身剖面详图主要用以详细表达地面、楼面、屋面和檐口等处的构造，楼板与墙体的连接形式，以及门窗洞口、窗台、勒脚、防潮层、散水和雨水口等细部构造做法。平面图与墙身剖面详图配合，作为砌墙、室内外装饰、门窗立口的重要依据。

（2）楼梯详图表示楼梯的结构型式、构造做法、各部分的详细尺寸、材料和做法，是楼梯施工放样的主要依据。楼梯详图包括楼梯平面图和楼梯剖面图。

3．建筑详图的识读

以墙身剖面详图和楼梯详图为例说明建筑详图的内容及特点。

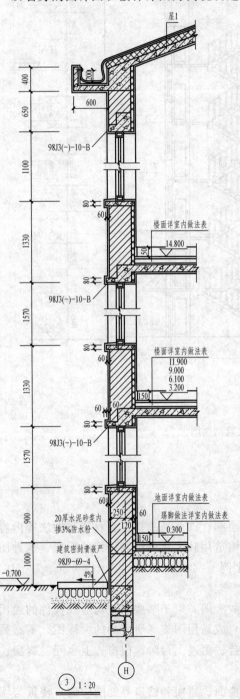

图 5-1-25　墙身剖面详图

（1）墙身剖面详图。

墙身剖面详图在底层平面图中将剖切线和投影方向表示出，也可在剖面图的墙身上放大图示。常用绘图比例为 1：20。通常将窗洞中部用折断符号断开；当中间各层的情况相同时，可只画底层、顶层和一个中间层；但在标注标高时，应标注出各中间层的标高。

1）了解图名、比例，了解墙身的位置。

2）了解墙身与定位轴线的关系。

3）了解各层楼中梁、板的位置与墙身的关系。

4）了解各层地面、楼面、屋面的构造做法。

5）了解门窗立口与墙身的关系。

6）了解各部位的细部做法（如散水、勒脚、防潮层、窗台、过梁、檐口等）。

7）了解各主要部位的标高、高度尺寸及墙身突出部分的细部尺寸。

图 5-1-25 为墙身剖面详图，该图表明了从墙脚到屋顶各节点的构造形式及做法，如该建筑物散水采用标准图集 98J9-69-4 做法；防潮层做法为 20mm 厚防水砂浆；采用现浇钢筋混凝土板楼板，楼地面、踢脚做法由索引表示另见内装修表；窗洞口上部设置钢筋混凝土"L"形过梁与楼板现浇为整体，做法 98J3（一）-10-B 等。

（2）楼梯详图。

1）楼梯平面图识读。由图 5-1-26 的楼梯底层平面图可知，该楼梯的形式为双跑双分式，从底层通向二层的第一梯段为 11 级踏步，其水平投影应为 10 个踏步宽，投影长度为 10×260＝2600mm；第二梯段为 7 级踏步，剖面图剖切位置、符号和剖视方向。

楼梯间的开间、进深尺寸为 2600mm 和 6000mm，梯段宽为 1150mm，两梯段之间的距离（即楼梯井）为 60mm 等。

楼梯顶层平面图楼段表示完整的楼梯及栏杆的投影，图中还表明了顶层护栏的位置。

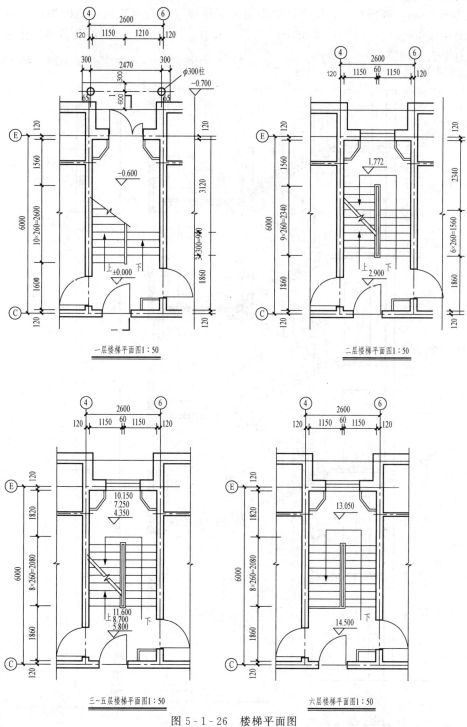

一层楼梯平面图1∶50

二层楼梯平面图1∶50

三～五层楼梯平面图1∶50

六层楼梯平面图1∶50

图 5-1-26　楼梯平面图

2）楼梯剖面图识读。用一个假想的剖切平面图，沿各层一个梯段和楼梯间的门窗洞口剖开，向另一个未剖切的梯段方向投影，所得到的剖面图称为楼梯剖面图（图 5-1-27）。楼梯剖面图的剖切符号应标在底层平面图上。由图可知：①该建筑的层数为六层，共有 10

个梯段，二层以上每个梯段均为9级；②每个踏步的尺寸宽为260mm，高为161.1mm，扶手高度为900mm，楼梯栏杆、扶手、踏步面层等楼梯节点构造采用标准图集；③剖面图中注明标高±0.000m、1.772m、4.350m、7.250m、10.150m、13.050m为各楼层休息平台和中间休息平台的标高。

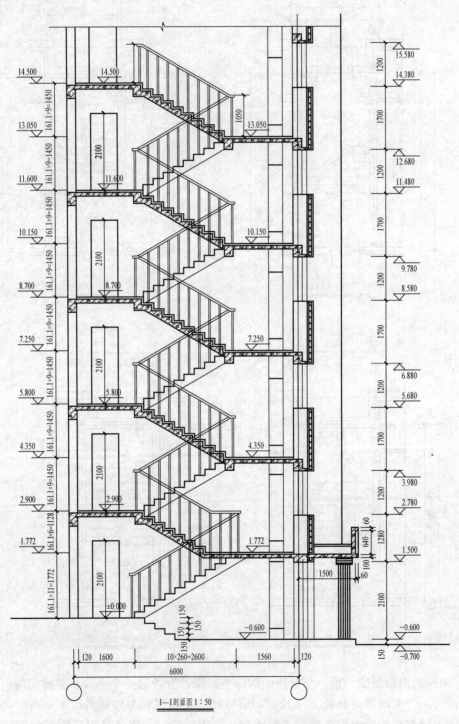

1—1剖面图1:50

图 5-1-27 楼梯剖面图

理 论 知 识 训 练

1. 建筑施工图的作用是什么？
2. 说明索引号与详图符号的绘制要求。
3. 建筑工程设计一般分成几个阶段？建筑工程施工图通常有哪些专业的图纸组成？
4. 何为绝对标高？何为相对标高？
5. 用文字描绘指北针的正确画法。
6. 建筑总平面图作用是什么？
7. 建筑总平面图包括哪些内容？
8. 建筑平面、立面、剖面图是怎样形成的？其主要内容有哪些？
9. 墙身节点详图表达的内容有哪些？
10. 楼梯详图的主要内容是什么？

实 践 课 题 训 练

题目：建筑施工图识读
（1）实训目的：通过实际建筑施工图的识读，了解建筑施工图中总平面图、平面图、立面图、剖面图和详图的内容及绘制要求。
（2）实训条件：选定砖混结构或框架结构建筑的施工图案例。
（3）实训内容及深度：
1）识读建筑工程图。
2）识读建筑总平面图中的内容。
3）识读建筑各层平面图中的应反映内容。
4）识读建筑立面图中的应反映内容。
5）识读建筑剖面图中的应反映内容。
6）识读建筑各详图中的应反映内容。

课 题 小 结

一般建筑工程设计按两个阶段进行，即初步设计阶段和施工图设计阶段。施工图设计的内容包括：确定全部工程尺寸和用料，绘制建筑、结构、给水、排水、采暖、空调、电气、通风、设备等全部施工图纸，编制工程说明书、结构计算书和预算书、节能计算书、防火专篇等。

建筑工程施工图由于专业分工的不同分为：建筑施工图、结构施工图、设备施工图。设备施工图又分为：给水排水施工图、采暖通风施工图、电气施工图。

建筑工程施工图应按专业顺序编排，一般为：图纸目录、建筑施工图、结构施工图、设备施工图等。

为了使建筑施工图的格式统一，便于绘制和查阅，常用的符号、图例在建筑制图标准中有明确的规定，绘制施工图时必须严格执行。

建筑施工图中常用符号有：索引符号与详图符号、标高符号、引出线、对称符号、连接符号和指北针等。

建筑施工图是建筑设计总说明、总平面图、建筑平面图、立面图、剖面图和详图等的总称。它主要表明拟建工程的平面布置，以及各部位的大小、尺寸、内外装饰情况和构造做法等。

将新建工程四周一定范围内的新建、原有和拆除的建筑物及周围的地形、地物状况用水平投影方法和相应的图例所画出的图样，即为总平面图。

总平面图主要表示新建建筑的位置、朝向、与原有建筑物的关系，以及周围道路、绿化和给水、排水、供电、条件等方面的情况，作为新建房屋施工定位、土方施工、设备管网平面布置的依据，也是安排施工时进入现场的材料和构造配件堆放场地、构件预制的场地以及运输道路的依据。

建筑平面图主要表示建筑物的平面形状、内部平面功能布局及朝向。在施工中，是放线、砌墙、构件安装、室内装饰及编制预算的主要依据。

建筑立面图主要用于反映建筑物的体形和外貌，表示立面各部分配件的形状及相互关系，反映建筑物的立面装饰要求及立面造型等。

建筑剖面图主要表示建筑物的内部结构、分层情况、各层高度、地面和楼面的构造以及各配件在垂直方向上的相互关系等内容。在施工中，作为分层、砌筑内墙、铺设楼板、屋面板和梁施工的依据，是与平、立面图相互配合的不可缺少的重要图纸。

建筑详图可以是平、立、剖面图中局部的放大图。对于某些建筑构造或构件的通用做法，可直接引用国家或地方制定的标准图集（册）或通用图集（册）中的大样图，不必另画详图。

常见建筑详图包括墙身剖面图和楼梯、阳台、雨篷、台阶、门窗、内外装修等详图。

课题 2 结构施工图识读

结构施工图是依据建筑设计的要求和结构工程设计的国家现行规范，通过力学计算确定构件形状、尺寸、材料、做法，将结构选型、构件布置和配筋等内容表达出来的图样，简称"结施"。

5.2.1 结构施工图的分类和内容

结构施工图不仅是施工放线、开挖基坑、工程主体施工的最重要的技术依据，而且是工程招、投标、监理、编制预决算和施工组织计划的重要依据，同时还是工程竣工后装修、改建、拆迁等重要的技术资料。

1. 结构施工图的分类

（1）结构施工图按内容分为结构设计说明、结构平面图和构件详图。

1）结构设计说明。结构设计说明包括工程的设计依据、工程概况、建筑材料、选用的标准构件图集，以及一些构造要求和施工中的注意事项等，是对结构平面布置图和构件详图中表达不清楚的地方和本工程通用的建筑材料及施工要点所作的进一步的文字说明。

2）结构平面布置图。结构平面布置图主要表示建筑结构中各承重构件的总体平面布置，一般包括基础平面布置图、楼层结构平面布置图、屋顶结构平面布置图。

3）构件详图。构件详图是为了把一些重要构件的结构情况表达清楚，采用较大比例来绘制的图样。主要表示单个构件形状、尺寸、材料、配筋、构造。常见的构件详图有：梁、板、柱及基础详图，楼梯详图，其他详图（如天窗、雨篷、过梁等详图）。

（2）结构施工图按结构所使用的材料可分为：钢筋混凝土结构图、钢结构图、木结构图、砖石结构图等。

2. 结构施工图的内容

结构施工图的内容必须符合现行《建筑工程设计文件编制深度规定》中的有关要求。

（1）图纸目录。图纸目录是结构施工图按一定顺序排序的要目，通常情况下一栋建筑物的设计图纸各专业合编一个图纸目录，根据图纸目录可直接查找到所要求的图纸内容。

（2）结构设计说明。

（3）结构设计图纸。

1）结构平面图：

①基础平面图，采用桩基时还应有桩基平面布置图；

②楼层结构平面布置图；

③屋面结构平面布置图。

2）构件详图：

①梁、板、柱以及基础结构详图；

②楼梯结构详图；

③其他详图（地梁、过梁详图等）。

5.2.2　结构施工图图示规定

绘制结构施工图，应遵守现行《房屋建筑制图统一标准》和《建筑结构制图标准》的规定。每个图样应根据复杂程度与比例大小，先选定基本线宽 b，再选用相应的线宽组，在同一张图纸中，相同比例的各图样应选用相同的线宽组。宜从下列线宽系列中选取：2.0mm、1.4mm、1.0mm、0.7mm、0.5mm、0.35mm。

1. 结构施工图制图的图线和比例

（1）图线：结构施工图中各种图线用法见表 5-2-1。

表 5-2-1　　　　　　　　　　结构施工图的图线

名　称		线　形	线宽	一　般　用　途
实线	粗	——————	b	螺栓、主钢筋线、结构平面图中的单线结构构件线、钢木支撑及系杆线、图名下划线、剖切线
	中	——————	$0.5b$	结构平面图及详图中剖到可见的墙身轮廓线、基础轮廓线、钢、木结构轮廓线、箍筋线、板钢筋线
	细	——————	$0.25b$	可见的钢筋混凝土构件的轮廓线、尺寸线、标注引出线、标高符号、索引符号

续表

名 称		线 形	线宽	一 般 用 途
虚线	粗	- - - - - - - - - -	b	不可见的钢筋、螺栓线、结构平面中不可见的单线结构构件线及钢、木支撑线
	中	- - - - - - - - -	$0.5b$	结构平面中的不可见构件、墙身轮廓线及钢、木结构轮廓线
	细	- - - - - - - - - - -	$0.25b$	结构平面中的管沟轮廓线、不可见的钢筋混凝土构件轮廓线
单点长画线	粗	— · — · — · —	b	柱间支撑、垂直支撑、设备基础轴线图中的中心线
	细	— · — · — · —	$0.25b$	定位轴线、对称线、中心线
双点长画线	粗	— ·· — ·· — ··	b	预应力钢筋线
	细	— ·· — ·· — ··	$0.25b$	原有结构轮廓线
折断线		——／＼——	$0.25b$	断开界线
波浪线		～～～～	$0.25b$	断开界线

（2）比例：绘图时根据图样的用途和构造的复杂程度，选用适当比例绘制，常用比例见表 5-2-2。当构件的纵、横向断面尺寸相差悬殊时，在同一详图中的纵、横向可选用不同的比例绘制。

表 5-2-2　　　　　　　　　　　　绘 图 比 例

图 名	常 用 比 例	可 用 比 例
结构平面图	1：50、1：100	1：60
基础平面图	1：150、1：200	
圈梁平面图、总图中管沟、地下设施等	1：200、1：500	1：300
详 图	1：10、1：20	1：5、1：25、1：40

2. 结构施工图中常用构件代号

在结构施工图中，构件的种类繁多，为了图示清晰、便于识别，构件的名称应用代号来表示，这种代号一般采用汉语拼音，代号后应用阿拉伯数字标注该构件的型号或编号，也可为构件的顺序号。构件的顺序号采用不带角标的阿拉伯数字连续编排。为了便于工程的设计与施工，国家现行《建筑结构制图标准》对常用的构件代号作了详细的规定，常用构件代号见表 5-2-3。

表 5-2-3　　　　　　　　　　　常 用 构 件 代 号

序 号	名 称	代 号	序 号	名 称	代 号
1	板	B	6	密肋板	MB
2	屋面板	WB	7	楼梯板	TB
3	空心板	KB	8	盖板或沟盖板	GB
4	槽形板	CB	9	挡雨板或檐口板	YB
5	折板	ZB	10	吊车安全走道板	DB

序 号	名　称	代 号	序 号	名　称	代 号
11	墙板	QB	33	支架	ZJ
12	天沟板	TGB	34	柱	Z
13	梁	L	35	框架柱	KZ
14	屋面梁	WL	36	构造柱	GZ
15	吊车梁	DL	37	承台	CT
16	单轨吊车梁	DDL	38	设备基础	SJ
17	轨道连接梁	DGL	39	桩	ZH
18	车挡	CD	40	挡土墙	DQ
19	圈梁	QL	41	地沟	DG
20	过梁	GL	42	柱间支撑	ZC
21	连系梁	LL	43	垂直支撑	CC
22	基础梁	JL	44	水平支撑	SC
23	楼梯梁	TL	45	梯	T
24	框架梁	KL	46	雨篷	YP
25	框支梁	KZL	47	阳台	YT
26	屋面框架梁	WKL	48	梁垫	LD
27	檩条	LT	49	预埋件	M
28	屋架	WJ	50	天窗端壁	TD
29	托架	TJ	51	钢筋网	W
30	天窗架	CJ	52	钢筋骨架	G
31	框架	KJ	53	基础	J
32	刚架	GJ	54	暗柱	AZ

注：1. 一般结构构件，可直接采用上表中的代号，如设计中另有特殊要求，可另加代码符号，但应在图中说明。

2. 预应力构件可在上述代号前加"Y"，如 YKB 表示预应力空心板。

3. 在构件代号后若另加数字可表示有区别的同类构件，如 KL-1、KL-2 表示框架梁1和框架梁2有不同之处。

3. 结构施工图中的定位轴线和尺寸标注

（1）定位轴线。结构施工图中的定位轴线及编号应与建筑施工图一致。

（2）尺寸标注。结构施工图中的尺寸标注应是结构构件的结构尺寸（即实际尺寸），不含结构表面装修层厚度。

4. 结构施工图中常用材料种类及表示方法

（1）混凝土。混凝土按其立方体的抗压强度标准值的高低分为14个强度等级，等级越高其抗压强度也越高。混凝土的强度等级及强度设计值见表5-2-4。

表 5 - 2 - 4　　　　　　　　混凝土强度设计值　　　　　（单位：N/mm²）

强度种类	混凝土强度等级													
	C15	C20	C25	C30	C35	C40	C45	C50	C55	C60	C65	C70	C75	C80
f_c	7.2	9.6	11.9	14.3	16.7	19.1	21.1	23.1	25.3	27.5	29.7	31.8	33.8	35.9
f_t	0.91	1.10	1.27	1.43	1.57	1.71	1.80	1.89	1.96	2.04	2.09	2.14	2.18	2.22

（2）钢筋

1）钢筋的分类与作用。配置在钢筋混凝土构件中的钢筋，按其在构件中所起的作用不同，分为以下几类（图 5-2-1）：

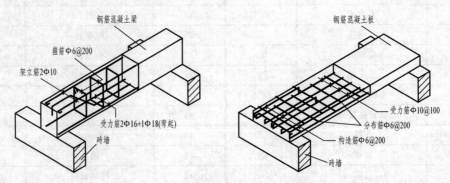

图 5-2-1 钢筋混凝土构件中的钢筋类型

①受力钢筋：承受构件内产生的拉力或压力，主要配置在梁、板、柱等混凝土构件中。

②箍筋：承受构件内产生的部分剪力和扭矩，并固定构件内受力筋的位置，将构件承受的荷载均匀地传给受力筋，主要配置在梁、柱内。

③架立筋：固定箍筋的位置，与受力筋和箍筋一起构成钢筋骨架，一般配置在梁的受压区外缘两侧。

④分布筋：固定受力筋的位置，并与受力筋一起构成钢筋网。有效地将荷载传递到受力筋上，同时可防止由于温度或混凝土收缩等原因引起的混凝土开裂，一般用于板内。

⑤构造筋：满足构件构造上的要求或安装需要。

2）钢筋的种类与符号。在现行《混凝土结构设计规范》中，对钢筋的标注按其产品种类不同分别给予不同的符号，在钢筋混凝土结构中用的最多是热轧钢筋，根据抗拉强度不同分为四级，分别用 φ、Φ、Φ、Φ 符号表示，但等级相同，种类不同需说明，如Ⅰ级，须注明HPB235 或 HPB300。钢筋宜采用 HRB400 级和 HRB335 级钢筋，也可采用 HPB235 级和HRB500 级钢筋。在结构施工图中钢筋的种类、符号和强度设计值（见表 5-2-5）。

表 5-2-5　　　　　　　　　普通钢筋的种类、符号和强度设计值　　　　　　　（单位：N/mm²）

种　　类		符号	f_y	f_y'
热轧钢筋	HPB235、HPB300	φ	210	210
	HRB335、HRBF335	Φ	300	300
	HRB400、HRBF400	Φ	360	360
	HRB500、HRBF500	Φ	360	360

3）钢筋的图示方法。在结构施工图中，由于钢筋的种类和作用不同，往往形状也不同。钢筋的图例应符合表 5-2-6 的规定。

表 5 - 2 - 6　　　　　　　　　　　钢 筋 图 例

序号	名　称	图　例	说　明
1	钢筋横断面	●	
2	无弯钩的钢筋端部	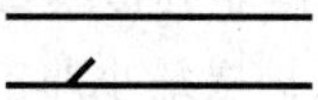	下图表示长短钢筋投影重叠时，短筋的端部用45°斜划线表示
3	带半圆形弯钩的钢筋端部		
4	带直钩的钢筋端部		
5	带丝扣的钢筋端部		
6	无弯钩的钢筋搭接		
7	带半圆弯钩的钢筋搭接		
8	带直钩的钢筋搭接		
9	花篮螺丝的钢筋搭接		
10	机械连接的钢筋搭接		用文字说明机械连接方式（冷挤压或锥螺纹等）
11	单根预应力钢筋端面	+	

钢筋的绘制应符合国家现行《建筑结构制图标准》的规定（表 5 - 2 - 7）。

表 5 - 2 - 7　　　　　　　　　　　钢 筋 的 画 法

序号	说　明	图　例
1	在结构平面图中配置双层钢筋时，底层钢筋的弯钩应向上或向左，顶层钢筋的弯钩应向下或向右	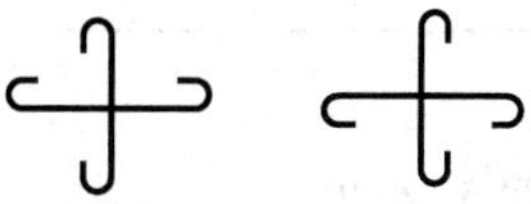
2	钢筋混凝土墙体配置钢筋时，在配筋立面图中，远面钢筋的弯钩应向上或向左，而近面钢筋的弯钩向下或向右	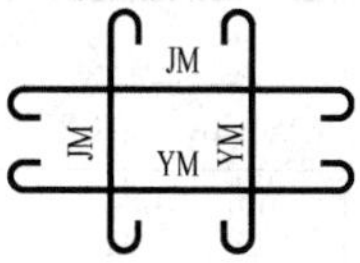
3	在断面图中不能表达清楚的钢筋布置，应在断面图外增加钢筋大样图（如钢筋混凝土墙、楼梯等）	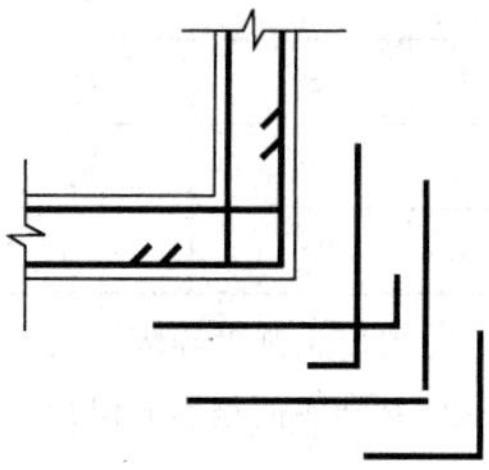
4	图中所表示的箍筋、环筋等若布置复杂时，可加画钢筋大样及说明	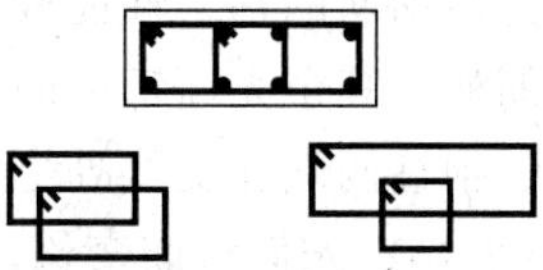
5	每组相同的钢筋、箍筋或环筋，可用一根粗实线表示，同时用一两端带斜短划线的细线横穿，表示其余钢筋及起止范围	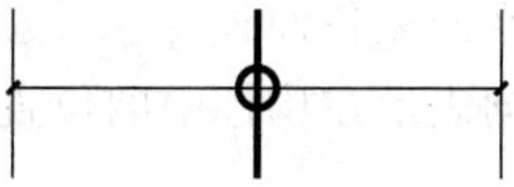

4) 保护层与弯钩。为了保护钢筋在混凝土内部不被侵蚀，保证钢筋与混凝土之间有足够的粘结强度，防止钢筋的锈蚀，钢筋混凝土结构构件必须设置保护层厚度，即受力钢筋的外边缘与构件表面的距离。结构施工图上一般不标保护层的厚度，保护层厚度影响因素有混凝土环境类别（表5-2-8）、构件类型、混凝土强度等级、结构设计年限等，规范中规定了普通钢筋混凝土结构纵向受力钢筋混凝土保护层最小厚度（表5-2-9）。

表5-2-8 混凝土结构环境类别

环境类别		条件
一		室内干燥环境
		无侵蚀性静水浸没环境
二	a	室内潮湿环境
		非严寒和非寒冷地区的露天环境
		非严寒和非寒冷地区与无侵蚀性的水或土壤直接接触的环境
		严寒和寒冷地区冰冻线以下与无侵蚀性的水或土壤直接接触的环境
	b	干湿交替环境
		水位频繁变动环境
		严寒和寒冷地区的露天环境
		严寒和寒冷地区冰冻线以上与无侵蚀性的水或土壤直接接触的环境
三	a	严寒和寒冷地区冬季水位变动区环境；受除冰盐影响环境；海风环境
	b	渍土环境；受除冰盐作用环境；海岸环境
四		海水环境
五		受人为或自然的侵蚀性物质影响的环境

表5-2-9 纵向受力钢筋的混凝土保护层最小厚度 （单位：mm）

环境类别		板、墙、壳			梁			柱		
		≤C20	C25~C45	≥C50	≤C20	C25~C45	≥C50	≤C20	C25~C45	≥C50
一		20	15	15	30	25	25	30	30	30
二	a	—	20	20	—	30	30	—	30	30
	b	—	25	20	—	35	30	—	35	30
三	a	—	30	20	—	40	30	—	40	30
	b	—	40	20	—	50	30	—	50	30

注：1. 混凝土强度等级不大于C25时，表中保护层厚度值应增加5 mm。

2. 基础底面钢筋的保护层厚度，有混凝土垫层时应从垫层顶面算起，且不应小于40mm。

光面钢筋的粘结性能较差，除直径12mm以下的受压钢筋、焊接网或焊接骨架中的光面钢筋外，其余光面钢筋的末端均应设置弯钩；带肋钢筋与混凝土的粘结力强，两端可不做弯钩。钢箍两端在交接处也要做出弯钩。弯钩的常见形式和画法如图5-2-2所示。其中图5-2-2（a）光面钢筋弯钩，分别标注了弯钩的尺寸；图5-2-2（b）箍筋的弯钩长度一般分别在两端各伸长50mm左右，绘图时只表示箍筋的简化画法；图5-2-2（c）用钢筋弯钩的方向表示在构件中的位置。

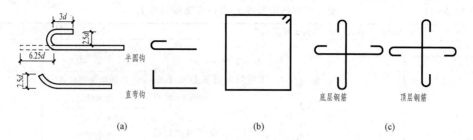

图 5 - 2 - 2　钢筋和箍筋的弯钩

(a) 钢筋的弯钩；(b) 箍筋的弯钩；(c) 顶层（底层）钢筋的画法

5）钢筋锚固值。为了使钢筋和混凝土共同受力，使钢筋不被从混凝土中被把出来，不仅要在钢筋的末端弯钩，还需要把钢筋伸入支座处，其伸入支座的长度除满足设计要求外，还要不小于钢筋的基本锚固长度，在现行规范《混凝土结构施工图平面整体表示方法制图规则和构造详图》（11G101-1）中，对受拉钢筋基本锚固长度做了规定，见表 5 - 2 - 10。对受拉钢筋非震锚固长度 l_a 和抗震锚固长度 l_{aE} 也做了规定，见表 5 - 2 - 11。并且规定 l_a 在任何情况下应不小于 200mm。

表 5 - 2 - 10　　　　钢 筋 基 本 锚 固 长 度

受拉钢筋基本锚固长度 l_{ab}，l_{abE} 值										
钢筋种类	抗震等级	混凝土强度等级								
		C20	C25	C30	C35	C40	C45	C50	C55	≥C60
HPB300	一、二级 l_{abE}	45d	39d	35d	32d	29d	28d	26d	25d	24d
	三级 l_{abE}	41d	36d	32d	29d	26d	25d	24d	23d	22d
	四级 l_{abE} 非抗震 l_{ab}	39d	34d	30d	28d	25d	24d	23d	22d	21d
HRB335 HRBF335	一、二级 l_{abE}	44d	38d	33d	31d	29d	26d	25d	24d	24d
	三级 l_{abE}	40d	35d	31d	28d	26d	24d	23d	22d	22d
	四级 l_{abE} 非抗震 l_{ab}	38d	33d	29d	27d	25d	24d	22d	21d	21d
HRB400 HRBF400 RRB400	一、二级 l_{abE}	—	46d	40d	37d	33d	32d	31d	30d	29d
	三级 l_{abE}	—	42d	37d	34d	30d	29d	28d	27d	26d
	四级 l_{abE} 非抗震 l_{ab}	—	40d	35d	32d	29d	28d	27d	26d	25d
HRB500 HRBF500	一、二级 l_{abE}	—	55d	49d	45d	41d	39d	37d	36d	35d
	三级 l_{abE}	—	50d	45d	41d	38d	36d	34d	33d	32d
	四级 l_{abE} 非抗震 l_{ab}	—	48d	43d	39d	36d	34d	32d	31d	30d

表 5 - 2 - 11 受拉钢筋锚固长度 l_a 和抗震锚固长度 l_{aE}

受拉钢筋锚固长度 l_a 和抗震锚固长度 l_{aE}			受拉钢筋锚固长度修正系数 ζ_a	
非抗震	抗震	1. l_a 不小于 200mm； 2. 锚固长度修正值按右表取，当多于一项时，可按连乘积算，但不应小于 0.6； 3. ζ_{aE} 为抗震锚固长度修正系数，对一、二级抗震等级取 1.15，三级抗震等级取 1.05，对四级抗震等级取 1.00	锚固条件	ζ_a
			带肋钢筋公称直径大于 25	1.1
			环氧树脂涂层带肋钢筋	1.25
$l_a = l_{ab}$	$l_{aE} = \zeta_{aE} \times l_a$		施工过程中易受冻钢筋	1.1
			锚固区保护层厚度	3d	0.8
				5d	0.7

6）搭接长度。钢筋的搭接长度是钢筋计算中的一个重要参数，在现行规范《混凝土结构施工图平面整体表示方法制图规则和构造详图》（11G101—1）中，规定见表 5 - 2 - 12。

表 5 - 2 - 12 纵向受拉钢筋绑扎搭接长度 l_l 和 l_{lE}

纵向受拉钢筋绑扎搭接长度 l_l 和 l_{lE}			注：
抗震		非抗震	1. 当直径不同钢筋搭接时，l_l 和 l_{lE} 按直径较小钢筋计算；
$l_{lE} = \zeta_l l_{aE}$		$l_l = \zeta_l l_a$	2. 任何情况下，不应小于 300mm；
纵向受拉钢筋搭接长度修正系数 ζ_l			3. 式中 ζ_l 为纵向受拉钢筋绑扎搭接长度修正系数，当纵向钢筋搭接接头面积百分率（%）为中间值时，采用内插法
纵向钢筋搭接接头面积百分率（%）	≤20	50	100
ζ_l	1.2	1.4	1.6

7）钢筋的标注。钢筋数量、型号等的标注是构件表达的重要内容。结构施工图中要求钢筋、钢丝束及钢筋网片的标注应按下列规定：①钢筋、钢丝束的说明应给出钢筋的代号、直径、数量、间距、编号及所在位置，其说明应沿钢筋的长度标注或标注在相关钢筋的引出线上［图 5-2-3（a）］；②钢筋网片的编号应标注在对角线上，网片的数量应与网片的编号标注在一起［图5-2-3（b）、(c)］，简单的构件、钢筋种类较少可不编号；③常用于表示梁、柱内的受力筋和架立筋及梁、柱、板内的构造筋，标注钢筋的根数、级别、直径，例如 2 Φ 16 表示 2 根直径为 16mm 的 HRB335 级钢筋；④常用于表示箍筋和板的配筋，标注钢筋的级别、直径、相邻钢筋的中心距，例如 Φ 8@200 表示直径为 8mm 的 HPB235 级钢筋，间距为 200mm。

构件中钢筋的引出线标注如图 5-2-3 所示，其中钢筋编号的圆圈直径用 6mm。引出线应以细实线绘制，宜采用水平方向的直线，或与水平方向成 30°、45°、60°、90°角的直线，或经上述角度再折为水平线的直线。文字说明宜注写在水平线的端部。

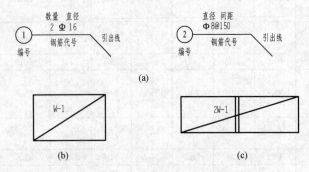

图 5 - 2 - 3 钢筋和钢筋网片的标注

（a）构件中钢筋的引出标注；（b）一片钢筋网平面图；
（c）一行相同的钢筋网平面图

5.2.3　钢筋混凝土梁结构施工图识读

目前结构施工图的图示采用平面整体表示方法。即在梁平面布置图，分别按梁的不同结构层（标准层）将全部梁和与其相关联的墙、柱、板一起采用适当比例绘制，并按规定注明各结构层的顶面标高及相应的结构层号，在梁平面布置图上直接注写梁的截面尺寸和配筋情况。对于轴线未居中的梁，还要标注其偏心定位尺寸（贴柱边的梁可不注）。2011 年修订，执行的 11G101 图集，11G101-1《混凝土结构施工图平面整体表示方法制图规则和构造详图（现浇混凝土框架、剪力墙、梁、板）》替代原 03G101-1 和 04G101-4，11G101-2《混凝土结构施工图平面整体表示方法制图规则和构造详图（现浇混凝土板式楼梯）》替代原 03G101-2，11G101-3《混凝土结构施工图平面整体表示方法制图规则和构造详图（独立基础、条形基础、筏形基础及桩基承台）》替代原 04G101-3、08G101-5 和 06G101-6 图集。

梁平法施工图采用平面注写方式或截面注写方式两种方式表达。

1. 平面注写方式

平面注写方式是在梁平面布置图上，分别在不同编号的梁中各选一根梁，用在其上注写截面尺寸和配筋具体数值的方式来表达梁平法施工图。平面注写包括集中标注与原位标注，集中标注表达梁的通用数值，原位标注表达梁的特殊数值。当集中标注中的某项数值不适用于梁的某部位时，则将该项数值原位标注，施工时，原位标注取值优先（图 5-2-4）。

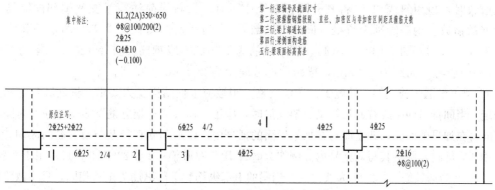

图 5-2-4　梁平面注写方式示例

KL2 四个截面配筋示意图如图 5-2-5 所示。

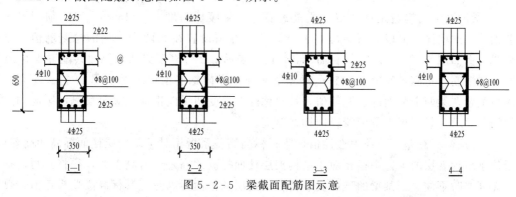

图 5-2-5　梁截面配筋图示意

（1）梁集中标注内容的规定与识读。梁集中标注可以从梁的任意一跨引出，集中标注的内容有五项必注值及一项选注值（梁顶高差），规定如下：

1) 梁编号。由梁类型代号、序号、跨数及有无悬挑代号几项组成。常用的梁类型代号有楼层框架梁 KL、屋面框架梁 WKL、框支梁 KZL、非框架梁 L、连梁 LL、悬挑梁 XL 和井字梁 JZL。悬挑不计跨数，一端有悬挑表示为 XXA，两端有悬挑表示为 XXB。例如图 5-2-5 中 KL2(2A) 表示第 2 号框架梁有 2 跨，一端有悬挑；再如 L8 (6B) 表示第 8 号非框架梁有 6 跨，两端有悬挑。

2) 梁截面尺寸。当梁为等截面时，用 $b \times h$ 表示，例如图 5-2-5 中 KL2（2A）350×650 表示第 2 号框架梁，梁截面宽度为 350mm，梁截面高度为 650mm。当为竖向加腋梁时，用 GYc1×c2，表示，其中 c1 为腋长，c2 为腋高。当为水平加腋梁时，一侧加腋时用 $b \times h$ PYc1×c2 表示，其中 c1 为腋长，c2 为腋宽。当有悬挑梁且根部和端部的高度不同时，用斜线分隔根部与端部的高度值，即为 $b \times h_1/h_2$。

3) 梁箍筋。包括钢筋级别、直径、加密区与非加密区间距及肢数，箍筋加密区与非密区的不同间距及肢数需用斜线 "/" 分隔；当梁箍筋为同一种间距及肢数时，则不需用斜线；当加密区与非加密区的箍筋肢数相同时，则将肢数注写一次；箍筋肢数应写在括号内。加密区范围见相应抗震级别的标准构造详图。例如图 5-2-5 中 KL2 标有 φ 8@100/200(2)，表示箍筋为 HPB235 级钢筋，直径为 8mm，加密区间距为 100mm，非加密区为 200mm，均为两肢箍。再如 φ 8@100(4)/200(2)，表示箍筋为 HPB235 级钢筋，直径 8mm，加密区间距为 100mm 四肢箍，非加密区间距为 200mm 两肢箍。

当抗震结构中的非框架梁、悬挑梁、井字梁及非抗震结构中的各类梁采用不同的箍筋间距及肢数时，也用斜线 "/" 将其分隔开来。注写时，在斜线前注写梁支座端部的箍筋（包括箍筋的箍数、钢筋级别、直径、间距与肢数），在斜线后注写梁跨中部分的箍筋间距及肢数。例如 18 φ 12@150(4)/200(4)，表示箍筋为 HPB235 级钢筋，直径 12mm，梁的两端各有 18 根四肢箍，间距为 150mm，梁跨中部分间距为 200mm 四肢箍。

4) 梁上部通长筋或架立筋配置。所注规格与根数应根据结构受力要求及箍筋肢数等构造要求而定。当同排纵筋中既有通长筋又有架立筋时，应用 "通长筋＋架立筋" 表示。注写时须将角部纵筋写在加号的前面，架立筋写在加号后面的括号内，以示不同直径及与通长筋的区别。当全部采用架立筋时，则将其写入括号内。例如 2 φ 22 用于双肢箍；2 φ 22＋(4 φ 12) 用于六肢箍，其中 2 φ 22 为通长筋，4 φ 12 为架立筋。当梁的上部纵筋和下部纵筋为全跨相同，且多数跨配筋相同时，此项可加注下部纵筋的配筋值，用分号 ";" 将上部与下部纵筋的配筋值分隔开来。例如 3 φ 22；3 φ 20 表示梁的上部配置 3 φ 22 的通长筋，梁的下部配置 3 φ 20 的通长筋。

5) 梁侧面纵向构造钢筋或受扭钢筋配置。当梁腹板高度 $h_w \geqslant 450mm$ 时，须配置纵向构造钢筋，此项注写值以大写字母 G 打头，连续注写设置在梁两个侧面的总配筋值，且对称配置。例如图 5-2-5 中 KL2 标有 G4 φ 10，表示第 2 号框架梁两个侧面共配置 4 φ 10 的纵向构造钢筋，每侧各配置 2 φ 10。梁侧配置受扭纵向钢筋值以大写字母 N 打头注写，连续注写配置在梁两个侧面的总配筋值，且对称配置。受扭纵向钢筋应满足梁侧面纵向构造钢筋的间距要求，且不再重复配置纵向构造钢筋。

6) 梁顶标高高差。该项为选注值，梁顶标高高差系指相对于结构层楼面标高的高差值，对于位于结构夹层的梁，则指相对于结构夹层楼面标高的高差。有高差时，须将其写入括号内，无高差时不注。当某梁的顶面高于所在结构层的楼面标高时，其标高高差为正值，反之为负值。例如：某结构层的楼面标高为 44.950m 和 48.250m，当某梁的梁顶面标高高差注写为 "—0.050" 时，即表明该梁顶面标高分别相对于 44.950m 和 48.250m 低 0.05m。

（2）梁原位标注的内容规定与识读。

1）梁支座上部纵筋。该部位含通长筋在内的所有纵筋。如图 5-2-6 所示，当上部纵筋多于一排时，用斜线"/"将各排纵筋自上而下分开。例如梁支座上部纵筋注写为 6 Φ 25 4/2，则表示上一排纵筋为 4 Φ 25，下一排为 2 Φ 25。当同排纵筋有两种直径时，用加号"＋"将两种直径的纵筋相连，注写时将角部纵筋写在前面。例如梁支座上部有四根纵筋，2 Φ 25 放在角部，2 Φ 22 放在中部，在梁支座上部应注写为 2 Φ 25＋2 Φ 22。当梁中间支座两边的上部纵筋不同时，须在支座两边分别标注；当梁中间支座两边的上部纵筋相同时，可仅在支座的一边标注配筋值，另一边省去不注。

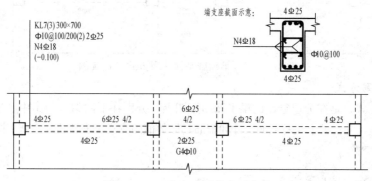

图 5-2-6　大小跨梁的注写方式

2）梁下部纵筋。当下部纵筋多于一排时，用斜线"/"将各排纵筋自上而下分开。例如梁下部纵筋注写为 6 Φ 25 2/4，则表示上一排纵筋为 2 Φ 25，下一排纵筋为 4 Φ 25，全部伸入支座。当同排纵筋有两种直径时，用加号"＋"将两种直径的纵筋相连，注写时角筋写在前面。当梁下部纵筋不全部伸入支座时，将梁支座下部纵筋减少的数量写在括号内。例如梁下部纵筋注写为 6 Φ 25 2(－2)/4，则表示上排纵筋为 2 Φ 25，且不伸入支座；下一排纵筋为 4 Φ 25，全部伸入支座。当梁的集中标注中已按规定分别注写了梁上部和下部均为通长的纵筋值时，则不需在梁下部重复做原位标注。

3）附加箍筋或吊筋。将其直接画在平面图中的主梁上，用线引注总配筋值（附加箍筋的肢数注在括号内）（图 5-2-7）。当多数附加箍筋或吊筋相同时，可在梁平法施工图上统一注明，少数与统一注明值不同时，再原位引注。

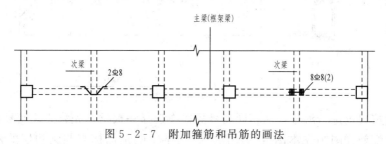

图 5-2-7　附加箍筋和吊筋的画法

4）当在梁上集中标注的内容（即梁截面尺寸、箍筋、上部通长筋或架立筋，梁侧面纵向构造钢筋或受扭纵向钢筋，以及梁顶面标高高差中的某一项或几项数值）不适用于某跨或某悬挑部分时，则将其不同数值原位标注在该跨或该悬挑部位，施工时应按原位标注数值取用。当在多跨梁的集中标注中已注明加腋，而该梁某跨的根部却不需要加腋时，则应在该跨

原位标注等截面的 $b \times h$，以修正集中标注中的加腋信息（图 5-2-8）。

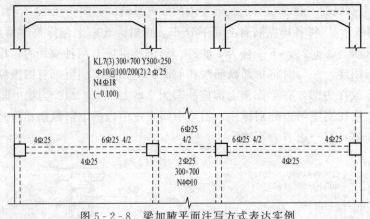

图 5-2-8　梁加腋平面注写方式表达实例

2. 截面注写方式

截面注写方式，是在分层绘制的梁平面布置图上，分别在不同编号的梁中各选择一根梁用剖面号引出配筋图，并在其上注写截面尺寸和配筋具体数值的方式来表达梁平法施工图（图 5-2-9）。

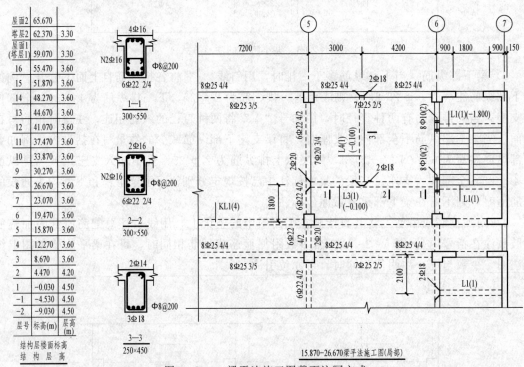

图 5-2-9　梁平法施工图截面注写方式

对所有梁按规定进行编号，从相同编号的梁中选择一根梁，先将梁截面号标注在该梁一侧，再将截面配筋详图画在本图或其他图上。当某梁的顶面标高与结构层的楼面标高不同时，尚应继其梁编号后注写梁顶面标高高差。在截面配筋详图上注写截面尺寸 $b \times h$、上部筋、下部筋、侧面构造筋或受扭筋，以及箍筋的具体数值时，其表达形式与平面注写方式相同。截面注写方式既可以单独使用，也可与平面注写方式结合使用。

3. 梁平面整体表示方法实例识读（图 5-2-10）

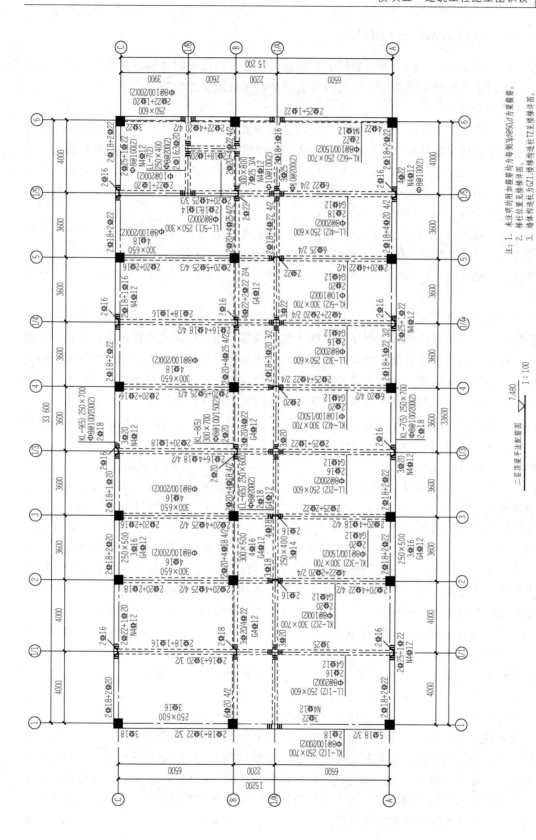

注：1. 未注明时的附加箍筋均为每侧3ф8@50,d为梁箍筋。
2. 梯柱位置见楼梯详图。
3. 墙体构造连接柱为GZ1,楼梯构造柱TZ见楼梯详图。

二层顶梁平法配筋图 7.480 1:100

图 5-2-10 梁平法配筋图

5.2.4 钢筋混凝土柱结构施工图识读

柱平法施工图就是在柱平面布置图上采用列表注写方式或截面注写方式表达。柱平面布置图，可采用适当比例单独绘制，也可与剪力墙平面布置图合并绘制。

1. 列表注写方式

列表注写方式，是在柱平面布置图上分别在同一编号的柱中选择一个（有时需要选择几个）截面标注几何参数代号；在柱表中注写柱号、柱段起止标高、几何尺寸（含柱截面对轴线的偏心情况）与配筋的具体数值，并配以各种柱截面形状及其箍筋类型图的方式，来表达柱平法施工。列表注写方式一般只需采用适当比例绘制一张柱平面布置图，包括框架柱、框支柱、梁上柱和剪力墙上柱（图 5-2-11）。

（1）柱号注写。由类型代号和序号组成，常用的柱类型代号还有框支柱 KZZ、芯柱 XZ、梁上柱 LZ、剪力墙上柱 QZ。编号时，当柱的总高、分段截面尺寸和配筋均对应相同，仅分段截面与轴线的关系不同时，仍可将其编为同一柱号。图 5-2-11 中柱号 KZ1 表示该柱类型为框架柱，序号为 1。

（2）柱起止标高注写。列表表示各段柱起止标高，自柱根部往上以变截面位置或截面未变但配筋改变处为界分段注写。框架柱和框支柱的根部标高系指基础顶面标高；芯柱的根部标高系指根据结构实际需要而定的起始位置标高；梁上柱的根部标高系指梁顶面标高。剪力墙上柱的根部标高分两种：当柱纵筋锚固在墙顶部时，其根部标高为墙顶面标高；当柱与剪力墙重叠一层时，其根部标高为墙顶面往下一层的结构层楼面标高。

（3）柱截面尺寸注写。对于矩形柱，注写柱截面尺寸 $b \times h$ 及与轴线关系的几何参数代号 b_1、b_2 和 h_1、h_2 的具体数值，须对应于各段柱分别注写。其中 $b = b_1 + b_2$，$h = h_1 + h_2$。例如图 5-2-11 中柱表中柱号 KZ1 标高 -0.030～19.470 段，柱截面宽度为 750mm，高度为 700mm，柱中心在③轴上，偏离 D 轴 200mm。当截面的某一边收缩变化至与轴线重合或偏到轴线的另一侧时，b_1、b_2、h_1、h_2 中的某项为零或为负值。对于圆柱，表中 $b \times h$ 一栏改用在圆柱直径数字前加 d 表示。为表达简单，圆柱截面与轴线的关系也用 b_1、b_2 和 h_1、h_2 表示，并使 $d = b_1 + b_2 = h_1 + h_2$。对于芯柱，根据结构需要，可以在某些框架柱的一定高度范围内，在其内部的中心位置设置（分别引注其柱编号）。芯柱截面尺寸按构造确定，并按标准构造详图施工，设计不注；当设计者采用与本构造详图不同的做法时，应另行注明。芯柱定位随框架柱走，不需要注写其与轴线的几何关系例如图 5-2-11 中 XZ1。

（4）柱纵筋的注写方法。例如 KZ1 标高 -0.030～19.470 段，当柱纵筋直径相同，各边根数也相同时，将纵筋注写在"全部纵筋"一栏中，此处柱纵筋为 24 ⏀25。此外，可以将柱纵筋分角筋、截面 b 边中部筋和 h 边中部筋三项分别注写，例如 KZ1 标高 19.470～37.470 段，柱纵筋的角筋为 4 ⏀22、截面 b 边中部筋为 5 ⏀22 和 h 边中部筋为 4 ⏀20。对于采用对称配筋的矩形截面柱，可仅注写一侧中部筋，对称边省略不注。为了表达清楚箍筋类型号及箍筋肢数，具体工程所设计的各种箍筋类型图以及箍筋复合的具体方式，须画在表的上部或图中的适当位置，并在其上标注与表中相对应的 b、h 和编上类型号。柱箍筋注写了钢筋级别、直径与间距。当为抗震设计时，用斜线"/"区分柱端箍筋加密区与柱身非加密区长度范围内箍筋的不同间距。施工人员须根据标注构造详图的规定，在规定的几种长度值中取其最大者作为加密区长度。如图 5-2-11 中，⏀10@100/200 表示箍筋为 HPB235 级

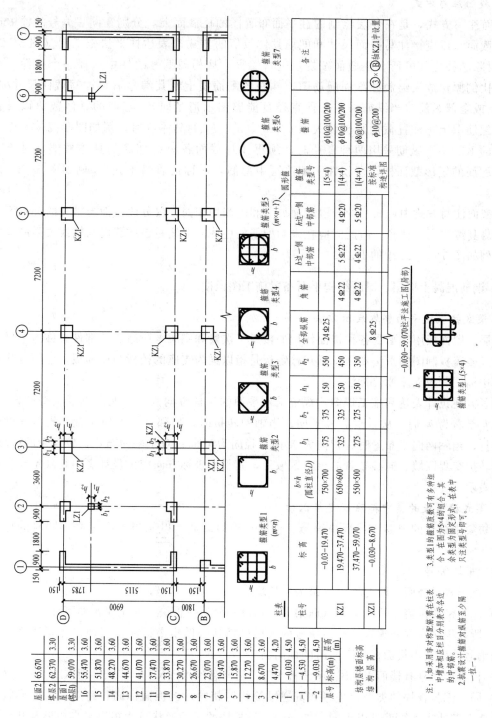

图 5 - 2 - 11 柱平法施工图列表注写方式示例

钢筋，直径 10mm，加密区间距为 100mm，非加密区间距为 200mm。当箍筋沿柱全高为一种间距时，则不使用"/"线。

2. 截面注写方式

截面注写方式，是在分层绘制的柱平面布置图的柱截面上，分别在同一编号的柱中选择一个截面，以直接注写截面尺寸和配筋具体数值的方式来表达柱平法施工图（图5-2-12）。对除芯柱之外的所有柱截面按规定进行编号，从相同编号的柱中选择一个截面，按另一种比例原位放大绘制柱截面配筋图，并在各配筋图上继其编号后再注写截面尺寸 $b \times h$、角筋或全部纵筋（当纵筋采用一种直径且能够图示清楚时）、箍筋的具体数值以及在柱截面配筋图上标注柱截面与轴线关系 b_1、b_2、h_1、h_2 的具体数值，例如图5-2-12中⑤轴线上的 KZ3。当纵筋采用两种直径时，须再注写截面各边中部筋的具体数值（对于采用对称配筋的矩形截面柱，可仅在一侧注写中部筋，对称边省略不注），例如图5-2-12中 KZ1。

在截面注写方式中，如柱的分段截面尺寸和配筋均相同，仅分段截面与轴线的关系不同时，可将其编为同一柱号。但此时应在未画配筋的柱截面上注写该柱截面与轴线关系的具体尺寸，例如图5-2-12中的 KZ1。

5.2.5 钢筋混凝土楼层、屋面结构平面布置施工图识读

1. 梁式楼盖板平面整体表示方法

楼层、屋面板用以承受各种楼面作用的楼板、次梁和主梁等所组成的部件总称。本书仅介绍梁式楼盖板制图的平法规则。梁式楼盖板是指以梁为支座的楼板与屋面板。注写方式有板块集中标注和板支座原位标注。

为了方便设计表达和施工识图，规定结构平面的坐标方向为：当两向轴网正交布置时，图面从左至右为 X 向，从下至上为 Y 向；当轴网转折时，局部坐标方向顺轴网转折角度做相应转折；当轴网向心布置时，切向为 X 向，径向为 Y 向；对于平面布置比较复杂的区域，如轴网转折交界区域、向心布置的核心区域等，其平面坐标方向应由设计者另行规定并在图上明确表示。

2. 梁式楼盖板的集中标注规定与识读

板块集中标注的内容为：板块编号、板厚、贯通纵筋，以及当板面标高不同时的标高高差。

(1) 板块编号。

1) 对于普通楼面，两向均以一跨为一板块。

2) 对于密肋楼盖，两向主梁（框架梁）均以一跨为一板块（非主梁密肋不计）。

3) 所有板块应逐一编号，相同编号的板块可择其一做集中标注，其他仅注写置于圆圈内的板编号，以及当板面标高不同时的标高高差。

4) 板类型代号有楼面板 LB、屋面板 WB、延伸悬挑板 YXB 和纯悬挑板 XB。

5) 同一编号板块的类型、板厚和贯通纵筋均应相同，但板面标高、跨度、平面形状以及板支座上部非贯通纵筋可以不同，如同一编号板块的平面形状可为矩形、多边形及其他形状等。

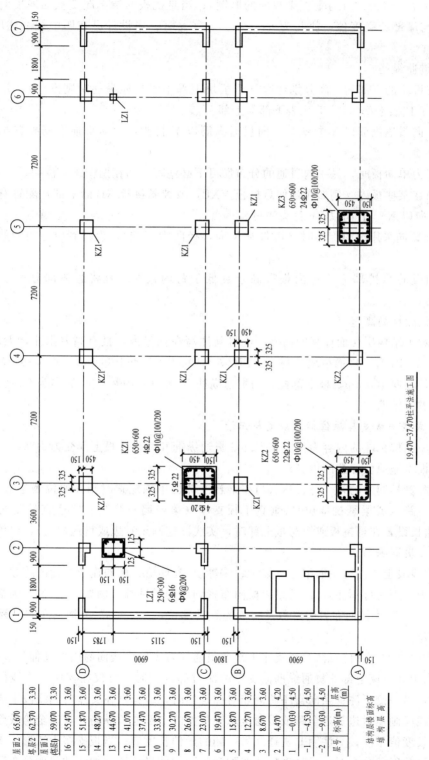

19.470~37.470柱平法施工图

图 5－2－12　柱平面施工图截面注写方式

（2）板厚。

注写为 $h=\times\times\times$（为垂直于板面的厚度）；当悬挑板的端部改变截面厚度时，用斜线分隔根部与端部的高度值，注写为 $h:\times\times\times/\times\times\times$；当设计已在图中统一注明板厚时，此项可不注。

（3）贯通纵筋。

1）按板块的下部和上部分别注写（当板块上部不设贯通纵筋时则不注），并以 B 代表下部，以 T 代表上部，B&T 代表下部与上部。

2）X 向贯通纵筋以 X 打头，Y 向贯通纵筋以 Y 打头，两向贯通纵筋配置相同时则以 $X\&Y$ 打头。

3）当为单向板时，另一向贯通的分布筋可不必注写，而在图中统一注明。

4）当在某些板内（例如在延伸悬挑板 YXB，或纯悬挑板 XB 的下部）配置有构造钢筋时，则 X 向以 Xc、Y 向以 Yc 打头注写。

5）当 Y 向采用放射配筋时（切向为 X 向，径向为 Y 向），设计者应注明配筋间距的度量位置。

6）当板的悬挑部分与跨内板有高差且低于跨内板时，宜将悬挑部分设计为纯悬挑板 XB。

（4）板面标高高差。

指相对于结构层楼面标高的高差，应将其注写在括号内，且有高差则注，无高差不注。例如图 5-2-13 有一楼面板块注写为：LB2 $h=100$ B：$X\phi10@150$ $Y\phi8@150$，表示 2 号楼面板，板厚 100mm，板下部配置的贯通纵筋 X 向为 $\phi10@150$，Y 向为 $\phi8@150$，板上部未配置贯通纵筋。

3. 梁式楼盖板支座原位标注规定与识读

板支座原位标注的内容为板支座上部非贯通纵筋和纯悬挑板上部受力钢筋。

（1）板支座原位标注的钢筋。

应在配置相同跨的第一跨表达（当在梁悬挑部位单独配置时则在原位表达）。在配置相同跨的第一跨（或梁悬挑部位），垂直于板支座（梁或墙）绘制一段适宜长度的中粗实线（当该筋通长设置在悬挑板或短跨板上部时，实线段应画至对边或贯通短跨），以该线段代表支座上部非贯通纵筋。

1）在线段上方注写钢筋编号（如①、②等）、配筋值、横向连续布置的跨数（注写在括号内，当为一跨时可不注），以及是否横向布置到梁的悬挑端。例如："$\times\times$"为横向布置的跨数，"$\times\times$A"为横向布置的跨数及一端的悬挑部位，"$\times\times$B"为横向布置的跨数及两端的悬挑部位。

2）在线段的下方位置注写板支座上部非贯通筋自支座中线向跨内的延伸长度。

3）当中间支座上部非贯通纵筋向支座两侧对称延伸时，可仅在支座一侧线段下方标注延伸长度，另一侧不注；当向支座两侧非对称延伸时，应分别在支座两侧线段下方注写延伸长度。对线段画至对边贯通全跨或贯通全悬挑长度的上部通长纵筋，贯通全跨或延伸至全悬挑一侧的长度值不注，只注明非贯通筋另一侧的延伸长度值。当板支座为弧形，支座上部非贯通纵筋呈放射状分布时，设计者应注明配筋间距的度量位置并加注"放射分布"四字，必要时应补绘平面配筋图。

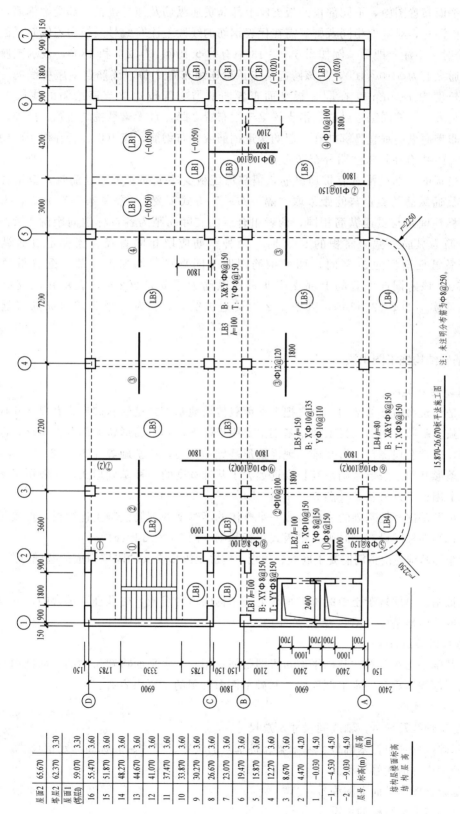

图 5 - 2 - 13　平面注写方式表达的楼面板平法施工图示例

在板平面布置图中,不同部位的板支座上部非贯通纵筋及纯悬挑板上部受力钢筋,可仅在一个部位注写,对其他相同者则仅需在代表钢筋的线段上注写编号及横向连续布置的跨数(当为一跨时可不注)即可。例如图5-2-13中有⑥φ10@100(2)和1800,表示支座上部⑥号非贯通纵筋为φ10@100,从该跨起沿支承梁连续布置2跨,该筋自支座中线向一侧跨内的延伸长度为1800mm。在同一板平面布置图的另一部位边梁支座绘制的线段上注有⑦(2),是表示该筋同⑦号纵筋,沿支撑梁连续布置2跨,且无梁悬挑端布置。此外,与板支座上部非贯通纵筋垂直且绑扎在一起的构造钢筋或分布钢筋,应由设计者在图中注明,例如图5-2-13中有注:未注明分布筋为φ8@250。

(2)当板的上部已配置有贯通纵筋,但需增配板支座上部非贯通纵筋时,应结合已配置的同向贯通纵筋的直径与间距采取"隔一布一"方式配置。"隔一布一"方式,为非贯通纵筋的标注间距与贯通纵筋相同,两者组合后的实际间距为各自标注间距的1/2。当设定贯通纵筋为纵筋总截面面积的50%时,两种钢筋应取相同直径;当设定贯通纵筋大于或小于总截面面积的50%时,两种钢筋则取不同直径。例如板上部已配置贯通纵筋φ12@250,该跨同向配置的上部支座非贯通纵筋为⑤φ12@250,表示在该支座上部设置的纵筋实际为φ12@250,其中1/2为贯通纵筋,1/2为⑤号非贯通纵筋(延伸长度值略)。

5.2.6 基础结构施工图识读

1. 基础的分类

基础是建筑物的下部结构,由之把上部荷载传给地基。常见的基础形式有以下几种:

(1)独立基础。钢筋混凝土独立基础主要用于柱下,其平面形状大部分为矩形,也可采用圆形等,通常有现浇台阶形基础、现浇锥形基础和预制杯口基础等[图5-2-14(a)]。

(2)条形基础。条形基础是其长度远远大于基础宽度的一种基础形式,一般用于承重墙下,也有采用柱下条形基础[图5-2-14(b)]。

(3)筏形基础。把基础的底板做成一个整体的等厚度的钢筋混凝土连续板,形成无梁式筏板基础;当在柱间设有梁时则为梁板式筏板基础[图5-2-14(c)]。

(4)箱形基础。由钢筋混凝土底板、顶板、侧墙及纵横交叉的隔墙组成的基础[图5-2-14(d)]。

(5)桩基。由埋置于土中的桩和承接上部结构的承台组成,桩顶埋入承台中,一般用于高层建筑或软弱地基中[图5-2-14(e)]。

2. 基础图的组成

(1)基础平面布置图。基础平面布置图是假想用一个水平面将建筑物的上部结构和基础剖开后向下俯视所看到的水平剖面图。基础平面布置图的主要内容有:

1)图名、比例。

2)定位轴线及编号,轴线间尺寸及总尺寸。

3)基础构件(包括基础板、基础梁、桩基)的位置、尺寸、底标高与定位尺寸。

4)基础构件的代号名称。

5)基础详图在平面上的编号。

6)基础与上部结构的关系。

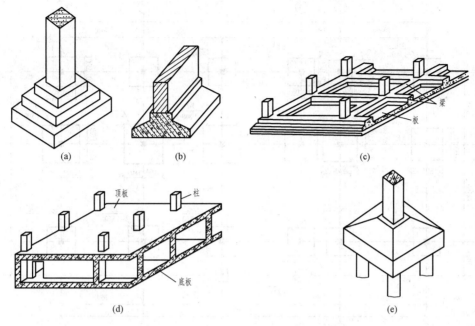

图 5-2-14　常见的基础类型

7）桩基应绘出桩位平面位置及桩承台的平面尺寸、桩的入土深度、沉桩的施工要求、试桩要求和基桩的检测要求，注明单桩的允许极限承载力值。

8）基础施工说明，有时需另外说明地基处理方法。当在结构设计总说明中已表示清楚时，此处可不再重复。

（2）基础详图。因为基础的类型不同，基础详图的图示和表示方法也不同。基础详图的内容主要有：

1）图名（或详图的代号、独立基础的编号）和比例。

2）涉及的轴线及编号（若为通用详图，圈内可不标注编号）。

3）基础断面形状、尺寸、材料及配筋等。

4）基础底面标高及与室内外地面的标高位置关系。

5）防潮层或基础圈梁的断面形状、位置尺寸、配筋和材料做法。

6）详图施工说明。

3. 基础施工图识读

（1）独立基础施工图识读。图 5-2-15 为基础平面布置图，该工程共有八种独立基础（从 J-1 至 J-8），各基础底面尺寸及底标高如图所示。

图 5-2-16 为独立基础的大样图，该图八种独立基础的配筋见钢筋表。

（2）条形基础施工图识读。图 5-2-17 是某学校条形基础的平面布置图。图中除了定位轴线外，细实线表示了基础梁和基础底面的外轮廓线，不包含基础下垫层的宽度，这也给出了条形基础的定位尺寸。图中标出了基础梁的编号、配筋、截面尺寸，柱的位置，以及基础的施工说明。对于基础的编号则跟基础梁的编号一致。条形基础翼板的配筋见基础详图。

图 5-2-18 是基础详图，该条形基础共有 13 种类型，统一用基础大样图表示，具体板内受力钢筋见基础翼板表，该表内按照基础梁的编号对基础进行分类。

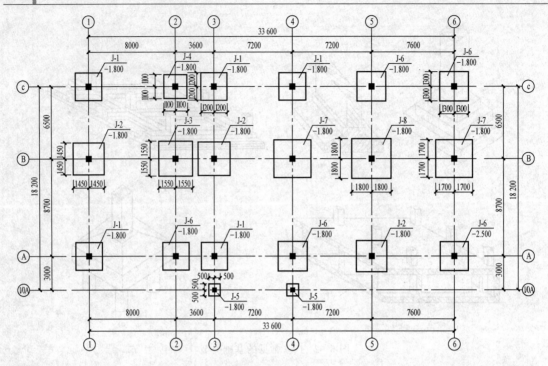

基础平面布置图 1:100

图 5 - 2 - 15　基础平面布置图

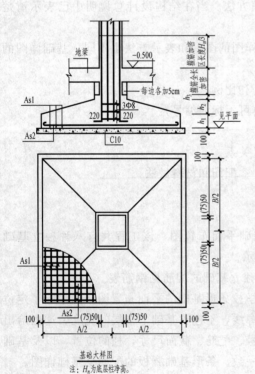

基础大样图

注：H_n 为底层柱净高。

基础明细表

	A	B	h_1	h_2	h_3	As1	As2
J-1	2400	2400	300	400		Φ12@180	Φ12@180
J-2	2900	2900	300	400		Φ14@130	Φ14@130
J-3	3100	3100	300	400		Φ14@130	Φ14@130
J-4	2200	2200	300	400		Φ12@180	Φ12@180
J-5	1000	1000	300	100	200	Φ12@200	Φ12@200
J-6	2600	2600	300	400		Φ14@150	Φ14@150
J-7	3400	3400	300	500		Φ16@150	Φ16@150
J-8	3600	3600	300	500		Φ14@100	Φ14@100

基础施工说明

1. 本工程采用独立基础,基础持力层为③层黏土,地基承载力特征值为f_{ak}=260kPa.基坑开挖后,若发现实际情况与此不符,请及时通知勘察、设计部门共同研究处理。

2. 根据地质勘察报告,基础持力层层面起伏不大.若在施工开挖基坑时,发生挖到设计标高时出现未达到持力层等情况,必须继续挖至设计持力层。

3. 基槽开挖施工应做好场地排水工作,基坑开挖至设计标高,不得长期暴露,更不得积水。

4. 基坑开挖到设计标高后,应及时通知地质勘察单位、设计单位、甲方共同验槽,合格后方可施工基础。

5. 本工程独立基础、基础梁混凝土强度等级均为C25,垫层采用C10素混凝土。

6. 钢筋等级:Φ为HPB 235,Φ为HRB 335。

7. 其余详见结构施工总说明。

图 5 - 2 - 16　基础大样图

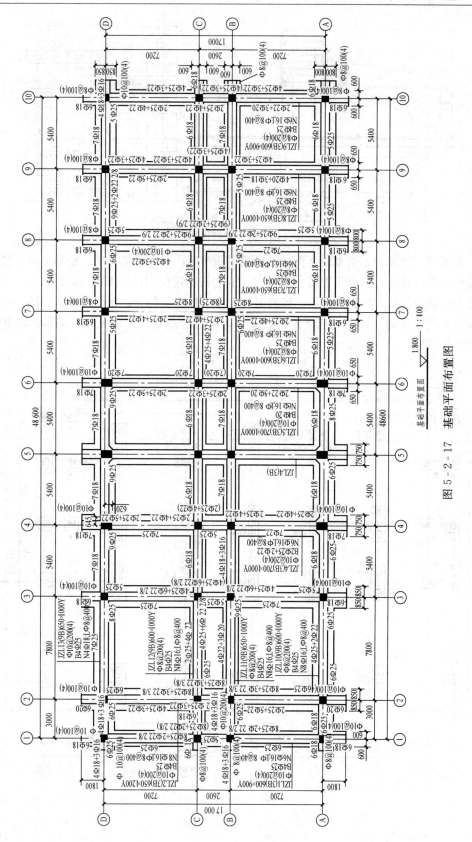

图 5 - 2 - 17　基础平面布置图

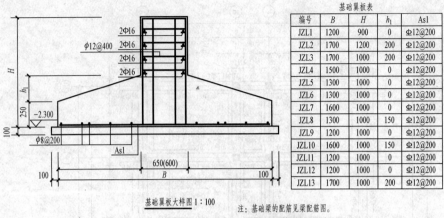

基础翼板表

编号	B	H	h_1	$As1$
JZL1	1200	900	0	Φ12@200
JZL2	1700	1200	200	Φ12@200
JZL3	1700	1000	200	Φ12@200
JZL4	1500	1000	0	Φ12@200
JZL5	1300	1000	0	Φ12@200
JZL6	1300	1000	0	Φ12@200
JZL7	1600	1000	0	Φ12@200
JZL8	1300	1000	150	Φ12@200
JZL9	1200	1000	0	Φ12@200
JZL10	1600	1000	150	Φ12@200
JZL11	1200	1000	0	Φ12@200
JZL12	1200	1000	0	Φ12@200
JZL13	1700	1000	200	Φ12@200

基础翼板大样图 1:100   注：基础梁的配筋见梁配筋图。

图 5-2-18　基础详图

（3）桩基施工图识读。桩基施工图包括桩基平面布置图和桩基础详图。桩基平面布置图包括桩基定位图和桩基承台平面布置图，图 5-2-19 是桩基定位图，该图剖切到的桩和承台及柱用实线绘制。该图包括定位轴线编号，桩的定位尺寸、布置、数量，承台的形状。图 5-2-20 是桩基承台平面布置图，该图包括定位轴线编号，承台的形状、定位尺寸及编号，桩基的编号，柱的位置。

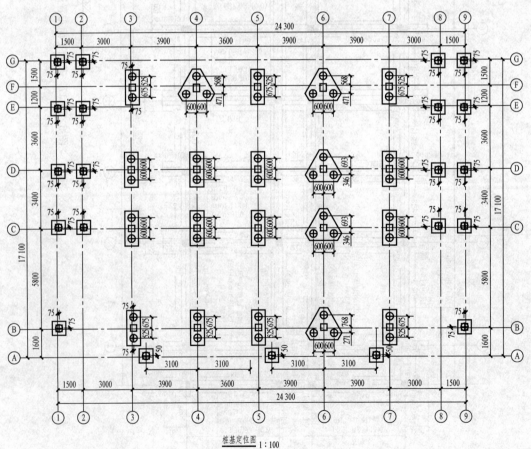

桩基定位图 1:100

图 5-2-19　桩基定位图

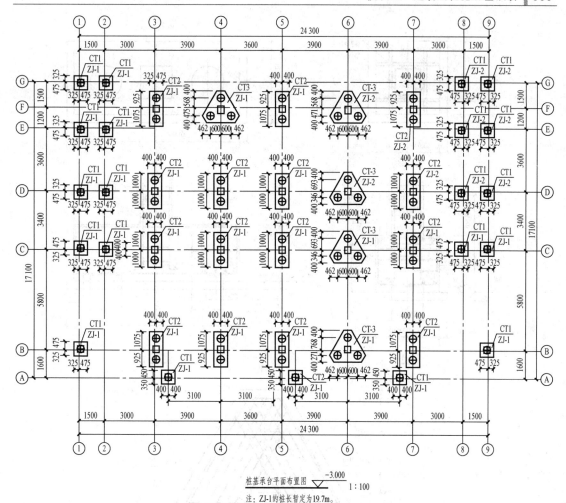

桩基承台平面布置图 $\frac{-3.000}{1:100}$

注：ZJ-1的桩长暂定为19.7m。
　　ZJ-2的桩长暂定为22m。

图 5-2-20　桩基承台平面布置图

图 5-2-21 是桩基础详图，有承台详图及桩身构造详图。该图包括桩与承台的连接关系、承台的配筋、承台与柱的连接、承台垫层上的标高。

5.2.7　钢筋混凝土楼梯结构施工图识读

1. 楼梯的分类

钢筋混凝土楼梯由于经济耐用，防火性能好，因此，在一般房屋中被广泛采用。楼梯的外形和几何尺寸由建筑设计确定。目前常见的楼梯按结构形式不同分为板式、梁式楼梯。

2. 楼梯结构图的组成

（1）楼梯结构平面图。楼梯结构平面图常用 1:50 的比例绘制，其中墙、柱轮廓线用中粗实线绘制，现浇板中配置的钢筋用粗实线绘制，遮住的楼梯梁用粗虚线绘制，其他可见轮廓线用细实线绘制。楼梯结构平面图应标注出楼梯间的定位轴线及编号，并应标注两道尺寸，外道尺寸为梯间的开间、进深尺寸，内道尺寸为梯段分布尺寸。同时还应标注出楼梯休息平台的结构标高。图中梁、板均应用相应代号表示（TL 梯梁、TB 梯段板、PTB 平台板）。楼梯结构平面图中应用剖切符号注出楼梯剖切位置并予以编号。

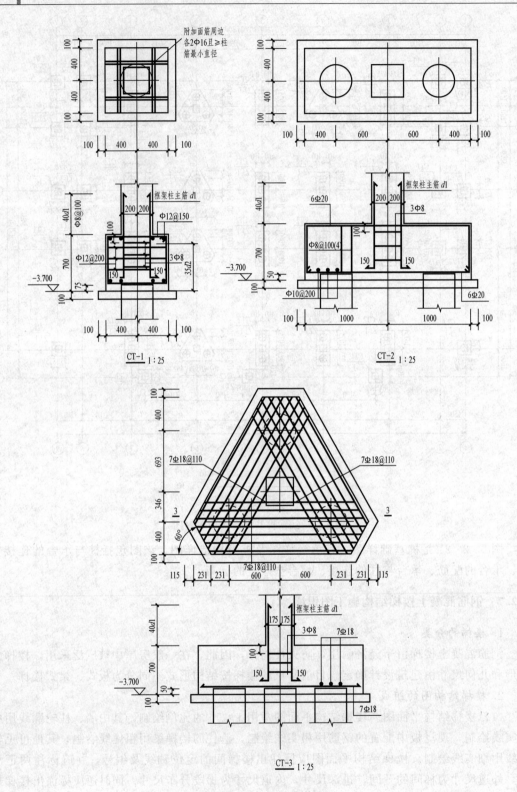

图 5-2-21 桩基础详图

（2）楼梯剖面图。楼梯剖面图常用1:20、1:30等比例绘制。剖面图中只须画出被剖切的部分，其中与剖切面接触的梯段轮廓线用中粗实线绘制，内部配置的钢筋用粗实线绘制。标注时除应标注出钢筋配置情况外，还应标注出梯段水平尺寸及竖直尺寸。楼梯剖面图中应注出楼梯平台的标高。

3. **楼梯结构图识读**

现行11G101-2《混凝土结构施工图平面整体表示方法制图规则和构造详图（现浇混凝土板式楼梯）》，将楼梯分为11种类型，见表5-2-13。现浇钢筋混凝土板式楼梯平法施工图采用平面标注、剖面标注和列表标注三种方式。

表5-2-13　　　　　　　　　　现浇混凝土板式楼梯结构类型

梯板代号	适用范围		特征	示意图
	抗震构造措施	适用结构		
AT	无	框架、剪力墙、砌体结构	AT型梯板全部由踏步段构成	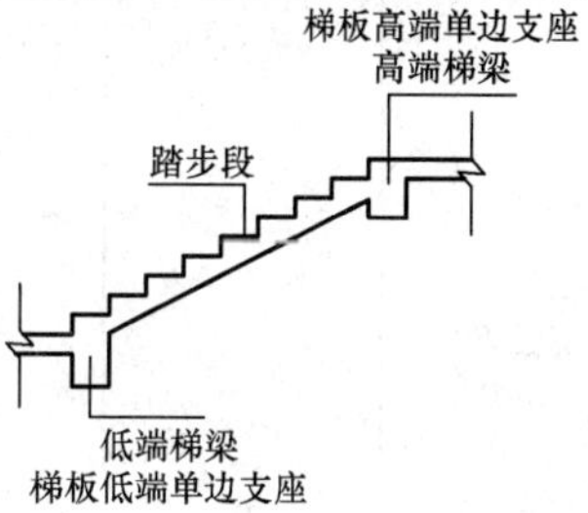
BT			BT型梯板由低端平板和踏步段构成	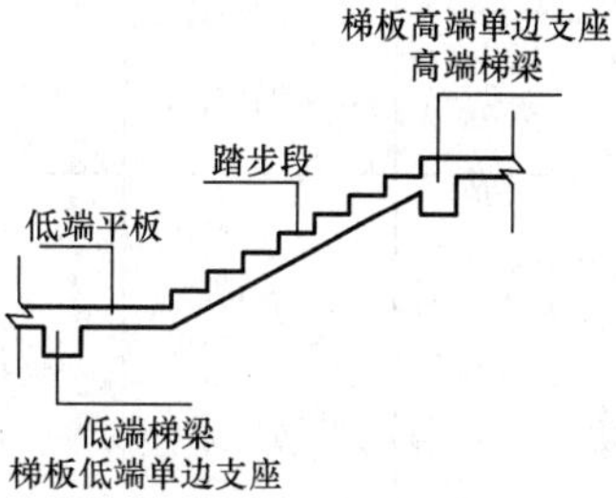
CT	无	框架、剪力墙、砌体结构	CT型梯板由踏步段和高端平板构成	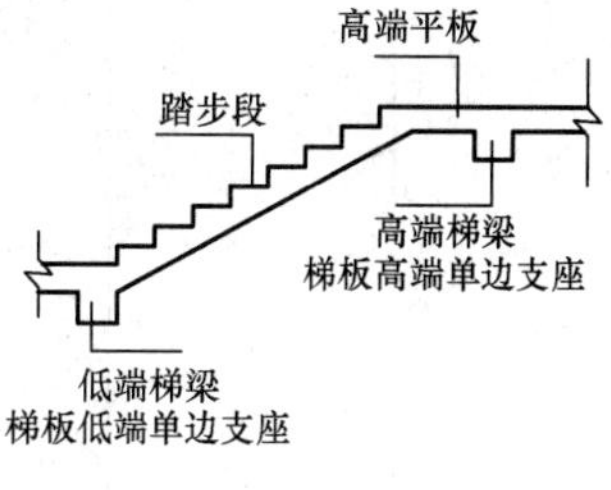
DT			DT型梯板由低端平板、踏步段和高端平板构成	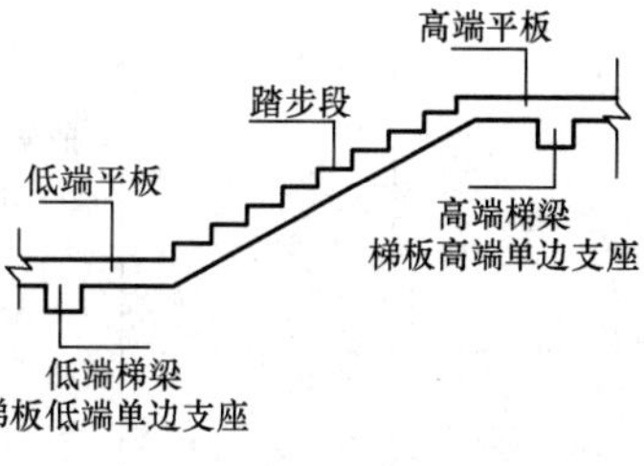

续表

梯板代号	适用范围		特征	示意图
	抗震构造措施	适用结构		
ET	无	框架、剪力墙、砌体结构	ET 型由低端踏步段、中位平板和高端踏步段构成	
FT			FT 型由层间平板、踏步段和楼层平板构成	
GT	无	框架结构	GT 型由层间平板、踏步段和楼层平板构成	
HT		框架、剪力墙、砌体结构	HT 型由层间平板、踏步段构成	

续表

梯板代号	适用范围		特征	示意图
	抗震构造措施	适用结构		
ATa			ATa 型带滑动支座的板式楼梯，梯板全部由踏步段构成	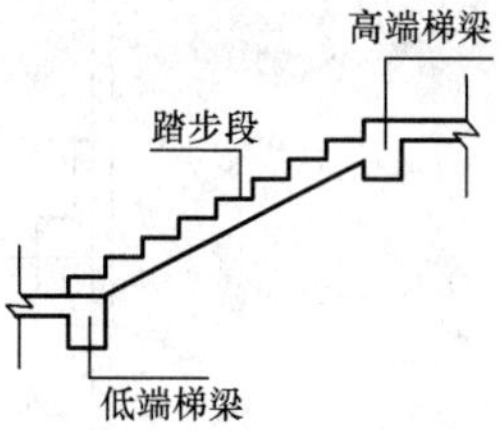
ATb	有	框架结构	ATb 型带滑动支座的板式楼梯，梯板由踏步段构成	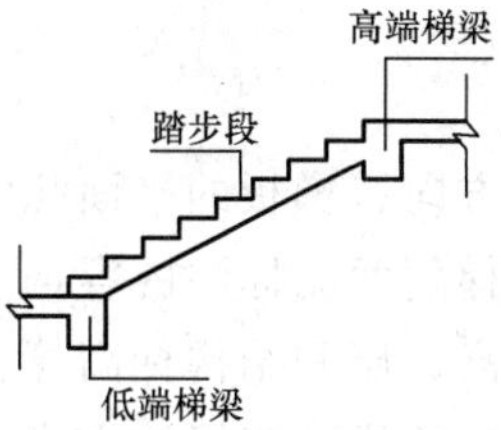
ATc			ATc 型梯板由踏步段构成，其支撑方式梯板两端均支撑在梯梁上	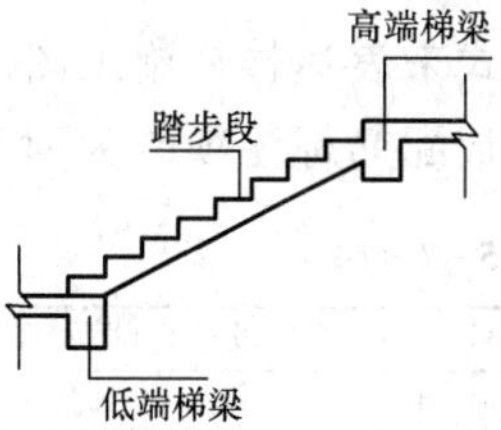

（1）板式楼梯平面标注方式。板式楼梯平面标注方式是在楼梯平面布置图上，标注截面尺寸和配筋具体数值，包括集中标注和外围标注两部分（图 5 - 2 - 22）。楼梯集中标注的内容有五项，具体规定如下：

1）梯板类型代号与序号，如 AT××；

2）梯板厚度，标注 $h=$ ×××。当为带平板的梯板且梯段板厚度和平板厚度不同时，可在梯段板厚度后面括号内以字母 P 打头标注平板厚度。例如：$h=100$（P120），100 表示梯段板厚度，120 表示梯板平板段的厚度。

3）踏步段总高度和踏步级数之间以"/"分隔。

4）梯板支座上部纵筋和下部纵筋之间以";"分隔。

5）梯板分布筋，以 F 打头标注钢筋具体值。

下面以 DT 型楼梯举例看下平面图中梯板类型及配筋。

楼梯外围标注包括楼梯间的平面尺寸、楼层结构标高、层间结构标高、楼梯的上下方向、梯板的平面几何尺寸、等。其中，平台板（PTB）、梯梁（TL）及梯柱（TZ）配筋可参照 11G101 - 1《混凝土结构施工图平面整体表示方法制图规则和构造详图（现浇混凝土框架、剪力墙、梁、板）》标注。

（2）楼梯的剖面标注方式。剖面标注方式是在楼梯平法施工图中绘制楼梯平面布置图和楼梯剖面图，标注方式分平面标注、剖面标注两部分。

楼梯平面布置图标注内容包括楼梯间的平面尺寸、楼层结构标高、层间结构标高、楼梯

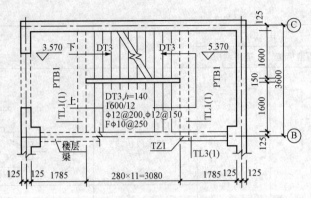

图 5-2-22 楼梯平面标注

的上下方向、梯板的平面几何尺寸、梯板类型及编号、平台板配筋、梯梁及梯柱配筋等。

楼梯剖面图标注内容，包括梯板集中标注、梯梁梯柱编号、梯板水平及竖向尺寸、楼层结构标高、层间结构标高等。

（3）楼梯列表标注方式。列表标注方式是指用列表方式标注梯板截面尺寸和配筋具体数值的方式来表达楼梯施工图。列表标注方式的具体要求同剖面标注方式，仅将剖面标注方式中的梯板配筋标注项改为列表标注项即可，见表 5-2-14。

表 5-2-14　　　　　　　　　　　　　　梯板几何尺寸和配筋表

梯板编号	踏步段总高度/踏步级数	板厚 h	上部纵筋	下部纵筋	分布筋

板式楼梯中的钢筋按照所在位置及功能不同，可以分为梯梁钢筋、休息平台板钢筋、梯板段钢筋。在过程中这几种根据都有具体构造要求。

图 5-2-23 为楼梯结构平面图，绘制比例 1∶50。由图中可以看出楼梯平台板 XB1 和 XB2 的配筋，梯段板 TB1、TB2 和 TB3 及梯梁 DL、TL 配筋另有详图表示。

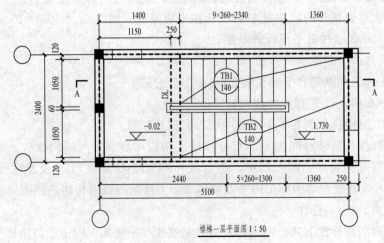

楼梯一层平面图 1∶50

图 5-2-23　楼梯结构平面图（一）

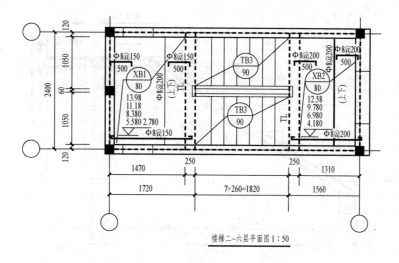

图 5-2-23 楼梯结构平面图（二）

图 5-2-24 为楼梯剖面图和楼梯段 TB1、TB2 和 TB3 的配筋图及楼梯梁 TL 的配筋，注写了钢筋形式、数量、间距和直径等。

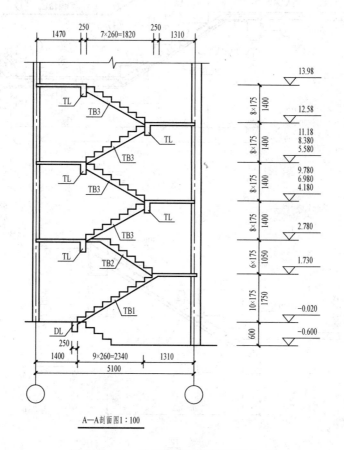

图 5-2-24 楼梯结构配筋剖面图（一）

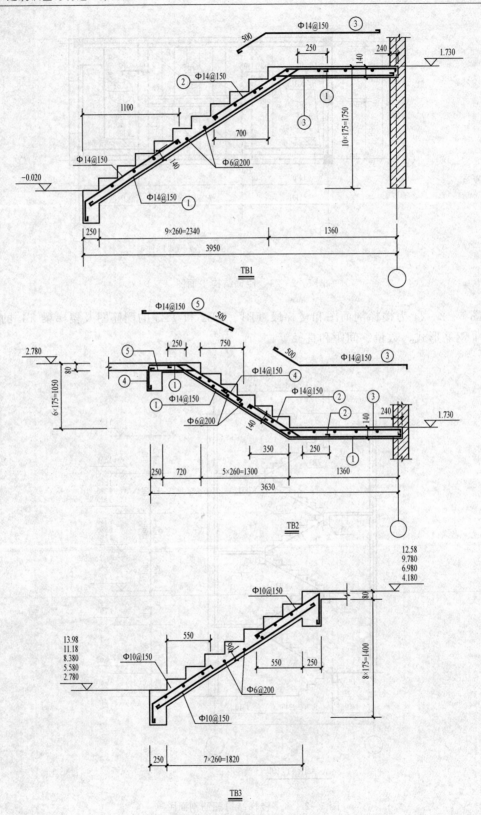

图 5-2-24 楼梯结构配筋剖面图（二）

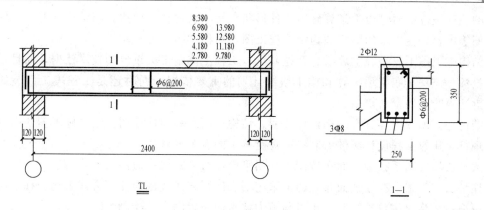

图 5-2-24　楼梯结构配筋剖面图（三）

理 论 知 识 训 练

1. 建筑结构施工图的作用是什么？
2. 建筑结构施工图包括哪些内容？
3. 简述钢筋混凝土梁、板、柱内钢筋的组成和作用。
4. 梁、柱结构图的平面整体表示方法的注写方式有哪些？有何规定？
5. 何谓原位注写？何谓集中注写？
6. 楼层结构平面布置图中板的配筋是如何注写的？
7. 基础结构图内容有哪些？
8. 桩基结构图的主要内容有哪些？
9. 楼梯结构图的主要内容是什么？

实 践 课 题 训 练

题目：结构施工图平面表示方法的识读。
1. 实训目的
通过实际建筑结构施工图的识读，了解建筑结构平法施工图的内容及绘制要求。
2. 实训条件
选定本地区有代表性的框架结构工程的建筑结构施工图。
3. 实训内容及深度
（1）识读建筑结构施工图。
（2）认识建筑结构工程图中的图例。
（3）掌握建筑结构平法施工图要点。
（4）正确识读建筑结构平法施工图。

课 题 小 结

结构施工图是根据建筑施工图绘制形成的。结构工程师依据建筑设计的要求和结构工程设计的各种规范，通过力学计算确定构件形状、尺寸、材料、做法，将结构选型、构件布置和配筋等内容表达出来的图样称为结构施工图，简称"结施"。

结构施工图不仅是施工放线、开挖基坑、工程主体施工最重要的技术依据，而且是工程招、投标、监理、编制预决算和施工组织计划的重要依据，同时还是工程竣工后装修、改建、拆迁等的重要资料依据。

结构施工图按内容分为结构设计说明、结构平面图和构件详图。结构施工图的内容必须符合现行《建筑工程设计文件编制深度规定》中的有关要求。

梁平法施工图系在梁平面布置图上采用平面注写方式或截面注写方式表达。

柱平法施工图系在柱平面布置图上采用列表注写方式或截面注写方式表达。柱平面布置图，可采用适当比例单独绘制，也可与剪力墙平面布置图合并绘制。

钢筋混凝土现浇板结构图一般可绘制在建筑物结构平面图上，表达板中钢筋的直径、间距、等级、摆放位置及板的截面高度等情况。

梁式楼盖板平法图注写方式有板块集中标注和板支座原位标注。

基础结构施工图包括基础平面图和详图。平面布置图主要表示定位关系，详图主要表示基础梁的编号、配筋、截面尺寸，柱的位置及基础的施工说明。

楼梯结构图包括楼梯结构平面图和楼梯剖面图。楼梯结构平面图应标注出楼梯间的定位轴线及编号、开间，进深尺寸和梯段分布尺寸。注出楼梯休息平台的标高。梁、板均应用相应代号表示（TL 梯梁、TB 梯段板、PB 平台板）。楼梯结构平面图中应用剖切符号注出楼梯剖切位置并予以编号。

剖面图中只须画出被剖切的部分，其中与剖切面接触的梯段轮廓线用中粗实线绘制，内部配置的钢筋用粗实线绘制。标注时除应标注出钢筋配置情况，还应标注出梯段水平尺寸及竖直尺寸。楼梯剖面图中应注出楼梯平台的结构标高。

课题 3　设 备 施 工 图 识 读

5.3.1　设备施工图的分类和内容

1. 设备施工图的分类

建筑工程施工图中，除建筑施工图和结构施工图外，还包括设备施工图。设备施工图按专业范围分为建筑给水排水施工图、采暖通风施工图、电气照明施工图等。

2. 设备施工图的组成和内容

设备施工图是建安工程施工、预（决）算的依据和必须遵守的文件。

（1）建筑给水排水施工图的组成与内容。建筑给水排水施工图主要由首页、平面图、系统图、详图四个部分组成，其基本内容包括：

1）首页。主要内容是设计说明、图例符号、主要设备材料明细表。

2）平面图。表示建筑物各层给水排水管道与设备的平面布置。内容包括：①用水房间的名称、编号、卫生器具或用水设备的类型、位置；②给水引入管、污水排出管的位置、名称与管径；③给排水干管、立管、支管的位置、管径与立管编号；④水表、阀门、清扫口等附件的位置。

给水排水平面图的比例一般与建筑平面图相同，常用 1∶200、1∶100、1∶50 等。

3) 系统图。也称轴测图或透视图，表示给水排水系统的空间位置以及各层间、前后左右间的关系。给水与排水系统图应分别绘制，在系统图上要标明各立管编号、管段直径、管道标高、坡度等。其比例与平面图相同。

4) 详图。表示卫生器具、设备或节点的详细构造与安装尺寸和要求。如能选用国家标准图时，可不绘制详图，但要加以说明，给出标准图集号。详图常用比例为 1：50～1：10 等。

(2) 采暖系统施工图的组成和内容。采暖系统施工图一般由图纸目录、设计和施工说明、平面图、系统图、详图和设备材料明细表组成。

1) 图纸目录。图纸目录是一个工程项目的各种施工图按一定顺序的排列，从中可以知道该工程的工程名称、建设单位、设计单位及图纸的名称、编号、张数等。

2) 设计和施工说明。设计和施工说明是用来讲述图纸中表达不出来的设计意图和施工中需要注意的问题，参看的有关专业的施工图集号和采用的标准图集号，以及设计上对施工的一些特殊要求，用文字表达的内容。既可以同给水排水工程等说明一起写在一套图纸的首页上，也可以直接写在平面图或系统图上（当系统较小、需要说明的内容较少时）。

设计和施工说明的主要内容有：建筑物的采暖面积、热媒种类、热媒参数、系统总热负荷、系统形式、进出口压力差（即室内采暖所需资用压力）、散热器形式及安装方式、管道材料及连接方式、管道及设备的防腐、保温、系统的水压试验等。

3) 平面图。采暖平面图要把与采暖有关的建筑部分（如墙、门、窗、平台、柱、楼梯等）用细实线画出来，平面图上还要注明建筑轴线号、建筑尺寸、房间功能、指北针及图纸比例。

采暖平面图是用正投影原理，采用水平全剖的方法，连同房屋平面图一起画出来的，它是施工中的重要图纸，又是绘制系统图的依据。

①底层平面图。底层平面图（也称一层平面图或首层平面图）除与楼层平面图相同，标明用户热力入口的位置、管径、坡度及采用的标准图号（或详图号）。另外，根据采暖系统的型式不同，其反映的内容也有所不同，如上供下回式系统，应标明回水干管的位置、走向、坡度、管径、固定支架的位置和数量，还要标明地沟位置、尺寸等。

②楼层平面图。楼层平面图是指建筑中间层（又称标准层）平面图。在图中应标明散热设备的位置、片数、立管的位置和编号。

③顶层平面图。顶层平面图除与楼层平面图相同，对于不同的采暖系统形式，其内容有所区别。例如对于在多层建筑中常见的上供下回式系统，要标明总立管、水平干管的位置及走向、干管的管径、坡度、变径、管道阀门、管道固定支架的位置及数量、集气罐的位置、型号等。

有地下室的建筑，可以不绘制底层平面图，但要绘制地下室平面图。这样底层平面图的内容就同标准层平面图的内容一样，地下室平面图反映的内容要有除去楼层平面图后的底层平面图的内容。

4) 系统图。采暖系统图就是采暖系统的轴测图，是反映采暖管路系统空间布置情况和散热器空间连接形式的立体图。标注管段的管径、水平干管的坡度、变径、标高、固定支架位置、散热器的片数及设备的位置、阀门的位置，对照平面图可了解采暖系统的全貌。

采暖系统平面图与系统图的比例一般与建筑平面图相同，常用 1：200、1：100、1：50 等。

5) 详图。采暖平面图和系统图表示不清楚，又无法用文字说明清楚时，可用详图表示。如热力入口装置，由于要对系统进行调节、检测和计量，因此，要设置所需的仪表设备，如温度计、压力表、平衡阀和计量表等，系统图上不易表达清楚，这时可以选用标准图，也可绘制节点图或大样图。

6) 设备和材料明细表。为了便于施工备料，保证安装质量和避免浪费，使施工单位能按设计要求选用设备和材料，一般的施工图应附有设备及材料明细表。设备及材料明细表的内容有编号、名称、型号、规格、单位、数量、备注等。工程中所需管材、阀门、设备、仪表等均应列入表内。

（3）电气照明施工图的组成和内容。电气照明系统施工图是由图纸目录、施工设计说明、主要设备材料统计表、照明平面图、配电系统图等组成。

1) 图纸目录。按施工图序号编排目录顺序并标明图纸名称，便于查找和归档保存。

2) 施工设计说明。简单介绍建筑性质、层高、总高、结构形式等建筑概况以及照明系统的相关设计说明，包括：负荷分级及容量、供电量、电源进户线的安装方式；工程的供电方式；系统接地方式、接地电阻要求和措施；设备安装方式；线缆的敷设方式、规格和型号等。

3) 设备材料统计表。设备材料统计表指照明设计中选用的设备以及材料的名称、型号、规格、单位和数量等均列入表中。

4) 电气照明平面图。包括各层建筑平面中的配电箱、照明器、开关、插座等设备的平面布置位置以及电器照明线路的型号、规格、敷设路径和敷设方式，它是电气安装和管线敷设的根据。

5) 照明供配电系统图。表示供电系统的整体接线及配电关系，在三相系统中，通常用单线表示。从图中能够看到工程配电的规模，各级控制关系，控制设备和保护设备的型号、规格和容量，各路负荷用电容量和导线规格等。主要包括以下几项：①电缆进线回路数，电缆型号、规格，导线或电缆敷设方式及穿管管径；②表明总开关或熔断器的规格型号，出线回路数量、用途、用电负载功率数及各条照明支路分相情况等；③标出设备容量、需用系数、计算容量、计算电流、功率因数等用电参数及配电方式；④系统图中每条配电回路上，应标明其回路编号和照明设备的总容量等配电回路参数，包括插座等电器的容量；⑤照明供电系统图上标注的各种文字符号和编号，应与照明平面图上标注的文字符号和编号相一致。

3. 设备施工图的识读

（1）水、暖、电都是由各种空间管线和一些设备装置所组成。不同的管线、多变的管子直径，难以采用真实投影的方法加以表达。因此水、暖、电的设备装置和管道、线路多采用"国家标准"规定的统一图例符号表示。在阅读图纸时，应首先了解与图纸有关的图例符号及其所代表的内容。

（2）水、暖、电管道系统或线路系统，管道中的水流、气流或者线路中的电流都按一定方向流动，与设备相连接。如室内给水系统：引入管→水表井→干管→立管→横管→支管→用水设备。室内电气系统：进户线→配电箱→干线→支线→用电设备。

按照一定顺序阅读管线图，就会很快掌握图纸。

（3）水、暖、电管道或线路在房间的空间布置是纵横交错的，用一般房屋平、立、剖面图难以把它们表达清楚。除了要用平面图表示其位置外，水、暖管道还要采用轴测图表示管道的空间分布情况；在电气图纸中要画出电气线路系统图或接线原理图。

（4）水、暖、电管道或线路平面图和系统图，不标注管道线路的长度。管线的长度在备料时只需用比例尺从图中近似量出，在安装时则以实测尺寸为依据。

（5）在水、暖、电平面图中的房间平面图，它是用作管道线路和水暖电器设备的平面布置和定位陪衬图样，用较细的实线绘制，仅画出房屋的墙身、门窗洞口、楼梯、台阶等主要构配件，只标注轴线间尺寸，至于房屋细部及其尺寸和门窗代号等均略去。

（6）设备施工图和土建施工图纸是互有联系的图纸，如管线、设备需要地沟、留洞等，在设计和施工中都要相互配合，密切协作。

4. 管道施工图的标注

（1）比例。比例用 M 表示，设备施工图常用的比例有 1∶50、1∶100、1∶200 等，大样图则采用 1∶10 或 1∶20 等较小的比例，区域性平面图也采用 1∶500、1∶1000 等较大的比例。

（2）标高。管道在建筑物内的安装高度用标高表示。一般以建筑物底层室内主要地面作为正负零（+0.000），比该基准高时作正号（+）表示，但也可以不写正号；比该基准低时必须用负号（−）表示。标高的单位以 m 计算，但不需标注 m。《房屋建筑制图统一标准》规定，标高数值标注到小数点后三位，即精确到 mm，在总平面图中，可精确到 cm，即标注到小数点后两位。标高符号及标注如图 5-3-1 所示。

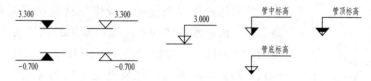

图 5-3-1　标高符号及注法

室外管道的标高用绝对标高表示。每个施工现场都有绝对标高控制点，土建施工单位掌握这方面的资料。

中、小直径管道一般标注管道中心的标高，排水管等重力流管道通常标注管底标高。所谓重力流管道，是指管道介质在没有压力的情况下，靠重力作用沿坡度来流动的管道；大直径管道较多地采用标注管底标高，有的采用"埋深不小于……"的提法，确定管顶的最小埋设深度。

除标高以 m 计以外，设备施工图中的其他尺寸均以 mm 计。

（3）坡度和坡向。水平管道往往需要按一定的坡度敷设，室外给水管道和室内给水干管的坡度一般为 2/1000～5/1000，室内管道的坡度差异较大，一般在 3/1000～2/100。坡度常用 i 表示，如 $i=0.005$ 或 $i0.005$，即表示坡度为 5/1000。坡向则用箭头标注在管道线条旁边，箭头指向低的方向。

5. 管道施工图的画法

（1）平面图的画法。在管道工程施工图中，更多的是使用单线图，在大样图或详图中，则使用双线图。所谓双线图，就是用双线表示管道的轮廓，将管壁画成一条线；单线图则干脆用一根线条表示管道，这种方法广泛应用于各行各业的管道施工图中。如弯管的单双线图如图 5-3-2 所示。

几种情况下的双线图和单线图画法如图 5-3-3～图 5-3-5 所示。

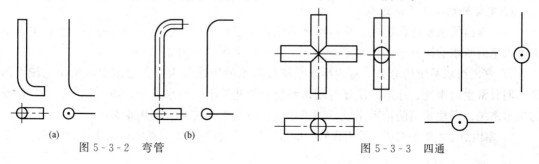

(a)　　　　　　　　(b)

图 5-3-2　弯管　　　　　　　　　　　图 5-3-3　四通

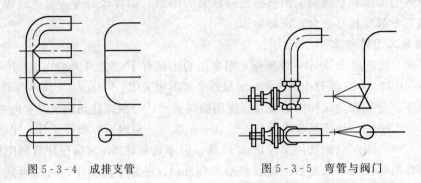

图 5-3-4 成排支管　　　　　图 5-3-5 弯管与阀门

（2）系统图的画法。系统图也称为透视图即轴测图，是反映管道系统空间布置形式的立体图。

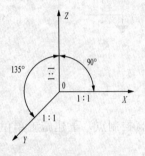

图 5-3-6 斜等测图的选定

管道轴测图是根据平行投影原理绘制管道系统在长、宽、高三个方向布置形状的立体图，常用的轴测图为斜等测图。管道的斜等测图，一般把 OZ、OX、OY 布置成图 5-3-6 所示的形式。画斜等测图时，凡是垂直走向的立管均与 OZ 轴平行，左右走向的水平管均与 OX 轴平行，而前后走向的水平管则与 OY 轴平行（图 5-3-7）。OZ、OX、OY 三个轴的缩短率均为 1：1。当管道线条发生交叉时，其表示方法的基本原则是：先看到的管道全部画出来，后看到的管道在交叉处要断开，图 5-3-7 中的立管 1 在与水平管段 3 交叉时就要断开。

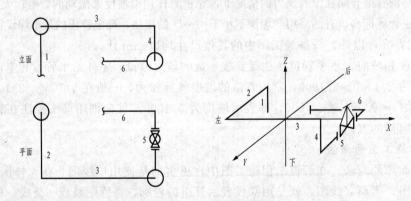

图 5-3-7 管道的斜等测图

5.3.2 给水排水系统施工图及识读

1. 建筑给水排水系统组成

（1）室内给水系统的组成。室内给水的流程是室外给水总管内的净水经引入管和水表节点流入室内给水管网直至各用水点，组成了室内给水系统（图 5-3-8）。

1）室内给水系统的分类。室内给水系统按给水的用途分为：①建筑生活给水系统，即供人们日常生活盥洗、沐浴、洗涤等用水系统；②建筑生产给水系统，即供各生产工艺过程的用水系统；③建筑消防给水系统，即供建筑物内发生火灾灭火的用水系统。

2）室内给水系统的组成：①引入管，即自室外给水总管将水引至室内给水干管的管段，引入管（也叫进户管）在寒冷地区必须埋设在冰冻线以下；②水表节点，水表装置在引入管段上，它的前后装有阀门、泄水装置等；③给水管网由水平干管、立管、横管和支管等组成；④配水龙头或用水设备，如水嘴、淋浴喷头、水箱、消火栓等；⑤水泵、水箱、贮水池等。

（2）室内排水系统的组成。室内排水系统是把室内日常生活、生产中的污（废）水以及落在房屋屋面上的雨、雪水收集，通过室内排水管道排至室外排水管网或沟渠。

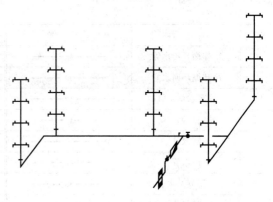

图 5-3-8　给水系统组成

1）室内排水系统的分类。室内排水系统按所排污水的性质分为：①生活污水排水系统，设在居住建筑、公共建筑和工厂的生活间内，是人们日常生活中洗涤污水和粪便污水的排水系统；②生产污（废）水排水系统，设在工业厂房排除生产污水、废水的排水系统；③屋面雨雪水排水系统，设在建筑物排泄降落在屋面上的雨水和融化的雪水的排水系统。

2）室内排水系统的组成。室内排水的流程是由各个卫生器具内的污水经器具排水管、排水横管、排水立管、排出管，排至室外检查井，最后流入室外排水系统（图5-3-9）。有关组成部分说明如下：①卫生器具，是接纳、收集污水的设备，是室内排水系统的起点；②器具排水管，承接一个卫生器具排水并将污水送入横管内，其上安装存水弯；③排水横管，承接卫生器具排水管流出的污水并将其排至立管内，横管在设计上要求有一定的坡度，坡向立管；④排水立管，是接收各横管流来的污水，并将其排至排出管（或水平排水干管）；⑤排出管，排出管的作用是接收排水立管的污水，是室内管道与出户检查井的连接管，该管埋地敷设，有一定的坡度，坡向室外检查井；⑥通气管，是在排水立管的上端不过水的且延伸出屋面的部分，其作用是使污水在室内的排水管道中产生的臭气和有害气体排至大气中去，平衡管道系统水压，保证污水流动通畅，防止卫生器具的水封受到破坏，通气管伸出屋面至少0.3m并大于当地最大积雪厚度；⑦检查口、清扫口，为了疏通排水管道，在排水立管上设置检查口，在横管起始端设置清扫口。

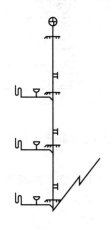

图 5-3-9　排水系统组成

2. 建筑给水排水工程常用图例

室内给水排水工程施工图图例符号应符合国家现行《给水排水制图标准》中的规定（表5-3-1）。

表 5-3-1　　　　　　　　　室内给水排水工程常用图例

序号	名　称	图　例	序号	名　称	图　例
1	给水管	—— J ——	5	消火栓给水管	—— ZP ——
2	排水管	- - - - P - - - -	6	自动喷水灭火给水管	—— RJ ——
3	污水管	- - - - W - - - -	7	热水给水管	—— RH ——
4	废水管	—— F ——	8	热水回水管	—— XJ ——

续表

序号	名 称	图 例	序号	名 称	图 例
9	冷却循环给水管	—— XH ——	30	管道固定支架	——*————*——
10	冷却循环回水管	—— Xh ——	31	保温管	～～～～
11	冲霜水给水管	—— CJ ——	32	法兰连接	——∥——
12	冲霜水回水管	—— CH ——	33	承插连接	——→
13	蒸汽管	—— Z ——	34	乙字管	↗
14	雨水管	---- Y ----	35	室外消火栓	——●
15	空调凝结水管	—— KN ——	36	室内消火栓（单口）	◢— ◐
16	暖气管	—— N ——	37	室内消火栓（双口）	◢— ◑
17	坡向	——→	38	水泵接合器	—◇—
18	排水明沟	坡向—→	39	自动喷淋头	—○— ▽
19	排水暗沟	坡向--→	40	洗脸盆	▭
20	清扫口	⊖ ⊤	41	立式洗脸盆	▭
21	雨水斗	⦿ YD ⊤	42	浴盆	▭
22	圆形地漏	⊘ ⊽	43	化验盆 洗涤盆	▭
23	方形地漏	▨ ⊽	44	盥洗槽	▭
24	存水管	Ɲ Ꝉ	45	拖布池	⊠
25	透气帽	↑ ⊛	46	立式小便器	▽
26	淋浴喷头	⊕ ⌐	47	挂式小便器	▽
27	管道立管	JL-1 JL-1	48	蹲式大便器	▭
28	立管检查口	⊦	49	坐式大便器	⬭
29	套管伸缩器	⊣⊢	50	小便槽	▭

3. 建筑给水排水施工图识读

识读施工图的顺序是：首页→平面图→系统图→详图，并且要注意平面图与系统图相互对照，注意掌握各种图纸上的主要内容。

（1）平面图的识读。给水排水管道和设备的平面布置图是室内给水排水工程施工图纸中最基本和最重要的图，它主要标明给水排水管道和卫生器具等的平面位置（图5-3-10、图5-3-11）。在识读该图时应注意掌握以下主要内容：

1）查明卫生器具和用水设备的类型、数量、安装位置、接管方式。

2）了解给水引入管和污水排出管的平面走向、位置。

3）分别查明给水、排水干管、立管、横管、器具排水管的平面位置与走向。

4）查明水表的型号、安装方式等。

（2）系统图的识读。系统图主要表示管道系统的空间走向。在给水的系统图上不画出卫生器具，只用图例符号画出水龙头、淋浴器喷头、卫生器具下的存水弯或器具排水管等（图5-3-12、图5-3-13）。

1）查明各部分给水管的空间走向、标高、管径尺寸及其变化情况、阀门的设置位置。

2）查明各部分排水管的空间走向、管路分支情况、管径尺寸及其变化，查明水平管坡度、各管道标高、存水弯形式、清通设备的设置情况。

（3）详图的识读。室内给水排水工程的详图主要有水表节点、卫生器具、管道支架等安装图。有的详图是选用标准图和通用图时，需查阅相应的标准图和通用图纸。

4. 建筑给水排水施工图识读实例

本例图是某二层加油站给排水施工图，其各部分内容如下：

(1) 设计说明：

1) 给水系统引入管入口需给水压力 0.2MPa。

2) 给水管道采用 PP-R 管，热熔连接；排水管道采用排水铸铁管，石棉水泥打口。

3) 给水管道上的阀门采用 J11T-16 型号的截止阀。

4) 明装排水管及管道支、吊架刷防锈漆二遍，银粉漆二遍；埋地铸铁管刷沥青漆二遍。

5) 给排水立管穿楼板、横管穿墙时均设钢套管。

6) 给水系统安装完毕应做 0.6MPa 的压水试验，10min 内压力降值不大于 0.02MPa 为合格；排水系统安装完毕应做通水试验，不渗不漏且水流畅通为合格。

7) 未尽事宜按有关规范施工。

(2) 平面图。图 5-3-10、图 5-3-11 分别为底层和二层给排水系统平面图。

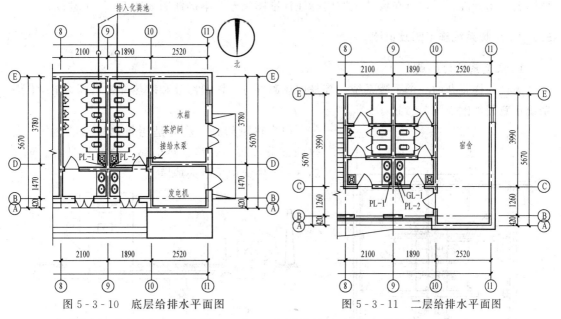

图 5-3-10 底层给排水平面图　　　　　图 5-3-11 二层给排水平面图

(3) 系统图。图 5-3-12 和图 5-3-13 分别为给水和排水系统图。

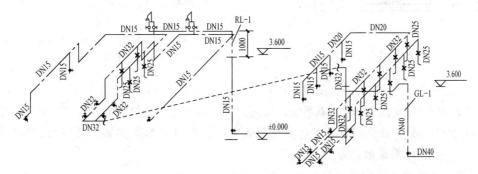

图 5-3-12 给水系统图

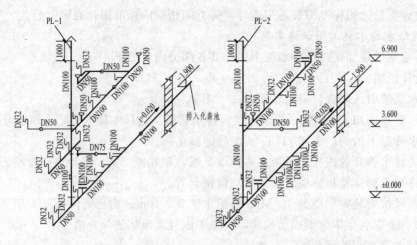

图 5-3-13 排水系统图

详图若采用标准图时，可在设计说明内标注标准图集号。本例详图如图 5-3-14 所示。

5.3.3 采暖系统施工图及识读

1. 采暖系统的组成

无论怎样复杂的一个采暖系统，都是由热源部分、输送部分和散热部分组成，集中供热系统示意图如图 5-3-15 所示。

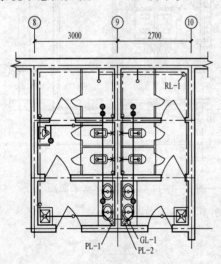

图 5-3-14 卫生间大样图

（1）热源部分。热源是指将热媒（载热体）加热的部分，如锅炉房、热电站、热交换站等。如图 5-3-15 中集中采暖锅炉房。

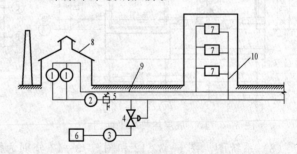

图 5-3-15 采暖系统组成

1—热水锅炉；2—循环水泵；3—补给水泵；4—压力调节阀；
5—除污器；6—补充水处理装置；7—采暖散热器；8—集中
采暖锅炉房；9—室外输热管道；10—室内采暖系统

（2）输送部分。输送部分是指由热源输送热媒至热用户的热水管道系统或蒸汽管道系统，包括室外供热管网和室内采暖管道系统。如图 5-3-15 中室外输热管道和室内采暖管道系统。

（3）散热部分。散热部分是指将热量散入室内的设备，如散热器、暖风机、辐射板等。如图 5-3-15 中的采暖散热器。

2. 采暖工程施工图常用图例

室内采暖工程施工图图例符号应符合国家现行《供热工程制图标准》规定（表 5-3-2）。

表 5 - 3 - 2 室内采暖工程常用图例

序号	名称	图例	序号	名称	图例
	1. 各类标注法		7	循环水管	—— X ——
1	焊接钢管	用公称直径表示　例：DN32	8	溢排水管	—— Y ——
2	无缝钢管	用外径、壁厚表示　例：D108×4	9	保温管	～～～～
3	坡向	→		4. 阀门及附件	
4	流向	→	1	截止阀	▷◁ ⊢
5	标高	▽ 1.200 ▽ -1.200	2	闸阀	▷◁
6	散热器		3	蝶阀	▷◁●
	柱式	标注片数　例：10	4	止回阀	▷◁
	圆翼型	标注根数×排数　例：3×2	5	安全阀	
	光圆管	标注管径　长度　排数　例：D108×2000×3	6	减压阀	
	串片式	标注长度　排数　例：1.0×2	7	手动排气阀	
	板式	标注高度　长度　例：600×1000	8	自动排气阀	
	扁管式	标注高度　长度　例：520×1000	9	角阀	
	2. 系统编号		10	三通阀	
1	采暖立管编号	(Ln)　L—立管代号　n—立管编号	11	电磁阀	
2	采暖入口编号	(Rn)　R—入口代号　n—入口编号	12	电动二通阀	
			13	电动三通阀	
	3. 各类管道		14	散热器三通阀	
1	采暖供水管	——	15	散热器温控阀	
2	采暖回水管	- - - - -	16	散热器放风门	
3	蒸汽管	—— Z ——	17	浮球阀	
4	凝结水管	—— N ——	18	过滤器	
5	膨胀水管	—— P ——	19	除污器	
6	补给水管	—— B ——	20	集气罐	
			21	疏水器	

3. 识图要点

施工图必须按照国家现行《供热工程制图标准》规定绘制，成套的专业施工图首先要看它的图纸目录，了解这套图纸的组成、张数、然后再看具体图纸。

（1）采暖系统施工图所表示的设备、管道等一般采用统一图例（表 5 - 3 - 2），在识读图纸前应掌握有关的图例，了解图例代表的内容。

（2）读设计和施工说明，了解设计对施工提出的具体要求。

（3）平面图和系统图对照看，以了解系统全貌。先看各层平面图，再看系统图，相互对照，既要看清采暖系统本身的全貌和各部位的关系，也要搞清楚采暖系统在建筑物中所处的位置。

（4）系统图中图例及线条较多，应沿着流体的流动方向查看。一般采用的系统图识读顺序为：从采暖用户入口处开始，经供水总管、总立管、水平干管、立管、支管、散热器到回水支管、立管、干管、总回水管，再到用户出口，顺着管道流体流向把平面图和系统图对照看，明白每条管道的名称、方向、标高、管径、坡度、变径、分流点、合流点；散热器的位置、型号、规格、组数、片数；阀门的位置、型号、规格、数量；集气灌、固定支架的位置、数量等。

（5）通常立管和水平干管在安装时与墙面的距离是不相等的，即立管和干管不属于同一垂直面，但为了简化制图，图中有时没有将立管和直管的拐弯连接画出，干管的位置有时也没有完全按投影方法绘制。

（6）识读图纸时应注意支架及散热器安装时的预留孔洞、预埋件等对土建的要求，以及与装饰工程的密切配合，这些对于提高建筑产品质量有着重要意义。

4. 建筑采暖施工图识读实例

如图 5-3-16～图 5-3-18 所示是某二层加油站采暖施工图，其各部分内容如下：

（1）采暖设计说明：

1）本工程为热水采暖，热源为锅炉房提供 95℃/70℃热水。

2）采暖系统形式为垂直单管上供下回系统。

3）散热器选用四柱-760，每组设手动冷风门一个。

4）采暖管选用焊接钢管，≤DN32 丝接，＞DN32 焊接。

5）明装管道刷防锈漆一道，银粉漆两道；暗装管道刷防锈漆两道；地沟管道采用岩棉壳管保温，厚度 50mm，外缠玻璃丝布两道，铅丝捆扎，刷面漆两遍。

6）散热器在除锈后刷防锈漆两道、银粉漆两道。

7）采暖管道过墙、楼板时，应埋设钢套管，安装在楼板内的套管其顶部应高出地面20mm，底部与楼板底面齐平；安装在墙体内的套管，其外端应与墙饰面相平。

8）管道安装完毕后应进行水压试验，试验压力为 0.6MPa，在 10min 内压降不大于0.02MPa，且不渗不漏为合格。

9）管道试压合格后，应对系统进行反复冲洗，直至排出水不带泥砂铁屑等杂物且水色清晰为合格。

10）未尽事宜均按国家现行《建筑给排水及采暖工程施工质量验收规范》和《建筑安装工程质量检验评定标准》执行。

（2）平面图。图 5-3-16、图 5-3-17 为采暖系统一、二层平面图。从平面图可以看出，采暖管道用户入口、干管走向、各个房间散热器片数、各管管径、阀门位置等。

（3）系统图。图 5-3-18 为采暖系统图。从系统图上可以看出热媒走向、管道坡度、立管编号、固定支架位置、管道安装高度、楼地面标高等。

（4）详图。采暖详图通常只画平面图、系统图中需要表明而通用、标准图中没有的局部节点图。

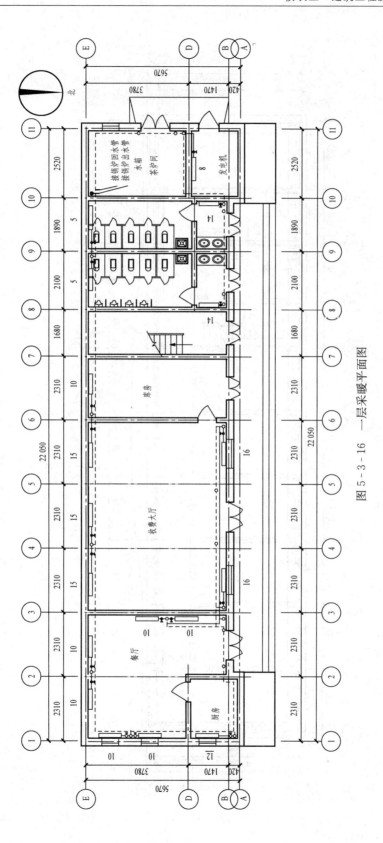

图 5 - 3 - 16 一层采暖平面图

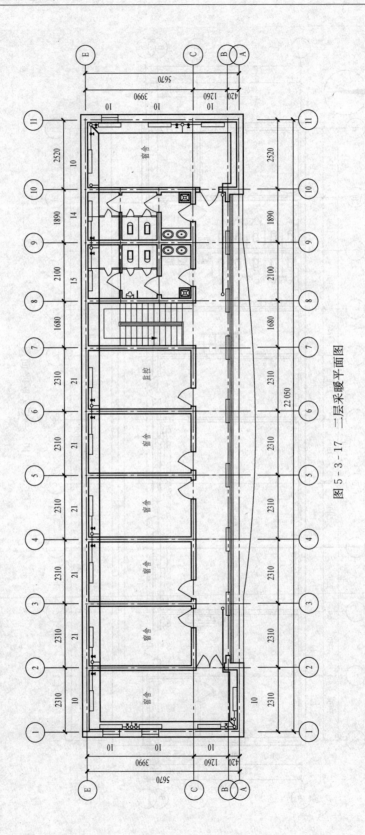

图 5 - 3 - 17 三层采暖平面图

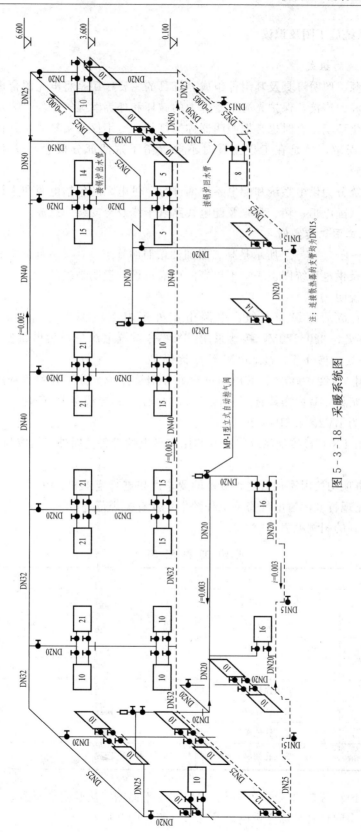

图 5 - 3 - 18　采暖系统图

5.3.4 电气照明系统施工图及识读

1. 电气照明系统的组成

照明器由电光源、照明灯具及其附件组成。灯具的主要作用是将电光源合理布置，安装固定，并实现与电源的连接，保护光源不受外力的破坏和外界潮湿气体的影响，防止光源引起的眩光，装饰美化环境。有时也常把照明器称为灯具，这不仅通俗易懂，且在一般情况下也不会引起较大的误解，只是在工程预算时不要混淆了这两部分概念，以免造成较大的错误。

照明的电气系统分为供电系统和配电系统两部分。供电系统包括电源和主结线；配电系统则是由配电装置（配电柜、箱、盘）及配电线路（干线及分支线）组成。

2. 电气照明施工图识读实例

如图 5-3-19～图 5-3-21 所示是某二层加油站照明施工图，其各部分内容如下：

在照明平面图及供电系统图上表示不出来的可通过设计说明来表示。

（1）设计施工说明

1）本工程用电负荷等级为三级，电源由室外配电室电缆直埋引入，室外埋深为 -0.800m，电压等级为 380/220V，接地采用 TN-C-S 系统电源进户后做重复接地，PE 线与 N 线在重复接地处严格分开，接地电阻不大于 10 欧。

2）进户线选用 VV22-1000V 铜芯电缆进户处穿钢管保护，分路开关后选用 BV 塑料线穿钢管埋地或沿墙暗设，室内布线选用 $BV2\times2.5(4)\text{mm}^2$ 的导线穿 PVC 管沿墙，埋地或顶板暗设除注明外均为 BV2×2.5PVC20。

3）本工程采用 TN-C-S 接地系统，所有非用与导电的设备金属外壳均应与 PE 线可靠连接。

4）图中未表事项均按国家现行规程规范的要求严格进行施工和验收。

5）施工作法见现行《建筑电气安装工程图集》及有关规范进行。

（2）本工程用到的图例见表 5-3-3。

表 5-3-3　　　　　　　　　　照 明 工 程 图 例

序号	图例	名称	序号	图例	名称
1	▦	方格栅吸顶荧光灯	9	⊥	二三孔插座
2	⊢	单管荧光灯	10	⊓	自动冲洗阀电源预留分线盒
3	⊨	双管荧光灯	11	⟋	单联开关
4	⊗	防水防尘灯	12	⟋	双联开关
5	▼	吸顶灯	13	⟋	三联开关
6	▲	二三孔插座	14	▬	总配电箱
7	▲	二三孔插座	15	▬	配电箱
8	▲ᵧ	二三孔插座	16	◿	双电源切换箱

（3）图 5-3-19、图 5-3-20 为一层、二层照明平面图。从照明平面图上可以读到进户线、分支回路、各房间灯具及插座供电以及灯泡（管）的开启和关闭等。

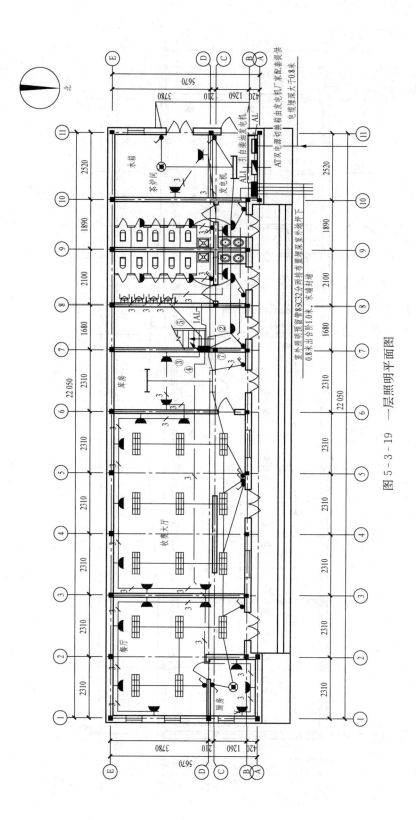

图 5 - 3 - 19 一层照明平面图

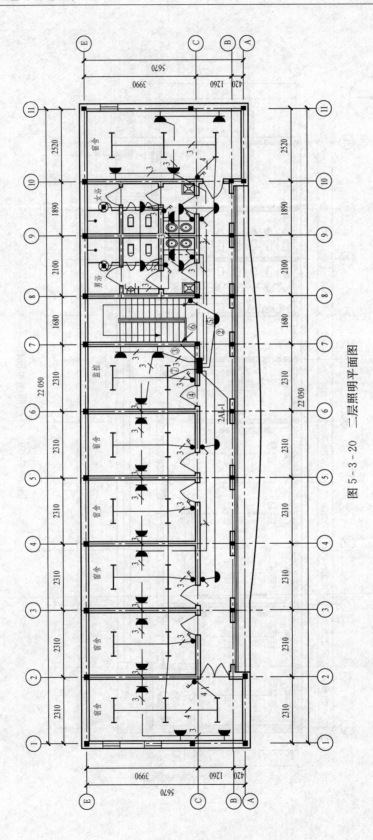

图 5-3-20 二层照明平面图

（4）图 5-3-21 为照明系统图。从系统图可读到电表、一系列开关、熔断器等装置。

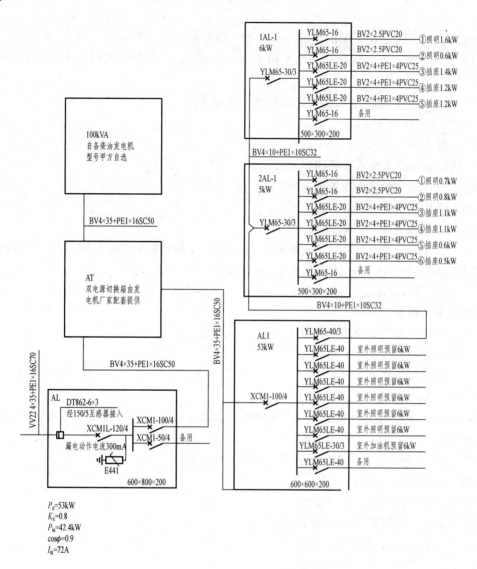

图 5-3-21　配电系统图

$$理\ 论\ 知\ 识\ 训\ 练$$

1. 建筑设备施工图的作用是什么？
2. 建筑设备施工图包括哪些内容？
3. 简述建筑给水排水施工图的组成和作用。
4. 简述建筑采暖施工图的组成和作用。
5. 简述建筑电气照明施工图的组成和作用。

实 践 课 题 训 练

题目 1：给水排水施工图的识读

(1) 实训目的：通过实际建筑给水排水施工图的识读，了解建筑给水排水施工图的内容及绘制要求。

(2) 实训条件：选定某工程的建筑给水排水施工图。

(3) 实训内容及深度：

1) 给排水施工图识读。

2) 认识建筑给水排水工程图中的图例。

3) 掌握建筑给水排水施工图要点。

4) 正确识读建筑给水排水施工图。

题目 2：采暖施工图的识读

(1) 实训目的：通过实际建筑采暖施工图的识读，了解建筑采暖施工图的内容及绘制要求。

(2) 实训条件：选定某工程的建筑采暖施工图。

(3) 实训内容及深度：

1) 建筑采暖施工图识读。

2) 认识建筑采暖工程图中的图例。

3) 掌握建筑采暖施工图要点。

4) 正确识读建筑采暖施工图。

题目 3：电气照明施工图的识读

(1) 实训目的：通过实际建筑电气照明施工图的识读，了解建筑电气照明施工图的内容及绘制要求。

(2) 实训条件：选定某工程的建筑电气照明施工图。

(3) 实训内容及深度：

1) 建筑电气照明施工图识读。

2) 认识建筑电气照明工程图中的图例。

3) 掌握建筑电气照明施工图要点。

4) 正确识读建筑电气照明施工图。

课 题 小 结

在建筑工程施工图中，除了建筑施工图和结构施工图外，还应包括设备施工图。设备施工图按专业范围分为建筑给水排水施工图、采暖通风施工图、电气照明施工图等。

设备施工图是工程施工、工程预（决）算的依据和必须遵守的文件。建筑给水排水施工图主要由首页、平面图、系统图、详图四个部分组成。

室内给水的流程是室外给水总管内的净水经引入管和水表节点流入室内给水管网直至各用水点，由此构成了室内给水系统。

室内排水系统的任务是把室内日常生活、生产中的污（废）水以及落在房屋屋面上的雨、雪水加以收集，通过室内排水管道排至室外排水管网或沟渠。

采暖系统是由热源部分、输送部分、散热部分组成，集中供热系统示意图、室内采暖工程施工图图例符号的使用在《供热工程制图标准》中也均有规定。

照明器由电光源、照明灯具及其附件组成。灯具的主要作用是将电光源合理布置，安装固定，并实现与电源的连接，保护光源不受外力的破坏和外界潮湿气体的影响，防止光源引起的眩光，装饰美化环境。有时也常把照明器称为灯具，这不仅通俗易懂，且在一般情况下也不会引起较大的误解，只是在工程预算时不要混淆了这两部分概念，以免造成较大的错误。

照明的电气系统分为供电系统和配电系统两部分。供电系统包括电源和主结线；配电系统则由配电装置（配电柜、箱、盘）及配电线路（干线及分支线）组成。

课题4　建筑装饰工程施工图识读

5.4.1　装饰工程施工图的分类和内容

建筑装饰工程施工图用来表明建筑平面组合、室内外装修的形式、构造及设备安装等，按照国家现行规范的要求编制的，用于指导装饰工程施工的图样，称为建筑装饰工程施工图。

建筑装饰工程施工图不仅是建筑装饰工程施工和验收的依据，也是工程招标、投标、监理、编制预算和施工组织计划的重要依据。

1. 建筑装饰工程施工图的分类

建筑装饰工程施工图按对建筑装饰位置不同分为室外装饰工程施工图和室内装饰工程施工图。

2. 建筑装饰工程施工图的内容

建筑装饰工程施工图包括装饰施工图（简称装施）、结构施工图、设备施工图和电气施工图等内容。建筑装饰工程施工图是由装饰设计说明、装饰平面施工图、装饰立面施工图、装饰剖面施工图和详图组成。

（1）装饰设计说明。建筑装饰设计说明包括工程的概况、设计依据、各房间地面、墙面、门窗和顶棚工程做法、所选用的标准构件图集以及一些构造要求和施工中的注意事项等，是对装饰工程平面布置图和装饰详图中表达不清楚的内容和工程通用的做法及施工要点等的文字说明。

（2）装饰平面施工图。装饰平面施工图主要说明在建筑空间平面的功能布局，装饰工程在平面上与土建结构的对应关系，以及房间分布和设备的布置情况。装饰平面施工图主要包括平面布置图（图5-4-1）、吊顶平面图（图5-4-2，见文后插页）、平面定位图和楼地面平面图。

（3）装饰立面施工图。建筑装饰立面施工图包括外视立面图、内视立面图及内视立面展开图等。

外视立面图的作用主要是表达建筑物各个面的外观，立面造型、材质、外部做法及要求等。

内视立面图主要表达室内墙面及有关室内装饰情况，如室内立面造型、门窗、家具陈设等装饰的位置与尺寸、装饰材料及做法等（图5-4-3）。

（4）装饰剖面施工图和详图。装饰剖面施工图的类型有整体剖面图和局部剖面图两种。整体剖面图主要表示建筑立面造型、尺寸、装饰材料及构造做法等。

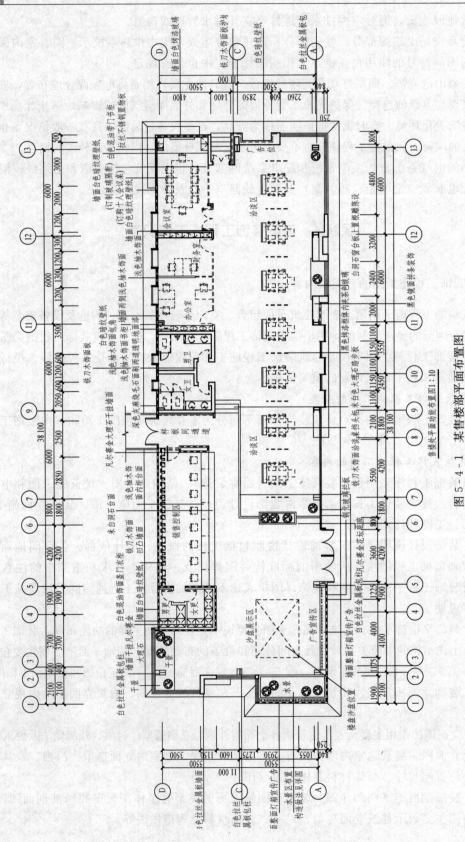

图 5-4-1 某售楼部平面布置图

售楼处平面功能布置图1:10

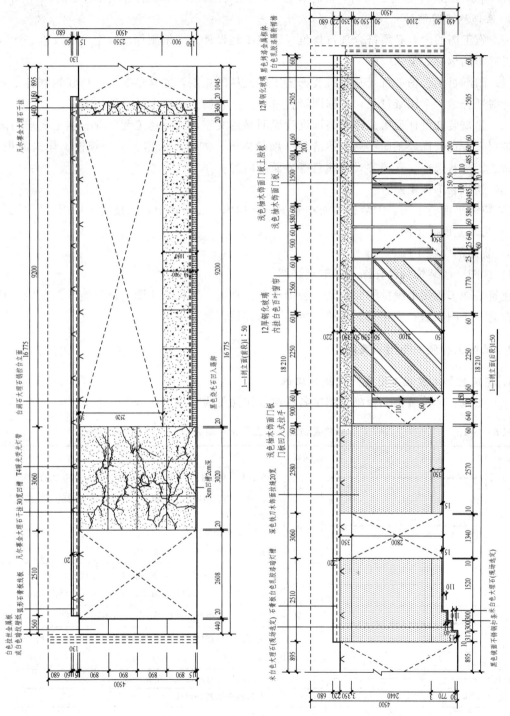

图 5 - 4 - 3 某售楼部立面图

在装饰剖面施工图中,有时由于受图纸幅面、比例的制约,对于装饰细部、装饰构配件及某些装饰剖面中节点详细构造表达不清楚的内容,采用较大比例来绘制局部的图样。局部剖面图主要表示局部造型形状、尺寸、材料、构造措施,常见的详图有装饰构配件详图和剖面节点详图等。

3. 装饰施工图编排

装饰施工图的内容必须符合现行规范《建筑工程设计文件编制深度规定》的要求。建筑装饰工程图的编排如下:

(1) 图纸目录。图纸目录是建筑装饰施工图文件的总纲,通常情况下一栋建筑物各专业的设计图纸合编一个图纸目录,根据图纸目录可直接查找到所要求的图纸内容。

(2) 建筑装饰设计说明。建筑装饰设计说明是用文字形式表达工程概况和施工要求的图样,是用来表达装饰施工图不易表达清楚详细的内容,如设计依据、工程规模、建筑面积、构造做法、材料选择、连接方式及颜色等方面的内容。

(3) 建筑装饰施工图

1) 装饰平面施工图:①装饰平面布置图;②顶棚平面布置图;③楼地面平面布置图。

2) 装饰立面施工图。

3) 装饰剖面施工图。

4) 详图:①装饰构件详图;②节点详图。

建筑装饰工程图纸编排的原则是:装饰施工图在前,结构施工图、设备施工图在后;基本图在前,详图在后;先施工图在前,后施工图在后。

5.4.2　装饰工程施工图图示规定

1. 建筑装饰工程施工图常用图线和比例

(1) 图线:建筑装饰工程施工图中各种图线用法见表 5 - 4 - 1。

表 5 - 4 - 1　　　　　　　　建筑装饰工程施工图常用图线

名　称		线　　形	线宽	一　般　用　途
实线	粗实线	——————	b	平面图、顶棚图、立面图、详图中被剖切的主要构造的轮廓线
	中实线	————	$0.5b$	1. 平面图、顶棚图、立面图、详图中被剖切的主要构造的轮廓线 2. 立面图中转折线 3. 立面图中主要构件的轮廓线
	细实线	————	$0.25b$	1. 平面图、顶棚图、立面图、详图中一般构件的图形线 2. 平面图、顶棚图、立面图、详图中索引符号及引出线
虚线	中虚线	- - - - -	$0.5b$	平面图、顶棚图、立面图、详图中不可见灯带
	细虚线	- - - - -	$0.25b$	平面图、顶棚图、立面图、详图中被剖切的次要构造的轮廓线
细单点长画线		—·—·—	$0.25b$	中心线、对称中心线、定位轴线
折断线		——/\——	$0.25b$	不需画全的断开界线
波浪线		～～～	$0.25b$	断开界线

(2) 比例:绘图时根据图样的用途、表达内容,选用适当比例绘制,常用比例见表 5 - 4 - 2。

表 5 - 4 - 2 建筑装饰工程制图常用比例

图　名	常　用　比　例
平面图、顶棚平面图	1：200、1：100、1：50
立面图	1：100、1：50、1：40、1：30、1：25
详图	1：50、1：40、1：30、1：25、1：20、1：10
节点图、大样图	1：10、1：5、1：2、1：1

2. 建筑装饰工程施工图常用符号和图例

（1）内视符号。为表示室内立面在平面上的位置，应在平面图上用内视符号注明视点位置、方向及立面编号，包括单面内视符号、双面内视符号和四面内视符号。符号中圆圈应用细实线绘制，根据图面比例圆圈直径可选择 8～12mm。立面编号宜用拉丁字母或英文字母。

（2）图例。建筑装饰工程施工图中采用的图例应符合国家现行《房屋建筑制图统一标准》、《建筑制图标准》等规定，常用机电图例见表 5 - 4 - 3。

表 5 - 4 - 3 建筑装饰工程施工图电器常用的图例

图　例	名　称	图　例	名　称
⊙╪ ╻	墙面单座插座（距地 300mm）	●╪HR	吹风机插座（距地 1250mm）
⊡ ⊡	地面单座插座	●╪HD	烘手器插座（距地 1400mm）
╪⊕WS	壁灯	⌐FW	服务呼叫开关
○	台灯	⌐JJ	紧急呼叫开关
⊙ 喷淋	◐下喷 ◔上喷 ◑侧喷	⌐YY	背景音乐开关
⊚	烟感探头	⊕	筒灯/根据选型确定直径尺寸
ⓑ	天花扬声器	✦	草坪灯
▷╪D	数据端口	⊕	直照射灯
▷╪T	电话端口	⊕	可调角度射灯
▷╪TV	电视端口	▩	洗墙灯
▷╪F	传真端口	◈	防雾筒灯
⊗	风扇	⊕	吊灯/选型
▭LCP	灯光控制板	⊕	低压射灯
□T	温控开关	◆	地灯
□CC	插卡取电开关	- - - - - -	灯槽
ⓑF	火警铃	▨	600×600 格栅灯
□DB	门铃	▨	600×1200 格栅灯
□DND	请勿打扰指标牌开关	▱	300×1200 格栅灯
⊢SAT	人造卫星信号接收器插座	▣	排风扇
MS	微型开关	⊞	吸顶灯
⌐SD	调光器开关	▬	照明配电箱
⌐开关	⌐单联 ⌐双联 ⌐三联	▭ A/C　▭ A/C	下送风品/侧送风
●╪MR	剃须插座（距地 1250mm）	▭ A/R　▭ A/R	下回风口/侧回风

图　例	名　称	图　例	名　称
A/C　A/C	下送风品/侧送风		三联开关
A/R　A/R	下回风口/侧回风		二联开关
	干粉灭火器		一联开关
XHS	消火栓		温控开关
O+TL	台灯插座（距地300mm）		五孔插座
O+RF	冰箱插座（距地300mm）		电视插座
O+SL	落地灯插座（距地300mm）		网络插座
O+SF	保险箱插座（距地300mm）		
	客房插卡开关		

5.4.3　装饰工程施工图特点

虽然建筑装饰施工图与建筑施工图在绘图原理和要求方面一致，但由于专业分工不同，图示内容不同，还是存在一定的差异。其差异反映在图示方法上，主要有以下几个方面：

（1）由于建筑装饰工程涉及面广，它不仅与建筑有关，与水、暖、电等设备有关，与家具、陈设、绿化及各种室内配套产品有关，还有金属、木材等不同材质的使用有关。

（2）建筑装饰工程施工图所要表达的内容多，它不仅要反映建筑的基本结构（是装饰设计的依据），还要表明装饰的形式、构造。

（3）建筑装饰工程施工图图例按建筑制图标准。

（4）由于装饰构件标准化设计少，可采用的标准图不多，装饰构件需要详细绘制构造详图。

（5）建筑装饰工程施工图由于所用的比例较大，是建筑物某一装饰部位或空间的局部图示，有些细部描绘比建筑施工图更细致。例如施工图将大理石板绘制上石材肌理、玻璃或镜面上反光、金属装饰制品绘制上抛光线等。

5.4.4　建筑装饰工程施工图识读

1. 装饰平面施工图及识读

（1）装饰平面施工图的组成。建筑装饰平面施工图是装饰施工图中最重要的图样，是其他专业施工图设计的依据。装饰平面施工图主要包括平面布置图、楼地面平面图和顶棚平面布置图。

（2）装饰平面布置图的形成。装饰平面布置图与建筑平面图的形成方法相同，即假想用一个水平剖切平面，在高于窗台的位置剖切房屋后所得的水平剖面图。

（3）装饰平面布置图的图示方法。建筑装饰平面施工图上的内容是通过图线来表达的，其图示方法主要有以下几种：

1）被剖切的断面轮廓线，通常用粗实线表示。断面内应画出材料图例，常用的比例是1：50和1：100。

2）未被剖切图像的轮廓线，即形体的顶面正投影图（如楼地面、窗台、家电、家具、陈设、卫生设备、厨房设备等）的轮廓线，楼地面的高差线等，可用细实线表示。

3）承重的墙、柱一般都设定位轴线。纵横向定位轴线用单点画线表示，其端部用细实线画圆圈，用来写定位轴线的编号。

4）平面图上的尺寸标注一般分布在图形的内外。尺寸分为总尺寸、定位尺寸、细部尺寸三种。总尺寸是建筑物的外轮廓尺寸；定位尺寸是轴线尺寸，是确定建筑物构配件位置的尺寸（如墙体、柱、门、窗、洞口、洁具等）；细部尺寸是指建筑物构配件的详细尺寸。

5）平面图上的符号、图例用细实线表示。门窗符号在平面图上出现较多。门的代号为M；窗的代号为C。

6）楼梯在平面图上的表示与建筑施工图相同，分各层平面图。

（4）装饰平面施工图的内容。装饰平面施工图主要说明在原有建筑图基础上进行平面功能组合及家具设备布置的图样。装饰平面施工图一般包括以下几方面的内容：①表明室内平面功能的组织、房间的布局。②原有建筑的轴线、编号及尺寸。③表示建筑平面布置、空间的划分及分隔尺寸。④表示家具、设备布局及尺寸、数量、材质。⑤表示楼地面的平面位置、形状、材料、分格尺寸及工程做法。⑥表示有关部位的详图索引。⑦表明平面中各立面图内视符号。⑧表明门、窗的位置尺寸、开启方向及走道、楼梯、防火通道、安全门、防火门或其他流动空间的位置和尺寸。⑨表明台阶、水池、组景、踏步、雨篷、阳台及绿化等设施、装饰小品的平面轮廓与位置尺寸。

（5）装饰平面图的识读。以某售楼部平面布置图（图5-4-4）和地面布置图（图5-4-5）为例识读装饰平面图。

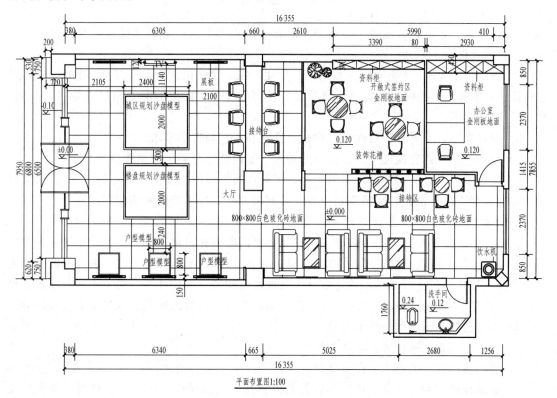

平面布置图1:100

图 5-4-4　某售楼部平面布置图

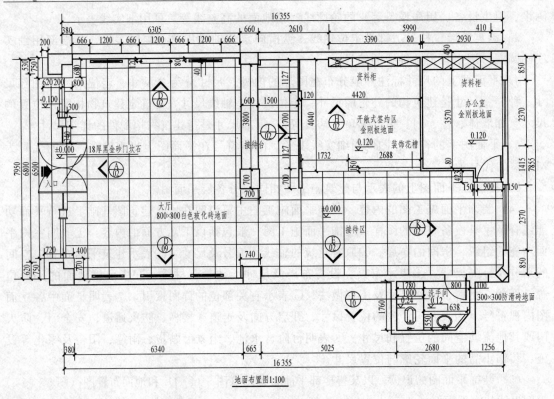

图 5-4-5 某售楼部地面布置图

1）读图名、比例、标题栏，了解该平面属于哪一层平面；了解功能布局及各房间使用要求，该图比例为1∶100。

2）读定位轴线，了解各功能区域的平面尺寸，各房间面积、分布及门窗、走廊、楼梯等建筑构件的位置；了解楼地面标高、家具及陈设等的布局。售楼部的开间尺寸为16 355mm，进深尺寸为7950mm。

3）通过文字，了解各装饰面材料规格、性能和工艺制作的要求。

4）读尺寸，了解建筑尺寸、平面功能布置、室内装饰布局、家具布置等。

5）读内视符号、剖切符号、索引符号，了解内视符号所指方向（或投影方向）；明确被索引部位及详图所在位置，明确剖切位置及其剖视方向，进一步查阅相应的剖面图。

2. 顶棚装饰平面施工图及识读

（1）顶棚装饰平面施工图的内容。顶棚装饰平面图也称吊顶平面图，是在建筑窗口部位剖开，镜像绘制的反映顶棚造型、空调、通风、照明布置情况的图样，用来表明顶棚装饰的平面造型的形式、尺寸和材料，顶部灯具和其他设施的位置和尺寸等。对于小型的室内顶棚平面，在造型的部位需注写标高及尺寸，并详细反映饰面材料的颜色、规格及工艺要求等。

1）原有建筑平面图和轴线编号及尺寸。

2）表示顶棚造型的位置、形状及尺寸。

3）表示顶棚灯具的形式、位置及尺寸。

4）表示顶棚空调、通风、消防等设备的位置及空调出风口、通风回风口及设备形状及尺寸。

5）表示吊顶龙骨规格及材料、饰面材料颜色及品质。

6）表示有造型复杂部位的详图索引。

（2）顶棚平面施工图的识读。

图 5 - 4 - 6 为某售楼部顶棚平面布置图。

1）读图名、比例，了解该平面所处位置、吊顶造型的形式及设备布置的情况，该图为售楼部的顶棚平面布置图，比例为 1∶100。

2）读顶棚平面的装饰造型尺寸、标高，该售楼部大厅、接待区、办公室吊顶和室外雨篷底吊顶标高为 2.800m，签约区标高为 2.880m，洗手间标高为 2.500m。

3）通过顶棚平面图上的文字标注，了解顶棚饰面材料的颜色、规格、品质，如雨篷底采用 4mm 厚红色铝塑板吊顶；大厅顶棚平面采用黑色烤漆金属格栅吊顶棚，中间安装单头格栅射灯局部采用轻质钢龙骨硅钙板造型吊顶，白色水泥漆饰面。

4）通过顶棚平面图，了解顶部灯具和设备设施的规格、品种、数量及位置。如大厅吊顶有暗藏荧光灯管、筒灯格栅射灯及吸顶音响；接待区顶面安装有格栅射灯、筒灯和吊灯；签约区四周安装格栅射灯，中间为玻璃发光吊顶；办公室顶面安装两个 1200mm×300mm 格栅灯盘，洗手间内安装有排气扇和筒灯。

5）通过顶棚平面图上的索引符号，了解细部构造做法。

6）通过顶棚平面图上的尺寸标注，了解顶部灯具和其他设施的位置。

3. 装饰立面施工图及识读

（1）装饰立面施工图的组成。建筑装饰立面施工图包括外视立面图、内视立面图及内视立面图展开图等。

将建筑物墙面向平行于墙面的投影面上所做的正投影图称为外视立面图，简称立面图，是表达建筑物各个立面的外观立面造型、材质与品质、做法及要求等。

装饰立面施工图一般表达室内立面造型、门窗、家具及陈设等的造型与尺寸、饰面材料的颜色、规格及工艺要求。

（2）装饰立面施工图的形成。绘制展开图时，用粗实线绘制连续的墙面外轮廓、面与面转折的阴角线、内墙面、地面、顶棚等处的轮廓，然后用细实线绘制室内壁柱等的立面造型。为了区别墙面位置，在图的两端和阴角处标注与平面图一致的轴线编号。标注相关的尺寸、标高和文字说明。

（3）装饰立面施工图的图示方法。装饰立面施工图应包括投影方向可见的室内轮廓线和装饰构造、门窗、构配件、墙面做法、固定家具、灯具、造型尺寸、轴线编号、控制标高和详图索引符号等。在绘制装饰立面施工图时，用粗实线绘制室内墙面、地面、顶棚等处的轮廓，用细实线绘制室内家具、陈设、壁柱等处的立面轮廓。

（4）装饰立面施工图的内容

1）表明室内轮廓线，墙面与吊顶的收口形式，可见的灯具投影图形等。

2）表明墙面装饰造型及陈设（如壁挂、工艺品等）、门窗、墙面造型壁灯、暖气罩等内容。

3）表明饰面材料、造型及分格等。做法的标注采用细实线引出。图外标注 1～2 道竖向及水平向尺寸，以及楼地面、顶棚等的装饰标高；图内应标注主要装饰造型尺寸。

4）表明立面装饰的造型、饰面材料的品名、规格、色彩和工艺要求。

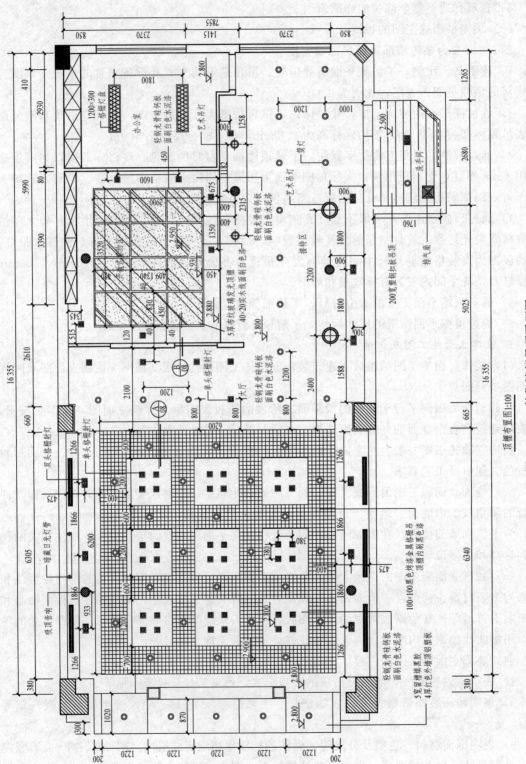

顶棚布置图1:100

图 5 - 4 - 6　某售楼部吊顶平面图

5）表明依附墙体的固定家具及造型。

6）表明各种饰面材料的连接收口形式。

7）表明索引符号、说明文字、图名及比例等。

（5）装饰立面施工图及识读

1）读立面图，了解立面造型的形式。

2）读标高及尺寸，明确地面标高、楼面标高、楼地面装修设计起伏及尺寸。

3）读文字说明，了解饰面材料及装饰构造做法，明确其对材料的品质和施工工艺的要求。

4）了解各装饰造型和饰面的连接方式，造型复杂时查阅配套的构造节点图、细部大样图等。

5）熟悉装饰构造与主体构造的连接固定方式，明确各种预埋件、后置埋件、紧固件和连接件的类型、布置间距、数量和处理方法等详细的设计规定。

6）其他技术说明，有需要预留的洞口、线槽或要求事先预埋的线管，明确其位置尺寸关系并纳入施工计划。

图 5-4-7 为某售楼部大厅墙装饰立面图，比例为 1：50，对应售楼部平面定位图，可了解这三个室内立面在平面图上的位置、方向。

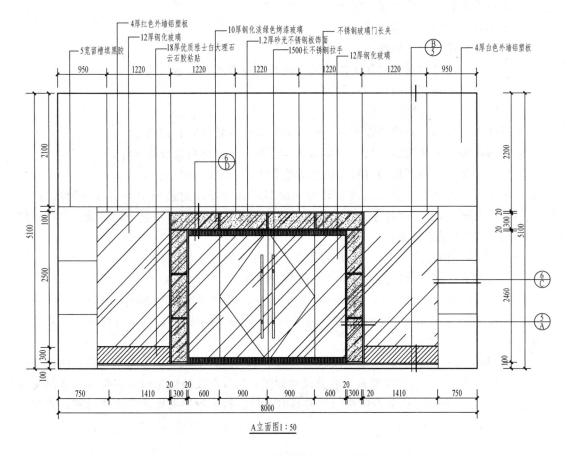

图 5-4-7 某售楼部墙立面图

根据装饰立面图与平面图进行对照，了解立面图的投影关系，A 立面图是大厅入口处朝门方向的投影图。根据投影、尺寸及文字说明，可知售楼部大厅门采用 12mm 厚钢化玻璃，踢脚采用 18mm 厚雅士白大理石，门套采用 10mm 厚钢化淡绿色玻璃等。

4. 装饰剖面施工图及识读

（1）装饰剖面施工图的组成。装饰剖面图简称剖面图（或剖视图），根据用途、表现范围不同，有整体剖面图、局部剖面图和详图等组成。

（2）装饰剖面施工图的形成。与装饰剖面图形成相似，它也是用一剖平面将整个房间切开，画出切开房间内部空间物体的投影，形成剖面图的剖切平面的名称、位置及投射方向应在平面布置图中表明。

（3）装饰剖面施工图的图示方法。装饰剖面图表明构造形式、墙面地面、顶棚构造的措施，要求剖立面图中的尺寸、材料等内容要详细，并能指导工程施工。

用局部剖面图表现装饰节点处的内部装饰节点构造。

用装饰详图将装饰平面施工图、装饰立面施工图、装饰剖面施工图中未表达清楚的部分，将其形状、大小、材料和做法详细地绘出。

（4）装饰剖面施工图和详图的内容

1）剖开部位的构造层次。

2）表示造型材料之间连接方法。

3）表示构造做法和造型尺寸。

4）表明装饰结构和装饰面上的设备安装方式和固定方法。

5）表明装饰造型材料和建筑主体结构之间的连接方式与衔接尺寸。

6）表明节点和构配件的详图索引。

（5）装饰剖面施工图的识读

1）读图名、比例，对照平面图，了解该剖面图的剖切位置和剖视方向。

2）了解剖面图中建筑相关尺寸、装饰立面造型、饰面材料及分格尺寸。

3）明确装饰工程各部位的材料、构造措施和工艺要求。

4）装饰形式变化多，在阅读建筑装饰剖面图时，还要注意按图中索引符号所示方向，找出各部位节点详图。弄清各连接点或装饰面之间的衔接方式，以及包边、盖缝、收口等细部的材料、尺寸和详细做法。

（6）节点详图的识读。图 5 - 4 - 8 为某售楼部内墙立面节点详图。

1）售楼部大厅接待台后的背景墙 J 立面节点详图识读。

①读图名、比例，A、B、C 是售楼部大厅接待台后的背景墙 J 立面上的节点详图，比例为 1：10，在图中有对应的索引符号。该详图为内墙的剖示详图，剖示方向向下。立面上墙面各部分装饰尺寸如图。

②读墙体装饰构造关系，A 节点反映的是墙中部构造，采用 30×3 角钢结构，内用 6 分砖砌筑，外用 18mm 厚木纹沙岩石，造型尺寸如图；B 节点反映的是墙中部与玻璃墙面交接处构造，造型尺寸如图；C 节点反映的是玻璃墙面与右侧木骨架夹板墙交接处构造，造型尺寸如图。

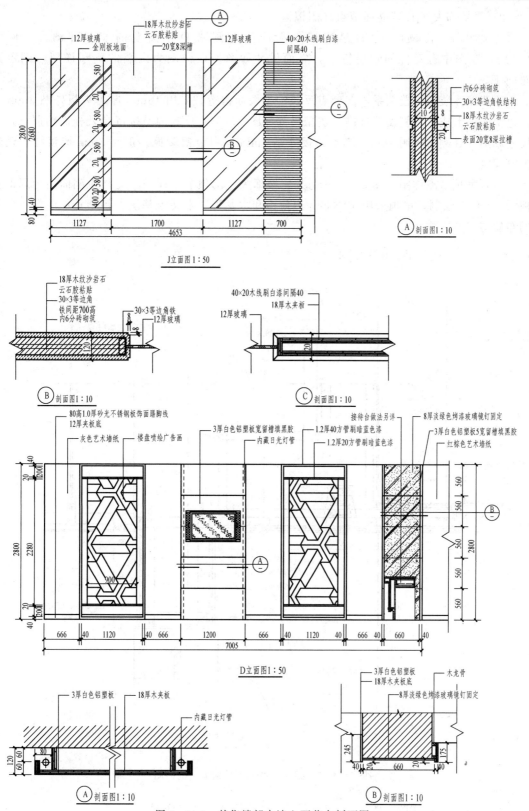

图 5-4-8　某售楼部内墙立面节点剖面图

2）售楼部大厅 D 墙立面节点详图识读。

①读图名、比例，A、B 是售楼部大厅门左侧墙 D 立面上的节点详图，比例为 1：10，在图中有对应的索引符号，立面尺寸如图。该详图为内墙的剖示详图，剖示方向向下。

②读墙体装饰构造关系，A 节点反映的是墙面构造，采用 18mm 厚木夹板外贴 3mm 厚白色铝塑板形成，两侧设暗灯槽，造型尺寸如图。B 节点反映的是接待台处柱面构造，造型尺寸如图，柱侧面采用 18mm 厚木夹板外贴 3mm 厚白色铝塑板，正面 8mm 厚淡绿色玻璃镜钉固定。

（7）吊顶节点详图。图 5-4-9 为某售楼部大厅吊顶节点详图。图样中剖面图为局部剖视图，1：10 绘制，吊顶采用 40×3 等边角钢和木龙骨、木夹板基层、铝塑板面层等主配件的布置与安装方式。

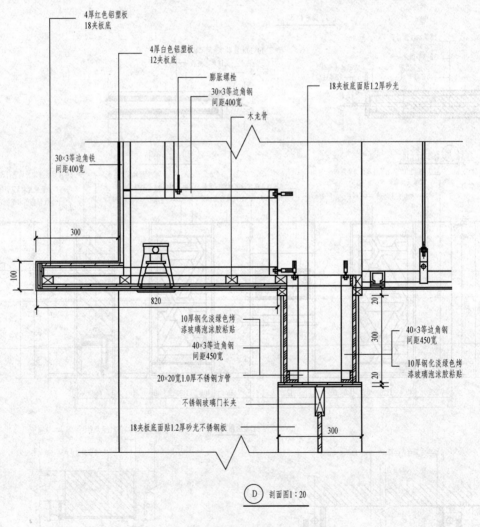

图 5-4-9 某售楼部大厅吊顶节点剖面图

（8）其他节点详图。图 5-4-10 为某售楼部接待台节点详图。

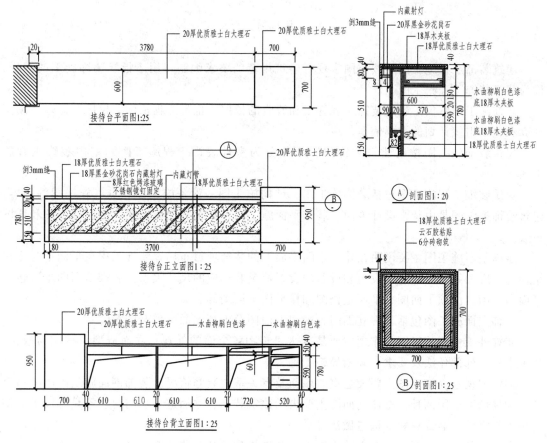

图 5-4-10 某售楼部接待台节点详图

理 论 知 识 训 练

1. 建筑装饰施工图的作用是什么？
2. 建筑装饰施工图包括哪些内容？

实 践 课 题 训 练

题目：建筑装饰施工图的识读

1. 实训目的

通过实际建筑装饰施工图案例的识读，了解建筑装饰施工图的内容。

2. 实训条件

选定本地区有代表性的建筑装饰施工图案例。

3. 实训内容

识读装饰施工图。

课 题 小 结

建筑装饰工程施工图，按照国家现行建筑规范的要求编制，用于指导装饰施工的图样，称为建筑装饰工程施工图。

装饰施工图不仅是建筑装饰工程施工和验收的依据，也是工程招标、投标、监理、编制预算和施工组织计划的重要依据。

建筑装饰施工图按对建筑装饰位置不同分为室外装饰工程施工图和室内装饰工程施工图。

建筑装饰工程施工图包括装饰施工图、结构施工图、设备施工图和电气施工图等内容。建筑装饰施工图是由装饰设计说明、装饰平面施工图、装饰立面施工图、剖面施工图和详图组成。

装饰平面施工图主要说明在建筑空间平面上的装饰项目布局，装饰工程在平面上与土建结构的对应关系，以及装饰设施和设备的设置情况和相应的尺寸关系。装饰平面图主要包括平面布置图、吊顶平面图、平面定位图和楼地面平面图等。

装饰立面施工图包括外视立面图、内视立面图及内视立面图展开图等。

装饰外视立面施工图的作用主要是表达建筑物各个面的外观、立面造型、材质与效果、技术水平、外部作法及要求，并指导施工等。

装饰内视立面施工图主要表达室内墙面及有关室内装修情况。装饰剖面施工图的类型有整体和局部剖面图两种。整体剖面图主要表示建筑装饰、立面造型、门窗、家具陈设等装饰的位置与尺寸、装饰材料及构造做法等。

在装饰剖面施工图中，对于装饰细部、装饰构配件及某些装饰剖面中节点详细构造表达不清楚，采用较大比例来绘制局部的图样。局部剖面图主要表示局部形状、尺寸、材料及工艺要求，常见的详图有装饰构配件详图和剖面节点详图等。

装饰工程施工图的内容必须要求符合由国家建设部颁发的《建筑工程设计文件编制深度规定》的有关要求。

附录 A 常用工程图纸编号与计算机制图文件名称举例

表 A-1 常用专业代码列表

专业	专业代码名称	英文专业代码名称	备注
总图	总	G	含总图、景观、测量/地图、土建
建筑	建	A	含建筑、室内设计
结构	结	S	含结构
给水排水	水	P	含给水、排水、管道、消防
暖通空调	暖	M	含采暖、通风、空调、机械
电气	电	E	含电气（强电）、通讯（弱电）、消防

表 A-2 常用阶段代码列表

设计阶段	类型代码名称	英文阶段代码名称	备注
可行性研究	可	S	含预可行性研究阶段
方案设计	方	C	
初步设计	初	P	含扩大初步设计阶段
施工图设计	施	W	

表 A-3 常用类型代码列表

工程图纸文件类型	阶段代码名称	英文类型代码名称
图纸目录	目录	CL
设计总说明	说明	NT
楼层平面图	平面	FP
场区平面图	场区	SP
拆除平面图	拆除	DP
设备平面图	设备	QP
现有平面图	现有	XP
立面图	立面	EL
剖面图	剖面	SC
大样图（大比例视图）	大样	LS
详图	详图	DT
三维视图	三维	3D
清单	清单	SH
简图	简图	DG

附录 B 常用图层名称举例

表 B-1   常用状态代码列表

工程性质或阶段	状态代码名称	英文状态代码名称	备注
新建	新建	N	
保留	保留	E	
拆除	拆除	D	
拟建	拟建	F	
临时	临时	T	
搬迁	搬迁	M	
改建	改建	R	
合同外	合同外	X	
阶段代码		1～9	
可行性研究	可研	S	阶段名称
方案设计	方案	C	阶段名称
初步设计	初设	P	阶段名称
施工图设计	施工图	W	阶段名称

表 B-2   常用总图专业图层名称列表

图层	中文名称	英文名称	说明
总平面图	总图-平面	G-SITE	
红线	总图-平面-红线	G-SITE-REDL	建筑红线
外墙线	总图-平面-墙线	G-SITE-WALL	总平面尺寸标注及标注文字
建筑物轮廓线	总图-平面-建筑	G-SITE-BOTL	总平面说明文字
构筑物	总图-平面-构筑	G-SITE-STRC	
总平面标注	总图-平面-标注	G-SITE-IDEN	
总平面文字	总图-平面-文字	G-SITE-TEXT	
总平面坐标	总图-平面-坐标	G-SITE-CODT	
交通	总图-交通	G-DRIV	
道路中线	总图-交通-中线	G-DRIV-CNTR	
道路竖向	总图-交通-竖向	G-DRIV-GRAD	
交通流线	总图-交通-流线	G-DRIV-FLWL	
交通详图	总图-交通-详图	G-DRIV-DTEL	交通道路详图
停车场	总图-交通-停车场	G-DRIV-PRKG	

续表

图层	中文名称	英文名称	说明
交通标注	总图 - 交通 - 标注	G - DRIV - IDEN	交通道路尺寸标注及标注文字
交通文字	总图 - 交通 - 文字	G - DRIV - TEXT	交通道路说明文字
交通坐标	总图 - 交通 - 坐标	G - DRIV - CODT	
景观	总图 - 景观	G - LXCP	园林绿化
景观标注	总图 - 景观 - 标注	G - LSCP - IDEN	园林绿化及标注文字
景观文字	总图 - 景观 - 文字	G - LSCP - TEXT	园林绿化说明文字
景观坐标	总图 - 景观 - 坐标	G - LSCP - CODT	
管线	总图 - 管线	G - PIPE	
给水管线	总图 - 管线 - 给水	G - PIPE - DOMW	给水管线说明文字、尺寸标注及标注文字、坐标
排水管线	总图 - 管线 - 排水	G - PIPE - SANR	排水管线说明文字、尺寸标注及标注文字、坐标
供热管线	总图 - 管线 - 供热	G - PIPE - HOTW	供热管线说明文字、尺寸标注及标注文字、坐标
燃气管线	总图 - 管线 - 燃气	G - PIPE - GASS	燃气管线说明文字、尺寸标注及标注文字、坐标
电力管线	总图 - 管线 - 电力	G - PIPE - POWR	电力管线说明文字、尺寸标注及标注文字、坐标
通讯管线	总图 - 管线 - 通讯	G - PIPE - TCOM	通讯管线说明文字、尺寸标注及标注文字、坐标
注释	总图 - 注释	G - ANNO	
图框	总图 - 注释 - 图框	G - ANNO - TTLB	图框及图框文字
图例	总图 - 注释 - 图例	G - ANNO - LEGN	图例与符号
尺寸标注	总图 - 注释 - 尺寸	G - ANNO - DIMS	尺寸标注及标注文字
文字说明	总图 - 注释 - 文字	G - ANNO - TEXT	总图专业文字说明
等高线	总图 - 注释 - 等高线	G - ANNO - CNTR	道路等高线、地形等高线
背景	总图 - 注释 - 背景	G - ANNO - BGRD	
填充	总图 - 注释 - 填充	G - ANNO - PATT	图案填充
指北针	总图 - 注释 - 指北针	G - ANNO - NARW	

表 B - 3　　　　　　　　常用建筑专业图层名称列表

图层	中文名称	英文名称	说明
轴线	建筑 - 轴线	A - AXIS	
轴网	建筑 - 轴线 - 轴网	A - AXIS - GRID	平面轴网、中心线
轴线标注	建筑 - 轴线 - 标注	A - AXIS - IDEN	轴线尺寸标注及标注文字

续表

图层	中文名称	英文名称	说明
轴线编号	建筑-轴线-编号	A-AXIS-TEXT	
墙	建筑-墙	A-WALL	墙轮廓线，通常指混凝土墙
砖墙	建筑-墙-砖墙	A-WALL-MSNW	
轻质隔墙	建筑-墙-隔墙	A-WALL-PRTN	
玻璃幕墙	建筑-墙-幕墙	A-WALL-GLAZ	
矮墙	建筑-墙-矮墙	A-WALL-PRHT	半截墙
单线墙	建筑-墙-单线	A-WALL-CNTR	
墙填充	建筑-墙-填充	A-WALL-PATT	
墙保温层	建筑-墙-保温	A-WALL-HPRT	内、外墙保温完成线
柱	建筑-柱	A-COLS	柱轮廓线
柱填充	建筑-柱-填充	A-COLS-PATT	
门窗	建筑-门窗	A-DRWD	门、窗
门窗编号	建筑-门窗-编号	A-DRWD-TEXT	门、窗编号
楼面	建筑-楼面	A-FLOR	楼面边界及标高变化处
地面	建筑-楼面-地面	A-FLOR-GRND	地面边界及标高变化处、室外台阶、散水轮廓
屋面	建筑-楼面-屋面	A-FLOR-ROFF	屋面边界及标高变化处、排水坡脊或坡谷线、坡向箭头及数字、排水口
阳台	建筑-楼面-阳台	A-FLOR-BALC	阳台边界线
楼梯	建筑-楼面-楼梯	A-FLOR-STRS	楼梯踏步、自动扶梯
电梯	建筑-楼面-电梯	A-FLOR-EVTR	电梯间
卫生洁具	建筑-楼面-洁具	A-FLOR-SPCL	卫生洁具投影线
房间名称、编号	建筑-楼面-房间	A-FLOR-IDEN	
栏杆	建筑-楼面-栏杆	A-FLOR-HRAL	楼梯扶手、阳台防护栏
停车库	建筑-停车场	A-PRKG	
停车道	建筑-停车场-道牙	A-PRKG-CURB	停车场道牙、车行方向、转弯半径
停车位	建筑-停车场-车位	A-PRKG-SING	停车位标线、编号及标识
区域	建筑-区域	A-AREA	区域边界及标高变化处
区域边界	建筑-区域-边界	A-AREA-OTLN	面积标注
区域标注	建筑-区域-标注	A-AREA-IDEN	
家具	建筑-家具	A-FURN	
固定家具	建筑-家具-固定	A-FURN-FIXD	固定家具投影线
活动家具	建筑-家具-活动	A-FURN-MOVE	活动家具投影线
吊顶	建筑-吊顶	A-CLNG	
吊顶网络	建筑-吊顶-网络	A-CLNG-GRID	吊顶网络线、主龙骨

续表

图层	中文名称	英文名称	说明
吊顶图案	建筑 - 吊顶 - 图案	A - CLNG - PATT	吊顶图案线
吊顶构件	建筑 - 吊顶 - 构件	A - CLNG - SUSP	吊顶构件、吊顶上灯具、风口
立面	建筑 - 立面	A - ELEV	
立面线 1	建筑 - 立面 - 线一	A - ELEV - LIN1	
立面线 2	建筑 - 立面 - 线二	A - ELEV - LIN2	
立面线 3	建筑 - 立面 - 线三	A - ELEV - LIN3	
立面线 4	建筑 - 立面 - 线四	A - ELEV - LIN4	
立面填充	建筑 - 立面 - 填充	A - ELEV - PATT	
剖面	建筑 - 剖面	A - SECT	
剖面线 1	建筑 - 剖面 - 线一	A - SECT - LIN1	
剖面线 2	建筑 - 剖面 - 线二	A - SECT - LIN2	
剖面线 3	建筑 - 剖面 - 线三	A - SECT - LIN3	
剖面线 4	建筑 - 剖面 - 线四	A - SECT - LIN4	
详图	建筑 - 详图	A - DETL	
详图线 1	建筑 - 详图 - 线一	A - DETL - LIN1	
详图线 2	建筑 - 详图 - 线二	A - DETL - LIN2	
详图线 3	建筑 - 详图 - 线三	A - DETL - LIN3	
详图线 4	建筑 - 详图 - 线四	A - DETL - LIN4	
三维	建筑 - 三维	A - 3DMS	
三维线 1	建筑 - 三维 - 线一	A - 3DMS - LIN1	
三维线 2	建筑 - 三维 - 线二	A - 3DMS - LIN2	
三维线 3	建筑 - 三维 - 线三	A - 3DMS - LIN3	
三维线 4	建筑 - 三维 - 线四	A - 3DMS - LIN4	
注释	建筑 - 注释	A - ANNO	
图框	建筑 - 注释 - 图框	A - ANNO - TTLB	图框及图框文字
图例	建筑 - 注释 - 图例	A - ANNO - LEGN	图例与符号
尺寸标注	建筑 - 注释 - 标注	A - ANNO - DIMS	尺寸标注及标注文字
文字说明	建筑 - 注释 - 文字	A - ANNO - TEXT	建筑专业文字说明
公共标注	建筑 - 注释 - 公共	A - ANNO - IDEN	
标高标注	建筑 - 注释 - 标高	A - ANNO - ELVT	标高符号及标注
索引符号	建筑 - 注释 - 索引	A - ANNO - CRSR	
引出标注	建筑 - 注释 - 引出	A - ANNO - DRVT	
表格	建筑 - 注释 - 表格	A - ANNO - TABL	
填充	建筑 - 注释 - 填充	A - ANNO - PATT	图案填充
指北针	建筑 - 注释 - 指北针	A - ANNO - NARW	

表 B - 4 常用结构专业图层名称列表

图层	中文名称	英文名称	说明
轴线	结构 - 轴线	S - AXIS	
轴网	结构 - 轴线 - 轴网	S - AXIS - GRID	平面轴网、中心线
轴线标注	结构 - 轴线 - 标注	S - AXIS - DIMS	轴线尺寸标注及标注文字
轴线编号	结构 - 轴线 - 编号	S - AXIS - TEXT	
柱	结构 - 柱	S - COLS	
柱平面实线	结构 - 柱 - 平面 - 实线	S - COLS - PLAN - LINE	柱平面图（实线）
柱平面虚线	结构 - 柱 - 平面 - 虚线	S - COLS - PLAN - DASH	柱平面图（虚线）
柱平面钢筋	结构 - 柱 - 平面 - 钢筋	S - COLS - PLAN - RBAR	柱平面图钢筋标注
柱平面尺寸	结构 - 柱 - 平面 - 尺寸	S - COLS - PLAN - DIMS	柱平面图尺寸标注及标注文字
柱平面填充	结构 - 柱 - 平面 - 填充	S - COLS - PLAN - PATT	
柱编号	结构 - 柱 - 平面 - 编号	S - COLS - PLAN - IDEN	
柱详图实线	结构 - 柱 - 详图 - 实线	S - COLS - DETL - LINE	
柱详图虚线	结构 - 柱 - 详图 - 虚线	S - COLS - DETL - DASH	
柱详图钢筋	结构 - 柱 - 详图 - 钢筋	S - COLS - DETL - RBAR	
柱详图尺寸	结构 - 柱 - 详图 - 尺寸	S - COLS - DETL - DIMS	
柱详图填充	结构 - 柱 - 详图 - 填充	S - COLS - DETL - PATT	
柱表	结构 - 柱 - 表	S - COLS - TABL	
柱楼层标高表	结构 - 柱 - 表 - 层高	S - COLS - TABL - ELVT	
构造柱平面实线	结构 - 柱 - 构造 - 实线	S - COLS - CNTJ - LINE	构造柱平面图（实线）
构造柱平面虚线	结构 - 柱 - 构造 - 虚线	S - COLS - CNTJ - DASH	构造柱平面图（虚线）
墙	结构 - 墙	S - WALL	
墙平面实线	结构 - 墙 - 平面 - 实线	S - WALL - PLAN - LINE	通常指混凝土墙，墙平面图（实线）
墙平面虚线	结构 - 墙 - 平面 - 虚线	S - WALL - PLAN - DASH	墙平面图（虚线）
墙平面钢筋	结构 - 墙 - 平面 - 钢筋	S - WALL - PLAN - RBAR	墙平面图钢筋标注
墙平面尺寸	结构 - 墙 - 平面 - 尺寸	S - WALL - PLAN - DIMS	墙平面图尺寸标注及标注文字
墙平面填充	结构 - 墙 - 平面 - 填充	S - WALL - PLAN - PATT	
墙编号	结构 - 墙 - 平面 - 编号	S - WALL - PLAN - IDEN	
墙详图实线	结构 - 墙 - 详图 - 实线	S - WALL - DETL - LINE	
墙详图虚线	结构 - 墙 - 详图 - 虚线	S - WALL - DETL - DASH	
墙详图钢筋	结构 - 墙 - 详图 - 钢筋	S - WALL - DETL - RBAR	
墙详图尺寸	结构 - 墙 - 详图 - 尺寸	S - WALL - DETL - DIMS	
墙详图填充	结构 - 墙 - 详图 - 填充	S - WALL - DETL - PATT	
墙表	结构 - 墙 - 表	A - WALL - TABL	
墙柱平面实线	结构 - 墙柱 - 平面 - 实线	S - WALL - COLS - LINE	墙柱平面图（实线）

续表

图层	中文名称	英文名称	说明
墙柱平面钢筋	结构 - 墙柱 - 平面 - 钢筋	S - WALL - COLS - RBAR	墙柱平面图钢筋标注
墙柱平面尺寸	结构 - 墙柱 - 平面 - 尺寸	S - WALL - COLS - DLMS	墙柱平面图尺寸标注及标注文字
墙柱平面填充	结构 - 墙柱 - 平面 - 填充	S - WALL - COLS - PATT	
墙柱编号	结构 - 墙柱 - 平面 - 编号	S - WALL - COLS - IDEN	
墙柱表	结构 - 墙柱 - 表	S - WALL - COLS - TABL	
柱楼层标高表	结构 - 墙柱 - 表 - 层高	S - WALL - COLS - ELVT	
连梁平面实线	结构 - 连梁 - 平面 - 实线	S - WALL - BEAM - LINE	连梁平面图（实线）
连梁平面虚线	结构 - 连梁 - 平面 - 虚线	S - WALL - BEAM - DASH	连梁平面图（虚线）
连梁平面钢筋	结构 - 连梁 - 平面 - 钢筋	S - WALL - BEAM - RBAR	连梁平面图钢筋标注
连梁平面尺寸	结构 - 连梁 - 平面 - 尺寸	S - WALL - BEAM - DIMS	连梁平面图尺寸标注及标注文字
连梁编号	结构 - 连梁 - 平面 - 编号	S - WALL - BEAM - IDEN	
连梁表	结构 - 连梁 - 表	S - WALL - BEAM - TABL	
连梁楼层标高表	结构 - 连梁 - 表 - 层高	S - WALL - BEAM - ELVT	
砌体墙平面实线	结构 - 墙 - 砌体 - 实线	S - WALL - MSNW - LINE	砌体墙平面图（实线）
砌体墙平面虚线	结构 - 墙 - 砌体 - 虚线	S - WALL - MSNW - DASH	砌体墙平面图（虚线）
砌体墙平面尺寸	结构 - 墙 - 砌体 - 尺寸	S - WALL - MSNW - DIMS	砌体墙平面图尺寸标注及标注文字
砌体墙平面填充	结构 - 墙 - 砌体 - 填充	S - WALL - MSNW - PATT	
梁	结构 - 梁	S - BEAM	
梁平面实线	结构 - 梁 - 平面 - 实线	S - BEAM - PLAN - LINE	梁平面图（实线）实线
梁平面虚线	结构 - 梁 - 平面 - 虚线	S - BEAM - PLAN - DASH	梁平面图（虚线）虚线
梁平面水平钢筋	结构 - 梁 - 钢筋 - 水平	S - BEAM - RBAR - HCPT	梁平面图水平钢筋标注
梁平面垂直钢筋	结构 - 梁 - 钢筋 - 垂直	S - BEAM - RBAR - VCPT	梁平面垂直钢筋标注
梁平面附加吊筋	结构 - 梁 - 吊筋 - 附加	S - BEAM - RBAR - ADDU	梁平面图附加吊筋标注
梁平面附加箍筋	结构 - 梁 - 箍筋 - 附加	S - BEAM - RBAR - ADDO	梁平面图附加箍筋标注
梁平面尺寸	结构 - 梁 - 平面 - 尺寸	S - BEAM - PLAN - DLMS	梁平面图尺寸标注及标注文字
梁编号	结构 - 梁 - 平面 - 编号	S - BEAM - PLAN - IDEN	
梁详图实线	结构 - 梁 - 详图 - 实线	S - BEAM - DETL - LINE	
梁详图虚线	结构 - 梁 - 详图 - 虚线	S - BEAM - DETL - DASH	
梁详图钢筋	结构 - 梁 - 详图 - 钢筋	S - BEAM - DETL - RBAR	
梁详图尺寸	结构 - 梁 - 详图 - 尺寸	S - BEAM - DETL - DLMS	
梁楼层标高表	结构 - 梁 - 表 - 层高	S - BEAM - TABL - ELVT	
过梁平面实线	结构 - 过梁 - 平面 - 实线	S - LTEL - PLAN - LINE	过梁平面图（实线）
过梁平面虚线	结构 - 过梁 - 平面 - 虚线	S - LTEL - PLAN - DASH	过梁平面图（虚线）
过梁平面钢筋	结构 - 过梁 - 平面 - 钢筋	S - LTEL - PLAN - RBAR	连梁平面图钢筋标注

图层	中文名称	英文名称	说明
过梁平面尺寸	结构 - 过梁 - 平面 - 尺寸	S - LTEL - PLAN - DIMS	连梁平面图尺寸标注及标注文字
楼板	结构 - 楼板	S - SLAB	
楼板平面实线	结构 - 楼板 - 平面 - 实线	S - SLAB - PLAN - LINE	楼板平面图（实线）
楼板平面虚线	结构 - 楼板 - 平面 - 虚线	S - SLAB - PLAN - DASH	楼板平面图（虚线）
楼板平面下部钢筋	结构 - 楼板 - 正筋	S - SLAB - BBAR	楼板平面图下部钢筋（正筋）
楼板平面下部钢筋标注	结构 - 楼板 - 正筋 - 标注	S - SLAB - BBAR - IDEN	楼板平面图下部钢筋（正筋）标注
楼板平面下部钢筋尺寸	结构 - 楼板 - 正筋 - 尺寸	S - SLAB - BBAR - DIMS	楼板平面图下部钢筋（正筋）尺寸标注及标注文字
楼板平面上部钢筋	结构 - 楼板 - 负筋	S - SLAB - TBAR	楼板平面图上部钢筋（负筋）
楼板平面上部钢筋标注	结构 - 楼板 - 负筋 - 标注	S - SLAB - TBAR - IDEN	楼板平面图上部钢筋（负筋）标注
楼板平面上部钢筋尺寸	结构 - 楼板 - 负筋 - 尺寸	S - SLAB - TBAR - DIMS	楼板平面图上部钢筋（负筋）尺寸标注及标注文字
楼板平面填充	结构 - 楼板 - 平面 - 填充	S - SLAB - PLAN - PATT	
楼板详图实线	结构 - 楼板 - 详图 - 实线	S - SLAB - DETL - LINE	
楼板详图钢筋	结构 - 楼板 - 详图 - 钢筋	S - SLAB - DETL - RBAR	
楼板详图钢筋标注	结构 - 楼板 - 详图 - 标注	S - SLAB - DETL - IDNE	
楼板详图尺寸	结构 - 楼板 - 详图 - 尺寸	S - SLAB - DETL - DIMS	
楼板编号	结构 - 楼板 - 平面 - 编号	S - SLAB - PLAN - IDEN	
楼板楼层标高表	结构 - 楼板 - 表 - 层高	S - SLAB - TABL - ELVT	
预制板	结构 - 楼板 - 预制	S - SLAB - PCST	
洞口	结构 - 洞口	S - OPNG	
洞口楼板实线	结构 - 洞口 - 平面 - 实线	S - OPNG - PLAN - LINE	楼板平面洞口（实线）
洞口楼板虚线	结构 - 洞口 - 平面 - 虚线	S - OPNG - PLAN - DASH	楼板平面洞口（虚线）
洞口楼板加强钢筋	结构 - 洞口 - 平面 - 钢筋	S - OPNG - PLAN - RBAR	楼板平面洞边加强钢筋
洞口楼板钢筋标注	结构 - 洞口 - 平面 - 标注	S - OPNG - RBAR - IDNE	楼板平面洞边加强钢筋标注
洞口楼板尺寸	结构 - 楼板 - 平面 - 尺寸	S - OPNG - PLAN - DIMS	楼板平面洞口尺寸标注及标注文字
洞口楼板编号	结构 - 楼板 - 平面 - 编号	S - OPNG - PLAN - IDEN	
洞口墙上实线	结构 - 洞口 - 墙 - 实线	S - OPNG - WALL - LINE	墙上洞口（实线）
洞口墙上虚线	结构 - 洞口 - 墙 - 虚线	S - OPNG - WALL - DASH	墙上洞口（虚线）
基础	结构 - 基础	S - FNDN	
基础平面实线	结构 - 基础 - 平面 - 实线	S - FNDN - PLAN - LINE	基础平面图（实线）
基础平面钢筋	结构 - 基础 - 平面 - 钢筋	S - FNDN - PLAN - RBAR	基础平面图（钢筋）

图层	中文名称	英文名称	说明
基础平面钢筋标注	结构 - 基础 - 平面 - 标注	S - FNDN - PLAN - IDEN	基础平面图钢筋标注
基础平面尺寸	结构 - 基础 - 平面 - 尺寸	S - FNDN - PLAN - DIMS	基础平面图尺寸标注及标注文字
基础编号	结构 - 基础 - 平面 - 编号	S - FNDN - PLAN - IDEN	
基础详图实线	结构 - 基础 - 详图 - 实线	S - FNDN - DETL - LINE	
基础详图虚线	结构 - 基础 - 详图 - 虚线	S - FNDN - DETL - DASH	
基础详图钢筋	结构 - 基础 - 详图 - 钢筋	S - FNDN - DETL - RBAR	
基础详图钢筋标注	结构 - 基础 - 详图 - 标注	S - FNDN - DETL - IDEN	
基础详图尺寸	结构 - 基础 - 详图 - 尺寸	S - WALL - DETL - DIMS	
基础详图填充	结构 - 基础 - 详图 - 填充	S - WALL - DETL - PATT	
桩	结构 - 桩	S - PILE	
桩平面实线	结构 - 桩 - 平面 - 实线	S - PILE - PLAN - LINE	桩平面图（实线）
桩平面虚线	结构 - 桩 - 平面 - 虚线	S - PILE - PLAN - DASH	桩平面图（虚线）
桩编号	结构 - 桩 - 平面 - 编号	S - PILE - PLAN - IDEN	
桩详图	结构 - 桩 - 详图	S - PILE - DETL	
楼梯	结构 - 楼梯	S - STRS	
楼梯平面实线	结构 - 楼梯 - 平面 - 实线	S - STRS - PLAN - LINE	楼梯平面图（实线）
楼梯平面虚线	结构 - 楼梯 - 平面 - 虚线	S - STRS - PLAN - DASH	楼梯平面图（虚线）
楼梯平面钢筋	结构 - 楼梯 - 平面 - 钢筋	S - STRS - PLAN - RBAR	楼梯平面图（钢筋）
楼梯平面标注	结构 - 楼梯 - 平面 - 标注	S - STRS - PLAN - IDEN	楼梯平面图钢筋标注及其他标注
楼梯平面尺寸	结构 - 楼梯 - 平面 - 尺寸	S - STRS - PLAN - DIMS	楼梯平面图尺寸标注及标注文字
楼梯详图实线	结构 - 楼梯 - 详图 - 实线	S - STRS - DETL - LINE	
楼梯详图虚线	结构 - 楼梯 - 详图 - 虚线	S - STRS - DETL - DASH	
楼梯详图钢筋	结构 - 楼梯 - 详图 - 钢筋	S - STRS - DETL - RBAR	
楼梯详图标注	结构 - 楼梯 - 详图 - 标注	S - STRS - DETL - IDEN	
楼梯详图尺寸	结构 - 楼梯 - 详图 - 尺寸	S - STRS - DETL - DIMS	
楼梯详图填充	结构 - 楼梯 - 详图 - 填充	S - STRS - DETL - PATT	
钢结构	结构 - 钢	S - STEL	
钢结构辅助线	结构 - 钢 - 辅助	S - STEL - ASIS	
斜支撑	结构 - 钢 - 斜撑	S - STEL - BRGX	
型钢实线	结构 - 型钢 - 实线	S - STEL - SHAP - LINE	
型钢标注	结构 - 型钢 - 标注	S - STEL - SHAP - IDEN	
型钢尺寸	结构 - 型钢 - 尺寸	S - STEL - SHAP - DIMS	
型钢填充	结构 - 型钢 - 填充	S - STEL - SHAP - PATT	
钢板实线	结构 - 钢板 - 实线	S - STEL - PLAT - LINE	

续表

图层	中文名称	英文名称	说明
钢板标注	结构-钢板-标注	S-STEL-PLAT-IDEN	
钢板尺寸	结构-钢板-尺寸	S-STEL-PLAT-DIMS	
钢板填充	结构-钢板-填充	S-STEL-PLAT-PATT	
螺栓	结构-螺栓	S-ABLT	
螺栓实线	结构-螺栓-实线	S-ABLT-LINE	
螺栓标注	结构-螺栓-标注	S-ABLT-IDEN	
螺栓尺寸	结构-螺栓-尺寸	S-ABLT-DIMS	
螺栓填充	结构-螺栓-填充	S-ABLT-PATT	
焊缝	结构-焊缝	S-WELD	
焊缝实线	结构-焊缝-实线	S-WELD-LINE	
焊缝标注	结构-焊缝-标注	S-WELD-IDEN	
焊缝尺寸	结构-焊缝-尺寸	S-WELD-DIMS	
预埋件	结构-预埋件	S-BURY	
预埋件实线	结构-预埋件-实线	S-BURY-LINE	
预埋件虚线	结构-预埋件-虚线	S-BURY-DASH	
预埋件钢筋	结构-预埋件-钢筋	S-BURY-RBAR	
预埋件标注	结构-预埋件-标注	S-BURY-IDEN	
预埋件尺寸	结构-预埋件-尺寸	S-BURY-DIMS	
注释	结构-注释	S-ANNO	
图框	结构-注释-图框	S-ANNO-TTLB	图框及图框文字
尺寸标注	结构-注释-尺寸	S-ANNO-DIMS	尺寸标注及标注文字
文字说明	结构-注释-文字	S-ANNO-TEXT	结构专业文字说明
公共标注	结构-注释-公共	S-ANNO-IDEN	
标高标注	结构-注释-标高	S-ANNO-ELVT	标高符号及标注
索引符号	结构-注释-索引	S-ANNO-CRSR	
引出标注	结构-注释-引出	S-ANNO-DRVT	
表格线	结构-注释-表格-线	S-ANNO-TSBL-LINE	
表格文字	结构-注释-表格-文字	S-ANNO-TSBL-TEXT	
表格钢筋	结构-注释-表格-钢筋	S-ANNO-TSBL-RBAR	
填充	结构-注释-填充	S-ANNO-PSTT	图案填充
指北针	结构-注释-指北针	S-ANNO-NSRW	

表 B-5　　　　　　　　　　常用给水排水专业图层名称列表

图层	中文名称	英文名称	说明
轴线	给排水-轴线	P-AXIS	
轴网	给排水-轴线-轴网	P-AXIS-GRID	平面轴网、中心线
轴线标注	给排水-轴线-标注	P-AXIS-IDEN	轴线尺寸标注及标注文字

续表

图层	中文名称	英文名称	说明
轴线编号	给排水-轴线-编号	P-AXIS-TEXT	
给水	给排水-给水	P-DOMW	生活给水
给水平面	给排水-给水-平面	P-DOMW-PLAN	
给水立管	给排水-给水-立管	P-DOMW-VPIP	
给水设备	给排水-给水-设备	P-DOMW-EQPM	给水管阀门及其他配件
给水管道井	给排水-给水-管道井	P-DOMW-PWEL	
给水标高	给排水-给水-标高	P-DOMW-ELVT	给水管标高
给水管径	给排水-给水-管径	P-DOMW-PDMT	给水管管径
给水标注	给排水-给水-标注	P-DOMW-IDEN	给水管文字标注
给水尺寸	给排水-给水-尺寸	P-DOMW-DIMS	给水管尺寸标注及标注文字
直接饮用水	给排水-饮用	P-PTDW	
直饮水平面	给排水-饮用-平面	P-PTDW-PLAN	
直饮水立管	给排水-饮用-立管	P-PTDW-VPIP	
直饮水设备	给排水-饮用-设备	P-PTDW-EQPM	水管阀门及其他配件
直饮水管道井	给排水-饮用-管道井	P-PTDW-PWEL	
直饮水标高	给排水-饮用-标高	P-PTDW-ELVT	直接饮用水管标高
直饮水管径	给排水-饮用-管径	P-PTDW-PDMT	直接饮用水管管径
直饮水标注	给排水-饮用-标注	P-PTDW-IDEN	直接饮用水管文字标注
直饮水尺寸	给排水-饮用-尺寸	P-PTDW-DIMS	直接饮用水管尺寸标注及标注文字
热水	给排水-热水	P-HPIP	热水
热水平面	给排水-热水-平面	P-HPIP-PLAN	
热水立管	给排水-热水-立管	P-HPIP-VPIP	
热水设备	给排水-热水-设备	P-HPIP-EQPM	热水管阀门及其他配件
热水管道井	给排水-热水-管道井	P-HPIP-PWEL	
热水标高	给排水-热水-标高	P-HPIP-ELVT	热水管标高
热水管径	给排水-热水-管径	P-HPIP-PDMT	热水管管径
热水标注	给排水-热水-标注	P-HPIP-IDEN	热水管文字标注
热水尺寸	给排水-热水-尺寸	P-HPIP-DIMS	热水管尺寸标注及标注文字
回水	给排水-回水	P-RPIP	热水回水
回水平面	给排水-回水-平面	P-RPIP-PLAN	
回水立管	给排水-回水-立管	P-RPIP-VPIP	
回水设备	给排水-回水-设备	P-RPIP-EQPM	回水管阀门及其他配件
回水管道井	给排水-回水-管道井	P-RPIP-PWEL	
回水标高	给排水-回水-标高	P-RPIP-ELVT	回水管标高

图层	中文名称	英文名称	说明
回水管径	给排水 - 回水 - 管径	P - RPIP - PDMT	回水管管径
回水标注	给排水 - 回水 - 标注	P - RPIP - IDEN	回水管文字标注
回水尺寸	给排水 - 回水 - 尺寸	P - RPIP - DIMS	回水管尺寸标注及标注文字
排水	给排水 - 排水	P - PDRN	生活污水排水
排水平面	给排水 - 排水 - 平面	P - PDRN - PLAN	
排水立管	给排水 - 排水 - 立管	P - PDRN - VPIP	
排水设备	给排水 - 排水 - 设备	P - PDRN - EQPM	排水管阀门及其他配件
排水管道井	给排水 - 排水 - 管道井	P - PDRN - PWEL	
排水标高	给排水 - 排水 - 标高	P - PDRN - ELVT	排水管标高
排水管径	给排水 - 排水 - 管径	P - PDRN - PDMT	排水管管径
排水标注	给排水 - 排水 - 标注	P - PDRN - IDEN	排水管文字标注
排水尺寸	给排水 - 排水 - 尺寸	P - PDRN - DIMS	排水管尺寸标注及标注文字
压力排水管	给排水 - 排水 - 压力	P - PDRN - PRES	
雨水	给排水 - 雨水	P - STRM	
雨水平面	给排水 - 雨水 - 平面	P - STRM - PLAN	
雨水立管	给排水 - 雨水 - 立管	P - STRM - VPIP	
雨水设备	给排水 - 雨水 - 设备	P - STRM - EQPM	雨水管阀门及其他配件
雨水管道井	给排水 - 雨水 - 管道井	P - STRM - PWEL	
雨水标高	给排水 - 雨水 - 标高	P - STRM - ELVT	雨水管标高
雨水管径	给排水 - 雨水 - 管径	P - STRM - PDMT	雨水管管径
雨水标注	给排水 - 雨水 - 标注	P - STRM - IDEN	雨水管文字标注
雨水尺寸	给排水 - 雨水 - 尺寸	P - STRM - DIMS	雨水管尺寸标注及标注文字
消防	给排水 - 消防	P - FIRE	
消防平面	给排水 - 消防 - 平面	P - FIRE - PLAN	
消防立管	给排水 - 消防 - 立管	P - FIRE - VPIP	
消防设备	给排水 - 消防 - 设备	P - FIRE - EQPM	消防给水管阀门及其他配件
消防管道井	给排水 - 消防 - 管道井	P - FIRE - PWEL	
消防标高	给排水 - 消防 - 标高	P - FIRE - ELVT	消防给水管标高
消防管径	给排水 - 消防 - 管径	P - FIRE - PDMT	消防给水管管径
消防标注	给排水 - 消防 - 标注	P - FIRE - IDEN	消防给水管文字标注
消防尺寸	给排水 - 消防 - 尺寸	P - FIRE - DIMS	消防给水管尺寸标注及标注文字
喷淋	给排水 - 喷淋	P - SPRN	
喷淋平面	给排水 - 喷淋 - 平面	P - SPRN - PLAN	

续表

图层	中文名称	英文名称	说明
喷淋立管	给排水 - 喷淋 - 立管	P - SPRN - VPIP	
喷淋设备	给排水 - 喷淋 - 设备	P - SPRN - EQPM	喷淋给水管阀门及其他配件
喷淋管道井	给排水 - 喷淋 - 管道井	P - SPRN - PWEL	
喷淋标高	给排水 - 喷淋 - 标高	P - SPRN - ELVT	喷淋给水管标高
喷淋管径	给排水 - 喷淋 - 管径	P - SPRN - PDMT	喷淋给水管管径
喷淋标注	给排水 - 喷淋 - 标注	P - SPRN - IDEN	喷淋给水管文字标注
喷淋尺寸	给排水 - 喷淋 - 尺寸	P - SPRN - DIMS	喷淋给水管尺寸标注及标注文字
水喷雾管	给排水 - 喷淋 - 喷雾	P - SPRN - SPRY	
中水	给排水 - 中水	P - RECW	
中水平面	给排水 - 中水 - 平面	P - RECW - PLAN	
中水立管	给排水 - 中水 - 立管	P - RECW - VPIP	
中水设备	给排水 - 中水 - 设备	P - RECW - EQPM	中水管阀门及其他配件
中水管道井	给排水 - 中水 - 管道井	P - RECW - PWEL	
中水标高	给排水 - 中水 - 标高	P - RECW - ELVT	中水管标高
中水管径	给排水 - 中水 - 管径	P - RECW - PDMT	中水管管径
中水标注	给排水 - 中水 - 标注	P - RECW - IDEN	中水管文字标注
中水尺寸	给排水 - 中水 - 尺寸	P - RECW - DIMS	中水管尺寸标注及标注文字
冷却水	给排水 - 冷却水	P - CWTR	
冷却水平面	给排水 - 冷却水 - 平面	P - CWTR - PLAN	
冷却水立管	给排水 - 冷却水 - 立管	P - CWTR - VPIP	
冷却水设备	给排水 - 冷却水 - 设备	P - CWTR - EQPM	冷却水管阀门及其他配件
冷却水管道井	给排水 - 冷却水 - 管道井	P - CWTR - PWEL	
冷却水标高	给排水 - 冷却水 - 标高	P - CWTR - ELVT	冷却水管标高
冷却水管径	给排水 - 冷却水 - 管径	P - CWTR - PDMT	冷却水管管径
冷却水标注	给排水 - 冷却水 - 标注	P - CWTR - IDEN	冷却水管文字标注
冷却水尺寸	给排水 - 冷却水 - 尺寸	P - CWTR - DIMS	冷却水管尺寸标注及标注文字
废水	给排水 - 废水	P - WSTW	
废水平面	给排水 - 废水 - 平面	P - WSTW - PLAN	
废水立管	给排水 - 废水 - 立管	P - WSTW - VPIP	
废水设备	给排水 - 废水 - 设备	P - WSTW - EQPM	废水管阀门及其他配件
废水管道井	给排水 - 废水 - 管道井	P - WSTW - PWEL	
废水标高	给排水 - 废水 - 标高	P - WSTW - ELVT	废水管标高
废水管径	给排水 - 废水 - 管径	P - WSTW - PDMT	废水管管径
废水标注	给排水 - 废水 - 标注	P - WSTW - IDEN	废水管文字标注

续表

图层	中文名称	英文名称	说明
废水尺寸	给排水 - 废水 - 尺寸	P - WSTW - DIMS	废水管尺寸标注及标注文字
通气	给排水 - 通气	P - PGAS	
通气平面	给排水 - 通气 - 平面	P - WSTW - PLAN	
通气立管	给排水 - 通气 - 立管	P - WSTW - VPIP	
通气设备	给排水 - 通气 - 设备	P - WSTW - EQPM	通气管阀门及其他配件
通气管道井	给排水 - 通气 - 管道井	P - WSTW - PWEL	
通气标高	给排水 - 通气 - 标高	P - WSTW - ELVT	通气管标高
通气管径	给排水 - 通气 - 管径	P - WSTW - PDMT	通气管管径
通气标注	给排水 - 通气 - 标注	P - WSTW - IDEN	通气管文字标注
通气尺寸	给排水 - 通气 - 尺寸	P - WSTW - DIMS	通气管尺寸标注及标注文字
蒸汽	给排水 - 蒸汽	P - STEM	
蒸汽平面	给排水 - 蒸汽 - 平面	P - STEM - PLAN	
蒸汽立管	给排水 - 蒸汽 - 立管	P - STEM - VPIP	
蒸汽设备	给排水 - 蒸汽 - 设备	P - STEM - EQPM	蒸汽管阀门及其他配件
蒸汽管道井	给排水 - 蒸汽 - 管道井	P - STEM - PWEL	
蒸汽标高	给排水 - 蒸汽 - 标高	P - STEM - ELVT	蒸汽管标高
蒸汽管径	给排水 - 蒸汽 - 管径	P - STEM - PDMT	蒸汽管管径
蒸汽标注	给排水 - 蒸汽 - 标注	P - STEM - IDEN	蒸汽管文字标注
蒸汽尺寸	给排水 - 蒸汽 - 尺寸	P - STEM - DIMS	蒸汽管尺寸标注及标注文字
注释	给排水 - 注释	P - ANNO	
图框	给排水 - 注释 - 图框	P - ANNO - TTLB	图框及图框文字
图例	给排水 - 注释 - 图例	P - ANNO - LEGN	图例与符号
尺寸标注	给排水 - 注释 - 标注	P - ANNO - DIMS	尺寸标注及标注文字
文字说明	给排水 - 注释 - 文字	P - ANNO - TEXT	给排水专业文字说明
公共标注	给排水 - 注释 - 公共	P - ANNO - IDEN	
标高标注	给排水 - 注释 - 标高	P - ANNO - ELVT	标高符号及标注
表格	给排水 - 注释 - 表格	P - ANNO - TABL	

表 B - 6　　　　　　　　　常用暖通空调专业图层名称列表

图层	中文名称	英文名称	说明
轴线	暖通 - 轴线	M - AXIS	
轴网	暖通 - 轴线 - 轴网	M - AXIS - GRID	平面轴网、中心线
轴线标注	暖通 - 轴线 - 标注	M - AXIS - DTMS	轴线尺寸标注及标注文字
轴线编号	暖通 - 轴线 - 编号	M - AXIS - TEXT	

续表

图层	中文名称	英文名称	说明
空调系统	暖通-空调	M-HVAC	
冷水供水管	暖通-空调-冷水-供水	M-HVAC-CPIP-SUPP	
冷水回水管	暖通-空调-冷水-回水	M-HVAC-CPIP-REIN	
热水供水管	暖通-空调-热水-供水	M-HVAC-HPIP-SUPP	
热水回水管	暖通-空调-热水-回水	M-HVAC-HPIP-REIN	
冷热水供水管	暖通-空调-冷热-供水	M-HVAC-RISR-SUPP	
冷热水回水管	暖通-空调-冷热-回水	M-HVAC-RISR-REIN	
冷凝水	暖通-空调-冷凝	M-HVAC-CNDW	
冷却水供水管	暖通-空调-冷却-供水	M-HVAC-CWTR-SUPP	
冷却水回水管	暖通-空调-冷却-回水	M-HVAC-CWTR-REIN	
冷媒供水管	暖通-空调-冷媒-供水	M-HVAC-CMDM-SUPP	
冷媒回水管	暖通-空调-冷媒-回水	M-HVAC-CMDM-REIN	
热媒供水管	暖通-空调-热媒-供水	M-HVAC-HMDM-SUPP	
热媒回水管	暖通-空调-热媒-回水	M-HVAC-HMDM-REIN	
蒸汽管	暖通-空调-蒸汽	M-HVAC-STEM	
空调设备	暖通-空调-设备	M-HVAC-EQPM	空调水系统阀门及其他配件
空调标注	暖通-空调-标注	M-HVAC-IDEN	空调水系统文字标注
通风系统	暖通-通风	M-DUCT	
送风风管	暖通-通风-送风-风管	M-DUCT-SUPP-PIPE	
送风风管中心线	暖通-通风-送风-中线	M-DUCT-SUPP-CNTR	
送风风口	暖通-通风-送风-风口	M-DUCT-SUPP-VENT	
送风立管	暖通-通风-送风-立管	M-DUCT-SUPP-VPIP	
送风设备	暖通-通风-送风-设备	M-DUCT-SUPP-EQPM	送风阀门、法兰及其他配件
送风标注	暖通-通风-送风-标注	M-DUCT-SUPP-IDEN	送风风管标高、尺寸、文字等标注
回风风管	暖通-通风-回风-风管	M-DUCT-RETN-PIPE	
回风风管中心线	暖通-通风-回风-中线	M-DUCT-RETN-CNTR	
回风风口	暖通-通风-回风-风口	M-DUCT-RETN-VENT	
回风立管	暖通-通风-回风-立管	M-DUCT-RETN-VPIP	
回风设备	暖通-通风-回风-设备	M-DUCT-RETN-EQPM	回风阀门、法兰及其他配件
回风标注	暖通-通风-回风-标注	M-DUCT-RETN-IDEN	回风风管标高、尺寸、文字等标注
新风风管	暖通-通风-新风-风管	M-DUCT-MKUP-PIPE	
新风风管中心线	暖通-通风-新风-中线	M-DUCT-MKUP-CNTR	
新风风口	暖通-通风-新风-风口	M-DUCT-MKUP-VENT	

图层	中文名称	英文名称	说明
新风立管	暖通 - 通风 - 新风 - 立管	M - DUCT - MKUP - VPIP	
新风设备	暖通 - 通风 - 新风 - 设备	M - DUCT - MKUP - EQPM	新风阀门、法兰及其他配件
新风标注	暖通 - 通风 - 新风 - 标注	M - DUCT - MKUP - IDEN	新风风管标高、尺寸、文字等标注
除尘风管	暖通 - 通风 - 除尘 - 风管	M - DUCT - PVAC - PIPE	
除尘风管中心线	暖通 - 通风 - 除尘 - 中线	M - DUCT - PVAC - CNTR	
除尘风口	暖通 - 通风 - 除尘 - 风口	M - DUCT - PVAC - VENT	
除尘立管	暖通 - 通风 - 除尘 - 立管	M - DUCT - PVAC - VPIP	
除尘设备	暖通 - 通风 - 除尘 - 设备	M - DUCT - PVAC - EQPM	除尘阀门、法兰及其他配件
除尘标注	暖通 - 通风 - 除尘 - 标注	M - DUCT - PVAC - IDEN	除尘风管标高、尺寸、文字等标注
排风风管	暖通 - 通风 - 排风 - 风管	M - DUCT - EXHS - PIPE	
排风风管中心线	暖通 - 通风 - 排风 - 中线	M - DUCT - EXHS - CNTR	
排风风口	暖通 - 通风 - 排风 - 风口	M - DUCT - EXHS - VENT	
排风立管	暖通 - 通风 - 排风 - 立管	M - DUCT - EXHS - VPIP	
排风设备	暖通 - 通风 - 排风 - 设备	M - DUCT - EXHS - EQPM	排风阀门、法兰及其他配件
排风标注	暖通 - 通风 - 排风 - 标注	M - DUCT - EXHS - IDEN	排风风管标高、尺寸、文字等标注
排烟风管	暖通 - 通风 - 排烟 - 风管	M - DUCT - DUST - PIPE	
排烟风管中心线	暖通 - 通风 - 排烟 - 中线	M - DUCT - DUST - CNTR	
排烟风口	暖通 - 通风 - 排烟 - 风口	M - DUCT - DUST - VENT	
排烟立管	暖通 - 通风 - 排烟 - 立管	M - DUCT - DUST - VPIP	
排烟设备	暖通 - 通风 - 排烟 - 设备	M - DUCT - DUST - EQPM	排烟阀门、法兰及其他配件
排烟标注	暖通 - 通风 - 排烟 - 标注	M - DUCT - DUST - IDEN	排烟风管标高、尺寸、文字等标注
消防风管	暖通 - 通风 - 消防 - 风管	M - DUCT - FIRE - PIPE	
排风风管中心线	暖通 - 通风 - 消防 - 中线	M - DUCT - FIRE - CNTR	
消防风口	暖通 - 通风 - 消防 - 风口	M - DUCT - FIRE - VENT	
消防立管	暖通 - 通风 - 消防 - 立管	M - DUCT - FIRE - VPIP	
消防设备	暖通 - 通风 - 消防 - 设备	M - DUCT - FIRE - EQPM	消防阀门、法兰及其他配件
消防标注	暖通 - 通风 - 消防 - 标注	M - DUCT - FIER - IDEN	消防风管标高、尺寸、文字等标注
采暖系统	暖通 - 采暖	M - HOTW	
供水管	暖通 - 采暖 - 供水	M - HOTW - SUPP	
供水立管	暖通 - 采暖 - 供水 - 立管	M - HOTW - SUPP - VPIP	
供水支管	暖通 - 采暖 - 供水 - 支管	M - HOTW - SUPP - LATL	

续表

图层	中文名称	英文名称	说明
供水设备	暖通 - 采暖 - 供水 - 设备	M - HOTW - SUPP - EQPM	供水阀门及其他配件
供水标注	暖通 - 采暖 - 供水 - 标注	M - HOTW - SUPP - IDEN	供水管标高、尺寸、文字等标注
回水管	暖通 - 采暖 - 回水	M - HOTW - RETN	
回水立管	暖通 - 采暖 - 回水 - 立管	M - HOTW - RETN - VPIP	
回水支管	暖通 - 采暖 - 回水 - 支管	M - HOTW - RETN - LATL	
回水设备	暖通 - 采暖 - 回水 - 设备	M - HOTW - RETN - EQPM	回水阀门及其他配件
回水标注	暖通 - 采暖 - 回水 - 标注	M - HOTW - RETN - IDEN	回水管标高、尺寸、文字等标注
散热器	暖通 - 采暖 - 散热器	M - HOTW - RDTR	
平面地沟	暖通 - 采暖 - 地沟	M - HOTW - UNDR	
注释	暖通 - 注释	M - ANNO	
图框	暖通 - 注释 - 图框	M - ANNO - TTLB	图框及图框文字
图例	暖通 - 注释 - 图例	M - ANNO - LEGN	图例与符号
尺寸标注	暖通 - 注释 - 标注	M - ANNO - DIMS	尺寸标注及标注文字
文字说明	暖通 - 注释 - 文字	M - ANNO - TEXT	暖通专业文字说明
公共标注	暖通 - 注释 - 公共	M - ANNO - IDEN	
标高标注	暖通 - 注释 - 标高	M - ANNO - ELVT	标高符号及标注
表格	暖通 - 注释 - 表格	M - ANNO - TABL	

表 B - 7　　　　　　　　　　常用电气专业图层名称列表

图层	中文名称	英文名称	说明
轴线	电气 - 轴线	E - AXIS	
轴网	电气 - 轴线 - 轴网	E - AXIS - GRID	平面轴网、中心线
轴线标注	电气 - 轴线 - 标注	E - AXIS - DIMS	轴线尺寸标注及标注文字
轴线编号	电气 - 轴线 - 编号	E - AXIS - TEXT	
平面	电气 - 平面	E - PLAN	
平面照明设备	电气 - 平面 - 照明 - 设备	E - PLAN - LITE - EQPM	
平面照明导线	电气 - 平面 - 照明 - 导线	E - PLAN - LITE - CIRC	
平面照明标注	电气 - 平面 - 照明 - 标注	E - PLAN - LITE - IDEN	照明平面图标注及文字
平面动力设备	电气 - 平面 - 动力 - 设备	E - PLAN - POWR - EQPM	
平面动力导线	电气 - 平面 - 动力 - 导线	E - PLAN - POWR - CIRC	
平面动力标注	电气 - 平面 - 动力 - 标注	E - PLAN - POWR - IDEN	动力平面图标注及文字
平面通讯设备	电气 - 平面 - 通讯 - 设备	E - PLAN - TCOM - EQPM	
平面通讯导线	电气 - 平面 - 通讯 - 导线	E - PLAN - TCOM - CIRC	

续表

图层	中文名称	英文名称	说明
平面通讯标注	电气 - 平面 - 通讯 - 标注	E - PLAN - TCOM - IDEN	通讯平面图标注及文字
平面有线电视设备	电气 - 平面 - 有线 - 设备	E - PLAN - CATV - EQPM	
平面有线电视导线	电气 - 平面 - 有线 - 导线	E - PLAN - CATV - CIRC	
平面有线电视标注	电气 - 平面 - 有线 - 标注	E - PLAN - CATV - IDEN	有线电视平面图标注及文字
平面接地	电气 - 平面 - 接地	E - PLAN - GRND	
平面接地标注	电气 - 平面 - 接地 - 标注	E - PLAN - GRND - IDEN	接地平面图标注及文字
平面消防设备	电气 - 平面 - 消防 - 设备	E - PLAN - FIRE - EQPM	
平面消防导线	电气 - 平面 - 消防 - 导线	E - PLAN - FIRE - CIRC	
平面消防标注	电气 - 平面 - 消防 - 标注	E - PLAN - FIRE - IDEN	消防平面图标注及文字
平面安防设备	电气 - 平面 - 安防 - 设备	E - PLAN - SERT - EQPM	
平面安防导线	电气 - 平面 - 安防 - 导线	E - PLAN - SERT - CIRC	
平面安防标注	电气 - 平面 - 安防 - 标注	E - PLAN - SERT - IDEN	安防平面图标注及文字
平面建筑设备监控设备	电气 - 平面 - 监控 - 设备	E - PLAN - EQMT - EQPM	
平面建筑设备监控导线	电气 - 平面 - 监控 - 导线	E - PLAN - EQMT - CIRC	
平面建筑设备监控标注	电气 - 平面 - 监控 - 标注	E - PLAN - EQMT - IDEN	建筑设备监控平面图标注及文字
平面防雷	电气 - 平面 - 防雷	E - PLAN - LTNG	防雷平面图设备及导线
平面防雷标注	电气 - 平面 - 防雷 - 标注	E - PLAN - LTNG - IDEN	防雷平面图标注及文字
平面设备间设备	电气 - 平面 - 设间 - 设备	E - PLAN - EQRM - EQPM	
平面设备间导线	电气 - 平面 - 设间 - 导线	E - PLAN - EQRM - CIRC	
平面设备间标注	电气 - 平面 - 消防 - 标注	E - PLAN - EQRM - IDEN	设备间平面图标注及文字
平面桥架	电气 - 平面 - 桥架	E - PLAN - TRAY	
平面桥架支架	电气 - 平面 - 桥架 - 支架	E - PLAN - TRAY - FIXE	
平面桥架标注	电气 - 平面 - 桥架 - 标注	E - PLAN - TRAY - IDEN	桥架平面图标注及文字
系统	电气 - 系统	E - SYST	
照明系统设备	电气 - 系统 - 照明 - 设备	E - SYST - LITE - EQPM	
照明系统导线	电气 - 系统 - 照明 - 导线	E - SYST - LITE - CIRC	照明系统的母线及导线
照明系统标注	电气 - 系统 - 照明 - 标注	E - SYST - LITE - IDEN	照明系统标注及文字
动力系统设备	电气 - 系统 - 动力 - 设备	E - SYST - POWR - EQPM	
动力系统导线	电气 - 系统 - 动力 - 导线	E - SYST - POWR - CIRC	动力系统的母线及导线
动力系统标注	电气 - 系统 - 动力 - 标注	E - SYST - POWR - IDEN	动力系统标注及文字
通讯系统设备	电气 - 系统 - 通讯 - 设备	E - SYST - TCOM - EQPM	
通讯系统导线	电气 - 系统 - 通讯 - 导线	E - SYST - TCOM - CIRC	
通讯系统标注	电气 - 系统 - 通讯 - 标注	E - SYST - TCOM - IDEN	通讯系统标注及文字
有线电视系统设备	电气 - 系统 - 有线 - 设备	E - SYST - CATV - EQPM	
有线电视系统导线	电气 - 系统 - 有线 - 导线	E - SYST - CATV - CIRC	

续表

图层	中文名称	英文名称	说明
有线电视系统标注	电气 - 系统 - 有线 - 标注	E - SYST - CATV - IDEN	有线电视系统标注及文字
音响系统设备	电气 - 系统 - 音响 - 设备	E - SYST - SOUN - EQPM	
音响系统导线	电气 - 系统 - 音响 - 导线	E - SYST - SOUN - CIRC	
音响系统标注	电气 - 系统 - 音响 - 标注	E - SYST - SOUN - IDEN	音响系统标注及文字
二次控制设备	电气 - 系统 - 二次 - 设备	E - SYST - CTRL - EQPM	
二次控制主回路	电气 - 系统 - 二次 - 主回	E - SYST - CTRL - SMSY	
二次控制导线	电气 - 系统 - 二次 - 导线	E - SYST - CTRL - CIRC	二次控制系统的母线及导线
二次控制标注	电气 - 系统 - 二次 - 标注	E - SYST - CTRL - IDEN	二次控制系统标注及文字
二次控制表格	电气 - 系统 - 二次 - 表格	E - SYST - CTRL - TABS	
消防系统设备	电气 - 系统 - 消防 - 设备	E - SYST - FIRE - EQPM	
消防系统导线	电气 - 系统 - 消防 - 导线	E - SYST - FIRE - CIRC	
消防系统标注	电气 - 系统 - 消防 - 标注	E - SYST - FIRE - IDEN	消防系统标注及文字
安防系统设备	电气 - 系统 - 安防 - 设备	E - SYST - SERT - EQPM	
安防系统导线	电气 - 系统 - 安防 - 导线	E - SYST - SERT - CIRC	
安防系统标注	电气 - 系统 - 安防 - 标注	E - SYST - SERT - IDEN	安防系统标注及文字
建筑设备监控设备	电气 - 系统 - 监控 - 设备	E - SYST - EQMT - EQPM	
建筑设备监控导线	电气 - 系统 - 监控 - 导线	E - SYST - EQMT - CIRC	
建筑设备监控标注	电气 - 系统 - 监控 - 标注	E - SYST - EQMT - IDEN	建筑设备监控系统标注及文字
高低压系统设备	电气 - 系统 - 高低 - 设备	E - SYST - HLVO - EQPM	
高低压系统导线	电气 - 高低 - 系统 - 设备	E - SYST - HLVO - CIRC	高低压系统的母线及导线
高低压系统标注	电气 - 高低 - 系统 - 标注	E - SYST - HLVO - IDEN	高低压系统标注及文字
高低压系统表格	电气 - 高低 - 系统 - 表格	E - SYST - HLVO - FORM	
注释	电气 - 注释	E - ANNO	
图框	电气 - 注释 - 图框	E - ANNO - TTLB	图框及图框文字
图例	电气 - 注释 - 图例	E - ANNO - LEGN	图例与符号
尺寸标注	电气 - 注释 - 标注	E - ANNO - DIMS	尺寸标注及标注文字
文字说明	电气 - 注释 - 文字	E - ANNO - TEXT	电气专业文字说明
公共标注	电气 - 注释 - 公共	E - ANNO - IDEN	
标高标注	电气 - 注释 - 标高	E - ANNO - ELVT	标高符号及标注
表格	电气 - 注释 - 表格	E - ANNO - TABL	
孔洞	电气 - 注释 - 孔洞	E - ANNO - HOLE	孔洞及孔洞标注

参 考 文 献

[1] 邬宏，王强．建筑工程基础 [M]．北京：机械工业出版社，2006.

[2] 建筑识图与构造．北京：建筑工业出版社，1999.

[3] 姜忆南．房屋建筑学 [M]．北京：机械工业出版社，2001.

[4] 房志勇．房屋建筑构造学 [M]．北京：中国建材工业出版社，2003.

[5] 王强，张小平．建筑工程制图与识图 [M]．北京：机械工业出版社，2004.

[6] 中国建筑标准设计研究院．全国民用建筑工程设计技术措施节能专篇 [J]．2007.

[7] 孙殿臣．民用建筑构造 [M]．北京：机械工业出版社，2003.

[8] 丁春静．建筑识图与房屋构造．重庆：重庆大学出版社，2003.

[9] 刘建荣．房屋建筑学 [M]．武汉：武汉大学出版社，1991.

[10] 李必瑜．房屋建筑学 [M]．武汉：武汉工业大学出版社，2000.

[11] 舒秋华．房屋建筑学 [M]．2 版．武汉：武汉理工大学出版社，2004.

[12] 来增祥，陆震纬．室内设计原理 [M]．北京：中国建筑工业出版社，1996.

[13] 李必瑜，魏宏杨．建筑构造 [M]．北京：中国建筑工业出版社，2005.

[14] 樊振和．建筑构造原理与设计 [M]．2 版．天津：天津大学出版社，2006.

[15] 傅信祁，广士奎．房屋建筑学 [M]．2 版．北京：中国建筑工业出版社，1990.

[16] 王崇杰．房屋建筑学 [M]．北京：中国建筑工业出版社，1997.

[17] 毛家华，莫章金．建筑工程制图与识图 [M]．北京：高等教育出版社，2001.

[18] 陈青来．钢筋混凝土结构平法设计与施工规则 [M]．北京：中国建筑工业出版社，2007.

[19] 焦鹏寿．建筑制图 [M]．北京：中国电力出版社，2008.

[20] 张英，谭海洋．土木工程制图 [M]．北京：人民公安出版社，2007.

[21] 张志贤．管道安装．北京：中国建筑工业出版社，2002.

[22] 马志彪．房屋卫生设备 [M]．呼和浩特：内蒙古远方出版社，2004.

[23] 梁玉程．建筑识图 [M]．北京：中国环境科学出版社，2002.

[24] 杨青山，崔丽萍．建筑设计基础 [M]．北京：中国建筑工业出版社，2009.

[25] 赵研．建筑识图与构造 [M]．北京：中国建筑工业出版社，2004.

[26] 孙玉红．房屋建筑构造 [M]．2 版．北京：中国机械工业出版社，2009.

[27] 赵研．房屋建筑学 [M]．北京：高等教育出版社，2002.

[28] 尚久明．建筑识图与房屋构造 [M]．北京：电子工业出版社，2006.

[29] 高远，张艳芳．建筑构造与识图 [M]．北京：中国建筑工业出版社，2004.

[30] 李思丽．建筑制图与阴影透视 [M]．北京：机械工业出版社，2007.

[31] 中国建筑标准设计研究院．国家建筑标准设计图集．住宅建筑构造 03J930 - 1．北京：中国计划出版社，2006.

[32] 张小平．建筑识图与房屋构造 [M]．武汉：武汉理工大学出版社，2005.

[33] 张艳芳．建筑构造与识图 [M]．北京：人民交通出版社，2007.

[34] 高霞，杨波．建筑装修施工图识读技法 [M]．合肥：安徽科学技术出版社，2007.

[35] 高远．建筑装饰制图与识图 [M]．北京：机械工业出版社，2009.